深入理解 Kafka与Pulsar
消息流平台的实践与剖析

梁国斌 | 著

电子工业出版社
Publishing House of Electronics Industry
北京·BEIJING

内 容 简 介

本书详细介绍了 Kafka 与 Pulsar 的使用方式，并深入分析了它们的实现机制。通过阅读本书，读者可以快速入门和使用 Kafka 与 Pulsar，并深入理解它们的实现原理。

本书通过大量实践示例介绍了 Kafka 与 Pulsar 的使用方式，包括管理脚本与客户端（生产者、消费者）的使用方式、关键的配置项、ACK 提交方式等基础应用，以及安全机制、跨地域复制机制、连接器/流计算引擎、常用监控管理平台等高级应用。这些内容可以帮助读者深入掌握 Kafka 与 Pulsar 的使用方式，并完成日常管理工作。另外，本书深入分析了 Kafka 与 Pulsar 的实现原理，包括客户端（生产者、消费者）的设计与实现、Broker 网络模型、主题（分区）分配与负载均衡机制，以及磁盘存储与性能优化方案、数据同步机制、扩容与故障转移机制。最后，本书介绍了 Kafka 与 Pulsar 的事务机制，并深入分析了 Kafka 事务的实现及 Kafka 最新的分布式协作组件 KRaft 模块。这部分内容可以帮助读者轻松理解 Kafka 与 Pulsar 的架构设计与实现原理。

未经许可，不得以任何方式复制或抄袭本书之部分或全部内容。
版权所有，侵权必究。

图书在版编目（CIP）数据

深入理解 Kafka 与 Pulsar：消息流平台的实践与剖析/梁国斌著. —北京：电子工业出版社，2022.8
ISBN 978-7-121-44001-4

Ⅰ.①深… Ⅱ.①梁… Ⅲ.①分布式操作系统 Ⅳ.①TP316.4

中国版本图书馆 CIP 数据核字（2022）第 129655 号

责任编辑：陈晓猛
印　　刷：三河市双峰印刷装订有限公司
装　　订：三河市双峰印刷装订有限公司
出版发行：电子工业出版社
　　　　　北京市海淀区万寿路 173 信箱　　　邮编：100036
开　　本：787×980　1/16　　印张：28.75　　字数：644 千字
版　　次：2022 年 8 月第 1 版
印　　次：2022 年 8 月第 1 次印刷
定　　价：138.00 元

凡所购买电子工业出版社图书有缺损问题，请向购买书店调换。若书店售缺，请与本社发行部联系，联系及邮购电话：(010) 88254888，88258888。

质量投诉请发邮件至 zlts@phei.com.cn，盗版侵权举报请发邮件至 dbqq@phei.com.cn。
本书咨询联系方式：(010) 51260888-819，faq@phei.com.cn。

前言

本书将向读者介绍两个优秀的分布式消息流平台：Kafka 与 Pulsar。Kafka 使用 Scala 和 Java 编写，由 LinkedIn 公司开源，当下已成为最流行的分布式消息流平台之一。Kafka 基于发布/订阅模式，具有高吞吐、可持久化、可水平扩展、支持流数据处理等特性。Pulsar 是雅虎开源的"下一代云原生分布式消息流平台"，目前在快速发展中。Pulsar 集消息、存储、轻量化函数式计算为一体，采用计算与存储分离架构设计，支持多租户、持久化存储、跨地域数据复制，具有强一致性、高吞吐、低延时及高可扩展性等流数据存储特性。

写作目的

在了解 Kafka 与 Pulsar 的特性与设计后，笔者被 Kafka 和 Pulsar 优秀的架构设计所吸引。实现一个分布式消息流平台，必须考虑数据分区（分片）、数据同步、数据自动均衡、分布式协作等问题。而针对这些问题，Kafka 与 Pulsar 提供了非常优秀的设计方案，非常值得我们深入学习，所以笔者深入分析了 Kafka 与 Pulsar 这两个消息流平台，并编写了本书。

本书结构

本书从 Kafka 与 Pulsar 的基础概念切入，通过大量实践示例向读者展示 Kafka 与 Pulsar 的使用方式，以帮助读者日常使用、管理 Kafka 与 Pulsar。另外，本书通过提取 Kafka 与 Pulsar 的核心代码（本书会尽量避免堆积代码），并配以适量图文，对 Kafka 与 Pulsar 的源码及实现逻辑进行了详细说明，从而带领读者阅读源码，帮助读者理解 Kafka 与 Pulsar 的设计思路和实现原理，还可以帮助读者在学习或设计其他分布式系统、存储系统时对这些设计思路融会贯通、触类旁通。

本书共 5 部分，由浅到深、循序渐进地分析了 Kafka 与 Pulsar，如果读者对其中某个内容已经掌握，那么可以选择跳过这部分章节而阅读后面的内容。

第 1 部分对 Kafka 与 Pulsar 进行了基本介绍。第 1 章介绍了它们的特性与基础概念。第 2

章和第 3 章介绍了 Kafka 的部署、调试方式及基本应用。第 4 章和第 5 章介绍了 Pulsar 的部署、调试方式及基本应用。这部分内容可以帮助读者轻松入门和使用 Kafka 与 Pulsar。

第 2 部分深入分析了 Kafka 与 Pulsar 的客户端和 Broker 计算层。第 6 章介绍了 Kafka 和 Pulsar 的架构设计，这一章是第 2、第 3 部分的前提及概要。第 7 章分析了 Kafka 主题的创建流程、分区副本列表分配方案。第 8 章分析了 Kafka 客户端的实现，包括生产者消息批次机制，发送消息流程、消费者分区分配机制、读取消息流程。第 9 章分析了 Broker 处理读写请求流程，ACK 偏移量管理机制、时间轮算法等内容，这些内容可以帮助读者理解 Kafka 如何设计主题、分区、客户端，并对消息进行管理。第 10 章介绍了 Pulsar 主题的实现，包括绑定主题流程、Broker 负载均衡机制等。第 11 章和第 12 章分析了 Pulsar 客户端与 Broker 的实现，包括生产者发送消息流程、消费者订阅消息流程、Broker 读写消息流程等内容，这些内容可以帮助读者理解 Pulsar 中计算层的设计和实现。

第 3 部分深入分析了 Kafka 与 Pulsar 存储层的设计和实现。第 13 章和第 14 章介绍了 Kafka 的数据存储机制，包括 Broker 本地的数据存储机制、磁盘存储设计与优化方案，以及 leader、follow 副本数据同步机制，帮助读者理解 Kafka 如何安全地存储一条消息。第 15 章介绍了 Kafka 的分布式协作机制，主要对 KafkaController 节点进行了分析，包括 KafkaController 选举机制、Broker 故障转移流程，帮助读者理解 Kafka 如何实现可靠的分布式集群。第 16 章和第 17 章介绍了 BookKeeper（Pulsar 的存储组件）的实现原理，包括客户端的读写流程、故障转移机制，以及服务端 WAL 机制、数据读写流程、数据清理、恢复机制等内容，帮助读者理解 BookKeeper 如何实现一个可靠的、数据自动均匀分布的、高性能的分布式存储系统。

第 4 部分深入分析了 Kafka 的两个高级功能：事务与 KRaft 模块。第 18 章介绍了 Kafka 与 Pulsar 提供的事务机制。第 19 章深入分析了 Kafka 事务的实现原理。第 20 章介绍了 Kafka 最新提供的 KRaft 模块，KRaft 模块使用 Raft 算法，安全地存储 Kafka 元数据，并管理 Kafka 集群。它可以简化 Kafka 运维工作，也是 Kafka 发展的重要方向。

第 5 部分介绍了 Kafka 与 Pulsar 的高级应用，包括利用 TLS 协议/认证鉴权机制保证数据安全、利用跨地域复制机制实现数据备份与容灾、Kafka 与 Pulsar 常用的监控/管理平台、利用连接器实现流数据管道、利用流计算引擎构建轻量级的流计算应用等内容。这部分内容可以帮助读者更深入地掌握 Kafka 与 Pulsar 的使用方式，并完成日常管理工作。

表达约定

本书会按顺序在源码函数（或代码块）中添加标识，并在源码展示结束后，按标识对源码进行说明。例如：

```
void runOnce() {
```

```
    ...
    long currentTimeMs = time.milliseconds();
    // 【1】
    long pollTimeout = sendProducerData(currentTimeMs);
    // 【2】
    client.poll(pollTimeout, currentTimeMs);
}
```

【1】调用 Sender#sendProducerData 方法发送消息,该方法会返回下一个快到期的批次的延迟时间。

【2】调用 KafkaClient#poll 方法阻塞当前线程,直到指定时间到期或者新的网络事件就绪。

源码中使用"`...`"代表此处省略了代码(有些地方省略了日志等辅助代码,但可能没添加"`...`"),这样可以保证源码展示的整洁,也方便读者阅读源码后,再结合书中说明深入理解相关内容。

另外,建议读者在阅读本书源码分析章节时,结合完整的 Kafka 与 Pulsar 源码进行理解。

注意,本书使用的源码版本是 Kafka 3.0.0 与 Pulsar 2.8.0。如无特殊说明,本书提供的实践示例也是基于这两个版本的 Kafka 与 Pulsar 完成的。

勘误和支持

若读者在阅读本书的过程中有任何问题或者建议,可以关注笔者的公众号(binecy)与笔者交流。我们十分感谢并重视读者的反馈,会对读者提出的问题、建议进行梳理与反馈,并在本书后续版本中及时做出勘误与更新。

致谢

感谢 Kafka 与 Pulsar 的开源作者们,优秀的开源项目都离不开默默奉献力量的开源作者们。感谢电子工业出版社博文视点的陈晓猛编辑,陈编辑专业的写作指导和出版组织工作,使得本书得以顺利出版。感谢写作过程中身边朋友的支持,他们给予笔者很多的支持与力量。

梁国斌

目录

第 1 部分 基础应用

第 1 章 Kafka 与 Pulsar 概述 2
1.1 简介 2
1.2 特性 2
1.3 概念 4
 1.3.1 Kafka 基础概念 4
 1.3.2 Pulsar 基础概念 6
1.4 本章总结 8

第 2 章 Kafka 的部署与调试 9
2.1 安装 Kafka 集群 9
 2.1.1 部署 ZooKeeper 集群 9
 2.1.2 部署 Kafka 集群 11
2.2 调试 Kafka 12
2.3 本章总结 14

第 3 章 Kafka 的应用 15
3.1 脚本 15
 3.1.1 主题管理 15
 3.1.2 生产者与消费者 16
 3.1.3 动态配置 18

	3.2	客户端 19
		3.2.1　生产者 19
		3.2.2　消费者 24
	3.3	消息序列化 28
	3.4	配额 30
	3.5	本章总结 31

第 4 章　Pulsar 的部署与调试 32

	4.1	本地部署 32
	4.2	集群部署 33
		4.2.1　ZooKeeper 集群部署 33
		4.2.2　初始化集群元数据 34
		4.2.3　部署 BookKeeper 集群 35
		4.2.4　部署 Pulsar Broker 36
	4.3	调试 Pulsar 37
		4.3.1　调试 Pulsar Broker 源码 37
		4.3.2　调试 BookKeeper 39
	4.4	本章总结 40

第 5 章　Pulsar 的应用 41

	5.1	租户 41
	5.2	命名空间 41
		5.2.1　消息保留和过期 42
		5.2.2　持久化策略 43
		5.2.3　消息投递速率 44
	5.3	主题 45
		5.3.1　创建主题 45
		5.3.2　发送、消费消息 46
		5.3.3　管理主题 47
	5.4	客户端 48
		5.4.1　生产者 49
		5.4.2　消费者 54

5.5 Schema 63
5.5.1 Schema 的类型与使用示例 63
5.5.2 Schema 演化与兼容 67
5.5.3 管理 Schema 68
5.6 资源隔离 71
5.6.1 Broker 隔离 72
5.6.2 Bookie 隔离 72
5.7 兼容 Kafka 客户端 73
5.8 BookKeeper 使用示例 74
5.9 本章总结 75

第 2 部分　客户端与 Broker 计算层

第 6 章　Kafka 和 Pulsar 的架构 78
6.1 ZooKeeper 的作用 78
6.2 Kafka 的架构设计 81
6.2.1 元数据管理 81
6.2.2 发布/订阅模式 81
6.2.3 磁盘存储的设计与优化 82
6.2.4 数据副本 86
6.2.5 系统伸缩 87
6.2.6 故障转移 87
6.3 Pulsar 的架构设计 88
6.3.1 Pulsar 的计算层 89
6.3.2 Pulsar 的存储层 91
6.3.3 系统伸缩 94
6.3.4 故障转移 95
6.4 源码架构 96
6.4.1 Kafka 96
6.4.2 Pulsar 103
6.4.3 BookKeeper 105
6.5 本章总结 106

第 7 章 Kafka 的主题 107

7.1 CreateTopics 请求的处理流程 108
7.1.1 创建主题 108
7.1.2 分区副本分配规则 110
7.1.3 存储主题元数据 112
7.2 KafkaController 处理新主题 113
7.3 本章总结 114

第 8 章 Kafka 的生产者与消息发布 115

8.1 生产者发送消息 115
8.1.1 消息发送流程 115
8.1.2 消息累积器与消息批次 118
8.1.3 Sender 线程 119
8.1.4 TCP 通信协议 121
8.1.5 元数据刷新机制 122
8.2 Broker 接收消息 124
8.2.1 Broker 处理消息流程 124
8.2.2 延迟操作与时间轮 126
8.3 本章总结 132

第 9 章 Kafka 的消费者与消息订阅 133

9.1 消费组协作机制 133
9.1.1 分区分配器 134
9.1.2 重平衡的设计 137
9.1.3 实战：使用 CooperativeStickyAssignor 分区分配器 141
9.1.4 重平衡的实现 142
9.2 心跳与元数据更新 152
9.3 ACK 管理 152
9.3.1 消费者初始化偏移量 153
9.3.2 ACK 偏移量的提交与存储 153
9.4 读取消息 154
9.4.1 消费者发送 Fetch 请求 154

9.4.2 Broker 处理 Fetch 请求 155
9.5 本章总结 156

第 10 章 Pulsar 的主题 157

10.1 租户与命名空间 157
10.2 主题 158
 10.2.1 创建主题 158
 10.2.2 初始化主题 160
 10.2.3 绑定主题 161
10.3 Broker 负载均衡 166
 10.3.1 负载报告上传 166
 10.3.2 为 bundle 选择 Broker 节点 167
10.4 bundle 管理 171
 10.4.1 选举 leader 节点 171
 10.4.2 bundle 卸载机制 172
 10.4.3 bundle 切分机制 173
10.5 本章总结 175

第 11 章 Pulsar 的生产者与消息发布 176

11.1 生产者发送消息 176
 11.1.1 初始化生产者 176
 11.1.2 生产者发送消息流程 178
11.2 Broker 处理消息 182
 11.2.1 写入消息 182
 11.2.2 切换 Ledger 185
11.3 本章总结 187

第 12 章 Pulsar 的消费者与消息订阅 188

12.1 消费者订阅消息 189
 12.1.1 消费者的初始化 189
 12.1.2 接收消息 191
 12.1.3 确认超时与取消确认 192

12.2 Broker 读取与推送消息 193
    12.2.1 处理 Subscribe 请求 193
    12.2.2 推送消息 194
12.3 ACK 机制 201
    12.3.1 ACK 机制的设计 201
    12.3.2 ACK 机制的实现 202
12.4 消息清除 207
    12.4.1 历史消息清除 207
    12.4.2 清除 backlog 消息 208
    12.4.3 清除过期数据 208
12.5 本章总结 209

第 3 部分　分布式数据存储

第 13 章　Kafka 存储机制与读写流程 212
13.1 数据存储机制的设计 212
13.2 消息写入流程 214
13.3 消息读取流程 220
13.4 日志管理 224
    13.4.1 日志加载 225
    13.4.2 日志刷盘 226
    13.4.3 数据清理 226
    13.4.4 数据去重 227
13.5 本章总结 228

第 14 章　Kafka 主从同步 229
14.1 成为 leader/follow 副本 230
14.2 follow 副本同步流程 233
    14.2.1 同步流程与数据一致性 233
    14.2.2 LeaderEpoch 机制 236
    14.2.3 follow 副本拉取消息 238
14.3 leader 副本更新 242

14.3.1　更新 ISR 集合 ... 243
14.3.2　更新高水位 ... 245
14.4　本章总结 ... 247

第 15 章　Kafka 分布式协同 ... 248

15.1　KafkaController 选举 ... 249
　15.1.1　KafkaController 元数据 ... 249
　15.1.2　ControllerEpoch 机制 ... 250
　15.1.3　选举流程 ... 250
15.2　ZooKeeper 监控机制 ... 253
15.3　故障转移 ... 255
　15.3.1　分区、副本状态机 ... 255
　15.3.2　分区状态切换流程 ... 257
　15.3.3　副本状态切换流程 ... 260
15.4　实战：Preferred Replica 重平衡 ... 262
15.5　实战：增加分区数量 ... 263
15.6　实战：Kafka 集群扩容 ... 264
15.7　本章总结 ... 266

第 16 章　BookKeeper 客户端 ... 267

16.1　客户端设计 ... 267
16.2　客户端写入 ... 269
　16.2.1　Ledger 创建流程 ... 269
　16.2.2　数据写入流程 ... 271
　16.2.3　处理写入结果 ... 272
　16.2.4　故障转移 ... 272
　16.2.5　LAC 上报 ... 275
　16.2.6　限制生产者数量 ... 275
16.3　客户端读取 ... 275
　16.3.1　消费者读取数据 ... 275
　16.3.2　客户端 Recover ... 277
16.4　本章总结 ... 279

第 17 章 BookKeeper 服务端 280

17.1 Bookie 设计 280
17.2 Bookie 写入流程 281
17.2.1 Bookie 初始化 281
17.2.2 Journal 写入流程 282
17.2.3 Ledger 写入流程 286
17.2.4 Ledger 的数据存储格式 291
17.3 Bookie 读取数据 291
17.4 Bookie 数据清除 294
17.5 Bookie Recovery 296
17.5.1 Auditor 296
17.5.2 ReplicationWorker 297
17.6 本章总结 298

第 4 部分 事务与 KRaft 模块

第 18 章 Kafka 与 Pulsar 事务概述 300

18.1 为什么需要事务 300
18.1.1 幂等发送 301
18.1.2 事务保证 302
18.2 Kafka 事务应用示例 302
18.3 Pulsar 事务应用示例 306
18.4 本章总结 308

第 19 章 Kafka 事务的设计与实现 309

19.1 Kafka 的事务设计 309
19.2 事务初始化流程 313
19.2.1 事务定义 313
19.2.2 生产者初始化事务 315
19.2.3 生产者启动事务 318
19.3 事务消息发送与处理流程 318
19.3.1 事务分区发送与处理流程 318

19.3.2 生产者发送事务消息 319
19.3.3 Broker 处理事务消息 320
19.3.4 ACK 偏移量发送与处理流程 325
19.4 事务提交流程 325
19.4.1 生产者提交事务 326
19.4.2 协调者完成事务 326
19.5 本章总结 331

第 20 章 KRaft 模块概述 332

20.1 为什么要移除 ZooKeeper 332
20.2 部署与调试 KRaft 模块 333
20.3 Raft 算法 335
20.3.1 leader 选举 336
20.3.2 日志复制 339
20.3.3 安全性 342
20.4 本章总结 344

第 21 章 KRaft 模块的设计与实现原理 345

21.1 KRaft 请求处理流程 346
21.1.1 Raft 状态 347
21.1.2 Raft 请求类型 347
21.1.3 处理 Raft 请求 348
21.2 KRaft leader 选举机制 350
21.2.1 初始化 Raft 状态 350
21.2.2 发送投票请求 351
21.2.3 投票流程 352
21.2.4 当选 leader 节点 354
21.3 KRaft 生成 Record 数据 356
21.4 KRaft 数据存储机制 358
21.5 KRaft 数据同步机制 360
21.6 KRaft 提交 Record 数据 366
21.6.1 监听器机制 366

- 21.6.2 BrokerMetadataListener ... 367
- 21.6.3 QuorumMetaLogListener ... 368
- 21.7 KRaft 节点监控与故障转移机制 ... 369
  - 21.7.1 节点注册 ... 370
  - 21.7.2 心跳请求 ... 371
  - 21.7.3 故障转移 ... 372
- 21.8 KRaft 数据清理机制 ... 373
  - 21.8.1 快照管理 ... 374
  - 21.8.2 历史数据清理 ... 374
- 21.9 本章总结 ... 376

第 5 部分　高级应用

第 22 章　安全 ... 378
- 22.1 TLS 加密 ... 378
  - 22.1.1 准备 TLS 证书和密钥 ... 379
  - 22.1.2 Kafka 配置 ... 381
  - 22.1.3 Pulsar 配置 ... 383
- 22.2 认证与授权 ... 384
  - 22.2.1 Kafka SCRAM 认证与授权 ... 385
  - 22.2.2 Pulsar JWT 认证与授权 ... 389
- 22.3 本章总结 ... 392

第 23 章　跨地域复制与分层存储 ... 393
- 23.1 跨地域复制 ... 393
  - 23.1.1 MirrorMaker ... 393
  - 23.1.2 Pulsar 跨地域复制机制 ... 397
- 23.2 分层存储 ... 399
- 23.3 本章总结 ... 402

第 24 章　监控与管理 ... 403
- 24.1 Kafka 监控与管理平台 ... 403

24.1.1 Kafka 监控...403
24.1.2 Kafka 管理平台...408
24.2 Pulsar 监控与管理平台..410
24.2.1 Pulsar 监控..410
24.2.2 Pulsar 管理平台..413
24.3 本章总结...414

第 25 章 连接器...415

25.1 Kafka Connect..416
25.1.1 应用示例..416
25.1.2 开发实践..418
25.2 Pulsar IO...423
25.2.1 应用示例..423
25.2.2 开发实践..425
25.3 本章总结...429

第 26 章 流计算引擎..430

26.1 Kafka Stream..431
26.1.1 应用示例..431
26.1.2 时间窗口..434
26.1.3 语义保证和线程模型..435
26.2 Pulsar Function...435
26.2.1 应用示例..436
26.2.2 部署...437
26.2.3 时间窗口..441
26.2.4 Function 运行模式和消息语义保证..442
26.3 本章总结...443

第 1 部分
基础应用

第 1 章　Kafka 与 Pulsar 概述

第 2 章　Kafka 部署与调试

第 3 章　Kafka 的应用

第 4 章　Pulsar 的部署与调试

第 5 章　Pulsar 的应用

第 1 章
Kafka 与 Pulsar 概述

本章简单介绍 Kafka 与 Pulsar 的起源发展、系统特性，以及部分基础概念，为本书后面的内容做铺垫。

1.1 简介

Apache Kafka（简称 Kafka）是由 LinkedIn 公司开发的分布式消息流平台，于 2011 年开源。Kafka 是使用 Scala 和 Java 编写的，当下已成为最流行的分布式消息流平台之一。Kafka 基于发布/订阅模式，具有高吞吐、可持久化、可水平扩展、支持流数据处理等特性。

Apache Pulsar（简称 Pulsar）是雅虎开发的"下一代云原生分布式消息流平台"，于 2016 年开源，目前也在快速发展中。Pulsar 集消息、存储、轻量化函数式计算为一体，采用计算与存储分离架构设计，支持多租户、持久化存储、多机房跨区域数据复制，具有强一致性、高吞吐、低延时及高可扩展性等流数据存储特性。

1.2 特性

Kafka 与 Pulsar 都是优秀的分布式消息流平台，它们都提供了以下基础功能：

（1）**消息系统**：Kafka 与 Pulsar 都可以实现基于发布/订阅模式的消息系统，消息系统可以实现由消息驱动的程序——生产者负责产生并发送消息到消息系统，消息系统将消息投递给消费者，消费者收到消息后，执行自己的逻辑。

这种消息驱动机制具有以下优点：

- **系统解耦**：生产者与消费者逻辑解耦，互不干预。如果需要对消息添加新的处理逻辑，则只需要添加新的消费者即可，非常方便。
- **流量削峰**：消息系统作为消息缓冲区，以低成本将上游服务（生产者）的流量洪峰缓存起来，下游服务（消费者）按照自身处理能力从消息队列中读取数据并进行处理，避免下游服务由于大量的请求流量而崩溃。
- **数据冗余**：消息系统将数据缓存起来，直到数据被处理，避免下游服务由于崩溃下线、网络阻塞等原因无法及时处理数据而导致数据丢失。

（2）**存储系统**：Kafka 与 Pulsar 可以存储大量数据，并且客户端控制自己读取数据的位置，所以它们也可以作为存储系统，存储大量历史数据。

（3）**实时流数据管道**：Kafka 与 Pulsar 可以构建实时流数据管道，流数据管道从 MySQL、MongoDB 等数据源加载数据到 Kafka 与 Pulsar 中，其他系统或应用就可以稳定地从 Kafka 与 Pulsar 中获取数据，而不需要再与 MySQL 等数据源对接。为此，Kafka 提供了 Kafka Connect 模块，Pulsar 提供了 Pulsar IO 模块，它们都可以构建实时流数据管道。

（4）**流计算应用**：流计算应用不断地从 Kafka 与 Pulsar 中获取流数据，并对数据进行处理，最后将处理结果输出到 Kafka 与 Pulsar 中（或其他系统）。流计算应用通常需要根据业务需求对流数据进行复杂的数据变换，如流数据聚合或者 join 等。为此，Kafka 提供了 Kafka Streams 模块，Pulsar 提供了 Pulsar Functions 模块，它们都可以实现流计算应用。另外，Kafka 与 Pulsar 也可以与流行的 Spark、Flink 等分布式计算引擎结合，构建实时流应用，实时处理大规模数据。

Kafka 与 Pulsar 都具有（或追求）以下特性：

（1）**高吞吐、低延迟**：它们都具有高吞吐量处理大规模消息流的能力，并且能够低延迟处理消息。这也是大多数消息流平台追求的目标。

（2）**持久化、一致性**：Kafka 与 Pulsar 都支持将消息持久化存储，并提供数据备份（副本）功能，保证数据安全及数据一致性，它们都是优秀的分布式存储系统。

（3）**高可扩展性（伸缩性）**：Kafka 与 Pulsar 都是分布式系统，会将数据分片存储在一组机器组成的集群中，并支持对集群进行扩容，从而支持大规模的数据。

（4）**故障转移（容错）**：Kafka 与 Pulsar 支持故障转移，即集群中某个节点因故障下线后，并不会影响集群的正常运行，这也是优秀的分布式系统的必备功能。

Kafka 与 Pulsar 虽然提供的基础功能类似，但它们的设计、架构、实现并不相同，本书将深入分析 Kafka 与 Pulsar 如何实现一个分布式、高扩展、高吞吐、低延迟的消息流平台。另外，本书也会介绍 Kafka 与 Pulsar 中连接器、流计算引擎等功能的应用实践。

1.3 概念

下面介绍 Kafka 与 Pulsar 中涉及的基础概念,这些概念会在本书后面反复使用。

将 Kafka 与 Pulsar 都视为一个简单的消息系统,消息流转流程如图 1-1 所示。

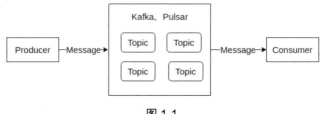

图 1-1

图 1-1 中展示了消息系统中的 4 个基本概念。它们在 Kafka 与 Pulsar 中都存在,并且含义相同。

- 消息 Message:Kafka 与 Pulsar 中的数据实体。
- 生产者 Producer:发布消息的应用。
- 消费者 Consumer:订阅消息的应用。
- 主题 Topic:Kafka 与 Pulsar 将某一类消息划分到一个主题,主题是消息的逻辑分组,不同主题的消息互不干预。

下面结合一个例子说明上述概念。假如存在一个用户服务,该用户服务创建了一个主题 "userTopic",每当有新用户注册时,用户服务都会将一个消息发送到该主题中,消息内容为 "新用户注册"。当前有两个服务订阅了该主题的消息:权益服务和权限服务。权益服务收到消息后,负责给新用户创建权益。权限服务收到消息后,负责给新用户分配权限。该例子中的消息即用户服务发送的数据实体,生产者是用户服务。消费者是权益服务与权限服务。

1.3.1 Kafka 基础概念

下面介绍 Kafka 的一些基础概念。

- Kafka 消费组:Kafka 将多个消费者划分到一个逻辑分组中,该分组即一个消费组。这个概念比较重要,结合上面的例子进行说明,在 Kafka 中,权益服务所有的消费者都可以加入一个权益消费组 rightsGroup,而权限服务所有的消费者都可以加入一个权限消费组 guthorityGroup。不同消费者之间消费消息互不干预。
- Broker:Kafka 服务节点,可以将 Broker 理解为一个 Kafka 的服务节点或者服务进程(下面将其统称为 Broker 节点),多个 Broker 节点可以组成一个 Broker 集群。

- 分区 Partition：Kafka 定义了分区的概念，一个主题由一个或多个分区组成，Kafka 将一个主题的消息划分到不同的分区，并将不同分区存储到不同的 Broker，从而实现分布式存储（典型的数据分片思想），每个分区都有对应的下标，下标从 0 开始。
- 副本 Replica：Kafka 中每个分区都有一个或多个副本，其中有 1 个 leader 副本，0 个或多个 follow 副本，每个副本都保存了该分区全部的内容。Kafka 会将一个分区的不同副本保存到不同的 Broker 节点中，以保证数据的安全。本书后面会详细分析 Kafka 副本同步机制。
- AR（Assigned Replicas）：分区的副本列表，即一个分区所有副本所在 Broker 的列表。
- ISR：分区中所有与 leader 副本保持一定程度同步（即不能落后太多）的副本会组成 ISR（In-Sync Replicas）集合。ISR 集合中包括 leader 副本，可以将其理解为已同步副本（不一定完全同步，但不会落后太多）。
- ACK 机制：ACK（消息确认）机制是消息系统中的一个很重要的机制，消息系统 ACK 机制与 HTTP 的 ACK 机制非常类似。消息系统 ACK 机制可以分为两部分：
  - Broker 收到生产者发送的消息并成功存储这些消息后，返回成功响应（可以将该成功响应理解为一种 ACK）给生产者，这时生产者可以认为消息已经发送成功，否则生产者可能需要做一些补偿操作，如重发消息。
  - 消费者收到 Broker 投递的消息并成功处理后，返回消费成功响应给 Broker，Broker 收到这些消费成功响应后，可以认为消费者已经成功消费了消息，否则 Broker 可能需要做一些补偿操作，如重新投递消息。该场景下消费者通常需要将消费成功的消息位置（或者消息 Id 等）发送给 Broker，并且 Broker 需要存储这些消费成功的位置，以便后续消费者重启后从该位置继续消费。该场景也是我们关注的重点。

在 Kafka 中，每个消息都存在一个偏移量 offset，如果将一个 Kafka 主题理解为一个简单的消息数组，那么可以将消息偏移量理解为该消息在该数组中的索引。消费者会将最新消费成功的消息的下一个偏移量发送给 Broker（代表该偏移量前面的消息都已经消费成功），Broker 会存储这些偏移量，以记录消费者的最新消费位置。为了方便描述，本书后面将消费者提交 ACK 信息中的偏移量称为 ACK 偏移量。

另外，Kafka 与 Pulsar 都使用 ZooKeeper 存储元数据，完成分布式协作等操作，ZooKeeper 是一种分布式协作服务，专注于协作多个分布式进程之间的活动，可以帮助开发人员专注于应用程序的核心逻辑，而不必担心应用程序的分布式特性。本书后面会详细分析 ZooKeeper 为 Kafka 与 Pulsar 提供了哪些服务。Kafka 2.8 开始提供 KRaft 模块，支持 Kafka 脱离 ZooKeeper 独立运行部署，本书后面也会详细分析该模块的设计与实现。

图 1-2 展示了 Kafka 集群的基础架构。

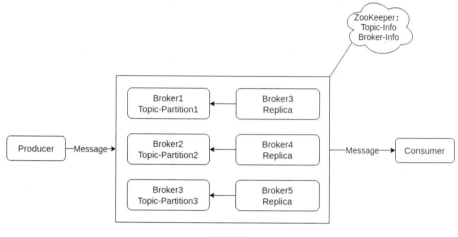

图 1-2

1.3.2　Pulsar 基础概念

Pulsar 中有以下基础概念：

- Pulsar 订阅组：Pulsar 可以将多个消费者绑定到一个订阅组中，类似于 Kafka 的消费组。同样使用前面"用户服务"的例子进行说明，在 Pulsar 中，权益服务所有的消费者都可以绑定一个权益订阅组 rightsSubscription，而权限服务所有的消费者都可以绑定一个权限订阅组 guthoritySubscription，不同订阅组之间消费消息互不干预。

- 非分区主题、分区主题：Kafka 中每个分区都与一个 Broker 绑定，而 Pulsar 中每个主题都与一个 Broker 绑定，某主题的消息固定发送给相应的 Broker 节点。而 Pulsar 中也有"分区主题"的概念，分区主题由一组非分区的内部主题组成（下面将 Pulsar 中组成分区主题的非分区内部主题简称为内部主题），每一个内部主题都与一个 Broker 绑定，这样一个分区主题可以将消息发送到多个 Broker，避免 Pulsar 单个主题的性能受限于单个 Broker 节点。

- Broker：Pulsar 集群中的服务节点。需要注意，Pulsar 由于采用计算、存储分离的架构，因此 Pulsar Broker 节点只负责计算，并不负责存储，Pulsar Broker 节点会完成数据检验、负载均衡等工作，并将消息转发给 Bookie 节点。

- Bookie：Pulsar 利用 BookKeeper 服务实现存储功能，BookKeeper 中的节点被称为 Bookie 节点。BookKeeper 框架是一个分布式日志存储服务框架，本书后面会详细分析它。Pulsar 中的 Bookie 节点负责完成消息存储工作。

- Ledger：BookKeeper 的数据集合，生产者会将数据写入 Ledger，而消费者从 Ledger 中读取数据。为了数据安全，BookKeeper 会将一个 Ledger 的数据存储到多个 Bookie 节点中，实现数据备份。
- Entry：Ledger 中的数据单元，Ledger 中的每个数据都是一个 Entry。可以将 Ledger 理解为一个账本，Entry 则是账本中的一个条目。
- 租户、命名空间：Pulsar 定义了租户、命名空间的概念，Pulsar 是一个多租户系统，它给不同的租户分配不同的资源，并保证不同租户之间的数据相互隔离，互不干预，这样可以支持多团队、多用户同时使用一个 Pulsar 服务。每个租户还可以创建多个命名空间，命名空间为主题的逻辑分组。可以将 Pulsar 理解为一个大房子，每个租户是房子里的一个房间，并且这个房间的空间划分为不同的区域（命名空间），不同区域存放不同的物件。例如，用户服务可以创建一个租户"user"，存储用户服务的消息。该租户可以按自己的业务场景，创建多个命名空间，存放不同的主题，如图 1-3 所示。

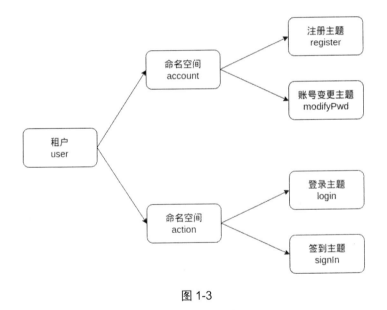

图 1-3

- Cluster 集群：Pulsar 为集群定义了一个 Cluster 概念，每个 Pulsar Broker 节点都运行在一个 Cluster 集群下，不同的 Cluster 集群之间可以相互复制数据，从而实现跨地域复制。
- ACK 机制：与 Kafka 类似，Pulsar 同样需要完成"Broker 存储消息后返回成功响应给生产者""消费者成功处理消息后发送 ACK 给 Broker"。Pulsar 中的每个消息都有一个消息 Id，Pulsar 消费者会将消费成功的消息 Id 作为 ACK 请求内容发送给 Broker。

图 1-4 展示了 Pulsar 集群的基础架构。

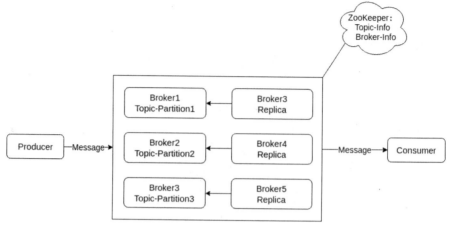

图 1-4

1.4 本章总结

本章介绍了 Kafka 与 Pulsar 的起源发展与系统特性，以及 Kafka 与 Pulsar 中最基本的核心概念。本书后面会详细介绍这些概念的具体含义与作用，也会逐渐补充 Kafka 与 Pulsar 中其他的关键概念，如果读者对某个概念不太理解，则可以先带着疑问继续阅读本书。

第 2 章
Kafka 的部署与调试

2.1 安装 Kafka 集群

本章将详细介绍 Kafka 集群环境的安装部署步骤、Kafka 源码的调试方式。如果读者对 Kafka 已经非常熟悉，则可以跳过本章。

2.1.1 部署 ZooKeeper 集群

前面说了，Kafka 服务依赖于 ZooKeeper（暂不考虑 KRaft 模块），所以部署 Kafka 前需要先部署 ZooKeeper 服务。

部署 ZooKeeper 服务有两种方式：

（1）下载独立的 ZooKeeper 进行部署。

（2）使用 Kafka 提供的 ZooKeeper 包部署服务。笔者使用这种方式部署 ZooKeeper 服务。

1. 准备环境

（1）准备 3 台机器（或 3 个 Docker 之类的容器），操作系统为 Linux 系统，主机名分别为 zk1、zk2、zk3，用于部署一个 3 节点的集群（也可以使用单节点的 ZooKeeper 练习）。

（2）由于 Kafka 3.0 开始放弃对 Java 8 和 Scala 2.12 的支持，所以笔者安装了 OpenJDK 11，用于 ZooKeeper、Kafka 集群。JDK 的安装较简单，这里不做介绍。

提示：本书介绍的部署、调试操作，如无特殊说明，均使用 OpenJDK 11。

（3）下载 Kafka 安装包（笔者下载的是 kafka_2.13-3.0.0.tgz），解压并进入 kafka_2.13-3.0.0，本节操作都基于该目录。

2. 修改配置

（1）我们需要为每个 ZooKeeper 服务配置一个集群唯一的服务 Id，该 Id 为一个正整数，用于标识 ZooKeeper 服务，存储在 data/zookeeper/myid 中。

```
$ mkdir -p /tmp/zookeeper
$ echo 1 > /tmp/zookeeper/myid
```

注意：这里不同 ZooKeeper 服务的 myid 需要不同，笔者分别为 3 个 ZooKeeper 节点定义了 Id：1、2、3。

（2）在 ZooKeeper 默认的配置文件 config/zookeeper.properties 中添加 ZooKeeper 集群信息。

```
tickTime=2000
initLimit=5
syncLimit=2
server.1=zk1:2888:3888
server.2=zk2:2888:3888
server.3=zk3:2888:3888
```

- tickTime、initLimit、syncLimit：ZooKeeper 集群使用的配置，详细说明请参考 ZooKeeper 文档。
- 配置中的后 3 行为 ZooKeeper 集群配置，格式为 server.myid=IP:Port1:Port2，myid 是 ZooKeeper 服务 Id，Port1 端口用于该 ZooKeeper 服务与集群 leader 服务交换信息，Port2 端口用于当集群 leader 服务下线时选举新的 leader 服务。

另外，ZooKeeper 中还有如下配置需要关注：

- dataDir：ZooKeeper 数据存储目录，默认为/tmp/zookeeper，如果修改了该配置，则需要在该配置指向的目录下创建 myid 文件。
- clientPort：ZooKeeper 服务监听端口，默认为 2181。
- admin.serverPort：ZooKeeper 后台服务端口，默认为 8080。

3. 启动 ZooKeeper 服务

（1）使用以下命令，在 3 台机器上启动 ZooKeeper 服务。

```
$ ./bin/zookeeper-server-start.sh config/zookeeper.properties
```

如果要在后台启动 ZooKeeper 服务，则可以使用以下命令：

```
$ ./bin/zookeeper-server-start.sh -daemon config/zookeeper.properties
```

ZooKeeper 的日志默认输出到 logs/zookeeper.out 文件中。

（2）3 台机器的 ZooKeeper 服务都启动后，在任意一个服务节点查看 ZooKeeper 目录。

```
$ ./bin/zookeeper-shell.sh localhost:2181
zk> ls /
[zookeeper]
```

如果能正常查看 ZooKeeper 目录，则说明 ZooKeeper 集群部署正常。关于 ZooKeeper 命令的使用，本书不详细介绍，请读者自行了解。

2.1.2 部署 Kafka 集群

部署 ZooKeeper 集群成功后，就可以部署 Kafka 集群了。这里笔者也部署一个 3 节点的 Kafka 集群。

1. 准备环境

（1）同样准备 3 台机器，安装 OpenJDK11，用于部署 Kafka 集群。

（2）下载 kafka_2.13-3.0.0.tgz，解压并进入 kafka_2.13-3.0.0。

2. 修改配置

修改 Kafka 默认的配置文件 config/server.properties：

```
broker.id=0
zookeeper.connect=zk1:2181,zk2:2181,zk3:2181
```

- zookeeper.connect：ZooKeeper 连接地址。
- broker.id：Kafka 的服务 Id，必须为整数，不同节点的 Kafka 需要配置不同的 broker.id。这里笔者为 3 个 Kafka 节点配置了服务 Id：0、1、2。

Kafka 中还有很多配置，后面的章节中会对其进行介绍，这里只介绍必须修改的配置。

3. 启动服务

（1）在 3 台机器上使用以下命令启动 Kafka 服务。

```
$ ./bin/kafka-server-start.sh config/server.properties
```

如果需要后台启动 Kafka 服务，则可以使用以下命令：

```
$ ./bin/kafka-server-start.sh -daemon config/server.properties
```

Kafka 日志会输出到 logs/kafkaServer.out 文件中。

（2）3 个集群的 Kafka 服务都启动后，可以使用以下命令创建一个主题。

```
$ ./bin/kafka-topics.sh --create --bootstrap-server localhost:9092 --replication-factor 3 --partitions 3 --topic hello-topic
  Created topic hello-topic.
```

如果能成功创建主题，则说明 Kafka 集群部署成功。kafka-topics.sh 脚本将在下一章详细介绍。

2.2 调试 Kafka

如果要深入阅读 Kafka 源码，那么调试源码是必不可少的。下面介绍如何调试 Kafka 3.0 的源码。

1. 环境准备

在 Linux 系统下调试 Kafka 源码需要安装 OpenJDK 11。由于 Kafka 使用 Gradle 构建源码，所以需要安装 Gradle，笔者使用的是 Gradle 7.1.1，从 Kafka 3.0 开始需要使用 Gradle 7 及以上版本。笔者使用 IntelliJ IDEA 社区版（后面称为 IDEA）调试源码，IDEA 版本为 2021.1.3，IDEA 需要安装 Scala 插件。

提示：如果 IDEA 版本过低，则可能与 Gradle 不兼容，读者需要注意。

2. 源码准备

下载 Kafka 3.0 源码，读者可以在 GitHub 上下载，也可以在 Kafka 官网上下载。

（1）执行以下命令，下载 Gradle Wrapper 库，命令执行成功后可以在 gradle/wrapper/中看到 gradle-wrapper.jar。

```
$ gradle wrapper
```

（2）执行以下命令，准备 Kafka 在 IDEA 中运行所需的环境，并下载相关依赖，该命令耗时较长，需要耐心等待。

```
$ ./gradlew idea
```

（3）执行以下命令，生成 Kafka 运行所需的实体类，并下载运行依赖。

```
$ ./gradlew jar
```

该命令会在以下目录中生成实体类：

```
clients\src\generated
core\src\generated
metadata\src\generated
raft\src\generated
```

如果 Kafka 编译时提示某些类不存在，则可以将这些目录下的 Java 目录添加到 classpath 中。

操作说明：在目录上点击鼠标右键，选择 "Mark Directory as" → "Generated Sources Root"，即可将该目录添加到 classpath 中。

3. 导入源码

打开 IDEA，选择 "new" → "project from existing sources" → Kafka 源码目录下的 build.gradle 文件，即可将 Kafka 源码导入 IDEA，等待 IDEA 初始化完成即可。

4. 运行源码

这时启动 Kafka 源码，控制台不会输出日志，这对于我们调试 Kafka 源码不太方便。我们可以修改相关配置，从而在控制台中输出日志。

（1）在 build.gradle 中找到 core 的模块。

```
project(':core') {
    ...
    dependencies {
        ...
        testImplementation libs.slf4jlog4j
    }
}
```

将以上代码修改为：

```
project(':core') {
    ...
    dependencies {
        ...
        implementation libs.slf4jlog4j
    }
}
```

该修改可以变更 log4j 日志框架的引用范围，使 Kafka 在运行期间使用 log4j 框架输出日志。

（2）在 core/src/main/resources 中添加 log4j.properties，对 log4j 框架进行配置，内容如下。

```
log4j.rootLogger=INFO, stdout
log4j.appender.stdout=org.apache.log4j.ConsoleAppender
log4j.appender.stdout.layout=org.apache.log4j.PatternLayout
log4j.appender.stdout.layout.ConversionPattern=[%d] %p %m (%c-%M-%L)%n
```

log4j 的配置这里不做详细介绍，读者也可以根据需要进行修改。

（3）下面我们就可以启动 Kafka 服务了。

Kafka 服务启动类为 core/src/main/scala/kafka/Kafka.scala，启动前需要添加启动参数（program arguments）：config/server.properties，该参数指定了 Kafka 配置文件为 config/server.properties。

提示：配置文件默认使用了本地 ZooKeeper 服务，所以启动 Kafka 服务前需要先部署本地 ZooKeeper 或者修改配置文件中的 zookeeper.connect 配置。

2.3 本章总结

本章介绍了 Kafka 的部署步骤和调试方式，调试源码是阅读源码很有用的方式，如果读者希望深入阅读 Kafka 源码，那么建议按本章的步骤调试 Kafka 源码。

第 3 章
Kafka 的应用

本章将介绍 Kafka 的应用，并提供相关使用示例，包括 Kafka 脚本、客户端、配额等内容，以帮助读者掌握 Kafka 的使用方式。

3.1 脚本

前面我们使用 zookeeper-server-start.sh 脚本启动 ZooKeeper 服务，除了该脚本外，Kafka 在安装包 bin 目录中还提供了很多脚本，帮忙我们更好地使用 Kafka。

3.1.1 主题管理

（1）使用 kafka-topics.sh 创建主题。

```
$ ./bin/kafka-topics.sh --create --bootstrap-server localhost:9092
--replication-factor 2 --partitions 3 --topic hello-topic
   Created topic hello-topic.
```

该命令创建了一个新主题，新主题存在 3 个分区，每个分区存在 2 个副本。

kafka-topics.sh 提供了以下参数：

- --bootstrap-server：Kafka Broker 列表，这里只需要列举 Kafka 集群的部分节点信息，Kafka 脚本（或者客户端）会自动查找 Kafka 集群所有节点信息。

- --create：创建主题。
- --partitions：分区数量，该主题会划分为多少个分区。
- --replication-factor：副本数量，每个分区总共有多少个副本。该数量需要小于或等于 Broker 的数量。
- --replica-assignment：指定副本分配方案，不能与–partitions 和--replication- factor 参数同时使用（后面会详细介绍这两个参数）。
- --alter：变更主题，如修改分区数量、AR 副本列表等。
- --config：修改主题相关的配置，Kafka 中可以针对主题设置配置，如 cleanup.policy、compression.type、delete.retention.ms 等，这些参数会在后面内容中介绍。
- --delete：删除主题。
- --list：列举有效的主题。
- --describe：查询主题详细信息。

提示：从 Kafka 3.0 开始，很多 Kafka 脚本都已经移除了 zookeeper 参数。

（2）使用以下命令查看主题详细信息。

```
$ ./bin/kafka-topics.sh --describe --bootstrap-server localhost:9092  --topic hello-topic
    Topic: hello-topic      TopicId: PXL26BtdQsWxFJSi3glVag    PartitionCount: 3  ReplicationFactor: 2 Configs: segment.bytes=1073741824
        Topic: hello-topic    Partition: 0    Leader: 2    Replicas: 2,0    Isr: 2,0
        Topic: hello-topic    Partition: 1    Leader: 1    Replicas: 1,2    Isr: 1,2
        Topic: hello-topic    Partition: 2    Leader: 0    Replicas: 0,1    Isr: 0,1
```

该命令会输出主题每个分区的 leader 副本、AR 副本列表、ISR 等信息。

3.1.2 生产者与消费者

（1）使用 kafka-console-producer.sh 脚本可以给指定主题发送消息。

```
$ ./bin/kafka-console-producer.sh --bootstrap-server localhost:9092 --topic hello-topic
> hello kafka（输入消息内容，回车发送）
```

（2）使用 kafka-console-consumer.sh 脚本可以消费指定主题的消息。

```
$ ./bin/kafka-console-consumer.sh --bootstrap-server localhost:9092 --topic
hello-topic --group hello-group --from-beginning
    hello-kafka（收到消息）
```

- --group：指定消费者所在消费组，如果不指定，则脚本自动为我们指定一个消费组：console-consumer-<随机数>，随机数小于 100000。

kafka-console-producer.sh、kafka-console-consumer.sh 同样提供了很多参数，这些参数在客户端一节会进行详细说明。

（3）使用 kafka-consumer-groups.sh 脚本可以管理消费组，如查询消费组列表。

```
$ ./bin/kafka-consumer-groups.sh --bootstrap-server localhost:9092 --list
hello-group
```

使用以下命令可以查看指定消费组的详细信息：

```
$ ./bin/kafka-consumer-groups.sh --bootstrap-server localhost:9092 --describe --group
my-group
GROUP      TOPIC      PARTITION     CURRENT-OFFSET     LOG-END-OFFSET     LAG    ...
my-group   my-topic   0 917                            924                7      ...
my-group   my-topic   1 0                              0                  0      ...
my-group   my-topic   2 0                              0                  0      ...
```

该命令会输出指定消费组订阅的所有主题、分区、最新消费偏移量（CURRENT-OFFSET）、分区最新偏移量（LOG-END-OFFSET）、待消费数量（LAG）等信息。

我们可以通过待消费数量（LAG）判断消费者是否消费滞后：消费者消费速度跟不上生产者生产速度。

从分区最新偏移量（LOG-END-OFFSET）可以看到，hello-topic 可能存在数据不均衡的问题，大量的数据存储在 Partition0 中。

kafka-consumer-groups.sh 脚本还支持以下关键参数：

- --state：查看消费组状态。
- --members：查看消费组成员。
- --offsets：查询 ACK 偏移量。
- --reset-offsets：重置消费组的 ACK 偏移量。

3.1.3 动态配置

前面我们使用 Kafka 安装目录下的 config/server.properties 配置文件启动 Kafka 服务，该配置文件可以设置 Broker 配置项。如果我们要修改 Kafka 相关配置，那么必须修改该配置文件并重启 Kafka 服务。在生产环境中，并不能随便重启 Kafka 服务，所以 Kafka 提供了动态配置机制，允许我们在 Kafka 运行时修改配置项，而 Broker 服务会在运行时定时拉取这些动态配置项的最新值。

使用 kafka-configs.sh 脚本可以管理动态配置。该脚本可以针对 Kafka 的主题、Broker、用户、客户端等对象设置动态配置。

提示：可以执行 ./bin/kafka-configs.sh --help 命令查看 kafka-configs.sh 的使用方式及支持的动态配置。

（1）对指定主题添加动态配置。

```
$ ./bin/kafka-configs.sh --bootstrap-server localhost:9092 --alter --topic hello-topic --add-config 'max.message.bytes=1048576'
```

对指定 Broker 节点添加动态配置：

```
$ ./bin/kafka-configs.sh --bootstrap-server localhost:9092 --alter --broker 0 --add-config 'log.segment.bytes=788888888'
```

（2）查看指定主题的动态配置。

```
$ ./bin/kafka-configs.sh --bootstrap-server localhost:9092 --describe --topic hello-topic
```

查看指定 Broker 节点的动态配置：

```
$ ./bin/kafka-configs.sh --bootstrap-server localhost:9092 --describe --broker 0
```

（3）kafka-configs.sh 脚本也可以设置默认的动态配置。例如，为所有的 Broker 设置一个默认的动态配置。

```
$ ./bin/kafka-configs.sh --bootstrap-server localhost:9092 --alter --broker-defaults --add-config 'log.segment.bytes=788888888'
```

使用以下命令可以查看默认动态配置：

```
$ ./bin/kafka-configs.sh --bootstrap-server localhost:9092 --describe
--broker-defaults
```

那么如果在 Broker 配置文件、默认动态配置、指定 BrokerId 的动态配置中，都存在同一个配置项，哪个配置项的优先级更高呢？配置优先级为：Broker 配置文件<默认动态配置<指定 BrokerId 的动态配置。

（4）使用以下命令删除动态配置。

```
$ ./bin/kafka-configs.sh --bootstrap-server localhost:9092 --alter --broker 0
--delete-config 'log.segment.bytes'
```

Kafka 还提供了其他脚本，如 kafka-producer-perf-test.sh 与 kafka-consumer-perf-test.sh 脚本可以进行性能测试，kafka-get-offsets.sh 脚本可以获取 ACK 偏移量。本书就不一一介绍了，读者可以自行了解。

3.2 客户端

Kafka 官方提供了 Java 客户端，用于发送、接收消息。下面介绍如何使用 Kafka 的客户端。

3.2.1 生产者

1. 生产者示例

（1）添加 Kafka 客户端的 Maven 引用。

```xml
<dependency>
    <groupId>org.apache.kafka</groupId>
    <artifactId>kafka-clients</artifactId>
    <version>3.0.0</version>
</dependency>
```

（2）编写一个简单的 Kafka 生产者。

```java
public class BasicProducer {
    public static void main(String[] args) throws ExecutionException,
InterruptedException {
        Properties props = new Properties();
```

```
        props.setProperty(ProducerConfig.BOOTSTRAP_SERVERS_CONFIG,
"127.0.0.1:9092");
        props.setProperty(ProducerConfig.KEY_SERIALIZER_CLASS_CONFIG,
StringSerializer.class.getName());
        props.setProperty(ProducerConfig.VALUE_SERIALIZER_CLASS_CONFIG,
StringSerializer.class.getName());
        //【1】
        KafkaProducer producer = new KafkaProducer<String, String>(props);
        //【2】
        for(int i = 0; i < 10; i++) {
            Future<RecordMetadata> future = producer.send(
                new ProducerRecord<String, String>("hello-topic",
String.valueOf(i), "message-" + i));
            System.out.println("send:" + future.get());
        }
    }
}
```

【1】构建生产者 KafkaProducer,并使用 Properties 指定生产者配置项,如 bootstrap.servers 等。

【2】调用 KafkaProducer#send 方法发送消息。该方法异步发送消息,返回一个 Future 结果。

2. 消息属性

Kafka 为消息定义了 ProducerRecord 类型:

```
public class ProducerRecord<K, V> {
    private final String topic;
    private final Integer partition;
    private final Headers headers;
    private final K key;
    private final V value;
    private final Long timestamp;
    ...
}
```

可以看到,Kafka 消息中包含了主题(topic)、分区(partition)、消息头(header,可以携带额外的键值对,默认为空)、消息键(key)、消息值(value)、时间戳(timestamp)等信息。

提示:Kafka 中也会将消息称为记录(record)。

3. 生产者配置

上面的例子中仅使用了基础的生产者配置项，Kafka 提供了很多配置项，这些配置项可以帮助我们更好地使用客户端。常用的配置项如下：

- bootstrap.servers：Broker 集群地址，只需要配置集群中的部分节点即可。
- key.serializer、value.serializer：消息键、值的序列化器。
- client.id：作为客户端标志，发送给 Broker，用于跟踪请求源、在配额机制中标识客户端等场景。
- ack：生产者和 Broker（客户端会将该参数发送给 Broker）判断消息是否发送成功的策略，有如下取值。
  - 0：生产者正常发送消息后不需要等待任何 Broker 响应，就可以判定消息写入成功。这样可以以最大速度发送消息，但可能丢失消息（由于网络阻塞、Broker 故障等原因）。
  - 1：只要 leader 副本收到并保存消息，就会返回成功响应给生产者，生产者收到响应后就会认为该消息发送成功。如果在 follow 副本还没有同步这些消息前，leader 副本就因故障下线了，则这些消息将丢失。
  - -1：也可以配置为 all，leader 副本收到消息后，需要等待 ISR（已同步副本）中所有副本都同步消息后，才返回成功响应给生产者，这种模式最安全。
- batch.size：消息批次大小上限，默认值为 16384（16KB）。生产者会将消息缓存到消息批次（batch）中，直到批次大小达到该配置值，再将消息批次发送给 Broker。
- linger.ms：消息延迟时间上限。如果消息批次中消息缓存时间达到该配置值，生产者就会发送该消息批次（即使消息批次大小未达到上限），默认值为 0。批量处理消息减少了网络通信次数，并且有助于 Broker 利用磁盘顺序读写机制提高 I/O 效率，从而提高 Kafka 性能，所以可以根据实际情况（生产者内存大小、消息及时性要求）适当增大 batch.size、linger.ms 的配置值。
- buffer.memory：生产者整个缓冲区（即所有消息批次）的大小上限，默认值为 33554432（32MB）。
- max.request.size：单个消息的大小上限，默认值为 1048576（1MB）。
- compression.type：生产者生成的所有数据的压缩类型。默认值为 none（即无压缩），有效值为 none、gzip、snappy、lz4 或 zstd。
- max.block.ms：指定生产者最长阻塞等待时间，默认值为 60000（1 分钟）。生产者在调用 KafkaProducer#send 方法发送消息或调用 KafkaProducer#partitionsFor 方法获取元数据时最长的阻塞时间（如果生产者的缓冲区已满或没有可用的元数据，那么生产者将阻塞等待）。

- request.timeout.ms：指定客户端等待请求响应的最长等待时间，默认值为 30000（30 秒）。如果等待超时且没有收到响应，那么客户端将在必要时重新发送请求，如果重试次数用尽，则请求失败。

- retries、retry.backoff.ms：retires 指定消息发送失败后自动重发的次数，默认值为 2147483647；retry.backoff.ms 指定重发的时间间隔，默认值为 100（ms）。

- delivery.timeout.ms：发送消息的最长时间，即多次重试发送所允许的最长时间。超过该配置值指定时间且未成功发送的消息将发送失败，不允许重试（即使重试次数没用完）。该配置值应该大于 request.timeout.ms+linger.ms，默认值为 120000（2 分钟）。

- max.in.flight.requests.per.connection：每个连接上等待响应的最大消息数量，默认值为 5，即如果存在 5 个已发送但 Broker 未返回响应的消息，则不允许再发送新的消息。

- metadata.max.idle.ms：生产者元数据有效时间，默认值为 300000（5 分钟）。生产者会缓存集群元数据，当元数据缓存时间超过该配置值时，缓存将失效，生产者会获取新的元数据，以发现元数据变化，如主题、Broker 的变化。

- enable.idempotence：是否启动生产者幂等机制，默认值为 true，后面会详细分析。

- receive.buffer.bytes、send.buffer.bytes：这两个配置项分别指定了 TCP Socket 接收缓冲区和发送缓冲区的大小，如果设置成-1，则使用操作系统的默认值。如果客户端与 Broker 网络通信延迟比较高，则可以适当增大这两个配置项的值。

- reconnect.backoff.ms：当连接失败时，尝试重新连接 Broker 之前的等待时间（也称退避时间），避免频繁地连接主机，默认值为 50（ms）。

- partitioner.class：指定生产者分区器实现类，该分区器负责将消息指定给不同的分区，Kafka 提供了如下消息分区器：

    - RoundRobinPartitioner：轮询分区器，该分区器使用 round-robin 轮询的方式将消息指定给存活的分区。

    - UniformStickyPartitioner：黏性分区器，该分区器会尽可能地先向一个分区发送消息，将这个分区的缓冲区快速填满后再切换到下一个分区，这样可以降低消息的发送延迟。

    - DefaultPartitioner：默认分区器，使用消息键的 Hash 值对主题分区数量取模，得到该消息的分区。如果消息键为空，则使用同 UniformStickyPartitioner 一样的策略，集中向一个分区发送键为空的消息，让这个分区的缓冲区快速填满。

用户也可以实现 org.apache.kafka.clients.producer.Partitioner 接口来自定义消息分区器，并通

过生产者配置项 partitioner.class 指定自定义的消息分区器。

4. 生产者拦截器

Kafka 提供了 ProducerInterceptor 接口,用于实现生产者拦截器,在生产者执行某些操作时添加额外的处理逻辑。ProducerInterceptor 接口提供了以下方法:

- onSend:发送消息前触发该方法,通过该方法可以修改发送消息的内容。
- onAcknowledgement:Broker 返回响应(成功或者异常)时触发该方法。
- close:拦截器被关闭时触发该方法(关闭生产者时会关闭拦截器),可以执行一些清理资源的工作。

下面展示一个生产者拦截器的使用示例。

实现 ProducerInterceptor 接口,统计消息发送数量:

```java
public class CounterInterceptor implements ProducerInterceptor<String, String> {
    private AtomicInteger sendCount = new AtomicInteger(0);

    public ProducerRecord<String, String> onSend(ProducerRecord<String, String> record) {
        System.out.println("send count:" + sendCount.incrementAndGet());
        return record;
    }
    ...
}
```

(2)通过生产者配置 interceptor.classes,将拦截器注册到生产者中。

```java
Properties props = new Properties();
...
List<String> interceptors = new ArrayList<>();
interceptors.add(CounterInterceptor.class.getName());
props.put(ProducerConfig.INTERCEPTOR_CLASSES_CONFIG, interceptors);

KafkaProducer producer = new KafkaProducer<String, String>(props);
```

这样就可以使用拦截器了。生产者配置 interceptor.classes 指定了一个拦截器列表,生产者会按照该列表中的顺序执行其中的拦截器。

3.2.2 消费者

1. 消费者示例

（1）添加 Kafka 客户端的 Maven 引用，与生产者相同。

（2）编写一个简单的 Kafka 消费者。

```java
public class BasicConsumer {
    public static void main(String[] args) {
        Properties props = new Properties();
        props.put(ConsumerConfig.BOOTSTRAP_SERVERS_CONFIG, "127.0.0.1:9092");
        props.put(ConsumerConfig.KEY_DESERIALIZER_CLASS_CONFIG, StringDeserializer.class.getName());
        props.put(ConsumerConfig.VALUE_DESERIALIZER_CLASS_CONFIG, StringDeserializer.class.getName());

        props.put(ConsumerConfig.GROUP_ID_CONFIG, "hello-group");

        //【1】
        KafkaConsumer consumer = new KafkaConsumer<String, String>(props);
        //【2】
        consumer.subscribe(Arrays.asList("hello-topic"));

        //【3】
        for(;;) {
            ConsumerRecords<String, String> records = consumer.poll(Duration.ofSeconds(5));
            //【4】
            for (ConsumerRecord<String, String> record : records) {
                System.out.println("receive:" + record);
            }

        }
    }
}
```

【1】创建消费者 KafkaConsumer，并使用 Properties 指定配置项，如 group.id 等。

【2】调用 KafkaConsumer#subscribe 方法订阅指定主题。

【3】调用 KafkaConsumer#poll 方法拉取数据，该方法的参数指定请求的最长阻塞时间。Kafka 消费者使用"拉模式"拉取消息。

【4】处理拉取到的消息。

2. 消费者配置

下面介绍 Kafka 消费者常用的配置项。

- group.id：消费组名称。
- enable.auto.commit：消费者是否自动提交 ACK 偏移量，默认值为 true。
- auto.commit.interval.ms：指定提交 ACK 偏移量的时间间隔，默认值为 5000（5 秒）。
- auto.offset.reset：如果该消费组是新的消费组或者消费组 ACK 偏移量已经被清除，指定消费者从哪里开始消费，存在以下选项：
  - earliest：从最早的偏移量开始消费，即消费所有的历史消息。
  - latest：从最近的偏移量开始消费，只消费新的消息，默认值。
  - none：抛出异常。
- fetch.max.bytes：每次拉取数据的最大数据量，默认值为 52428800（50MB）。
- max.partition.fetch.bytes：一个分区中每次拉取数据的最大数据量，默认值为 1048576（1MB）。
- fetch.min.bytes：每次拉取数据的最小数据量，消费者会要求 Broker 聚集的消息数据量必须不小于该配置值，再将数据返回给消费者，默认值为 1（字节）。
- fetch.max.wait.ms：拉取数据的最大阻塞时间。如果拉取数据时阻塞时间达到该配置值，Broker 立刻返回数据（即使数据量达不到 fetch.min.bytes），默认值为 500（ms）。
- max.poll.records：每次拉取消息的最大数量，默认值为 500。
- session.timeout.ms：消费者超时时间，如果 Broker 超过该时间没有收到消费者心跳，则认为该消费者因故障而失效，默认值为 45000（45 秒）。
- max.poll.interval.ms：指定两次拉取数据的最大时间间隔，默认值为 300000（5 分钟），注意消费者每次通过调用 Consumer#poll 方法拉取到的消息需要在该配置项指定的时间内处理完成，并及时调用下一次 Consumer#poll 方法，否则 Kafka 认为该消费者出现故障，并执行消费者重平衡操作，这样会影响消费者性能。
- metadata.max.age.ms：自动刷新元数据的时间间隔，默认值为 300000（5 分钟）。
- heartbeat.interval.ms：心跳发送时间间隔，默认值为 3000（3 秒）。消费者需要定时发送心跳给 Broker，用于保持会话处于活动状态。注意该配置值必须小于 session.timeout.ms，通常需要小于 session.timeout.ms 配置项的 1/3。

- partition.assignment.strategy：消费者分区分配策略，指定将分区分配给消费者的具体策略，默认值为 RangeAssignor。这是一个重要的配置项，在第 9 章将详细介绍。

消费者同样支持 receive.buffer.bytes、send.buffer.bytes、request.timeout.ms、connections.max.idle.ms 等配置项，作用与生产者一样，不再赘述。

3.ACK 提交方式

在上面的例子中，我们使用了自动提交 ACK 的方式，由消费者定时将最新已处理成功的 ACK 偏移量发送给 Broker。我们也可以使用手动提交 ACK 的方式，自行将 ACK 偏移量提交给 Broker。

将上面的消费者例子调整为如下代码：

```java
// 【1】
props.put(ConsumerConfig.ENABLE_AUTO_COMMIT_CONFIG, false);

KafkaConsumer consumer = new KafkaConsumer<String, String>(props);
consumer.subscribe(Arrays.asList("hello-topic"));

for(;;) {
    ConsumerRecords<String, String> records = consumer.poll(Duration.ofSeconds(5));
    for (ConsumerRecord<String, String> record : records) {
        ...
    }
    // 【2】
    consumer.commitAsync();
}
```

【1】关闭消费者自动提交 ACK 偏移量的机制。

【2】处理消息后，调用 Consumer#commitAsync 方法提交 ACK 偏移量。

4. 正则表达式订阅

在上面的例子中，我们使用主题名集合订阅主题。我们也可以使用正则表达式订阅主题：所有主题名符合该正则表达式模式的主题都可以被订阅。

```java
Pattern pattern = Pattern.compile(".+-topic");
consumer.subscribe(pattern);
```

以上示例就可以同时订阅 my-topic、user-topic 两个主题。

消费者会定时更新 Kafka 元数据（由配置项 metadata.max.age.ms 指定时间间隔），如果 Kafka 中创建了新的匹配正则表达式的主题，则消费者更新元数据后也可以订阅。

相关配置：

- exclude.internal.topics：使用正则表达式订阅时是否过滤 Kafka 内部主题。Kafka 定义了两个内部主题：_consumer_offsets 和 _transaction_state，分别用于存储 ACK 偏移量和 Kafka 事务信息，该配置项的默认值为 true，即不能使用 subscribe(Pattern)的方式来订阅内部主题（可以使用 subscribe(Collection)的方式）。

5. 消费定位

Kafka 提供了 KafkaConsumer#seek 方法，可以让消费者从指定位置开始消费：

```
consumer.seek(new TopicPartition("hello-topic", 0), 10);
```

上述代码会将该消费者在"hello-topic"主题 0 分区的消费位置定位到偏移量 10，该消费者将重新消费偏移量 10 的消息及其后续的消息。

由于 Kafka 并没有提供定位到指定时间的方法，因此如果我们需要定位到某个时间点，那么可以使用如下方式：

```
// 【1】
consumer.subscribe(Arrays.asList("hello-topic"), new ConsumerRebalanceListener() {
    public void onPartitionsAssigned(Collection<TopicPartition> collection) {
        // 【2】
        Map<TopicPartition, Long> timestampsToSearch = new HashMap<>();
        timestampsToSearch.put(new TopicPartition("hello-topic", 0),
            System.currentTimeMillis() - 1000 * 60);
        Map<TopicPartition, OffsetAndTimestamp> offsetMap =
         consumer.offsetsForTimes (timestampsToSearch);
        // 【3】
        offsetMap.forEach((tp, OffsetAndTime) -> {
            if(OffsetAndTime != null) {
                consumer.seek(tp, OffsetAndTime.offset());
            }
        });
    }
    ...
});
```

【1】订阅 hello-topic 主题并注册 ConsumerRebalanceListener 回调类，当订阅成功后再执行【2】、【3】步骤，重定位消费位置。

注意：消费者每次重平衡都会触发 ConsumerRebalanceListener 中的回调方法。

【2】调用 Consumer#offsetsForTimes 获取"hello-topic"主题 0 分区 1 分钟前的偏移量。

【3】调用 Consumer#seek 将消费者消费位置定位到 1 分钟前。

6. 消费者拦截器

Kafka 消费者同样支持拦截器，只要实现 ConsumerInterceptor 就可以。ConsumerInterceptor 提供了 3 个方法：

- onConsume：在 Broker 返回消息后，并且消息返回到 KafkaConsumer#poll 前触发该方法。
- onCommit：当提交 ACK 偏移量时触发该方法。
- close：关闭拦截器时触发该方法。

使用消费者配置 interceptor.classes 可以将拦截器注册到消费者中。与生产者类似，不再赘述。

3.3 消息序列化

我们可以指定消息键、值的序列化器，Kafka 还提供了 String、Long、Integer、Float、Double、Byte 的序列化器。另外，读者也可以实现 org.apache.kafka.common.serialization.Serializer、org.apache.kafka.common.serialization.Deserializer 两个接口，自定义序列化器、反向定义序列化器。

（1）下面使用 Jackson 实现一个简单的 JSON 序列化器，并使用该 JSON 序列化器序列化消息。

```java
public class JsonSerializer<T> implements Serializer<T>{
    private static ObjectMapper objectMapper = new ObjectMapper();

    public byte[] serialize(String topic, T data) {
        try {
            return objectMapper.writeValueAsBytes(data);
        } ...
        return null;
    }
}
```

该 JSON 序列化器的实现很简单，要使用该 JSON 序列化器也很简单，使用生产者配置项 value.serializer 指定该序列化器即可。

```
props.setProperty(ProducerConfig.VALUE_SERIALIZER_CLASS_CONFIG,
JsonSerializer.class.getName());
...
KafkaProducer producer = new KafkaProducer<String, User>(props);
```

这样就可以直接使用 Bean 实例作为消息值，生产者会使用 JSON 序列化器序列化 Bean 实例：

```
User u = new User();
Future<RecordMetadata> future = producer.send(new ProducerRecord<Long,
User>("user-topic", null , u));
```

（2）我们也可以使用 Jackson 实现反序列化器。

```
public class JsonDeserializer<T> implements Deserializer<T> {
    private static ObjectMapper objectMapper = new ObjectMapper();
    private Class targetClass;

    // 【1】
    public void configure(Map<String, ?> configs, boolean isKey) {
        Object clazz;
        if(isKey) {
            clazz = configs.get("key.deserializer.class");
        } else {
            clazz = configs.get("value.deserializer.class");
        }

        targetClass = (Class) clazz;
    }

    public T deserialize(String topic, byte[] data) {
        try {
            // 【2】
            return (T) objectMapper.readValue(data, targetClass);
        } ...
        return null;
```

```
        }
}
```

【1】configs 参数就是构建 KafkaConsumer 时传入的 Properties 参数，这里从该参数中读取反序列化的目标类。笔者定义了两个配置项：key.deserializer.class、value.deserializer.class，用于在创建消费者时传入反序列化的目标类。

【2】使用 Jackson 反序列化数据。

下面指定反序列化器和反序列化目标类：

```
props.put(ConsumerConfig.VALUE_DESERIALIZER_CLASS_CONFIG,
JsonDeserializer.class.getName());
    props.put("value.deserializer.class", User.class);
    ...

KafkaConsumer consumer = new KafkaConsumer<String, User>(props);
```

这样消费者就可以直接接收 JSON 格式的数据，并将其转换为对应的 Bean 实例。

```
for(;;) {
    ConsumerRecords<Long, User> records = consumer.poll(Duration.ofSeconds(5));
    for (ConsumerRecord<Long, User> record : records) {
        System.out.println("receive:" + record.value());
    }
}
```

3.4 配额

某些生产者和消费者可能会快速生产/消费大量消息，从而垄断 Kafka 集群资源，导致其他生产者和消费者无法正常工作。这时可以使用配额机制对这些生产者和消费者限流，避免它们过度占用资源。

如果要对客户端限流，那么首先需要明确客户端的身份。客户端可以使用两种方式声明自己的身份：

（1）使用 clientId 属性声明身份（多个客户端可以使用同一个 client-id）。

（2）通过认证机制声明用户身份。

下面介绍如何使用 Kafka 的配额机制。

（1）使用以下命令，给指定 clientId 的客户端添加配额配置。

```
$ bin/kafka-configs.sh  --alter --bootstrap-server localhost:9092 --add-config 'producer_byte_rate=1024,consumer_byte_rate=1024' --entity-type clients --entity-name clientA
```

- producer_byte_rate：生产者发送消息不能超过该速率的阈值，单位为字节/秒。
- consumer_byte_rate：消费者接收消息不能超过该速率的阈值，单位为字节/秒。

客户端使用 client-id 声明身份：

```
props.setProperty(ProducerConfig.CLIENT_ID_CONFIG, "clientA");
```

这样该客户端发送和接收消息将受到配额的限制，每秒只能发送或者接收 1KB 的消息。

（2）使用以下命令可以给指定认证身份的客户端添加配额配置。

```
$ bin/kafka-configs.sh  --bootstrap-server localhost:9092 --alter --add-config 'producer_byte_rate=1024,consumer_byte_rate=2048,request_percentage=200' --entity-type users --entity-name alice
```

这时，使用 alice 用户认证的客户端将受到配额的限制。认证机制将在第 22 章介绍。

3.5 本章总结

本章介绍了 Kafka 的使用方式，包括管理脚本、生产者与消费者的使用方式和关键配置，消息序列化的实现、配额机制的使用等内容。这部分内容可以帮助读者了解 Kafka 提供的功能及日常如何使用 Kafka。

第 4 章 Pulsar 的部署与调试

本章详细介绍 Pulsar 集群的部署步骤,以及 Pulsar 源码的调试方式。

4.1 本地部署

Pulsar 提供了一种非常简单的本地部署模式。部署步骤如下:

(1)准备一个 Linux 系统的机器,安装 OpenJDK 11。

(2)下载 Pulsar 安装包(笔者使用的是 apache-pulsar-2.8.0-bin.tar.gz),解压后进入解压目录 apache-pulsar-2.8.0。

(3)通过以下命令启动 Pulsar。

```
$ bin/pulsar standalone
```

在该模式下,Pulsar 会在本地集群启动 ZooKeeper、BookKeeper、Broker 这 3 个应用。

成功启动 Pulsar 服务后,可以看到如下所示的 INFO 级日志消息:

```
21:59:29.327 [DLM-/stream/storage-OrderedScheduler-3-0] INFO org.apache.bookkeeper.stream.
storage.impl.sc.StorageContainerImpl - Successfully started storage container (0).
21:59:34.576 [main] INFO  org.apache.pulsar.broker.authentication.AuthenticationService
- Authentication is disabled
21:59:34.576 [main] INFO  org.apache.pulsar.websocket.WebSocketService - Pulsar WebSocket
Service started
```

这时我们就可以正常使用该 Pulsar 服务。本地部署模式非常简单，可以帮助我们快速入手 Pulsar。

4.2 集群部署

下面介绍如何部署 Pulsar 集群。

4.2.1 ZooKeeper 集群部署

Pulsar 服务同样依赖于 ZooKeeper 服务，所以首先需要部署 ZooKeeper 集群（或者 ZooKeeper 单点服务）。

1. 准备环境

笔者使用 3 台机器部署一个 3 节点的 ZooKeeper 集群。首先准备 3 台机器（Linux 系统），主机名分别为 zk1、zk2、zk3，安装 OpenJDK 11。

Pulsar 安装包同样包含了 ZooKeeper 安装包，笔者使用 Pulsar 安装包部署 ZooKeeper 服务。

下载 Pulsar 安装包（笔者使用的是 apache-pulsar-2.8.0-bin.tar.gz），解压后进入解压目录 apache-pulsar-2.8.0。本章所述操作都基于该目录。

2. 修改配置

（1）该 ZooKeeper 默认将数据存储在 data/zookeeper/下，在该目录下创建 myid 文件。

```
$ mkdir -p data/zookeeper
$ echo 1 > data/zookeeper/myid
```

笔者为 3 个 ZooKeeper 节点分别定义了服务 Id：1、2、3。

（2）在 conf/zookeeper.conf 配置文件中添加 ZooKeeper 集群信息。

```
server.1=zk1:2888:3888
server.2=zk2:2888:3888
server.3=zk3:2888:3888
```

提示：conf/zookeeper.conf 配置文件中已存在 initLimit、syncLimit 配置。

3. 启动服务

在 3 台机器上使用以下命令启动 ZooKeeper 服务：

```
$ ./bin/pulsar zookeeper
```

如果需要后台启动 ZooKeeper 服务，则可以使用以下命令：

```
$ ./bin/pulsar-daemon start zookeeper
```

在 3 台机器上启动 ZooKeeper 服务后，使用以下命令查看 ZooKeeper 目录：

```
$ ./bin/pulsar zookeeper-shell
zk> ls /
[zookeeper]
```

如果能够正常查看 ZooKeeper 目录，则说明 ZooKeeper 集群部署成功。

4.2.2 初始化集群元数据

Pulsar 中的 Broker 需要运行在一个 Cluster 集群下，但 Pulsar 不会自动为我们创建集群信息，所以这里我们先初始化一个集群。

在任意一个 ZooKeeper 节点上执行以下命令初始化集群数据：

```
$ ./bin/pulsar initialize-cluster-metadata \
  --cluster my-pulsar-cluster \
  --zookeeper zk1:2181 \
  --configuration-store zk1:2181 \
  --web-service-url http://pulsar1:8080,pulsar2:8080,pulsar3:8080 \
  --web-service-url-tls https://pulsar1:8443,pulsar2:8443,pulsar3:8443 \
  --broker-service-url pulsar://pulsar1:6650,pulsar2:6650,pulsar3:6650 \
  --broker-service-url-tls pulsar+ssl://pulsar1:6651,pulsar2:6651,pulsar3:6651
```

该命令会在 ZooKeeper 中初始化 Cluster 集群的元数据，后面部署的 Broker 节点都会运行在该集群下。如果看到如下输出，则说明集群初始化成功：

```
Cluster metadata for 'my-pulsar-cluster' setup correctly
```

参数说明：

- --cluster：集群名称。
- --zookeeper：ZooKeeper 集群的连接地址，只需要配置 ZooKeeper 集群任意一台机器即可。

- --configuration-store：负责集中存储 Cluster 集群信息的 ZooKeeper 集群地址，同样只需配置 ZooKeeper 集群中的任意一台机器。
- --web-service-url：Pulsar 集群的 Web 服务 URL，管理脚本通过该 URL 管理 Pulsar。
- --web-service-url-tls：Pulsar 集群的 Web 服务 TLS 协议的 URL。
- --broker-service-url：Broker 服务的 URL，客户端通过该 URL 访问集群中的 Broker。
- --broker-service-url-tls：Broker 服务的 TLS 协议的 URL。

连接到 ZooKeeper，可以看到该脚本已经在 ZooKeeper 中创建了以下目录，则 Cluster 集群初始化成功。

```
$ ./bin/pulsar zookeeper-shell
zk> ls /
[admin, bookies, ledgers, managed-ledgers, namespace, pulsar, stream, zookeeper]
```

4.2.3 部署 BookKeeper 集群

前面说过，Pulsar 使用 BookKeeper 服务存储数据，所以接下来需要部署 BookKeeper 集群。

1. 环境准备

准备 3 台机器，安装 OpenJDK 11。同样下载 apache-pulsar-2.8.0-bin.tar.gz，解压后进入解压目录 apache-pulsar-2.8.0。

2. 修改配置

修改 conf/bookkeeper.conf 配置（BookKeeper 默认使用的配置文件）：

```
zkServers=zk1:2181,zk2:2181,zk3:2181
prometheusStatsHttpPort=8001
```

- zkServers：ZooKeeper 集群地址。
- prometheusStatsHttpPort：Prometheus 监控服务暴露端口，默认值为 8080，为了避免与 ZooKeeper 管理端口冲突，这里将其修改为其他端口号。

3. 启动服务

在 3 台机器上使用以下命令启动 BookKeeper 服务：

```
$ ./bin/pulsar bookie
```

如果需要后台启动 BookKeeper 服务，则可以使用以下命令：

```
$ ./bin/pulsar-daemon start bookie
```

3 个服务都启动成功后，可以通过以下命令验证 Bookie 是否正常工作：

```
$ ./bin/bookkeeper shell bookiesanity
```

这个命令会在 BookKeeper 集群中写入测试数据，最后删除测试数据，看到输出 `Bookie sanity test succeeded` 的日志时说明验证通过。

使用以下命令同样可以验证 BookKeeper 集群，并且可以指定 Bookie 节点数量：

```
$ ./bin/bookkeeper shell simpletest --ensemble 3 --writeQuorum 3 --ackQuorum 3 --numEntries 3
```

4.2.4 部署 Pulsar Broker

到这里，我们就可以部署 Pulsar Broker 集群了。

1. 环境准备

准备 3 台机器，主机名为 pulsar1、pulsar2、pulsar3，分别安装 OpenJDK 11。同样下载 apache-pulsar-2.8.0-bin.tar.gz，解压后进入解压目录 apache-pulsar-2.8.0。

2. 修改配置

修改 conf/broker.conf（Broker 默认使用的配置文件）

```
zookeeperServers=zk1:2181,zk2:2181,zk3:2181
configurationStoreServers=zk1:2181,zk2:2181,zk3:2181
clusterName=my-pulsar-cluster
```

- zookeeperServers：ZooKeeper 集群地址。
- configurationStoreServers：负责集中存储 Cluster 集群信息的 ZooKeeper 集群地址。
- clusterName：该 Broker 所在集群名称，需要与前面初始化集群时的集群名称保持一致。

此外，Broker 配置文件中配置的 Broker 和 Web 服务的端口也必须与初始化集群的时候提供的端口保持一致（通常使用默认值即可）。

```
brokerServicePort=6650
```

```
brokerServicePortTls=6651
webServicePort=8080
webServicePortTls=8443
```

3. 启动服务

在 3 台机器上使用以下命令启动 Broker 服务：

```
$ ./bin/pulsar broker
```

如果需要后台启动 Broker 服务，则可以使用以下命令：

```
$ ./bin/pulsar-daemon start broker
```

3 台机器的 Broker 服务都启动后，执行以下命令，可以输出节点信息：

```
$ ./bin/pulsar-admin brokers list my-pulsar-cluster
"pulsar1:8080"
"pulsar2:8080"
"pulsar3:8080"
```

可以看到，3 个 Broker 节点都已经部署成功。

4.3 调试 Pulsar

下面介绍如何调试 Pulsar Broker 源码及 BookKeeper 源码。

4.3.1 调试 Pulsar Broker 源码

1. 环境准备

准备一台机器（Linux 系统），安装 OpenJDK 11、IntelliJ IDEA 社区版。

下载 Pulsar 源码，笔者从 GitHub 上下载的源码是 pulsar-2.8.0.zip，解压后进入解压目录 pulsar-2.8.0。

Pulsar 源码中包含了很多项目，如 pulsar-functions、pulsar-sql、pulsar-proxy 等，为了方便，笔者仅调试其中最基础的 pulsar-broker。

2. 生成实体类

（1）Pulsar 支持不同语言的客户端，所以使用 ProtoBuf 生成了与客户端交互的相关实体类。

进入 pulsar-broker 目录，执行以下命令生成实体类：

```
pulsar-broker$ mvn protobuf:compile
pulsar-broker$ mvn protobuf:test-compile
```

（2）在 pulsar-broker/src/main/proto/TransactionPendingAck.proto 中找到如下引用。

```
import "pulsar-common/src/main/proto/PulsarApi.proto";
```

将该引用路径改成绝对路径：

```
import "opt/pulsar-2.8.0/pulsar-common/src/main/proto/PulsarApi.proto";
```

执行以下命令生成实体类：

```
pulsar-broker$ mvn lightproto:generate
```

3. 导入 IDEA

打开 IDEA，选择"new"→"project from existing sources"→pulsar-broker 下的 pom.xml，即可将 pulsar-broker 导入 IDEA，等待 IDEA 初始化完成即可。

4. 设置日志输出

pulsar-broker 默认也是没有日志输出到控制台的，执行以下操作可以添加日志输出。这里我们使用 Log4j 框架输出日志。

（1）在 pom 中添加引用。

```xml
<dependency>
  <groupId>log4j</groupId>
  <artifactId>log4j</artifactId>
  <version>1.2.17</version>
</dependency>

<dependency>
  <groupId>org.slf4j</groupId>
  <artifactId>slf4j-log4j12</artifactId>
  <version>1.7.25</version>
</dependency>
```

（2）在 pulsar-broker/src/main/resources 目录下添加配置文件 log4j.properties，内容如下：

```
log4j.rootLogger = info,stdout
log4j.appender.stdout = org.apache.log4j.ConsoleAppender
log4j.appender.stdout.layout = org.apache.log4j.PatternLayout
log4j.appender.stdout.layout.ConversionPattern = [%d] %p %m (%c-%M-%L)%n
```

5. 启动服务

接下来，我们就可以启动 Pulsar Broker 服务了。

（1）启动类为 PulsarBrokerStarter。

（2）需要添加启动参数（program arguments）：-c ../conf/broker.conf，指定 Broker 服务使用 conf/broker.conf 配置。看到以下输出内容，说明启动成功：

```
PulsarService started.
```

提示：启动 Broker 服务前，需要准备好 ZooKeeper 和 BookKeeper 服务，并修改 zookeeperServers 等配置。

4.3.2 调试 BookKeeper

BookKeeper 负责为 Pulsar 提供存储服务，要深入理解 Pulsar，阅读 BookKeeper 源码也是非常有必要的。下面介绍如何调试 BookKeeper 源码。

1. 环境准备

（1）准备一台机器（Linux 系统），安装 OpenJDK 11、IntelliJ IDEA 社区版。

（2）下载 BookKeeper 源码，笔者从 GitHub 上下载源码 bookkeeper-release-4.14.2.zip，解压后进入解压目录 bookkeeper-release-4.14.2。

2. 生成实体类

BookKeeper 同样需要生成实体类，进入 bookkeeper-proto 目录，执行以下命令生成实体类。

```
bookkeeper-proto$ mvn protobuf:compile
```

3. 启动服务

接下来就可以启动 BookKeeper 服务了。

（1）启动类：Main。

（2）需要添加启动参数：--conf conf/bookkeeper.conf，使用源码目录下的 conf/bookkeeper.conf 配置文件启动服务。

看到以下输出内容,说明启动成功:

```
Started component bookie-server.
```

提示:启动 BookKeeper 服务前需要准备好 ZooKeeper,初始化集群元数据。

4.4 本章总结

本章介绍了 Pulsar 系统的部署步骤与调试方式,根据本章的内容,读者可以自行部署 Pulsar 系统,并调试 Pulsar 源码。

第 5 章 Pulsar 的应用

本章详细介绍 Pulsar 的使用方式,包括 Pulsar 脚本、客户端、认证授权等内容。

5.1 租户

通过 pulsar-admin 脚本可以管理 Pulsar 中的租户、命名空间、主题。

(1)使用以下命令可以创建租户。

```
$ ./bin/pulsar-admin tenants create my-tenant
```

(2)使用以下命令可以在创建租户时指定租户的管理角色和绑定集群。

```
$ ./bin/pulsar-admin tenants create my-tenant \
  --admin-roles role1,role2 \
  --allowed-clusters cluster1
```

上述命令指定了 role1、role2 角色可以使用和管理该租户的命名空间、主题(第 22 章将介绍认证机制),并将该租户绑定到集群 cluster1 中(主要用于实现跨地域复制机制)。

5.2 命名空间

使用以下命令,在指定租户下创建命名空间:

```
$ ./bin/pulsar-admin namespaces create my-tenant/my-namespace
```

Pulsar 在命名空间上定义了很多配置项，可以对该命名空间上的主题进行精细的控制。下面对这些配置项进行介绍。

5.2.1 消息保留和过期

1. 消息保留策略（Retention Policies）

使用 `set-retention` 命令可以设置主题中已确认的历史消息的最大保留数据量或保留时间，Pulsar 将清除超出限制的历史数据。

使用示例：

```
$ ./bin/pulsar-admin namespaces set-retention \
  --size 10G\
  --time 3H \
  my-tenant/my-namespace
```

该命令设置 my-namespace 命名空间上的所有主题，最多保留 10GB、3 小时内的历史消息。

使用以下命令查看消息保留策略：

```
$ ./bin/pulsar-admin namespaces get-retention my-tenant/my-namespace
```

2. backlog quota 策略

backlog 是主题所有订阅组的未确认消息的集合（未发送的消息，以及已发送但消费者未确认的消息）。我们可以针对 backlog 进行限制，当 backlog 的大小或者保留时间超出限制后，Pulsar 会采取相应的行动。

通过 `set-backlog-quota` 命令可以设置 backlog quota 策略，该命令支持以下配置项：

- --limit：大小限制，如 1GB、100MB 等。
- --limitTime：时间限制，单位为秒。
- --policy：达到限制后执行的处理操作，支持以下选项。
  - producer_request_hold：Broker 继续提供服务，但对达到限制之后未确认的消息不做持久化操作。
  - producer_exception：Broker 抛出异常，断开连接。
  - consumer_backlog_eviction：删除 Broker 之前 backlog 积压的消息。

使用示例：

```
$ ./bin/pulsar-admin namespaces set-backlog-quota \
  --limit 1G \
  --limitTime 3600 \
  --policy producer_request_hold \
  my-tenant/my-namespace
```

该命令设置 my-namespace 命名空间上每个主题最多保留 1 小时、1GB 的未确认消息，如果超出限制，则 Broker 继续提供服务，但对达到限制之后未确认的消息不做持久化操作。

使用以下命令查看 backlog quota 策略：

```
$ ./bin/pulsar-admin namespaces get-backlog-quotas my-tenant/my-namespace
```

3. 消息存活时间（TTL）

为了避免大量的未确认消息过度占用磁盘，Pulsar 可以设置消息生存时间（TTL），未确认的消息在超过生存时间后，将被自动确认，这时 Pulsar 就可以根据消息保留策略清除它们。

使用 set-message-ttl 命令可以设置消息的生存时间，使用 --messageTTL 参数指定消息的生存时间，单位为秒。

使用示例：

```
$ ./bin/pulsar-admin namespaces set-message-ttl \
  --messageTTL 120 \
  my-tenant/my-namespace
```

该命令设置 my-namespace 命名空间上所有主题的未确认消息经过 2 小时后将被自动确认。

使用以下命令查看消息存活时间：

```
$ ./bin/pulsar-admin namespaces get-message-ttl my-tenant/my-namespace
```

5.2.2 持久化策略

使用 set-persistence 命令可以设置消息持久化的策略，如每条消息备份的数量。

set-persistence 命令支持以下配置项：

- --bookkeeper-ensemble：单个主题使用的 Bookie 数量，假设为 N，则该主题的消息会分散保存到 N 个 Bookie 节点上。

- **--bookkeeper-write-quorum**：每个消息必须写入的 Bookie 节点数量。
- **--bookkeeper-ack-quorum**：客户端写入数据时需要等待返回成功响应的 Bookie 节点的数量。
- **--ml-mark-delete-max-rate**：标记—删除操作的限制速率（0 表示无限制），默认值为 0.0。

使用示例：

```
$ ./bin/pulsar-admin namespaces set-persistence \
  --bookkeeper-ensemble 3 \
  --bookkeeper-write-quorum 2 \
  --bookkeeper-ack-quorum 2 \
  --ml-mark-delete-max-rate 0 \
  my-tenant/my-namespace
```

该命令设置 my-namespace 命名空间中的每个主题都从 BookKeeper 集群中选择 3 个 Bookie 节点存储消息，并将每条消息保存到其中 2 个 Bookie 节点，每次写入都需要等待 2 个 Bookie 节点返回成功，才认为消息写入成功。后面会详细说明 BookKeeper 的数据存储机制。

提示：如果命名空间未设置 bookkeeper-ensemble、bookkeeper-write-quorum、bookkeeper-ack-quorum 属性，则 Pulsar 会使用 Broker 配置项 managedLedgerDefaultEnsembleSize、managedLedgerDefaultWriteQuorum、managedLedgerDefaultAckQuorum 设置消息的持久化策略。

5.2.3　消息投递速率

使用 set-dispatch-rate 命令可以设置主题的消息投递速率，避免消息投递过快，类似于 Kafka 的配额机制。

支持以下配置：

- **--dispatch-rate-period**：投递速率的统计时间间隔，单位为秒，默认值为 1。
- **--msg-dispatch-rate**：每个时间间隔内允许投递的消息数量，默认值为-1，代表不限制。
- **--byte-dispatch-rate**：每个时间间隔内允许投递的字节数，默认值为-1，代表不限制。

使用示例：

```
$ ./bin/pulsar-admin namespaces set-dispatch-rate my-tenant/my-namespace \
  --msg-dispatch-rate 1000 \
```

```
--byte-dispatch-rate 1048576 \
--dispatch-rate-period 2
```

该命令设置 my-namespace 命名空间的主题在 2 秒内最多允许投递 1000 条消息或者 1MB 大小的消息。

还可以使用 set-subscription-dispatch-rate 命令设置单个订阅组的消息投递速率，使用 set-replicator-dispatch-rate 命令设置复制集群之间的所有复制器的消息投递速率，这些命令支持的参数与 set-dispatch-rate 命令相同，就不一一展示了。

这里可以看到 Kafka 和 Pulsar 的配额机制针对的对象不同，Kafka 针对用户进行配额，而 Pulsar 针对主题、订阅组、复制器进行配额。

命名空间上还可以设置其他配置项，如命名空间 bundle、空间隔离等，这些配置项会在后面对应的章节具体分析。

5.3 主题

按存储方式区分，Pulsar 可以支持两种主题：持久化主题和非持久化主题。

- 持久化主题命名格式：persistent://tenant/namespace/topic。
- 非持久化主题命名格式：non-persistent://tenant/namespace/topic。

本书只关注持久化主题，关于非持久化主题的内容，读者可自行了解。

5.3.1 创建主题

前面说过，Pulsar 支持非分区主题与分区主题，它们的创建方式如下所示。

- 创建非分区主题

```
$ ./bin/pulsar-admin topics create persistent://my-tenant/my-namespace/my-topic
```

- 创建分区主题

```
$ ./bin/pulsar-admin topics create-partitioned-topic \
  persistent://my-tenant/my-namespace/my-topic \
  --partitions 4
```

另外，如果我们不指定主题的存储方式，那么 Pulsar 将自动创建持久化主题：

```
$ ./bin/pulsar-admin topics create  my-tenant/my-namespace/my-topic
```

创建的主题为 persistent://my-tenant/my-namespace/my-topic。

Pulsar 提供了默认的租户 public、默认的命名空间 default，如果我们使用主题时不指定租户、命名空间，则使用默认的租户与命名空间：

```
$ ./bin/pulsar-admin topics create  my-topic
```

创建的主题为 persistent://public/default/my-topic。

5.3.2 发送、消费消息

创建主题后，使用 pulsar-client 脚本可以发送和消费消息。

1. 发送消息

```
$ ./bin/pulsar-client produce \
  persistent://my-tenant/my-namespace/my-topic \
  -n 1 \
  -m "Hello Pulsar"
```

该命令支持以下参数：

- -n：消息数量。
- -m：消息列表，以逗号分隔。
- -k：发送消息的键。

2. 消费消息

```
$ ./bin/pulsar-client consume \
  persistent://my-tenant/my-namespace/my-topic \
  -n 100 \
  -s "my-subscription" \
  -t "Exclusive" \
  -p Earliest
```

该命令支持以下参数：

- -n：要消费的消息数量，0 表示一直消费。
- -s：订阅名称。

- -t：订阅模式，后面会详细说明。
- -m：游标类型，默认值为 Durable，后面会详细说明。
- q：消费者接收队列的大小。
- -p：订阅位置，可选值为 Latest、Earliest，默认值为 Latest，后面会详细说明。

其他参数请参考官网文档。

5.3.3　管理主题

使用 pulsar-admin 脚本可以对主题进行细致的管理。

1. 获取命名空间主题列表

```
$ ./bin/pulsar-admin topics list my-tenant/my-namespace
```

2. 获取某个主题统计数据

```
$ ./bin/pulsar-admin topics stats persistent://my-tenant/my-namespace/my-topic
```

该命令会输出以下统计数据：

- msgRateIn：所有发布者每秒发布消息速率之和（msg/s）。
- storageSize：该主题的 Ledger 存储空间的大小之和。
- bytesInCounter：已发布的总字节数。
- msgInCounter：已发布的消息总数。
- bytesOutCounter：发送给消费者的总字节数。
- msgOutCounter：发送给消费者的消息总数。
- publishers：生产者信息。
- subscriptions：订阅组列表（其中 consumers 属性展示了消费者明细）。
- replication：与跨地域复制机制相关的统计信息。

该命令输出的属性非常多，就不一一列举了，详细内容可参考官方文档。

使用以下命令获取主题的内部数据：

```
$ ./bin/pulsar-admin topics stats-internal persistent://my-tenant/my-namespace/my-topic
```

该命令会输出以下主题内部数据：

- totalSize：消息的总大小（以字节为单位）。
- currentLedgerEntries：当前写入的 Ledger 中写入的消息总数。
- currentLedgerSize：当前写入的 Ledger 中写入的消息字节大小。
- lastLedgerCreatedTimestamp：最后一个 Ledger 创建的时间。
- state：当前写入的 Ledger 的状态。LedgerOpened 代表 Ledger 是开启状态，可以保存已发布的消息。
- ledgers：该主题下所有用于保存消息的 Ledger 列表。
- schemaLedgers：该主题下所有用于保存 Schema 的 Ledger 列表。
- compactedLedger：该主题被压缩后，所有用于保存未确认消息的 Ledger 列表。
- cursors：该主题所有的游标，每个订阅组都存在一个游标。

该命令输出的字段非常多，就不一一列举了，详细内容可参考官方文档。

这两个命令可以非常详细地输出主题明细，对我们排查问题的帮助很大。

3. 获取主题上所有的订阅

```
$ ./bin/pulsar-admin topics subscriptions persistent://my-tenant/my-namespace/my-topic
"my-subscription"
```

取消主题上某个订阅：

```
$ ./bin/pulsar-admin topics unsubscribe \
  --subscription my-subscription \
  persistent://my-tenant/my-namespace/my-topic
```

4. 使用以下命令可以删除主题

```
$ ./bin/pulsar-admin topics delete \
  persistent://my-tenant/my-namespace/my-topic
```

5.4 客户端

下面介绍 Pulsar 客户端的使用，Pulsar 支持多种语言的客户端，包括 Java、Go、Python、C++等，这里仅展示 Java 客户端的使用，其他客户端的使用请参考官网文档。

5.4.1 生产者

1. 生产者使用示例

（1）添加客户端引用。

```xml
<dependency>
    <groupId>org.apache.pulsar</groupId>
    <artifactId>pulsar-client</artifactId>
    <version>2.8.0</version>
</dependency>
```

（2）编写一个 Java 客户端生产者。

```java
public class BasicProducer {
    public static void main(String[] args) throws PulsarClientException {
        String brokerServiceUrl = "pulsar://127.0.0.1:6650";
        // 【1】
        PulsarClient client = PulsarClient.builder().serviceUrl(brokerServiceUrl).build();
        Producer producer = client.newProducer()
                .sendTimeout(5, TimeUnit.SECONDS)
                .maxPendingMessages(100)
                .topic("my-topic")
                .create();

        // 【2】
        for(int i = 0; i < 10; i++) {
            String content = "my-message-" + i;
            MessageId id = producer.send(content.getBytes());
        }
    }
}
```

【1】PulsarClient#newProducer 返回 ProducerBuilderd，用于构建生产者。注意 ProducerBuilderd 可以设置生产者的属性，下面介绍的生产者属性也是通过 ProducerBuilderd 设置的。

【2】调用 Producer#send 方法发送消息，这里发送消息的格式都是字节数组。

2. 消息属性

Pulsar 消息中存在以下关键属性，如表 5-1 所示。

表 5-1

属性	说明
Value	消息所承载的数据
Key	该消息的键
Properties	用户自定义的键值对属性（可选）
Sequence ID	序列 Id
Event time	事件时间，由应用程序设置。如果没有明确，则消息的事件时间为 0
Publish time	消息发布的时间戳，由生产者自动添加

使用以下方式可以设置消息属性：

```
producer.newMessage()
    .key("1")
    .value("hello")
    .sequenceId(100)
    .send();
```

3. 生产者基础配置

生产者的一些常用基础配置如下：

- sendTimeout：发送消息的超时时间，默认值为 30000（ms）。

- maxPendingMessages：待确认的消息（已发送但未收到成功响应）的最大数量，默认值为 1000。

- blockIfQueueFull：当待确认消息数量达到 maxPendingMessages 时，如果继续发送消息，是否阻塞线程，默认值为 false，这时会抛出 ProducerQueueIsFullError 异常。

- compressionType：压缩类型，默认值为 NONE，支持 LZ4、ZLIB、ZSTD、SNAPPY 等配置值。

- autoUpdatePartitions：是否自动更新分区元数据，以发现新的分区（仅用于分区主题生产者），默认值为 true。

- autoUpdatePartitionsInterval：指定更新分区信息的时间间隔，默认值为 1 分钟。

提示：本节所述的配置都可以使用 ProducerBuilderd 来设置。

4. 消息批次与消息 chunk

（1）使用以下配置可以让生产者分批次发送消息。

- enableBatching：是否启动分批发送消息机制，启动后消息会被缓存在某个消息批次中，待批次已满或延迟时间已到再将消息批次发送给 Broker，默认值为 true。

- batchingMaxBytes、batchingMaxMessages：每个消息批次的最大字节数、消息数量，默认值为 128KB、1000。

- batchingMaxPublishDelay：消息批次延迟发送最长时间，当消息批次延迟到达该时间限制时，即使批次未满，也会发送给 Broekr，默认值为 1 ms。

- batcherBuilder：指定批次构建器 BatcherBuilder，生产者使用该 BatcherBuilder 来创建消息批次。默认使用 DefaultBatcherBuilder，它会将所有的消息添加到一个批次中，直到该批次已满。如果需要按键将消息分配给不同的批次，则可以使用 KeyBasedBatcherBuilder。

（2）消息 chunk。

如果消息过大，大于单条消息最小大小（默认值为 5MB，由 Broker 配置项 maxMessageSize 指定），那么生产者可以将该消息进行分块，每个消息分块被称为消息 chunk，并按顺序将消息 chunk 发送给 Broker。

Pulsar 内部将消息 chunk 当作一个普通的消息进行处理。在 Broker 中，消息 chunk 将和普通的消息以相同的方式存储（消息 chunk 与普通消息会混合到一起存储，不做区分）。唯一的区别是，消费者需要缓冲消息 chunk，并在收集完一个消息的所有消息 chunk 后将其合并成真正的消息，再交给应用程序处理。而一旦应用程序对该大消息进行确认，消费者会发送该消息所有 chunk 的 ACK 信息给 Broker。

如果生产者未能发布一个消息的所有 chunk（例如生产者仅发布了一个大消息的部分消息 chunk，就因为故障下线了），那么消费者无法在过期时间内接收该消息所有的 chunk，消费者就会抛弃未完成的 chunk。该过期时间由消费者配置项 expireTimeOfIncompleteChunkedMessage 设置，默认值为 1 小时。

消费者接收消息 chunk 时，同一消息的 chunk 在消息流中可能不连续，它们可能与其他消息的块混合。如图 5-1 所示，消息 M1、M2 的 chunk 混合在一起，因此，消费者必须维护多个缓冲区来管理来自不同消息的 chunk。缓冲大量未完成的消息 chunk 会造成消费者端的内存压力，消费者端提供了 maxPendingChunkedMessage 配置项限制缓存消息 chunk 使用的内存上限，当内存使用量达到该上限时，消费者会抛弃最旧的消息 chunk。这时由 autoAckOldestChunkedMessageOnQueueFull 配置项控制是否给这些消息 chunk 发送 ACK 信息，默认值为 false，即不发送 ACK 信息。

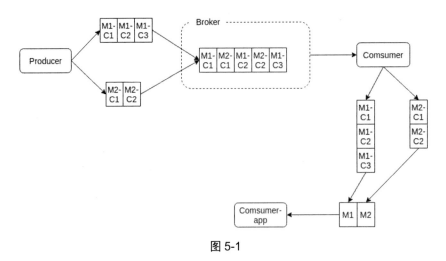

图 5-1

使用消息分块功能时需要注意：

- 该功能仅支持持久化主题，以及 Exclusive 和 Failover 订阅模式。
- 生产者使用 enableChunking 配置项启动消息自动分块机制。
- 生产者需要禁用批次发送机制。
- 生产者会将发布的消息保存在缓冲区中，直到它收到来自 Broker 的确认。因此，最好减少 maxPendingMessages 配置，避免生产者由于缓冲大量大消息而导致内存不足。
- 需要在命名空间上设置 message-ttl 以定时清除不完整的消息 chunk。
- 消费者还应该配置 receiverQueueSize 和 maxPendingChunkedMessage，避免内存溢出。

5. 访问模式和路由模式

（1）accessMode 配置项可以为生产者设置不同的访问模式。

- Shared：允许多个生产者同时发布消息给主题，默认配置。
- Exclusive：仅允许一个生产者发送消息给主题，如果已经有一个生产者连接到主题，那么其他生产者尝试连接到该主题时将立即报错。
- WaitForExclusive：与 Exclusive 类似，只允许一个生产者连接到主题，如果已经有一个生产者连接到主题，其他生产者尝试连接到该主题时将被阻塞，当已连接的生产者下线后，被阻塞的某个生产者会连接成功，而其他生产者继续被阻塞。

（2）消息路由模式。

当发布消息给分区主题时，必须指定消息路由模式。路由模式决定了每条消息被发布到哪个内部主题。使用 messageRoutingMode 配置项可以选择以下一种模式：

- RoundRobinPartition：如果消息指定了键，那么生产者会根据键的 Hash 值将该消息分配给对应的内部主题。对于没有键的消息，生产者将一个时间段内所有没有键的消息发送给同一个内部主题（如果启动消息批次机制，则这些消息会被放入同一个批次）。该时间段由 roundRobinRouterBatchingPartitionSwitchFrequency 配置项指定，默认值为 10（ms），即 10ms 内没有键的消息会被发送给同一个分区，每隔 10ms 以轮询的方式切换到下一个内部主题。
- SinglePartition：如果消息指定了键，那么生产者会根据键的 Hash 值将该消息分配给对应的内部主题。如果消息没有指定键，那么生产者将会随机选择一个内部主题。
- CustomPartition：由用户可以实现 MessageRouter 接口，自定义消息路由器，并使用 messageRouter 配置项指定用户实现的消息路由器。

6. 拦截器、异步发送、延迟投递

（1）Pulsar 支持异步发送消息。

```
CompletableFuture<MessageId> sendFuture = producer.sendAsync((content).getBytes());
sendFuture.thenAccept(messageId -> {
    System.out.println("send:" + messageId);
});
```

（2）Pulsar 提供了 ProducerInterceptor，可以实现生产者拦截器，该接口提供了以下几个方法。

- close：关闭拦截器。
- beforeSend：Producer#send 方法、Producer#sendAsync 方法发送消息前触发该方法。
- onSendAcknowledgement：Broker 返回成功或者失败响应时触发该方法。
- eligible：负责检查一个拦截器是否可以用于某个消息。

下面是一个使用拦截器统计消息发送数量的简单示例：

```
Producer producer = client
  .newProducer()
  .topic("my-tenant/my-namespace/my-topic")
  .intercept(new ProducerInterceptor() {
      public boolean eligible(Message message) {
          return true;
      }

      public Message beforeSend(Producer producer, Message message) {
```

```
                sendMessageCount.addAndGet(1);
                return message;
            }
            ...
        })
        .create();
```

（3）生产者可以要求 Broker 在指定时间将消息投递给消费者。

```
producer.newMessage().deliverAfter(3L, TimeUnit.Minute).value("Hello Pulsar!").send();
```

提示：deliverAfter 方法设置的消息投递时间是以生产者调用该方法的时间向后延迟得到的，类似的还有 deliverAt 方法。

注：延迟投递机制仅在 Key_Shared、Shared 订阅模式（下一节介绍）下有效。在 Exclusive 和 Failover 订阅模式下，Broker 会立即投递延迟消息。

5.4.2 消费者

1. 消费者使用示例

（1）添加客户端引用，与生产者相同，不再赘述。
（2）编写一个 Java 客户端消费者，如下所示。

```
public class BasicConsumer {

    public static void main(String[] args) throws PulsarClientException {
        String brokerServiceUrl = "pulsar://127.0.0.1:6650";

        PulsarClient client = PulsarClient.builder()
                .serviceUrl(brokerServiceUrl)
                .build();
        // 【1】
        Consumer consumer = client.newConsumer()
                .topic("my-topic")
                .subscriptionName("my-subscription")
                .subscriptionType(SubscriptionType.Exclusive)
```

```
            .subscriptionInitialPosition(SubscriptionInitialPosition.Earliest)
            .negativeAckRedeliveryDelay(60, TimeUnit.SECONDS)
            .receiverQueueSize(30)
            .subscribe();
        // 【2】
        while (true) {
            Message message = consumer.receive();
            System.out.printf("Message received: %s%n", new String(message.getData()));
            consumer.acknowledge(message);
        }
    }
}
```

【1】PulsarClient#newConsumer 返回 ConsumerBuilder，用于设置消费者属性，并构建消费者。

【2】构建消费者成功后，调用 Consumer#receive 方法，读取并处理消息。

2. 消费者基础配置

消费者的基础配置项如下：

- consumerName：消费者的名称。
- subscriptionName：订阅组的名称。
- topics：订阅的主题。
- receiverQueueSize：客户端接收队列的大小。
- autoUpdatePartitions、autoUpdatePartitionsInterval：是否自动更新元数据、更新元数据的时间间隔，与生产者一样。

3. 订阅模式

前面说了，每个订阅组可以绑定多个消费者，通过订阅模式可以指定一个订阅组内的所有消费者如何处理该订阅组的消息。Pulsar 支持以下 4 种订阅模式：

- Exclusive：独占模式，一个订阅组只允许绑定一个消费者。如果多个消费者绑定同一个订阅组，则后面连接的消费者将直接报错，如图 5-2 所示。
- Failover：灾备模式，该模式允许一个订阅组绑定多个消费组。Pulsar 会从中选择一个消费者作为主消费者，并将所有的消息发送给该消费者。如果该消费者因为故障下线，则重新选择新的主消费者，并将所有未确认消息发送给新的主消费者。如图 5-3 所示，现在 Consumer A-0 为主消费者，如果 Consumer A-0 下线，那么 Consumer A-1 将成为新的主消费者。

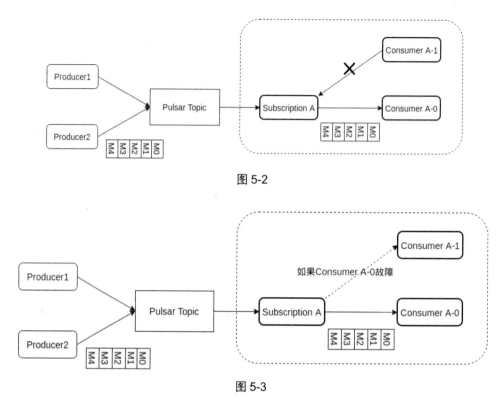

图 5-2

图 5-3

- Shared：共享模式，一个订阅组可以绑定多个消费者，Broker 通过 Round Robin 轮询机制将消息分发给不同的消费者，并且每个消息仅会被分发给一个消费者。如果某个消费者连接断开，那么该消费者所有未确认的消息将被重新安排，分发给其他存活的消费者。如图 5-4 所示，Consumer A-1、Consumer A-2、Consumer A-3 绑定同一个订阅组，并负责处理不同的消息。

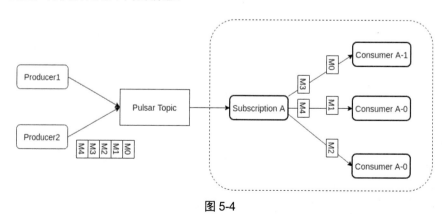

图 5-4

提示：Shared 模式下不保证消息排序。

- Key_Shared：键共享模式，与 Shared 模式类似，但该模式保证具有相同键或者排序键（orderingKey）的消息会被投递给同一个消费者，而且不管它们被重新投递多少次，它们都会被投递给同一个消费者。如图 5-5 所示，Consumer A-0 负责处理键为 k0 的消息，Consumer A-1 负责处理键为 k1 的消息，Consumer A-2 负责处理键为 k2 的消息。

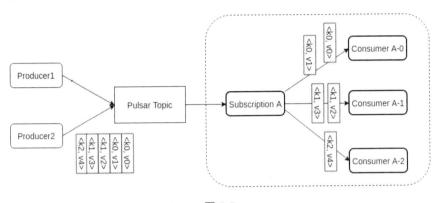

图 5-5

- 注意，当消费者断开或新消费者加入时，会导致一些消息键对应的消费者发生变更。

如果消费者使用了 Key_Shared 模式的订阅，则生产者应禁用消息批次机制或者使用基于键的批次构建器 KeyBasedBatcherBuilder，因为 Broker 会认为一个批次内所有消息的键是相同的，并将该消息批次投递给第一个消息键对应的消费者。KeyBasedBatcherBuilder 可以将相同键的消息打包到一个批次中，而没有键的消费也会打包到同一个批次中。默认的 DefaultBatcherBuilder 无法做到这一点。

相关配置：

- subscriptionType：指定订阅模式，支持选项有 Exclusive、Failover、Shared、Key_Shared，默认为 Exclusive 模式。
- priorityLevel：设置每个消费者的优先级。在 Share 模式下，会优先将消息投递给 priorityLevel 高的消费者。

4. 确认方式

消费者在消费消息成功，需要发送 ACK 信息给 Broker，Pulsar 中的每条消息都有一个消息 Id，消费者会将消费成功的消息 Id 作为 ACK 信息发送给 Broker。Pulsar 提供了以下方式来发送 ACK 信息：

- 单条确认：针对每个消费成功的消息，消费者都发送 ACK 信息给 Broker（消费者会将每个消息的消息 Id 发送给 Broker）。调用 Consumer#acknowledge 方法可以进行单条确认操作。

- 累计确认：消费者只需要将最后一条消费成功的消息 Id 发送给 Broker，Broker 会认为该消息及该消息之前的所有消息都已经消费成功。这种方式类似于 Kafka 发送偏移量。调用 Consumer#acknowledgeCumulative 方法可以进行累计确认。

- 消息批次中的单条确认：生产者启动消息批次机制后，Broker 以消息批次为数据单元存储数据，也以消息批次为数据单元推送数据给消费者。前面两种确认方式中，消费者收到消息批次后，需要等该批次中所有消息都消费成功后，再统一确认该消息批次。而 Pulsar 也支持消息批次中的单条确认，即消费者可以单条确认消息批次中的部分消息，不需要等一个批次的所有消息都消费成功后再统一确认。该机制需要启动两个配置项：将 Broker 配置项 acknowledgmentAtBatchIndexLevelEnabled 设置为 true，将消费者配置项 enableBatchIndexAcknowledgment 设置为 true。

相关配置：

- acknowledgmentGroupTime：消费者并不是在每次调用 Consumer#acknowledge、Consumer#acknowledgeCumulative 方法时都会发送 ACK 信息给 Broker，而是将 ACK 信息缓存一段时间，再将这一组缓存的 ACK 信息一起发送给 Broker。该配置指定 ACK 信息最长缓存时间，默认值为 100（ms）。

- subscriptionInitialPosition：指定新的订阅组从哪里开始消费消息。支持两个选项：
  - Latest：从最新的位置开始消费，默认值。使用该选项将抛弃之前的消息，只消费新的消息。
  - Earliest：从最早的位置开始消费。使用该选项将消费所有的历史消息。

- subscriptionMode：游标类型。Broker 定义了游标类型，负责记录消费者 ACK 信息，包括累计确认的位置、单条确认的消息范围等。支持 Durable（持久化游标）和 NonDurable（非持久化游标）两个选项，默认值为 Durable。

注意，Shared、Key_Shared 模式不能使用累计确认模式，因为多个消费者的累计确认位置会互相干预。

5. 取消确认、确认超时

如果消费消息失败，那么可以调用 Consumer#negativeAcknowledge 方法对失败的消息取消确认，要求 Broker 重新投递该消息。

```
while (true) {
    Message<String> msg = consumer.receive();
```

```
    try {
        // Process message...

        consumer.acknowledge(msg);
    } catch (Throwable t) {
        log.warn("Failed to process message");
        consumer.negativeAcknowledge(msg);
    }
}
```

调用 Consumer#redeliverUnacknowledgedMessages 可以要求重新投递所有未确认的消息。

相关配置：

- negativeAckRedeliveryDelay：取消确认后，间隔多久后再重新投递该消息，默认值为 1 分钟，即取消确认 1 分钟后，Broker 将重新投递该消息。

另外，Pulsar 也支持对长期没有确认的消息进行重新投递，设置以下参数：

- ackTimeout：确认超时时间。如果消息超过该配置项指定时间没有确认，消费者会认为该消息确认超时，要求 Broker 重新发送消息。默认值为 0，即不启用自动重新投递机制。注意：如果要启动确认超时机制，那么该配置必须大于 1 秒。
- ackTimeoutTickTime：确认超时检查时间间隔，默认值为 1 秒，即每经过 1 秒检查一次是否有消息确认超时。

提示：在 Shared 模式下，Broker 可以将该消息投递给其他消费者，由其他消费者继续处理该消息。

6. 重试主题、死信主题

重试主题：Pulsar 支持重试主题。当消息处理失败时，消费者可以将消息发送给重试主题，以便消费者重新消费该消息。

死信主题：如果消息被重新发送多次后，仍无法正常处理，则可以将这些消息放到一个特别的主题中，称为死信主题。当消息进入"死信主题"后，用户可以根据自己的需求，对消息做相应的处理（如人工介入处理等）。

重试主题、死信主题的配置代码如下：

```
Consumer<byte[]> consumer = client.newConsumer()
    .topic("persistent://my-tenant/my-namespace/my-topic")
```

```
        .subscriptionName("my-subscription")
        .enableRetry(true)
        .deadLetterPolicy(DeadLetterPolicy.builder()
                .maxRedeliverCount(3)
                .retryLetterTopic("persistent://my-tenant/my-namespace/my-topic-retry")
                .deadLetterTopic("persistent://my-tenant/my-namespace/my-topic-dead")
                .build())
        .subscribe();
```

通过 enableRetry 方法启动重试机制,retryLetterTopic 方法配置了重试主题的名称 my-topic-retry,当前消费者会自动订阅该重试主题。如果不指定重试主题名称,则默认重试主题的名称为 "{TopicName}-{Subscription}-RETRY"。

deadLetterTopic 方法配置了死信主题的名称,如果不指定死信主题的名称,则默认死信队列的名称为 "{TopicName}-{Subscription}-DLQ"。

使用上述配置后,如果消息没有被消费成功,调用 Consumer#reconsumeLater 可以将其发送给重试主题:

```
consumer.reconsumeLater(msg,3,TimeUnit.SECONDS);
```

这些消息会被重新发送给重试主题 my-topic-retry,并在经过指定时间后,重新投递给消费者。

提示:在 Shared 订阅模式下,重试主题可以将消息投递给其他消费者,避免将消息重复投递给同一个消费者。另外,Consumer#reconsumeLater 方法利用了生产者的延迟投递机制,所以仅在 Key_Shared、Shared 订阅模式下,消息才会被延迟投递,其他模式下将立即投递消息。

消息在两个场景下将进入死信队列。

(1) 重发次数超过 maxRedeliverCount。

DeadLetterPolicyBuilder#maxRedeliverCount 方法指定了消息最多重发次数。不管是由于确认超时还是调用 Consumer#reconsumeLater 方法重发消息,只要重发次数超过 maxRedeliverCount,消息就会进入死信队列。

(2) 调用 Consumer#negativeAcknowledge 方法可以将指定消息添加到死信队列中。

7. 消费定位、批量读取、多主题订阅

(1) 消费定位。

调用 Consumer#seek 方法可以将该消费者关联订阅组的消费位置重置到指定位置:

```
consumer.seek(MessageId.earliest);
```

也可以重置到指定时间，如定位到一天前：

```
consumer.seek(System.currentTimeMillis() - 1000 * 60 * 60 * 24);
```

注意这里重定位的是订阅组的消费位置，重定位后，该订阅组的所有消费者都从新的位置后开始消费。

相关配置：

- startMessageIdInclusive：指定调用 Consumer#seek 后，新位置是否包含方法参数指定的消息 Id 或者方法参数时间戳上的消息，默认值为 false。

（2）调用 Consumer#batchReceive 方法，可以批量获取消息。

```
Messages<String> messages = consumer.batchReceive();
for (Message<String> message : messages) {
    // Process message...
}
```

相关配置：

- batchReceivePolicy：BatchReceivePolicy 类型，指定批量读取消息的相关配置，相关属性如下：
  - maxNumMessages：一次批量读取的最大消息数。
  - maxNumBytes：一次批量读取的最大字节数。
  - timeout、timeoutUnit：批量读取超时时间。

（3）Pulsar 支持同时订阅多个主题。

```
Consumer consumer = client.newConsumer()
    .topic("user-topic", "register-topic", "login-topic")
    ...
    .subscribe();
```

也支持使用正则表达式订阅主题：

```
Consumer consumer = client.newConsumer()
    .topicsPattern("persistent://public/default/foo.*")
    ...
```

```
.subscribe();
```

相关配置：

- patternAutoDiscoveryPeriod：使用正则表达式订阅主题，需要定时发现是否存在新的符合正则表达式的主题，此配置指定该操作执行时间间隔，默认值为 60（s）。

8. 拦截器、监听者、异步接收

（1）实现 ConsumerInterceptor 接口可以定义消费者拦截器，ConsumerInterceptor 提供以下方法。

- close：关闭该拦截器。
- beforeConsume：在 Consumer#receive 方法、MessageListener#received 方法返回消息前触发，或者在 Consumer#receiveAsync 方法返回的 CompletableFuture 完成前触发。
- onAcknowledge：当消费者发送单条确认时触发。
- onAcknowledgeCumulative：当消费者发送累计确认时触发。
- onNegativeAcksSend：当消费者调用 Consumer#negativeAcknowledge 时触发。
- onAckTimeoutSend：当消息确认超时时触发。

使用 ConsumerBuilder#intercept 方法可以设置消费者拦截器，与生产者类似，不再赘述。

（2）监听者。

使用 ConsumerBuilder#messageListener 方法可以注册消息监听者，当消费者收到消息后会调用监听者处理消息：

```
Consumer<byte[]> consumer = client.newConsumer()
    .topic("persistent://my-tenant/my-namespace/my-topic")
    .subscriptionName("my-subscription")
    .messageListener(new MessageListener<byte[]>() {
        public void received(Consumer<byte[]> consumer, Message<byte[]> msg) {
            System.out.println("received:" + new String(msg.getValue()));
        }
    })
    .subscribe();
```

提示：注册消息监听者后，不能再调用 ConsumerBase#receive 方法或 ConsumerBase#batchReceive 方法读取消息。

（3）异步接收。

Pulsar 支持异步接收消息,如下所示。

```
CompletableFuture<Message<String>> messageFuture = consumer.receiveAsync();
messageFuture.thenAccept(message -> {
  // Process message...
});
```

5.5 Schema

在上面的例子中,我们使用字节数组作为消息的值。除了字节数组,Pulsar 还支持丰富的 Schema(结构体)类型。

5.5.1 Schema 的类型与使用示例

Pulsar 支持 Schema 功能,即支持生产者发送 Bean 实例,或者消费者接收 Bean 实例,Pulsar 自动完成 Bean 实例的序列化或反序列化操作。

1. 简单类型

Pulsar 支持以下简单类型,如表 5-2 所示(表 5-2 仅列举 Java 数据类型,其他语言数据类型请参考官网文档)。

表 5-2

Schema Type	Java Type
BOOLEAN	boolean
INT8	byte
INT16	short
INT32	int
INT64	long
FLOAT	float
DOUBLE	double
BYTES	byte[]、ByteBuffer、ByteBuf
STRING	string
TIMESTAMP	java.sql.Timestamp
TIME	java.sql.Time
DATE	java.util.Date
INSTANT	java.time.Instant

续表

Schema Type	Java Type
LOCAL_DATE	java.time.LocalDate
LOCAL_TIME	java.time.LocalDateTime
LOCAL_DATE_TIME	java.time.LocalTime

Pulsar 默认使用 byte[] 作为 Schema 类型。如果要使用其他 Schema 类型，则需要进行配置，如下面的例子使用 String 作为 Schema 类型。

生产者示例：

```
Producer<String> producer = client.newProducer(Schema.STRING).create();
producer.newMessage().value("Hello Pulsar!").send();
```

消费者示例：

```
Consumer<String> consumer = client.newConsumer(Schema.STRING).subscribe();
consumer.receive();
```

2. 复杂类型

除了简单类型，Pulsar 还支持以下两种复杂类型作为消息的值。

- KeyValue：键值对结构。
- Struct：实体类结构。

（1）KeyValue 结构可以帮助我们定义键值对的结构体，Pulsar 提供了以下两种方式序列化 KeyValue 结构体。

- INLINE：将 KeyValue 结构体的键、值一起作为消息的值。
- SEPARATED：将 KeyValue 结构体的键作为消息的键，将 KeyValue 结构体的值作为消息的值。

生产者示例：

```
Schema<KeyValue<Integer, String>> kvSchema = Schema.KeyValue(
Schema.INT32,
Schema.STRING,
KeyValueEncodingType.SEPARATED
);

Producer<KeyValue<Integer, String>> producer = client.newProducer(kvSchema)
```

```
    .topic(TOPIC)
    .create();

producer.newMessage()
.value(new KeyValue<>(100, "value-100"))
.send();
```

消费者示例:

```
Schema<KeyValue<Integer, String>> kvSchema = Schema.KeyValue(
Schema.INT32,
Schema.STRING,
KeyValueEncodingType.SEPARATED
);

Consumer<KeyValue<Integer, String>> consumer = client.newConsumer(kvSchema)
    .topic(TOPIC)
    .subscriptionName(SubscriptionName).subscribe();

Message<KeyValue<Integer, String>> msg = consumer.receive();
KeyValue<Integer, String> kv = msg.getValue();
```

（2）对于 Struct 实体类，Pulsar 支持使用 AvroSchema、JsonSchema、ProtobufSchema 进行序列化。

生产者示例:

```
Producer<User> producer = client.newProducer(Schema.AVRO(User.class))
    .topic(TOPIC).create();
User user = ...;
producer.newMessage().value(user).send();
```

消费者示例:

```
Consumer<User> consumer = client.newConsumer(Schema.AVRO(User.class))
    .topic(TOPIC).subscriptionName(SUBSCRIPTION).subscribe();
User user = consumer.receive().getValue();
```

（3）使用 GenericSchemaBuilder，用户可以自定义 Schema 结构。

生产者示例：

```java
RecordSchemaBuilder schemaBuilder = SchemaBuilder.record("mySchema");
schemaBuilder.field("field1").type(SchemaType.INT32);
schemaBuilder.field("field2").type(SchemaType.STRING).optional();
SchemaInfo schemaInfo =schemaBuilder .build(SchemaType.AVRO);

Producer<GenericRecord> producer = client.newProducer(Schema.generic(schemaInfo))
   .topic(TOPIC).create();

GenericSchemaImpl generic= GenericSchemaImpl.of(schemaInfo);
producer.newMessage().value(generic.newRecordBuilder()
          .set("field1", 32)
          .set("field2", "hello")
          .build()).send();
```

消费者示例：

```java
RecordSchemaBuilder schemaBuilder = SchemaBuilder.record("mySchema");
schemaBuilder.field("field1").type(SchemaType.INT32);
schemaBuilder.field("field2").type(SchemaType.STRING).optional();
SchemaInfo schemaInfo =schemaBuilder .build(SchemaType.AVRO);

Consumer<GenericRecord> consumer = client.newConsumer(Schema.generic
(schemaInfo)).subscribe();
    Message<GenericRecord> message = consumer.receive();
```

3. AvroSchema

如果不知道 Pulsar 主题的 Schema 结构，则可以使用 AUTO 模式。

（1）假如有一个字节数组需要发送到主题中，但我们不知道它的具体结构，这时可以使用 AUTO 模式。Pulsar 会为我们检查该字节数组是否符合主题的 Schema 结构。

```java
Producer<byte[]> producer = client.newProducer(Schema.AUTO_PRODUCE_BYTES())
    .topic(TOPIC)
    .create();
```

（2）假如不知道主题的 Schema 结构，但又需要接收来自主题的消息，那么也可以使用 AUTO 模式接收主题消息。

```
Consumer<GenericRecord> consumer = client.newConsumer(Schema.AUTO_CONSUME())
    .subscribe();
GenericRecord genericRecord = consumer.receive().getValue();
```

5.5.2 Schema 演化与兼容

随着业务的发展,应用程序常常需要不断更新 Schema,这种更新称为 Schema 演化。Pulsar 支持客户端更新 Schema 结构,从而支持 Schema 演化。

当我们创建生产者时,如果指定了 Schema 结构,则生产者会将该 Schema 结构发送给 Broker,Broker 执行如下逻辑注册 Schema 结构:

(1) 如果主题中已存在该 Schema 结构,则连接成功,否则执行下一步。

(2) 如果命名空间未启动 Schema 自动更新机制(默认启动),则连接失败,否则执行下一步。

(3) 如果该 Schema 结构通过兼容性检查(下面介绍),则注册新的 Schema 结构,连接成功,否则连接失败。

当消费者发送 Schema 结构给 Broker 时,Broker 也会执行类似操作,自动注册 Schema 结构。

由于 Schema 的任何变化都会影响下游消费者,因此为了保证下游消费者能够正常地处理以旧 Schema 和新 Schema 序列化的数据,Pulsar 为每个 Schema 结构定义了版本(新注册的 Schema 结构版本会递增),并对不同版本的 Schema 结构进行兼容性检查。

例如,生产者使用 V2 版本的 Schema 结构发送消息,而消费者使用 V1 版本的 Schema 结构接收消息,Pulsar 会检查 V1 版本的 Schema 结构是否可以反序列化 V2 版本的消息,从而决定是否允许该消费者连接到 Broker。

Pulsar 有 8 种 Schema 兼容性检查策略,如表 5-3 所示。假设某 topic 包含三个 Schema(V1、V2 和 V3),V1 是最旧的,V3 是最新的。

表 5-3

兼容性检查策略	定义	更改	检查 Schema 版本	优先升级
ALWAYS_COMPATIBLE	禁用 Schema 兼容性检查	允许所有更改	所有旧版本	任意顺序
ALWAYS_INCOMPATIBLE	禁用 Schema 演化	禁用更改	无	无
BACKWARD	使用 Schema V3 的 Consumer 可以处理 Producer 使用 Schema V3 或 V2 序列化的数据。	(1)添加可选字段 (2)删除字段	最新版本	Consumer

续表

兼容性检查策略	定义	更改	检查 Schema 版本	优先升级
BACKWARD_TRANSITIVE	使用 Schema V3 的 Consumer 可以处理 Producer 使用 Schema V3、V2 或 V1 序列化的数据	（1）添加可选字段 （2）删除字段	所有旧版本	Consumer
FORWARD	使用 Schema V3 或 V2 的 Consumer 可以处理 Producer 使用 Schema V3 序列化的数据	（1）添加字段 （2）删除可选字段	最新版本	Producer
FORWARD_TRANSITIVE	使用 Schema V3、V2 或 V1 的 Consumer 可以处理 Producer 使用 Schema V3 序列化的数据	（1）添加字段 （2）删除可选字段	所有旧版本	Producer
FULL（默认的兼容性检查策略）	Schema V3 和 V2 之间向后和向前兼容	修改可选字段	最新版本	任意顺序
FULL_TRANSITIVE	Schema V3、V2 和 V1 之间向后和向前兼容	修改可选字段	所有旧版本	任意顺序

提示：Java 中没有可选字段，但可以将带默认值的属性理解为可选字段，如 Java 中的 String，默认值为 null，则 Java 中的 String 类型默认就是可选字段。

5.5.3 管理 Schema

1. Schema 管理脚本

Pulsar 提供了相关脚本来管理 Schema。

（1）使用以下命令获取指定主题最新版本的 Schema 信息。

```
$ ./bin/pulsar-admin schemas get persistent://my-tenant/my-namespace/my-topic
```

使用以下命令获取指定主题指定版本的 Schema 信息：

```
$ ./bin/pulsar-admin schemas get persistent://my-tenant/my-namespace/my-topic --version 1
```

（2）以下命令可以从文件中加载 Schema 信息，并注册到指定主题，从而手动更新 Schema。

```
$ ./bin/pulsar-admin schemas upload --filename schema-definition-file
persistent://my-tenant/my-namespace/my-topic
```

(3)使用以下命令删除主题的 Schema 信息。

```
$ ./bin/pulsar-admin schemas delete persistent://my-tenant/my-namespace/my-topic
```

(4)默认的兼容性检查策略为 FULL,使用以下命令可以变更命名空间的兼容性检查策略。

```
$ ./bin/pulsar-admin namespaces set-schema-compatibility-strategy -c FORWARD
my-tenant/my-namespace
```

使用以下命令查询兼容性检查策略:

```
$ ./bin/pulsar-admin namespaces get-schema-compatibility-strategy
my-tenant/my-namespace
```

(5)使用以下命令可以调整命名空间的 Schema 自动更新机制。

```
$ ./bin/pulsar-admin namespaces set-is-allow-auto-update-schema --enable
tenant/namespace
```

使用以下命令查询 Schema 自动更新机制:

```
$ ./bin/pulsar-admin namespaces get-is-allow-auto-update-schema my-tenant/my-namespace
```

2. 使用示例

(1)假如现在存在一个 Bean 类,属性如下所示。

```
public class Bean {
    private long field1;
    ...
}
```

生产者发送该 Bean 到指定主题:

```
Producer producer = client
    .newProducer(JSONSchema.of(Bean.class))
    .create();
```

查看 Schema 信息：

```
$ ./bin/pulsar-admin schemas get persistent://my-tenant/my-namespace/bean-topic
{
  "version": 1,
  "schemaInfo": {
    "name": "bean-topic",
    "schema": {
      "type": "record",
      "name": "Bean",
      "namespace": "com.binecy",
      "fields": [
        {
          "name": "field1",
          "type": "long"
        }
      ]
    },
    "type": "JSON",
    ...
  }
}
```

（2）假如我们需要在 Bean 上新增属性，V2 版本的 Bean 如下所示。

```
public class Bean {
    private long field1;
    private int field2;
    ...
}
```

这时我们启动生产者会发现由于兼容性检查不通过，连接 Broker 失败。因为命名空间兼容性检查策略为 FULL，不兼容新增字段后的 Schema，所以新的 Schema 注册失败。

（3）由于 FORWARD 兼容性检查允许新的 Schema 新增字段，并允许优先升级生产者，所以我们将命名空间兼容性检查策略更改为 FORWARD。

```
$ ./bin/pulsar-admin namespaces set-schema-compatibility-strategy -c FORWARD my-tenant/my-namespace
```

这时，我们可以看到生产者正常启动，并成功连接 Broker。

查看 Schema 信息：

```
$ ./bin/pulsar-admin schemas get persistent://my-tenant/my-namespace/bean-topic
{
  "version": 2,
  "schemaInfo": {
    "name": "bean-topic",
    "schema": {
      "type": "record",
      "name": "Bean",
      "namespace": "com.binecy",
      "fields": [
        {
          "name": "field1",
          "type": "long"
        },
        {
          "name": "field2",
          "type": "int"
        }
      ]
    },
    "type": "JSON",
    ...
  }
}
```

可以看到，Pulsar 已经注册了一个新的 Schema，使用的是 V2 版本的 Bean 结构。

提示：实际使用中不建议频繁变更命名空间兼容性检查策略。我们应该为 Bean 类制定一个属性变更规则，如优先升级生产者，并且只允许新增属性，不允许删除属性，这时可以使用 FORWARD 或者 FORWARD_TRANSITIVE 策略。这也是 Bean 类最常用的升级方案。

5.6 资源隔离

为了避免不同应用之间竞争资源，Pulsar 提供了隔离策略，可以为应用程序分配指定的资源。

5.6.1 Broker 隔离

Pulsar 可以为命名空间指定 Broker 集合,这样这些命名空间只能分配给该 Broker 集合中的节点。例如:

```
$ ./bin/pulsar-admin ns-isolation-policy set \
--auto-failover-policy-type min_available \
--auto-failover-policy-params min_limit=1 \
--namespaces my-tenant/my-namespace \
--primary 10.193.216.* 10.193.217.* \
--secondary 10.193.218.*
```

- namespaces:命名空间列表,支持正则表达式,如 my-tenant/*。
- primary:首选规则,正则表达式列表。
- secondary:次选规则,也是正则表达式列表。
- auto-failover-policy-type:故障转移策略,默认值为 null,即不支持故障转移策略,可配置为 min_available。
- auto-failover-policy-params:故障转移参数,用于判断是否满足故障转移要求。

执行上述命令后,当 Pulsar 分配命名空间 my-tenant/my-namespace 时,按以下规则选择 Broker 节点:

(1)将符合首选规则的 Broker 节点作为候选节点。

(2)如果指定了故障转移策略(auto-failover-policy-type 为 min_available),并且满足故障转移要求(当前满足首选规则的 Broker 节点小于 min_limit),则将符合次选规则的 Broker 节点也作为候选节点。

(3)从候选节点中选择 Broker 节点(第 10 章将详细介绍命名空间如何绑定 Broker)。

5.6.2 Bookie 隔离

Pulsar 也支持设置 Bookie 的隔离策略,从而将指定命名空间下的数据存储在指定的 Bookie 中,如下所示。

(1)为 Bookie 设置 Rack(机架)。

```
$ ./bin/pulsar-admin bookies set-bookie-rack \
--bookie 127.0.0.1:3181 \
--hostname 127.0.0.1:3181 \
```

```
--group group-bookie1 \
--rack rack1
```

（2）为命名空间设置 Bookie 隔离策略，将 public/default 命名空间的数据存储到 Rack 为 rack1 的 Bookie 节点。

```
$ ./bin/pulsar-admin namespaces set-bookie-affinity-group public/default \
--primary-group group-bookie1
```

更多内容请参考官方文档。

5.7　兼容 Kafka 客户端

由于现在 Kafka 非常流行，Pulsar 也为使用 Kafka 的应用程序提供了一个适配器，如果应用程序之前使用了 Kafka 客户端来调用 Kafka 服务，则可以使用该适配器快速切换到 Pulsar 服务。要使用该适配器非常简单，只需要在项目中需要移除原来的 Kafka 客户端引用 org.apache.kafka/kafka-clients，并添加以下依赖引用即可：

```xml
<dependency>
    <groupId>org.apache.pulsar</groupId>
    <artifactId>pulsar-client-kafka</artifactId>
    <version>2.8.0</version>
</dependency>
```

最后，将 Kafka 服务地址修改为 Pulsar 服务地址，就可以正常调用 Pulsar 服务了。

下面展示一个使用 Kafka 适配器访问 Pulsar 服务的例子。

生产者示例：

```java
import org.apache.kafka.clients.producer.KafkaProducer;
import org.apache.kafka.clients.producer.Producer;
import org.apache.kafka.clients.producer.ProducerRecord;
import org.apache.kafka.common.serialization.IntegerSerializer;
import org.apache.kafka.common.serialization.StringSerializer;
import java.util.Properties;

public class MyKafkaProducer {
    public static void main(String[] args) {
        Properties props = new Properties();
```

```
        props.put("bootstrap.servers", "pulsar://localhost:6650");

        props.put("key.serializer", IntegerSerializer.class.getName());
        props.put("value.serializer", StringSerializer.class.getName());

        Producer<Integer, String> producer = new KafkaProducer<>(props);

        String topic = "persistent://my-tenant/my-namespace/my-topic";
        for (int i = 0; i < 10; i++) {
            producer.send(new ProducerRecord<Integer, String>(topic, i, "hello-" + i));
            System.out.println("Message send:" + i);
        }

        producer.close();
    }
}
```

当然,部分 Kafka 属性在 Pulsar 中是不支持的,如 acks、batch.size 等,详细内容请参考官方文档。

5.8 BookKeeper 使用示例

Pulsar 使用 BookKeeper 存储数据,本书后面会详细介绍 Pulsar Broker 如何调用 BookKeeper API,以及如何在 BookKeeper 集群中读/写数据。这里介绍 BookKeeper 常用的 API,有助于读者理解本书后面的内容。另外,BookKeeper 是一个独立的框架,不仅用于 Pulsar 中,也可以为其他系统提供存储服务。

下面是一个 BookKeeper 的简单使用示例:

```
import org.apache.bookkeeper.client.BKException;
import org.apache.bookkeeper.client.BookKeeper;
import org.apache.bookkeeper.client.LedgerEntry;
import org.apache.bookkeeper.client.LedgerHandle;
import java.io.IOException;
import java.util.Enumeration;

public class HelloBookkeeper {
    public static void main(String[] args) throws BKException, IOException,
```

```
InterruptedException {
        String connectionString = "127.0.0.1:2181";
        // 【1】
        BookKeeper bkClient = new BookKeeper(connectionString);
        LedgerHandle handle = bkClient.createLedger(1, 1, 1,
BookKeeper.DigestType.MAC, "123456".getBytes());

        // 【2】
        String msg = "hello,bookkeeper";
        handle.addEntry(msg.getBytes());

        // 【3】
        Enumeration<LedgerEntry> entris = handle.readEntries(0,
handle.getLastAddConfirmed());
        while (entris.hasMoreElements()) {
            LedgerEntry entry = entris.nextElement();
            System.out.println(new String(entry.getEntry()));
        }
    }
}
```

【1】调用 BookKeeper#createLedger 方法创建 LedgerHandle，LedgerHandle 用于操作 Ledger。注意 BookKeeper#createLedger 方法的前 3 个参数分别为 bookkeeper-ensemble、bookkeeper-write-quorum、bookkeeper-ack-quorum 。前面命名空间设置主题存储策略时，正是指定了这 3 个参数。

【2】调用 LedgerHandle#addEntry 方法，将数据写入 Ledger。

【3】调用 LedgerHandle#readEntries 方法，从 Ledger 中读取数据。

5.9 本章总结

本章介绍了 Pulsar 的使用方式，包括主题管理、客户端应用、客户端的关键配置项、Schema 管理等，可以看到，对比 Kafka，Pulsar 提供了更强大的功能，如消费者订阅模式、ACK 确认方式、重试主题等，这些功能可以帮助使用者解决更多的痛点问题。

第 2 部分 客户端与 Broker 计算层

第 6 章　Kafka 和 Pulsar 的架构

第 7 章　Kafka 的主题

第 8 章　Kafka 的生产者与消息发布

第 9 章　Kafka 的消费者与消息订阅

第 10 章　Pulsar 的主题

第 11 章　Pulsar 的生产者与消息发布

第 12 章　Pulsar 的消费者与消息订阅

第 6 章
Kafka 和 Pulsar 的架构

前面介绍了 Kafka 和 Pulsar 的核心概念、应用示例。本章将重点介绍 Kafka 和 Pulsar 的整体架构。通过本章内容，读者可以对 Kafka 和 Pulsar 的架构设计有一个整体认知。

Kafka 和 Pulsar 都是基于发布/订阅模式的分布式消息系统。在 Kafka 和 Pulsar 中，每一条消息的流转流程如下：

（1）生产者生成消息，并发布到消息系统中。

（2）消息系统负责存储消息，并保证数据安全。

（3）消费者订阅消息，最终消息系统将消息投递给消费者，并删除已消费成功的消息。

这里涉及的内容较多，例如生产者与消费者如何设计，如何与消息系统通信，消息系统如何管理消息，如何实现分布式存储等，本书后续会对以上内容进行分析。

6.1　ZooKeeper 的作用

Kafka 和 Pulsar 都依赖于 ZooKeeper，下面介绍 ZooKeeper 在 Kafka 和 Pulsar 中的作用，作为后续章节的准备知识。

ZooKeeper 是一个分布式存储系统，它可以保证集群内数据的强一致性，ZooKeeper 的数据存储结构可以简单地理解为一个 Tree 结构，如图 6-1 所示。

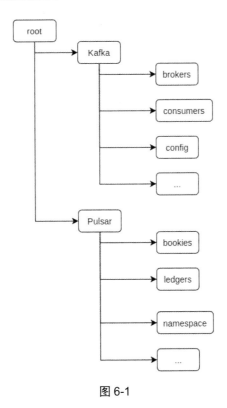

图 6-1

ZooKeeper 中的节点可以存储数据，下面将 ZooKeeper 节点称为 ZK 节点。

ZooKeeper 的作用主要包括以下几个方面。

（1）存储元数据。

由于 ZooKeeper 可以保证集群内数据的强一致性，所以使用 ZooKeeper 存储元数据是非常方便的。这些元数据包括主题、Kafka 中的分区、Pulsar 的租户、命名空间、BookKeeper 的 Ledger 等，以及配置信息，如 Kafka 的动态配置、用户权限等。

（2）节点监控、节点发现。

该机制主要利用了 ZooKeeper 两个特性：

- ZooKeeper 客户端可以在 ZooKeeper 中建立临时 ZK 节点，当该 ZooKeeper 客户端连接断开后，ZooKeeper 将删除该客户端所有的临时节点。
- ZooKeeper 提供了 Watch 机制，ZooKeeper 客户端可以监控某个 ZK 节点的变化（如 ZK 节点被写入了新的内容或者创建了子节点等），当 ZK 节点发生变化时，ZooKeeper 将发送事件通知监控该节点的 ZooKeeper 客户端。下面将 ZooKeeper 中的事件称为 ZK 事件。

利用这两个特性，Kafka 和 Pulsar 实现了节点监控、节点发现这两个分布式系统必备功能：
- 每个服务节点（这里的服务节点是指 Kafka Broker 节点、Pulsar Broker 节点和 BookKeeper Bookie 节点）启动时都在某个 ZK 节点（下面称该 ZK 节点为"服务汇总节点"）下创建一个临时子节点，如果某个服务节点（如中心节点）需要监控集群中的其他服务节点是否下线，那么只需要监控"服务汇总节点"的子节点的变化即可。如果监控发现"服务汇总节点"下创建了新的子节点，则说明集群中加入了新的服务节点，如果监控发现"服务汇总节点"的子节点被删除，则说明集群中某个服务节点因故障下线了，如图 6-2 所示。

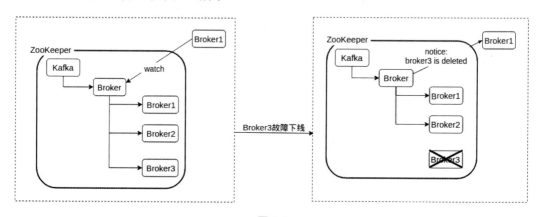

图 6-2

（3）选举中心节点。

由于在 ZooKeeper 中不能重复创建同一个 ZK 节点，所以 Kafka 和 Pulsar 也利用该特性选举中心节点：在 Kafka 和 Pulsar 中选举中心节点时，都会创建某一个特定路径的临时 ZK 节点。这样，即使多个服务同时尝试成为中心节点，也只有一个服务能成功创建该 ZK 节点，并成为中心节点，而其他服务可以监控该临时 ZK 节点，当该临时 ZK 节点被删除后（由于旧的中心节点因故障下线），再尝试成为新的中心节点。

Kafka 中的中心节点就是 KafkaController 节点，该 KafkaController 节点负责完成一些分布式协同工作，如故障转移等。而 Pulsar Broker 集群与 BookKeeper 集群中都会选举一个中心节点，完成一些额外的维护工作，由于 Pulsar Broker 集群与 BookKeeper 集群的正常运行不依赖于中心节点，所以它们都可以被认为是"去中心化架构"。

下面说明一下分布式中的中心化架构与去中心化架构：
- 中心化架构：集群选举一个中心节点，负责协调集群的正常运行，如监控其他节点的运行状态、执行故障转移等。
- 去中心化架构：集群不需要选举中心节点，所有节点都是对等的。

6.2 Kafka 的架构设计

Kafka 集群可以理解为由以下两部分组成：

（1）Broker：Kafka 中提供服务的进程（节点），负责接收、存储生产者发送的消息，并将消息投递给消费者。

（2）ZooKeeper：负责存储 Kafka 中主题、分区等元数据，并完成 Broker 节点监控、KafkaController 选举等分布式协同工作。

Kafka 2.8 后开始提供 KRaft 模块，它可以替代 ZooKeeper 服务，本书将在后面章节介绍 KRaft 模块的设计与实现。

6.2.1 元数据管理

Kafka 利用 ZooKeeper 存储以下元数据内容：

- 主题、分区、Broker 等信息。
- Kafka 动态配置与用户权限等。

6.2.2 发布/订阅模式

Kafka 中的消息是以主题为维度进行分类的，生产者将消息发送给某个特定主题，消费者订阅自己所需的主题。而 Kafka 中一个主题由一个或多个分区组成，生产者通过特定的算法将消息划分给一个主题中的某个分区，并将消息发送给对应的分区。该分区负责存储消息，并将消息投递给消费者。

将主题划分为多个分区是典型的数据分片思想，我们可以将一个主题的分区划分给不同的 Broker 节点，这样只要增加该主题的分区，就可以提高该主题处理数据的吞吐量，从而保证一个主题处理消息的能力可以水平扩展。

Kafka 中的一个或多个消费者组成一个消费组，一个消费组可以订阅一个或多个主题。Kafka 会将主题分区分配给消费组中不同的消费者，并将该分区所有的消息都投递给其分配的消费者，从而保证"在一个消费组中，一条消息只能发送给其中一个消费者"。

注意，不同消费组之间消费消息互不干预。如果某个主题中存在多个消费组，则该主题中的消息会投递给所有的消费组。

6.2.3 磁盘存储的设计与优化

Kafka Broker 使用磁盘文件存储数据,通过文件追加的方式将数据持久化。Kafka 为每个分区创建了一个 Log 文件,并将新的消息追加到该 Log 文件中。

提示:该 Log 文件是一个逻辑概念。本书将在第 3 部分详细分析 Kafka 具体的数据存储方案。

为什么 Kafka 利用磁盘存储也可以实现系统的高性能和高吞吐量?Kafka 进行了如下优化操作。

(1)充分利用磁盘顺序读写。

由于磁盘的顺序读写性能远高于随机读写,在某些情况下,对磁盘的线性读甚至可以比内存的随机访问更快。Kafka 充分利用了磁盘顺序读写的性能优势。Kafka 会将写入消息聚合为消息批次(生产者消息批次机制),并将消息批次"追加"到 Log 文件中,这样可以充分利用磁盘顺序写的性能优势,并且 Kafka 读取消息时也会一次读取一个(或多个)消息批次的内容并发送给消费者,这样也可以利用顺序读的优势。

(2)充分利用 PageCache。

现代操作系统都会创建内核缓冲区 PageCache,并提供了预读和后写技术。

- 预读:操作系统一次性读取比应用程序要求更多的数据并缓存在 PageCache 中。基于数据局部性原理,预读的数据后续通常也会被应用程序使用。
- 后写:应用程序的写操作仅需要在 PageCache 中完成,由操作系统将 PageCache 的变更刷新到磁盘,这样操作系统将将多个写入操作合并为一个写入操作。

这两项技术可以大量减少磁盘的实际操作次数,提高磁盘的读写性能。

另外,每个进程都维护了一个进程内的数据缓冲区(如 Java 堆),这样进程数据缓冲区的内容很可能被 PageCache 重复缓存,造成每份数据存储两次,浪费了内存。例如,我们在 Java 进程中存储的数据,很可能被操作系统重复缓存在 PageCache 中。

基于这点考虑,Kafka 没有定义 Java 进程中的内存缓冲区,而是直接使用 PageCache 缓存消息内容。Kafka 将消息写入磁盘时,只需要将消息写入 PageCache 即可,后续由操作系统将 PageCache 刷新到磁盘,而读取消息时,同样先从 PageCache 中读取,只有消息不在 PageCache 中,才会去磁盘中读取。Kafka 认为该方案可以获得以下好处:

- 省去一份 Java 进程内部的内存消耗。Java 对象的内存开销非常大,通常是真实数据大小的几倍甚至更多,导致空间使用率低下(Java 对象需要额外的内存存储对象属性信息,如 Class 信息、属性类型等信息),Java 的垃圾回收会随着堆内数据的增多而变得越来越慢，而使用 PageCache 缓存数据的方案，可以通过结构紧凑的字节码来替代 Java 对象以节省更多的空间。
- 即使 Kafka 服务重启，PageCache 还是会保持有效，然而进程内的缓存却需要重建。

（3）追尾读避免磁盘操作。

消息流平台通常需要执行以下 3 类读写操作：

- 写（Write）：将新数据写入系统，通常使用追加的方式写入。
- 追尾读（Tailing Read）：读取最近写入的数据。
- 追赶读（Catch-up Read）：读取历史的数据。例如，当一个新消费者想要从较早的时间点开始访问数据，或者旧消费者长时间离线后又恢复，或者消费者落后生产者太多时，都会执行追赶读操作。

由于 Kafka 利用了 PageCache 作为消息缓冲区，因此 Kafka 实现了一个很重要的特性：如果生产者的生产速率与消费者的消费速率相差不大，那么生产—消费过程只需要在 PageCache 中同步完成即可，速度非常快，而且该过程不需要 Kafka 管理，可以简化 Kafka 的工作，如图 6-3 所示。

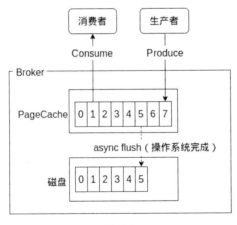

图 6-3

（4）利用"零拷贝"机制。

通常我们执行 I/O 操作时，涉及以下两个缓冲区：

- 系统内核在内核空间中定义的内核缓冲区，即 PageCache。
- C 语言提供的标准 I/O 读写函数在用户空间定义的缓冲区，下面称为用户缓冲区。

所以，I/O 读写操作通常有以下模式：

- 缓冲 I/O：同时使用 I/O 缓冲区与内核缓冲区。

- 直接 I/O：不使用 I/O 缓冲区，只使用内核缓冲区。

图 6-4 展示了这两种 I/O 模式。

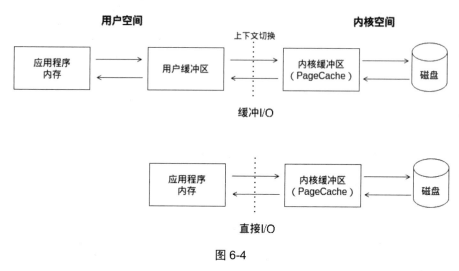

图 6-4

Java 提供的 I/O 读写方法就是基于直接 I/O 实现的，所以，Java 中完成一次 I/O 读或者 I/O 写操作需要执行 2 次数据复制操作（应用程序内存与 PageCache 之间、PageCache 与磁盘之间的复制）和 1 次上下文切换操作（用户态与内核态的切换）。

为了提升 I/O 读写效率，操作系统提供了 mmap 和 sendfile 机制，可以实现内存"零拷贝"，减少数据复制次数及上下文切换次数。

- mmap：mmap 是一种内存映射文件的方法，即将一个文件或者其他对象映射到应用程序的地址空间。

图 6-5 展示了 mmap 的实现方式。

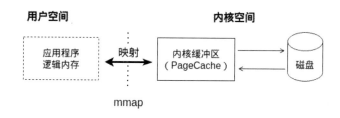

图 6-5

应用程序逻辑内存直接映射到内核缓冲区，当应用程序读写逻辑内存时，操作系统将磁盘的数据复制到内核缓冲区，或者将内核缓冲区写入磁盘（可以将应用程序逻辑内存理解为内核缓冲区的一个"引用"，该逻辑内存指向内核缓冲区）。

使用 mmap 后，完成一次 I/O 读或者 I/O 写仅需要执行 1 次数据复制操作（内核缓冲区与磁盘的复制）和 1 次上下文切换。

- sendfile：数据不经过用户空间，直接在内核空间中发送给目标存储介质，例如将磁盘数据发送到网络中。

图 6-6 展示了 sendfile 的实现方式。

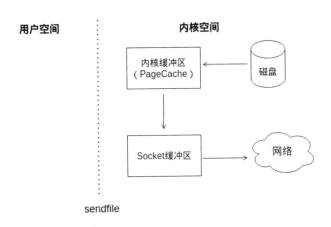

图 6-6

而在新版本的操作系统内核中，会直接将内核缓冲区的内容发送到网络中，进一步减少数据复制，如图 6-7 所示。

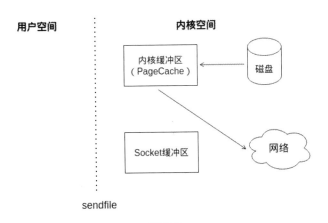

图 6-7

sendfile 机制不需要切换上下文，并且执行 2 次数据复制就可以完成 1 次读写操作。

注意：由于数据并没有复制到用户空间，所以应用程序不能获取或修改这些数据。

mmap 和 sendfile 机制都实现了"零拷贝",零拷贝(Zero-Copy)即没有在内存中复制数据(内存与 I/O 设备之间的数据复制不算内存复制)。

Kafka 利用 mmap 和 sendfile 机制加快了磁盘文件的读写操作,本书将在第 13 章介绍这部分内容。

Kafka 在官网的文档中也说明了"不要害怕文件系统!",一个设计合理的磁盘结构的读写速度通常可以和网络读写速度一样快。详细内容可以参考 Kafka 官网的文档。

本书后面章节会详细介绍 Kafka 的数据存储机制。

6.2.4 数据副本

在 Kafka 中,每个分区由一个或多个副本组成,每个副本都由一个 Broker 节点负责。Kafka 会为每个分区选举一个 leader 副本,并将其余副本作为 follow 副本。

生产者写入操作必须在 leader 副本上完成,而 follow 副本需要同步 leader 副本的数据。follow 副本像普通的 Kafka 消费者一样读取 leader 副本的消息,并将它们存储到自己的 Log 日志中,从而保证 follow 副本的日志与 leader 副本的日志一致:两个副本的日志中相同偏移量存储了相同的消息(当然,leader 副本日志的末尾可能有一些消息尚未复制给 follow 副本)。这是分布式系统中常用的数据副本(备份)机制,可以保证数据安全。

Kafka 支持故障转移,即当 leader 副本因故障下线后,Kafka 将从分区的 follow 副本中选择一个副本成为新的 leader 副本并继续为该分区提供服务。与大多数分布式系统一样,为了实现故障转移,Kafka 需要判断某个 follow 副本是否"有效存活"。Kafka 判断 follow 副本有效存活的条件是:该 follow 副本必须同步 leader 副本写入的数据,并且同步进度不能落后"太多"。leader 副本会跟踪所有"有效存活"的 follow 副本,将这些副本节点放入 ISR(同步副本集),如果 follow 副本同步进度落后太多,leader 副本会将其从 ISR 中剔除。Kafka 通过以下机制保证消息的可靠与一致:

(1)生产者写入消息时,leader 副本必须等待 ISR 中所有副本都同步消息后,才能返回成功响应给生产者,保证数据可靠。

(2)Kafka 将 ISR 所有副本同步进度最落后的副本的最新消息偏移量称为高水位(high watermark),消费者读取消息时,最多能读到高水位的位置。

(3)当 leader 副本所在节点因故障下线后,Kafka 只会从 ISR 中选副本充当新的 leader 副本。

提示:这些机制可以通过相关配置修改具体行为,本书后续会详细介绍。

6.2.5 系统伸缩

系统伸缩是分布式系统的必备能力，也是处理大量数据的基础。Kafka 通过迁移分区支持动态扩容：Kafka 提供了分区重分配机制，如果当前某个主题分区存在性能瓶颈，则可以将其迁移到配置更好（或者负载更低）的 Broker。

通常我们创建主题时会指定比 Broker 节点数量更多的分区数。假设存在 12 个 Broker 节点，则可以创建 24 或者 48 个分区的主题，这样每个 Broker 节点会承载多个分区，当某个 Broker 负载过高时，可以在 Kafka 集群中新增 Broker 节点，并将高负载 Broker 节点上的部分分区迁移到新的 Broker 节点，从而降低该 Broker 负载，如图 6-8 所示。

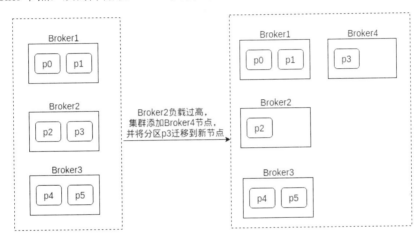

图 6-8

提示：Kafka 也支持新增主题的分区，本书后面会展示实践示例。

6.2.6 故障转移

一个健壮的分布式系统应该具备分布式容错的能力：当集群中某个节点因故障下线（由于内存溢出、磁盘不足等原因）或者网络中断（网络是不安全）时，不能正常提供服务，集群应该选出新的节点，替换故障节点以继续提供服务，从而保证系统正常运行。

Kafka 实现的是"中心化架构"，它会选举一个 KafkaController 节点，负责协调整个集群的运行。KafkaController 节点会监控集群其他节点的运行状态，当某个 Broker 节点因故障下线后，KafkaController 会为该故障节点上所有的 leader 副本选择新的 Broker 节点，这些 Broker 会成为分区新的 leader 副本，这样消息可以写入新的 leader 副本。

Kafka 并不会对故障节点的 follow 副本进行故障转移，如果分区的某个 follow 副本所在的 Broker 因故障下线，那么该分区将少一个 follow 副本，直到该 Broker 节点重新上线。

Kafka 故障转移如图 6-9 所示。

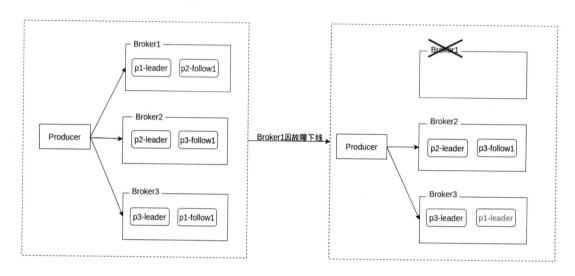

图 6-9

如果 KafkaController 因故障下线，则集群也会选举新的 KafkaController 节点，替换原来的 KafkaController 节点并继续工作。

6.3　Pulsar 的架构设计

Pulsar 采用了"计算与存储分离"的架构，将数据计算和数据存储划分给不同的节点负责。一个 Pulsar 集群可以理解为由以下三部分组成：

（1）Broker 集群：由一个或多个 Broker 节点组成，负责接收生产者发送的消息，并将这些消息转发给 BookKeeper 存储，以及将这些消息投递给消费者。Broker 负责完成负载均衡、Schema 检验、Ledger 自动更新、ACK 管理等工作。

（2）BookKeeper 集群：由一个或多个 Bookie 节点组成，负责消息的持久化存储。

（3）ZooKeeper 集群：负责存储租户、命名空间、主题等元数据，并完成节点监控等分布式协同工作。

Pulsar 的架构如图 6-10 所示。

第 6 章 Kafka 和 Pulsar 的架构 | 89

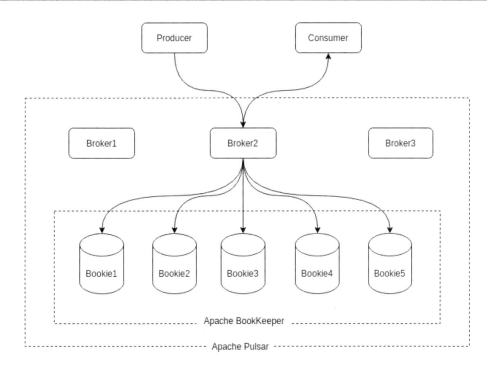

图 6-10

这种架构增加了网络传输的性能损耗，架构方案（与 Kafka 比较）也更复杂，但也带来诸多优势：

（1）计算层和存储层都能够独立扩容，可以提供灵活的弹性扩容。如果 Broker 节点负载过高，则可以单独添加 Broker 节点，不需要进行数据迁移。如果 Bookie 中数据量过大，则可以单独添加 Bookie 节点。Pulsar 会自动选择新的 Bookie 节点存储新的消息，这个特性给系统运维带来了极大的便利。

（2）由于扩容不需要数据迁移，因此该架构显著降低了集群扩容和升级的复杂性，提高了系统的可用性和可管理性。另外，该架构对于弹性容器云平台非常友好（弹性容器云平台能够自动扩/缩容，以适应流量的峰值），这使得 Pulsar 成为云原生分布式消息流平台的理想选择。

6.3.1　Pulsar 的计算层

1. 元数据管理

Broker 节点负责管理租户、命名空间、主题等元数据，并将其保存在 ZooKeeper 中。

2. 发布/订阅

Pulsar 会将一个主题绑定某个 Broker 上，而该主题的所有生产者都会与这个 Broker 节点绑定，所以这个 Broker 会接收该主题所有的消息，并转发到 BookKeeper 集群中存储。同时，所有订阅该主题的消费者也会与这个 Broker 节点进行绑定，这个 Broker 节点会按特定的策略将消息投递给这些消费者。

Pulsar 生产—消费流程如图 6-11 所示。

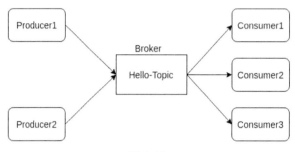

图 6-11

为了避免单个主题的消息吞吐量受限于单个 Broker 节点，Pulsar 提供了分区主题，一个分区主题由多个内部主题组成。例如，分区主题 topic1 由内部主题 tp1、tp2、tp3 组成。

Pulsar 会为每个内部主题绑定一个 Broker。tp1、tp2、tp3 可以分别由 Broker 节点 b1、b2、b3 负责。Broker 会将 tp1、tp2、tp3 这些内部主题视为一个普通非分区主题。而生产者会将 Topic1 视为一个主题，生产者会与 b1、b2、b3 节点绑定，当生产者发送消息时，通过特定策略为消息指定一个内部主题，并将消息发送给该内部主题对应的 Broker 节点。消费者同样将 Topic1 视为一个主题，当某个消费者订阅该主题时，该消费者会与 b1、b2、b3 节点绑定，这些节点会将 tp1、tp2、tp3 的消息都投递给该消费者。

Pulsar 分区主题生产—消费流程如图 6-12 所示。

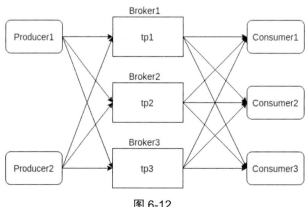

图 6-12

与 Kafka 消费组类似，Pulsar 中的每个消费者都需要绑定一个订阅组，在正常情况下，Broker 投递消息时每条消息只会投递给订阅组中的一个消费者，不同订阅组之间消费消息互不干预。

6.3.2 Pulsar 的存储层

1. 元数据管理

Bookie 同样利用 ZooKeeper 存储 Ledger 等元数据。

2. 数据存储

Pulsar 利用 BookKeeper 服务存储数据。BookKeeper 是一个独立的分布式、可扩展、容错（多副本）、低延迟的存储系统，可以提供高性能、高吞吐的存储能力。

前面说了，Ledger 是 BookKeeper 中的核心概念，Ledger 可以理解为"一组数据的集合"，类似于 Kafka 和 Pulsar 中的主题。Ledger 有以下 3 个关键配置：

- EnsembleSize：每个 Ledger 都会从机器中选择 EnsembleSize 个节点，组成 Ensemble 集合，BookKeeper 会将该 Ledger 的数据分散存储到该 Ensemble 集合的节点中。
- WriteQuorumSize：BookKeeper 生产者会将每个写入操作同时发送到 WriteQuorumSize 个节点中（这些节点需要从 Ensemble 集合中选出）。
- AckQuorumSize：当 BookKeeper 生产者收到 AckQuorumSize 个节点返回写入成功的响应后，就认为该消息已经写入成功。

假设 BookKeeper 集群中有 5 个节点（A1、A2、A3、A4、A5），EnsembleSize 为 3，WriteQuorumSize、AckQuorum 为 2，那么 BookKeeper 会选出 3 个节点组成 Ensemble，如 A1、A2、A3。BookKeeper 生产者写入数据时，会将写入请求同时发送给 Ensemble 中的两个节点，并等待这两个节点都返回写入成功响应后，才认为数据写入成功。该写入机制可以保证 BookKeeper 的数据安全。

与 Kafka 主从同步的机制不同，BookKeeper 实现的并行写方案会同时给 WriteQuorumSize 个节点发送写入请求，将数据同时写入多个 Bookie，所以 Pulsar 更偏向于"去中心化架构"，不需要选举中心节点。

BookKeeper 同样利用磁盘存储数据。BookKeeper 实现了 WAL 机制（预写日志机制），设计了 Journal 日志。Bookie 节点收到写入请求后，会将数据写入 Journal 日志，然后立即返回客户端写入成功的响应。由于 Journal 的写入操作是完全的顺序写入，因此性能非常高（Pulsar 建议使用独立的磁盘存放 Journal 文件，这样保证了 Journal 的写入操作与 Ledger 的读取操作分离）。当这些数据存储到 Journal 日志后，BookKeeper 可以将这些数据异步写入 Ledger，BookKeeper

支持不同的 Ledger 写入机制，这里只讨论 Pulsar 默认使用的 Ledger 写入类：DbLedgerStorage。该类中定义了数据写入缓冲区，当 Bookie 节点处理写入请求时，会将数据存储到写入缓冲区。另外，Bookie 会启动一个异步线程，该线程会定时将写入缓冲区的内容写入 Ledger 文件。后续会详细分析 Journal、Ledger 的具体设计与实现。

3. 缓存隔离

与 Kafka 利用 PageCache 作为磁盘读写的缓冲区不同，Pulsar 定义了 Java 进程的内存缓冲区，用于缓冲读写的数据。Kafka 利用 PageCache 作为消息缓冲区，虽然有不少好处，但也有一些局限性，如 PageCache 资源抢夺的问题。如果在 Kafka 中同时进行追尾读和追赶读，那么历史数据和最新数据会争夺 PageCache 空间，造成读写响应不及时。假设 PageCache 可以缓冲 100 条消息，发生追赶读后，一半的空间被用于缓冲历史数据，剩余的 PageCache 只能缓冲 50 条最新消息，那么原本消费第 50~100 条消息的消费者不能直接使用 PageCache 的缓存了，而是需要从磁盘中读取消息，这样又会造成更多的 PageCache 空间被历史数据占用。而 Pulsar 将历史数据与最新数据分离，从而避免了这个问题。

Pulsar 定义了多个数据缓冲区：

- Broker 缓冲区：Pulsar 在 Broker 中创建了一个最新数据缓冲区，用于缓存最新写入的消息，当发生追尾读时，可以直接从该缓冲区读取消息，如果读取成功则直接返回，如果读取失败则再通过 Bookie 读取历史消息。
- Bookie 写入缓冲区：Bookie 中定义了写入缓冲区，在写入数据时，会将数据缓存在写入缓冲区。读取数据时，也会尝试从该缓冲区读取数据。
- Bookie 读取缓冲区：Bookie 中还定义了读取缓冲区，当追赶读操作从磁盘中读取历史数据时，会预先读取一部分数据并存储在 Bookie 读取缓冲区中，这是追赶读操作专用的缓冲区。

可以看到，Pulsar 将最新数据和历史数据划分到不同的缓冲区中，避免了缓冲区资源抢夺的问题，如图 6-13 所示。

使用 Java 的内存缓冲区还有一个好处：方便修改缓冲区的大小。PageCache 做不到这一点。当然，Java 进程的缓冲区可能会造成一些数据的重复缓存，所以也无法直接判断 Kafka 和 Pulsar 的方案哪个更好，这要看具体的设计思路与取舍。

读者可能感到疑惑，Pulsar 的计算存储分离架构方案会导致大量的网络通信吗？图 6-14 中对 Pulsar 与 Kafka 的网络通信次数进行了比较。

第 6 章 Kafka 和 Pulsar 的架构

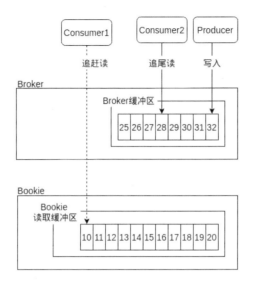

图 6-13

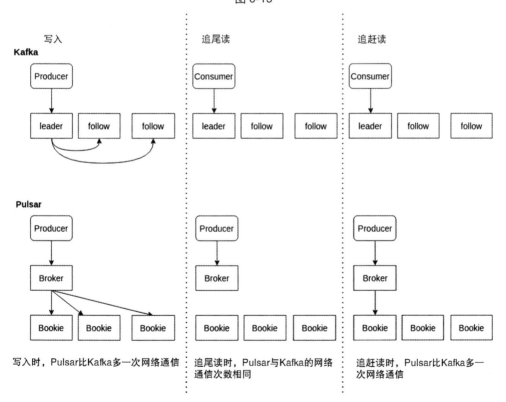

图 6-14

可以看到，Pulsar 会在写入时和追赶读时比 Kafka 多一次网络通信。对比计算存储分离架构带来的好处，这点性能损耗是值得的。

6.3.3 系统伸缩

在 Pulsar 中扩容非常简单。

（1）Broker 扩容。

由于 Broker 不存储数据，因此在 Broker 集群中添加新的节点后，只需要将原 Broker 负责的部分主题移交给新的 Broker 节点即可。该操作不涉及数据迁移，可以快速完成，如图 6-15 所示。

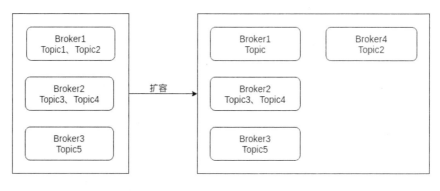

图 6-15

图 6-15 中仅为示意操作，Pulsar 是以 bundle（主题集合）为单位迁移主题的，这些内容会在后面章节详细分析。

（2）Broker 将消息写入 Bookie 的 Ledger，并且 Broker 会为 Ledger 设置大小上限（由 managedLedgerMaxSizePerLedgerMbytes 等 Broker 配置项指定），如果某个 Ledger 存储数据量达到该上限，则 Broker 会创建新的 Ledger，并将消息写入新的 Ledger。所以，如果要在 Bookie 集群中扩容，则只需要将 Bookie 节点添加到 Bookie 集群中即可，Broker 会将新的数据写入新的 Bookie 节点，同样不需要数据迁移。

例如，当前 Bookie 集群节点为 b1、b2、b3，主题 t1 当前的 Ledger 为 Ledger2，Ledger2 的 Ensemble 集合为 b1、b2、b3。这时添加了新的 Bookie 节点 b4，Bookie 集群为 b1、b2、b3、b4，那么当 Ledger2 满了之后，Broker 会创建新的 Ledger3，并且新 Ledger3 的 Ensemble 集合可以为 b2、b3、b4，新的消息将自动写入新的节点，该流程如图 6-16 所示。

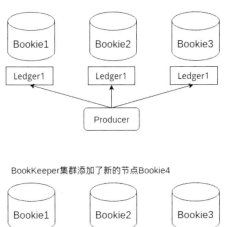

图 6-16

6.3.4 故障转移

由于 Broker 没有数据存储，因此故障转移非常简单，当某个 Broker 因故障下线后，Pulsar 会将该 Broker 负责的主题分配给集群其他的 Broker 节点。当该主题生产者和消费者发现与原 Broker 的连接断开后，则会查找主题新的 Broker 节点，并与新的 Broker 节点建立连接。

如果 Bookie 集群中的某个 Bookie 节点下线了，那么 BookKeeper 生产者会在集群中选择一个新的 Bookie 替换下线的 Bookie 节点，加入 Ensemble 集合，并将新的数据写入新的 Ensemble 集合。因为该操作在 BookKeeper 客户端完成，所以也不需要中心节点。可以看到，Pulsar 中的 Broker 和 Bookie 集群都采用了"去中心化架构"，并不依赖中心节点完成故障转移操作。

本章仅概要介绍了 Kafka 和 Pulsar 的整体设计，本书将在后续章节中彻底打开 Kafka 和 Pulsar 这两个"黑箱"，详细分析它们的内部设计与实现原理。本书会将 Kafka 和 Pulsar 分为计算层、存储层进行分析，第 2 部分分析计算层内容，第 3 部分分析存储层内容。另外，第 4 部分将介绍 Kafka 的 KRaft 模块，所以第 2 部分和第 3 部分关于 Kafka 的内容都是基于 ZooKeeper 实现的，不考虑 KRaft 模块的实现，这一点不重复说明，请读者注意。读者可以按计算层、存储层的顺序阅读本书，也可以按 Kafka、Pulsar 的顺序阅读本书。

6.4 源码架构

本节将介绍 Kafka 和 Pulsar 的核心源码，包括 Kafka 和 Pulsar 的网络模型、启动类、核心组件类、核心逻辑入口类等。通过这部分内容，读者可以了解 Kafka、Pulsar Broker、BookKeeper 是如何启动的，以及启动后如何提供相关服务，每个服务的处理逻辑入口等，从而对系统源码有一个整体的认识。

6.4.1 Kafka

1. Kafka 的框架源码及网络通信机制

1）启动类

Kafka 的启动类为 core\src\main\scala\kafka\Kafka.scala，启动函数如下：

```
def main(args: Array[String]): Unit = {
  // 【1】
  val serverProps = getPropsFromArgs(args)
  val server = buildServer(serverProps)

  ...
  // 【2】
  try server.startup()
  ...
}
```

【1】构建一个 Server 类。Kafka 中有两个 Server 实现类：依赖 ZooKeeper 的 KafkaServer 和 KRaft 模块的 KafkaRaftServer。

【2】调用 Server#startup 方法启动 Server。

本节只关注 KafkaServer 的实现。KafkaServer#startup 方法负责初始化、启动 Kafka 内部组件，本书主要介绍以下组件：

- kafkaScheduler：负责执行 Kafka 内部任务的 Scheduler，这些内部任务执行定时刷盘、定时删除历史数据等操作。
- socketServer：提供网络服务，调用 KafkaApis#handle 处理生产者和消费者发送的请求。
- replicaManager：副本管理类，负责管理一个分区上的所有副本，实现某个分区上的写入、读取等操作。

- kafkaController：集群协作类，负责协调集群正常运行，如监控其他节点运行状况、执行故障转移等。KafkaController 节点的逻辑封装在该类中。
- groupCoordinator、transactionCoordinator：消费组协调者、事务协调者。
- dynamicConfigManager：动态配置组件，负责实现 Kafka 的动态配置机制。
- quotaManagers：配额组件，负责实现 Kafka 配额机制。
- logManager：日志管理器，管理 Kafka 中的 Log。

本书会在后面章节详细分析组件类。

2）Kafka 的网络模型

下面介绍 Kafka 的网络模型，这部分内容有助于读者理解 Kafka 的网络请求处理流程。

Kafka 的 SocketServer 组件利用 Java NIO 机制实现了 I/O 复用模式，支持高并发处理网络请求。

下面简单回顾一下 Java NIO 机制的实现：

（1）创建 Selector，用于接收网络事件。

（2）创建服务器通道 ServerSocketChannel 监听端口，并注册到 Selector 中，监听 ServerSocketChannel 上的 accept 事件。

（3）当收到 accept 事件后，ServerSocketChannel 与客户端建立连接，生成客户端通道 SocketChannel，并将 SocketChannel 也注册到 Selector 中，监听 SocketChannel 上的 read 事件。

（4）当收到 read 事件后，服务器就可以读写网络请求。

2. Kafka 的网络组件

1）SocketServer 组件

Kafka SocketServer 中定义了以下网络通信相关组件：

- Acceptor：监听 ServerSocketChannel 的 accept 事件，与客户端建立 SocketChannel 通道，并将 SocketChannel 通道交给 Processor 处理。
- Processor：监听并处理客户端通道 SocketChannel 上的 read 事件，负责读取网络请求并交给 KafkaRequestHandler 处理，或者将 KafkaRequestHandler 处理结果发送给客户端。
- KafkaRequestHandler：负责处理 Processor 读取的请求。

另外，Kafka 还对 JVM 的 Selector、ServerSocketChannel 进行了封装，定义了 org.apache.kafka.common.network.Selector（下面称为 KafkaSelector）和 KafkaChannel 类型。

SocketServer#startup 方法负责启动网络服务：

```scala
def startup(startProcessingRequests: Boolean = true,
            controlPlaneListener: Option[EndPoint] = config.controlPlaneListener,
            dataPlaneListeners: Seq[EndPoint] = config.dataPlaneListeners): Unit = {
  this.synchronized {
    // 【1】
    createControlPlaneAcceptorAndProcessor(controlPlaneListener)
    createDataPlaneAcceptorsAndProcessors(config.numNetworkThreads, dataPlaneListeners)
    // 【2】
    if (startProcessingRequests) {
      this.startProcessingRequests()
    }
  }
  ...
}
```

【1】Kafka 中定义了两种请求：

- KafkaController（中心节点）发送的请求被称为 Controller 请求（控制请求）。
- 生产者、消费者这些客户端发送的请求被称为 Data 请求（数据请求）。

Kafka 分别为这两种请求创建了一套独立的网络组件。本书只介绍 Data 请求的相关组件，Controller 请求的组件与之类似。createDataPlaneAcceptorsAndProcessors 方法负责初始化 SocketServer#dataPlaneAcceptors、SocketServer#dataPlaneProcessors 等组件，用于处理 Data 请求。

【2】调用 startProcessingRequests 方法为 SocketServer#dataPlaneAcceptors 和 SocketServer#dataPlaneProcessors 组件创建对应的执行线程，并启动线程。

Kafka 会为每个 Acceptor、Processor 创建一个线程，并启动线程执行它们的 run 方法。

2）Acceptor 组件

下面分析 Acceptor 如何监听 ServerSocketChannel 并处理 Accept 事件。

（1）当 Acceptor 类被创建时，会初始化以下属性：

- 打开一个服务器通道 ServerSocketChannel 并赋值给 Acceptor#serverChannel，用于监听端口，启动网络服务。
- 打开一个 Selector 并赋值给 Acceptor#nioSelector，用于监听 ServerSocketChannel 的 accept 事件。

（2）Acceptor#run 方法会将 Acceptor#serverChannel 注册到 Acceptor#nioSelector 中，当

Acceptor#nioSelector 收到 Acceptor#serverChannel 的 accept 事件时，调用 Acceptor#accept 方法处理 accept 事件，处理逻辑如下：

- 调用 ServerSocketChannel#accept 方法与客户端建立 SocketChannel 通道。
- 使用轮询的方式，为客户端通道选择一个 Processor，并调用 Processor#accept 方法将 SocketChannel 通道添加到 Processor#newConnections 中。

3）Processor 组件

下面分析 Processor 如何处理客户端通道的 read 事件。

（1）当 Processor 被创建时，Processor 会打开一个 JVM Selector，将其封装为 KafkaSelector 并赋值给 Processor#selector，用于监听并处理客户端 SocketChannel 通道的 read 事件。

（2）SocketServer#dataPlaneRequestChannel 是一个 RequestChannel 实例，它是用于传输请求的通道。Processor 会将读取的请求存储在该通道中，而 KafkaRequestHandler 会从该通道中获取并处理请求。

（3）Processor#run 方法负责处理 SocketChannel 的 read 事件。

```
override def run(): Unit = {
  startupComplete()
  try {
    while (isRunning) {
      try {
        configureNewConnections()
        processNewResponses()
        poll()
        processCompletedReceives()
        processCompletedSends()
        processDisconnected()
        closeExcessConnections()
      } ...
    }
  } finally {
    ...
  }
}
```

可以看到，这里定义了一个循环，不断处理网络事件，这是典型的事件循环机制。Processor#run 中调用了一系列方法，这些方法的作用如下：

- configureNewConnections：将 Processor#newConnections 中（Acceptor#run 方法添加）的 SocketChannel 通道注册到 Processor#selector 中，监听 read 事件，并创建对应的 KafkaChannel 实例，添加到 Processor#selector 的 channels 集合中。
- processNewResponses：将 Processor#responseQueue（KafkaRequestHandler 处理完成后将响应添加到这里）中的响应实例赋值给 KafkaChannel#send。
- poll：调用 Selector#poll 方法，该方法执行以下逻辑。
    - 调用 KafkaSelector#select 方法阻塞线程，等待网络事件。
    - 调用 KafkaSelector#attemptRead 方法读取那些触发了 read 事件的 SocketChannel 通道的请求内容，并将请求内容添加到 Selector#completedReceives 中（见 KafkaSelector#pollSelectionKeys 方法）。
    - 调用 KafkaSelector#write 将 KafkaChannel#send 的内容发送给客户端，发送完成的通道将添加到 Selector#completedSends 中（见 KafkaSelector#pollSelectionKeys 方法）。
- processCompletedReceives：处理 KafkaSelector#completedReceives 中的内容，读取并解析客户端发送的请求，创建对应的请求实例 RequestChannel.Request 并添加到 Processor#requestChannel 中，等待 KafkaRequestHandler 处理。
- processCompletedSends：对已经发送完成的连接执行一些额外的辅助工作，如统计数量等。
- processDisconnected：处理 KafkaSelector#disconnected 中已经断开的连接。
- closeExcessConnections：如果当前连接数超过最大连接数，则关闭部分连接。最大连接数由 Broker 配置项 max.connections 指定。

上述逻辑是按代码顺序分析的，下面按时间顺序分析 Kafka 中一个请求的处理过程。图 6-17 展示了该过程。

（1）新的客户端（Client）连接进来，Acceptor 负责与客户端建立连接，并将连接存放在 Processor#newConnections 中。

（2）Processor#configureNewConnections 方法将新连接注册到 Processor#selector 中，监听 read 事件，并创建对应的 KafkaChannel 实例，添加到 Processor#selector 的 channels 集合中。

（3）Processor#poll 方法调用 Selector#poll 方法，等待客户端发送数据。

（4）客户端发送数据后，Processor#selector 会收到 read 事件，调用 KafkaSelector#pollSelectionKeys 方法处理事件，最后调用 KafkaSelector#attemptRead 方法读取请求内容，并将读取到的内容存储到 Processor#selector 的 completedReceives 集合中。

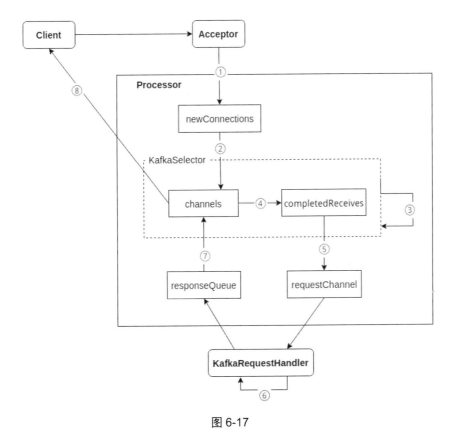

图 6-17

（5）Processor#processCompletedReceives 方法将 Processor#selector 的 completedReceives 集合中的内容解析为请求实例 RequestChannel.Request 并添加到 Processor#requestChannel 中。

（6）KafkaRequestHandler 从 Processor#requestChannel 中获取请求实例，处理完成后将响应实例放入 Processor#responseQueue。

（7）Processor#processNewResponses 方法将 Processor#responseQueue 中的响应实例赋值给 KafkaChannel#send。

（8）KafkaSelector#poll 方法（由 Processor#poll 方法触发）调用 KafkaSelector#pollSelectionKeys 方法处理事件，最终调用 KafkaSelector#write 方法将 KafkaChannel#send 的内容发送给客户端，并将发送完成的通道添加到 Selector#completedSends 中。

（9）Processor#processCompletedSends 方法对 Selector#completedSends 进行一些额外的辅助类的操作，整个流程结束。

从这里可以看到，Kafka 处理网络请求时多次使用缓冲区缓存请求实例（或者响应实例），再交给异步线程处理，这种异步机制可以减少线程阻塞，提高效率。例如 Processor 将读取的请求内容缓冲到 KafkaSelector#completedReceives 中，后续由 KafkaRequestHandler 线程处理请求，Processor 可以立即返回，继续处理其他网络事件，避免线程被请求处理逻辑阻塞。

4）KafkaRequestHandler 组件

最后分析 KafkaRequestHandler 组件的逻辑。

KafkaServer#startup 中创建了一个 KafkaRequestHandlerPool 实例，它是一个 KafkaRequestHandler 池，初始化了指定数量的 KafkaRequestHandler 实例。

KafkaRequestHandler#apis 是一个 KafkaApis 实例，负责处理所有的请求。

KafkaRequestHandler#run 方法负责处理请求，它从 socketServer#dataPlaneRequestChannel 中读取请求实例，调用 KafkaApis 进行处理。

从 KafkaApis#handle 方法可以看到 Kafka 服务提供的所有请求类型：

```
override def handle(request: RequestChannel.Request, requestLocal: RequestLocal): Unit = {
    ...
    request.header.apiKey match {
      case ApiKeys.PRODUCE => handleProduceRequest(request, requestLocal)
      case ApiKeys.FETCH => handleFetchRequest(request)
      case ApiKeys.LIST_OFFSETS => handleListOffsetRequest(request)
      ...
    }
}
```

生产者和消费者发送的请求都携带了一个标志，代表不同的请求类型。Produce、Fetch 这些请求的处理逻辑正是后面章节的重点内容。

Kafka 中网络相关的 Broker 配置如下：

- listeners：指定 Acceptor 监听的地址和端口信息。格式为 listeners = listener_name://host_name:port。
- control.plane.listener.name：负责处理 Controller 请求的监听器名称（listener_name）。默认为空，这时 Kafka 会将客户端和 KafkaController 发送的请求都当作 Data 请求进行处理。
- advertised.listeners：提供给生产者和消费者调用的主机名（或 IP 地址）和端口，如果没有配置，则取 listeners 中的配置，如果 listeners 也没有配置，则取 Broker 主机名。
- num.network.threads：指定 Processor 的数量，默认值为 3。

- num.io.threads：指定 KafkaRequestHandler 的数量，默认值为 8。
- queued.max.requests：指定等待 I/O 线程处理的最大请求数，默认值为 500。

需要注意：

（1）如果设置了 control.plane.listener.name 配置项，那么 Kafka 就会利用它到 listeners 中寻找 Controller 请求的监听器。

如下配置：

```
listeners=PLAINTEXT://:9092,CONTROLLER://:9093
control.plane.listener.name = CONTROLLER
```

这样 Kafka 中会启动一个监听 9092 端口的 Acceptor 来处理 Data 请求，并启动一个监听 9093 端口的 Acceptor 来处理 Controller 请求。

（2）advertised.listeners 配置项可以帮助客户端连接到 Broker。例如 Broker 主机名为 kafka1，IP 地址为 172.17.0.2，客户端不能识别 Broker 主机名，只能识别 IP 地址，则我们需要配置 advertised.listeners：

```
advertised.listeners=PLAINTEXT://172.17.0.2:9092
```

其他 socket、connections 的相关配置请参考官方文档。

6.4.2　Pulsar

下面介绍 Pulsar Broker 模块的框架源码。本节下面说的 Broker 专指 Pulsar Broker。

Broker 的启动类为 PulsarBrokerStarter，Broker 会调用 PulsarService#start 启动其内部的组件。主要涉及以下组件：

- coordinationService：协作服务组件，提供分布式锁和 leader 选举服务。
- leaderElectionService：负责选举、管理 leader 节点。
- schemaStorage：Schema 存储器。
- brokerService：Broker 的核心服务类。
- loadManager：Broker 的负载均衡器。
- webService：使用 Jetty 提供 admin 管理服务接口（pulsar-admin 脚本调用的都是该组件提供的接口）。
- webSocketService：提供 WebSocket API，Pulsar 支持 WebSocket 调用。

BrokerService#start 方法负责启动 Broker 网络服务：

```java
public void start() throws Exception {
    this.producerNameGenerator = new DistributedIdGenerator(pulsar.getCoordinationService(),
            PRODUCER_NAME_GENERATOR_PATH, pulsar.getConfiguration().getClusterName());
    // 【1】
    ServerBootstrap bootstrap = defaultServerBootstrap.clone();
    ServiceConfiguration serviceConfig = pulsar.getConfiguration();
    bootstrap.childHandler(new PulsarChannelInitializer(pulsar, false));

    if (port.isPresent()) {
        InetSocketAddress addr = new InetSocketAddress(pulsar.getBindAddress(), port.get());
        try {
            // 【2】
            listenChannel = bootstrap.bind(addr).sync().channel();
        } ...
    }
    ...
}
```

【1】初始化 Netty 的 ServerBootstrap 组件，Pulsar Broker 使用 Netty 提供网络服务。

【2】调用 ServerBootstrap#bind 方法绑定端口，接收网络请求。

PulsarChannelInitializer 继承了 Netty 的通道初始化类 ChannelInitializer，Netty 启动时将调用 PulsarChannelInitializer#initChannel 方法初始化 SocketChannel 通道。

```java
protected void initChannel(SocketChannel ch) throws Exception {
    ...
    ch.pipeline().addLast("flowController", new FlowControlHandler());
    ServerCnx cnx = new ServerCnx(pulsar);
    ch.pipeline().addLast("handler", cnx);

    connections.put(ch.remoteAddress(), cnx);
}
```

上述代码在 Netty SocketChannel 通道的 ChannelPipeline 中添加了 ServerCnx 实例（ServerCnx 继承了 Netty 的 ChannelInboundHandler），用于处理客户端发送的请求数据。

ServerCnx 的父类 PulsarDecoder 实现了 ChannelInboundHandler#channelRead 方法，PulsarDecoder#channelRead 方法会根据请求中的请求标志（Pulsar 请求中同样携带类型标志，将请求区分为不同的请求类型）调用子类方法处理请求。例如，调用 ServerCnx#handleLookup 处理 Lookup 请求，其他请求以此类推。本书后续会详细介绍 Pulsar 关键请求的处理逻辑。

Netty 是 Java 中流行的网络服务框架，与 Kafka 的网络模型相似，Netty 同样使用 NIO 实现了 I/O 复用模型，并且性能非常高。关于 Netty 的详细分析超出本书的范围，请读者自行了解。

提示：Netty 采用责任链模式，SocketChannel 通道的 ChannelPipeline 是一条责任链，其中存放了一组 ChannelInboundHandler、ChannelOutboundHandler，当 Netty 收到客户端发送的请求后，会调用 ChannelPipeline 上的 ChannelInboundHandler#channelRead 方法处理请求，最后调用 ChannelOutboundHandler#write 方法将处理结果返回给客户端。

Pulsar 中网络相关的 Broker 配置项如下：

- bindAddress：Pulsar 网络服务绑定的主机名或 IP 地址，默认值为 0.0.0.0。
- advertisedAddress：Pulsar 网络服务提供给客户端调用的主机名或 IP 地址，如果未设置，则使用 Broker 主机名。
- numAcceptorThreads：Netty Acceptor 的数量，默认值为 1。
- numIOThreads：Netty I/O 线程的数量，默认值为 Runtime.getRuntime().availableProcessors() 返回值的 2 倍。
- numHttpServerThreads：用于处理 HTTP 请求的线程数，默认值为 Runtime.getRuntime().availableProcessors()返回值的 2 倍。
- maxConcurrentHttpRequests：最大并发 Web 请求数。

其他配置请参考官方文档。

6.4.3 BookKeeper

下面分析 BookKeeper 的框架源码。

BookKeeper 服务的启动类是 org.apache.bookkeeper.server.Main，该类会调用 BookieServer#start 方法启动以下组件：

- nettyServer：BookieNettyServer 类型，负责提供网络服务。
- bookie：Bookie 服务的核心类，负责管理 Journal、Ledger 的内容。
- requestProcessor：请求处理器。
- deathWatcher：监控 Bookie 是否正常运行的组件。

BookieNettyServer#start 负责启动 Bookie 网络服务。在 BookieNettyServer 构建函数中，初始化了 Netty 的 ServerBootstrap 组件，并使用 BookieServer#requestProcessor 处理所有的网络请求。

BookieServer#requestProcessor 是一个 BookieRequestProcessor 实例，BookieRequestProcessor#processRequest 方法封装了所有 Bookie 请求的处理逻辑，包括 AddEntry、ReadEntry 等请求，本书后续会深入分析这些请求的处理逻辑。

Kafka、Pulsar Broker、BookKeeper 都是典型的远程网络服务程序，都基于 I/O 复用机制实现了事件驱动架构。这也是很多远程网络服务程序的通用架构方案，如 Redis、Nginx 等，都采用了这样的方案。

为了节省版面，本书仅列出部分核心源码，建议读者结合 Kafka 和 Pulsar 的源码阅读本书。

6.5　本章总结

本章介绍了 Kafka 和 Pulsar 的架构设计，包括分布式高性能、伸缩、容错等设计思想。另外，本章也介绍了 Kafka 和 Pulsar 源码中的核心组件，并分析了它们的网络模型及网络请求处理组件，本章内容打开了探索 Kafka 和 Pulsar 源码世界的入口。

第 7 章
Kafka 的主题

本书从本章开始将深入分析 Kafka 的设计与实现。本章将深入分析 Kafka 主题的创建过程。

第 3 章中说过，可以使用 kafka-topics.sh 脚本创建主题，命令如下：

```
$ ./bin/kafka-topics.sh --create --bootstrap-server localhost:9092
--replication-factor 2 --partitions 3 --topic hello-topic
  Created topic hello-topic.
```

使用上面的命令创建主题时，Kafka 会自动为主题分区分配副本列表。另外，我们也可以使用以下命令，指定每个分区对应的副本列表：

```
$ ./bin/kafka-topics.sh --create --bootstrap-server localhost:9092
--replica-assignment 1:3,1:2,2:3 --topic hello-topic
```

- --replica-assignment：依次指定每个分区的 AR 副本列表对应的 Broker 节点，格式为 "p0-r0:p1-r1:..., p1-r0:p1-r1:..."（以 ":" 分隔同一个分区的不同副本，以 "," 分隔不同的分区）。

在上面的例子中指定了新主题第一个分区的副本位于节点 Broker1、Broker3，第二个分区的副本位于节点 Broker1、Broker2，第三个分区的副本位于节点 Broker2、Broker3。注意，分区的第一个副本将成为 leader 副本。

提示：--replica-assignment 参数不能与--partitions、--replication-facto 参数同时使用。

另外，Kafka 默认会自动创建主题。例如，当我们发送消息到一个不存在的主题时，Kafka 会为我们创建一个新的主题。

7.1 CreateTopics 请求的处理流程

当我们使用 kafka-topics.sh 脚本时，该脚本会给 KafkaController 节点发送 CreateTopics 请求，从而在 Kafka 集群中创建主题。

7.1.1 创建主题

第 6 章中说过，KafkaApis 负责处理所有的 Kafka 请求。KafkaApis 会调用 KafkaApis#handleCreateTopicsRequest 方法处理 CreateTopics 命令，执行如下操作：

（1）检查请求内容是否正确并对用户进行认证、权限检查（如果开启了用户认证鉴权机制）。

（2）为新主题的分区生成 AR 副本列表（分区副本分配规则）。

（3）在 ZooKeeper 中创建节点，并存储主题相关的元数据。

（4）KafkaController 节点给集群所有 Broker 节点发送信息，通知它们更新集群元数据。如果 Broker 节点发现自己被分配了新的副本，则需要完成对应的工作：如果被分配了 leader 副本，则需要接收生产者发送的消息，如果被分配了 follow 副本，则需要与 leader 副本同步数据。

KafkaApis#handleCreateTopicsRequest 会调用 ZkAdminManager#createTopics 方法完成创建主题的逻辑：

```
def createTopics(timeout: Int,
                 validateOnly: Boolean,
                 toCreate: Map[String, CreatableTopic],
                 ...): Unit = {
  val brokers = metadataCache.getAliveBrokers()
  val metadata = toCreate.values.map(topic =>
    try {
      ...
      // 【1】
      val resolvedNumPartitions = if (topic.numPartitions == NO_NUM_PARTITIONS)
        defaultNumPartitions else topic.numPartitions
```

```scala
            val resolvedReplicationFactor = if (topic.replicationFactor ==
NO_REPLICATION_FACTOR)
              defaultReplicationFactor else topic.replicationFactor
            // 【2】
            val assignments = if (topic.assignments.isEmpty) {
              AdminUtils.assignReplicasToBrokers(
                brokers, resolvedNumPartitions, resolvedReplicationFactor)
            } else {
              topic.assignments.forEach { assignment =>
                assignments(assignment.partitionIndex) =
assignment.brokerIds.asScala.map(a => a: Int)
              }
              assignments
            }
            ...

            // 【3】
            if (validateOnly) {
              CreatePartitionsMetadata(topic.name, assignments.keySet)
            } else {
              controllerMutationQuota.record(assignments.size)
              adminZkClient.createTopicWithAssignment(topic.name, configs, assignments,
validate = false, config.usesTopicId)
              populateIds(includeConfigsAndMetadata, topic.name)
              CreatePartitionsMetadata(topic.name, assignments.keySet)
            }
          } ...
      }
```

【1】如果用户指定了分区的数量、每个分区的副本数量，则使用用户指定值，否则使用Broker 配置项指定的默认数量。

【2】如果用户指定了分区的副本列表，则使用用户指定的副本列表，否则调用AdminUtils#assignReplicasToBrokers 方法为主题分区生成副本列表。

【3】将主题元数据（包括主题名、分区、分区 AR 的副本列表等内容）写入 ZooKeeper。注意，如果 validateOnly 参数为 true，则仅验证该创建主题的方案是否正确，不实际创建主题，所以不需要写入元数据。

7.1.2 分区副本分配规则

当用户没有指定分区的副本列表时，AdminUtils#assignReplicasToBrokers 方法负责为主题分区生成副本列表，该方法会按以下两种情况，执行对应的分区副本分配规则。

- Broker 配置了 broker.rack 配置项，指定了该节点的机架，这时使用机架感知的分区副本分配规则。
- Broker 未配置 broker.rack 配置项，这时使用非机架感知的分区副本分配规则。

"机架"一词应该来源于 HDFS，可以将集聚在一起并连接到同一网络的集群节点理解为处于同一个机架，甚至将机架简单理解为机房。机架感知即 Kafka 会把一个分区的各个副本分散到不同的机架上，以提高机架故障时的数据安全性。

本书只分析非机架感知的分区副本分配规则。该场景下的分区副本分配规则期望达到如下效果：不同分区的 leader 副本尽量分给不同的 Broker 节点，同一个分区的不同副本也尽量分给不同的节点。

AdminUtils#assignReplicasToBrokersRackUnaware 方法负责完成非机架感知下的分区副本分配操作，它会给每个分区分配一个副本列表：

```scala
private def assignReplicasToBrokersRackUnaware(nPartitions: Int,
                                               replicationFactor: Int,
                                               brokerList: Iterable[Int],
                                               fixedStartIndex: Int,
                                               startPartitionId: Int): Map[Int,
    Seq[Int]] = {
  val ret = mutable.Map[Int, Seq[Int]]()
  val brokerArray = brokerList.toArray
  // 【1】
  val startIndex = if (fixedStartIndex >= 0) fixedStartIndex else rand.nextInt(brokerArray.length)
  var currentPartitionId = math.max(0, startPartitionId)
  var nextReplicaShift = if (fixedStartIndex >= 0) fixedStartIndex else rand.nextInt(brokerArray.length)
  // 【2】
  for (_ <- 0 until nPartitions) {
    if (currentPartitionId > 0 && (currentPartitionId % brokerArray.length == 0))
      nextReplicaShift += 1
    // 【3】
```

```scala
      val firstReplicaIndex = (currentPartitionId + startIndex) % brokerArray.length
      val replicaBuffer = mutable.ArrayBuffer(brokerArray(firstReplicaIndex))
      // 【4】
      for (j <- 0 until replicationFactor - 1)
        replicaBuffer += brokerArray(replicaIndex(firstReplicaIndex,
nextReplicaShift, j, brokerArray.length))
      ret.put(currentPartitionId, replicaBuffer)
      currentPartitionId += 1
    }
    ret
  }

  private def replicaIndex(firstReplicaIndex: Int, secondReplicaShift: Int,
replicaIndex: Int, nBrokers: Int): Int = {
    val shift = 1 + (secondReplicaShift + replicaIndex) % (nBrokers - 1)
    (firstReplicaIndex + shift) % nBrokers
  }
```

【1】准备如下变量：

- brokerList：当前存在的 Broker 节点的 Broker Id 组成的数组。
- currentPartitionId：当前分区 Id，默认从 0 开始。
- startIndex：起始索引，如果 startPartitionId 参数没有指定，则取 Broker 节点索引范围内的随机整数。
- nextReplicaShift：首个 follow 副本与 leader 副本的间隔，如果 startPartitionId 参数没有指定，则取 Broker 节点索引范围内的随机整数。

【2】遍历处理所有的分区，给每个分区生成副本列表。从这里可以看到，如果分区数量比节点数量多（为了方便后续扩容，通常分区数量会比 Broker 节点数量多），那么每当分区 Id 等于节点数量的倍数时，副本间隔 nextReplicaShift 要加 1。

【3】计算当前分区第一个副本对应的 Broker 索引 firstReplicaIndex，计算规则也简单：(分区 Id+startIndex)%nBrokers（nBrokers 指 Broker 节点数量）。由于分区的第一个副本会作为 leader 副本，所以一个主题各个分区的 leader 副本会依次分布在 Broker 节点中。

【4】计算当前分区所有 follow 副本对应的 Broker 索引。步骤如下：

（1）使用 nextReplicaShift 变量计算当前 follow 副本与 leader 副本的间隔 shift。另外，为了避免 leader 副本和 follow 分配给同一个 Broker 节点，所以前面固定加 1，计算规则：1+(nextReplicaShift+replicaIndex)%(nBrokers-1)。

（2）计算 follow 副本对应的 Broker 索引，计算规则：(firstReplicaIndex+shift)%nBrokers。

在该方法中，如果没有指定 startIndex、nextReplicaShift 变量，则使用随机值，这样可以避免每次都从同一个位置开始分配副本，导致大量副本被分配给同一个 Broker。可以看到，Kafka 分区副本分配规则还是比较简单的，并没有选择 CPU 负载较低或磁盘可用容量较大的节点负责新的副本。用户也可以在创建主题时指定副本列表，避免自动分配副本列表导致 Kafka 内数据不均衡。

下面通过一个实例来展示非机架感知的分区副本分配规则。假设 Broker 节点数量为 4，索引为[0,1,2,3]，当前创建主题的分区数量为 12，备份数量为 3，每个副本的索引都是[0,1,2]，而起始索引、副本间隔都是 0，分配结果如表 7-1 所示。

表 7-1

分区下标	nextReplicaShift	Leader 所在 Broker	follow1 所在 Broker	follow2 所在 Broker
0	0	0	1	2
1	0	1	2	3
2	0	2	3	0
3	0	3	0	1
4	1	0	2	3
5	1	1	3	0
6	1	2	0	1
7	1	3	1	2
8	2	0	3	1
9	2	1	0	2
10	2	2	1	3
11	2	3	2	0

从表 7-1 中也可以看到，第一个 follow 副本与 leader 副本之间相距越来越远（注：nextReplicaShift 越来越大）。

7.1.3 存储主题元数据

KafkaApis#handleCreateTopicsRequest 方法调用 AdminZkClient#createTopicWithAssignment 方法将主题元数据存储到 ZooKeeper 中：

```
def createTopicWithAssignment(topic: String,
                              config: Properties,
```

```
                              partitionReplicaAssignment: Map[Int, Seq[Int]],
                              ...): Unit = {
  ...
  // 【1】
  zkClient.setOrCreateEntityConfigs(ConfigType.Topic, topic, config)

  // 【2】
  writeTopicPartitionAssignment(topic, partitionReplicaAssignment.map { case (k,
v) => k -> ReplicaAssignment(v) },
      isUpdate = false, usesTopicId)
}
```

【1】调用 KafkaZkClient#setOrCreateEntityConfigs 方法将主题的相关配置写入 ZooKeeper，ZK 节点为/config/topics/{topicName}。

【2】将主题、分区、副本列表等元数据写入 ZooKeeper，ZK 节点为/brokers/topics/{topicName}。

主题分区 AR 副本列表（分区 AR 副本列表不会由于副本节点下线而变化）存储在 ZK 节点/brokers/topics/{topicName}下：

```
zk> get /brokers/topics/a-topic
{"partitions":{"0":[1,0],"1":[0,2],"2":[2,1]},"topic_id":"OeqQgkXpSc2ClMXhz1XSBQ","adding_replicas":{},"removing_replicas":{},"version":3}
```

主题分区元数据（包括 leader 副本、ISR 集合等，会由于副本节点下线而变化）存储在 ZK 节点/brokers/topics/{topicName}/partitions/{partition}/state 下：

```
zk> get /brokers/topics/a-topic/partitions/0/state
{"controller_epoch":20,"leader":0,"version":1,"leader_epoch":1,"isr":[0]}
```

7.2　KafkaController 处理新主题

经过上面几个步骤后，Kafka 已经为新主题的分区分配了副本列表，并将主题元数据存储到 ZooKeeper 中，但现在副本节点还不知道自己被分配了新的副本，这时需要 KafkaController 节点完成分布式协同工作，通知这些 Broker 节点：你们被分配了新的副本，该干活了。

KafkaController 会监控 ZK 节点/brokers/topics/下子节点的变化，当发现新的主题内容时，执行如下操作：

（1）为主题的分区选择 leader 副本，选择策略很简单，取分区副本列表中第一个 Broker

节点作为 leader 副本即可。

（2）给所有被分配了新副本的 Broker 节点发送 LeaderAndIsr 请求，通知它们处理新的分区副本。

KafkaController 节点、LeaderAndIsr 请求是非常重要的内容，这里暂不展开介绍，在后面章节中详细说明。

主题相关的 Broker 配置项如下：

- auto.create.topics.enable：是否允许 Kafka 自动创建主题，默认值为 true。在生产环境中不建议允许 Kafka 自动创建主题，因为自动创建的主题通常不符合规范，会导致维护成本过高等问题。
- num.partitions：自动创建的主题的分区数量，默认值为 1。
- default.replication.factor：自动创建的主题的副本数量，默认值为 1。
- delete.topic.enable：是否真正删除主题文件，默认值为 true。如果为 false，则删除操作仅将主题标志为已删除主题，不会删除主题内容。

7.3 本章总结

本章分析了 Kafka 创建主题的流程，包括如何为分区生成副本列表（AR）、如何将主题元数据写入 ZooKeeper 等。

第 8 章
Kafka 的生产者与消息发布

第 3 章展示了生产者使用示例。本章将详细分析 Kafka 的生产者如何发送消息,以及 Broker 节点如何接收消息。

虽然 Kafka 中没有将计算和存储进行分离,但本书为了描述方便,依然将计算、存储的内容区分说明,所以本章不涉及 Kafka 存储消息的内容。

8.1 生产者发送消息

本节重点分析 Kafka 的生产者的设计与实现。

8.1.1 消息发送流程

KafkaProducer#send 方法负责发送消息,生产者发送消息时,需要执行如下步骤:

1. 获取集群元数据

生产者需要使用 Kafka 集群元数据,包括 Broker 节点、主题、分区(每个分区的 leader 副本、AR 副本列表)等信息。如果生产者当前没有缓存集群元数据,则需要先获取集群元数据。

2. 为消息指定分区

Kafka 中的每个消息都需要指定一个分区，生产者会将消息发送给消息对应分区的 leader 副本。如果用户已经在消息中指定了分区，则使用消息中的分区，否则生产者会调用消息分区器 Partitioner#partition 方法为消息指定一个分区。

读者可以回顾第 3 章介绍的 Kafka 中提供的消息分区器。

3. 消息序列化

生产者需要将消息序列化为字节数组。

用户可以通过生产者配置项 key.serializer、value.serializer 指定消息的序列化器、反序列化器，Kafka 默认支持 int、long、double、byte、byte[]、ByteBuffer、String 类型的序列化，用户也可以自定义消息序列化器，第 3 章已经介绍了这部分内容，这里不再赘述。

4. 消息分批次

生产者定义了一个消息缓冲区 RecordAccumulator，称为消息累积器，该累积器负责将消息缓存到消息批次中，当消息批次已满或者缓存延迟时间已到时，再将消息批次发送给 Broker 节点。批量发送消息可以减少网络通信次数，同时结合 Broker 顺序读写磁盘的优势，可以有效提升 Kafka 的性能。当然，该机制也牺牲了消息及时性。

5. 发送消息

生产者创建了一个 Sender 线程，负责定时发送消息：该线程会定时检查消息累积器中的消息批次，如果发现消息批次已满或者缓存延迟时间已到，就会将该消息批次发送给 Broker 节点。

生产者配置项 linger.ms 指定了消息批次最长延迟时间，默认值为 0，即 Sender 线程执行定时任务时，只要发现消息批次中存在消息，就发送该消息批次。如果对消息发送的实时性要求不高，则可以适当增加该配置值，等待多条消息聚合为一个批次后再发送给 Broker。

在 KafkaProducer#send 方法中调用 KafkaProducer#doSend 发送消息：

```
private Future<RecordMetadata> doSend(ProducerRecord<K, V> record, Callback callback) {
    TopicPartition tp = null;
    try {
        ...
        // 【1】
        try {
            clusterAndWaitTime = waitOnMetadata(record.topic(), record.partition(), nowMs, maxBlockTimeMs);
```

```
        } ...
        // 【2】
        ...
        Cluster cluster = clusterAndWaitTime.cluster;
        byte[] serializedKey;
        try {
            serializedKey = keySerializer.serialize(record.topic(), record.headers(),
record.key());
        } ...
        byte[] serializedValue;
        try {
            serializedValue = valueSerializer.serialize(record.topic(),
record.headers(), record.value());
        } ...
        // 【3】
        int partition = partition(record, serializedKey, serializedValue, cluster);
        tp = new TopicPartition(record.topic(), partition);
        ...
        }
        // 【4】
        RecordAccumulator.RecordAppendResult result = accumulator.append(tp,
timestamp, serializedKey,
            serializedValue, headers, interceptCallback, remainingWaitMs, true, nowMs);
        ...
        // 【5】
        if (result.batchIsFull || result.newBatchCreated) {
            ...
            this.sender.wakeup();
        }
        return result.future;
    } ...
}
```

【1】调用 KafkaProducer#waitOnMetadata 方法获取集群元数据。

【2】调用用户指定的序列化器对消息的键和值进行序列化。

【3】调用 KafkaProducer#partition 方法，使用用户指定的消息分区器为消息指定分区。

【4】将消息添加到消息累积器 RecordAccumulator 中。

【5】如果当前消息批次已经满了,或者已经创建了新的批次,则唤醒 Sender 线程发送数据。

8.1.2 消息累加器与消息批次

下面分析生产者消息累加器的设计。

RecordAccumulator#batches 属性存储了该累加器所有的消息批次:

```
private final ConcurrentMap<TopicPartition, Deque<ProducerBatch>> batches;
```

可以看到,消息累加器为每一个分区都维护了一个消息批次列表(ProducerBatch 即消息批次类型)。消息批次列表中最新的消息批次是未满的,其他消息批次都是已满待发送的。

RecordAccumulator#append 方法负责将消息添加到累加器中:

```java
public RecordAppendResult append(TopicPartition tp, long timestamp,
                                 byte[] key, byte[] value, Header[] headers,
                                 ...) throws InterruptedException {
    ...
    try {
        // 【1】
        Deque<ProducerBatch> dq = getOrCreateDeque(tp);
        synchronized (dq) {
            ...
            RecordAppendResult appendResult = tryAppend(timestamp, key, value, headers, callback, dq, nowMs);
            if (appendResult != null)
                return appendResult;
        }
        ...

        // 【2】
        byte maxUsableMagic = apiVersions.maxUsableProduceMagic();
        int size = Math.max(this.batchSize, AbstractRecords.estimateSizeInBytesUpperBound(maxUsableMagic, compression, key, value, headers));
        buffer = free.allocate(size, maxTimeToBlock);

        synchronized (dq) {
            ...
            // 【3】
```

```
            MemoryRecordsBuilder recordsBuilder = recordsBuilder(buffer,
maxUsableMagic);
            ProducerBatch batch = new ProducerBatch(tp, recordsBuilder, nowMs);
            FutureRecordMetadata future = Objects.requireNonNull(batch.tryAppend
(timestamp, key, value, headers,callback, nowMs));

            ...
            return new RecordAppendResult(future, dq.size() > 1 || batch.isFull(),
true, false);
        }
    } ...
}
```

【1】先获取消息分区对应的消息批次列表,再调用 RecordAccumulator#tryAppend 方法,该方法会尝试将消息添加到批次列表的最新的消息批次中。如果这一步添加成功,则退出方法。

【2】执行到这里,说明需要创建新的消息批次。这里调用 BufferPool#allocate 方法申请新的内存空间。最终会调用 java.nio.ByteBuffer#allocate 方法申请直接内存块(使用直接内存块存储数据可以减少内存复制次数)。注意这里大部分场景都会申请大小为 batchSize 的内存块,而 BufferPool 会缓存之前申请的大小为 batchSize 的内存块,并尝试复用这些缓存的内存块。

【3】创建一个新的批次 ProducerBatch,并调用 ProducerBatch#tryAppend 将消息添加到新的批次中。

8.1.3 Sender 线程

下面分析 Sender 线程如何发送消息。Sender 类实现了 Runnable 接口,Sender#run 方法会不断调用 runOnce 方法执行相关逻辑(典型的循环事件机制):

```
void runOnce() {
    ...
    long currentTimeMs = time.milliseconds();
    // 【1】
    long pollTimeout = sendProducerData(currentTimeMs);
    // 【2】
    client.poll(pollTimeout, currentTimeMs);
}
```

【1】调用 Sender#sendProducerData 方法发送消息,该方法会返回下一个最快到期的批次的延迟时间。

【2】调用 NetworkClient#poll 方法阻塞当前线程,直到指定时间到期或者新的网络事件就绪。注意 poll 方法的第一个参数指定了 poll 方法最长的阻塞时间。

提示:Kafka 客户端同样使用 Java NIO 实现 I/O 复用机制,客户端的 NetworkClient#poll 方法的实现与 Broker 的 Processor#run 方法的实现类似,这里不深入介绍,读者可以自行阅读源码。

Sender#sendProducerData 方法执行发送消息的操作:

```
private long sendProducerData(long now) {
    Cluster cluster = metadata.fetch();
    // 【1】
    RecordAccumulator.ReadyCheckResult result = this.accumulator.ready(cluster, now);

    ...
    // 【2】
    Iterator<Node> iter = result.readyNodes.iterator();
    long notReadyTimeout = Long.MAX_VALUE;
    while (iter.hasNext()) {
        Node node = iter.next();
        if (!this.client.ready(node, now)) {
            iter.remove();
            notReadyTimeout = Math.min(notReadyTimeout, this.client.pollDelayMs(node, now));
        }
    }

    // 【3】
    Map<Integer, List<ProducerBatch>> batches = this.accumulator.drain(cluster, result.readyNodes, this.maxRequestSize, now);
    addToInflightBatches(batches);
    ...

    long pollTimeout = Math.min(result.nextReadyCheckDelayMs, notReadyTimeout);
    ...
    // 【4】
    sendProduceRequests(batches, now);
```

```
    // 【5】
    return pollTimeout;
}
```

【1】获取消息累积器中已准备就绪的 Broker 节点（即这些节点的消息批次可以被发送了）。注意，返回结果 ReadyCheckResult#nextReadyCheckDelayMs 属性是下次发送消息批次的最小延迟时间。消息累积器会遍历所有的分区，找到最快到期的消息批次，并返回该批次下次发送消息的延迟时间。

如何计算一个消息批次下次发送的延迟时间呢？结合以下例子说明。

假设生产者配置项 linger.ms 为 100、retry.backoff.ms 为 60。如果某个消息批次在 30 毫秒前创建，则下次发送的延迟时间为 linger.ms-30=70 毫秒，如果某个消息批次在 30 毫秒前发送失败，则下次发送的延迟时间为 retry.backoff.ms-30=30 毫秒。

【2】遍历上一步返回的节点，过滤连接已断开的节点，并计算最快重连时间 notReadyTimeout。假设当前生产者与两个 Broker 节点断开连接，Broker1 需要在 30 毫秒后尝试重连，Broker2 需要在 50 毫秒后尝试重连，则 notReadyTimeout 为 30。如果没有连接已断开的节点，则 notReadyTimeout 为 Long.MAX_VALUE。

【3】从消息累积器中找到已就绪 Broker 节点对应的待发送的消息批次。这里消息累积器返回一个 Map 实例，Map 的键是消息批次的目标节点（即消息分区的 leader 副本），Map 的值就是消息批次列表。

【4】调用 Sender#sendProduceRequests 方法，将消息批次发送给分区的 leader 副本。

【5】返回线程阻塞时间：取 ReadyCheckResult#nextReadyCheckDelayMs 与 notReadyTimeout 的较小值，该时间返回给 Sender#runOnce 方法，用于调用 KafkaClient#poll 方法，指定线程阻塞时间。

Sender#sendProduceRequests 方法负责发送消息批次，该方法会按 Kafka TCP 通信协议，将消息批次组装为一个 Produce 请求，并将消息发送给分区的 leader 副本。另外，该方法还会调用 Sender#handleProduceResponse 方法处理 Produce 响应，执行对应的逻辑，如回收消息批次中的直接内存等。

注意，生产者以消息批次为数据单元发送数据，而 Broker 并不会将一个批次中的消息进行拆分处理，而是同样以消息批次为单元存储数据或者将数据发送给消费者。

8.1.4　TCP 通信协议

Kafka 客户端与 Broker 之间使用 TCP 通信协议进行通信，Kafka 设计了专用的 TCP 通信协议，定义 Kafka 请求与响应的格式。随着 Kafka 的发展，该通信协议也在不断迭代更新中，本书概要介绍 Kafka 通信协议，以帮助读者理解 Kafka 客户端与 Broker 之间如何通信。

Kafka 通信协议中定义了 BOOLEAN、INT8、INT16、INT32、STRING、RECORDS、ARRAY 等数据类型。

Kafka 请求和响应都由以下部分组成：

Size | Request Header(Response Header) | Request Body(Response Header)

（1）Size：INT32 类型，存储 RequestMessage 或者 ResponseMessage 的长度。

（2）Request Header 中主要包括如下属性：

- request_api_key：INT16 类型，API 标识，比如 PRODUCE、FETCH 等。
- request_api_version：INT16 类型，API 版本号。
- correlation_id：INT32 类型，客户端生成的唯一 Id，标志本次请求，Broker 处理请求后将该 Id 返回，这样客户端就能将客户端请求与 Broker 响应关联起来。
- client_id：NULLABLE_STRING（可以为空的字符串）类型，客户端 Id。

Response Header 的属性可参考官方文档。

（3）不同请求 Request Body 格式不同。

Produce 请求 Request Body 包括以下内容：

- transactional_id：COMPACT_NULLABLE_STRING（字符序列）类型，事务 Id 属性。
- acks：INT16 类型，ACK 参数。
- timeout_ms：INT32 类型，等待响应的超时时间（以毫秒为单位）。
- topic_data：主题数据，存储写入的消息批次，格式为：
    - name（主题名）。
    - partition1_index（分区 1 下标），partition1_records（分区 1 消息批次）。
    - partition2_index，partition2_records（依次存储该消息所有分区的内容）。

其他请求与响应格式请查看官网文档。

8.1.5　元数据刷新机制

下面分析生产者如何维护集群元数据。

当生产者为消息指定分区时，需要知道主题的分区数量。另外，当生产者发送消息时，也需要知道 Broker 节点的地址信息，所以生产者需要维护一份 Kafka 集群元数据。在生产者中，

Cluster 类负责存储集群信息,包括所有 Broker 节点、主题分区信息、每个 Broker 节点负责的副本等信息。

当生产者发送消息时,会先调用 KafkaProducer#waitOnMetadata 方法,该方法会尝试获取缓存中的集群元数据,如果缓存元数据不存在,则从 Kafka 集群中查询集群元数据。

```java
private ClusterAndWaitTime waitOnMetadata(String topic, Integer partition, long nowMs, long maxWaitMs) throws InterruptedException {
    //【1】
    Cluster cluster = metadata.fetch();

    ...
    Integer partitionsCount = cluster.partitionCountForTopic(topic);
    if (partitionsCount != null && (partition == null || partition < partitionsCount))
        return new ClusterAndWaitTime(cluster, 0);

    long remainingWaitMs = maxWaitMs;
    long elapsed = 0;

    do {
        ...
        //【2】
        int version = metadata.requestUpdateForTopic(topic);
        sender.wakeup();
        try {
            //【3】
            metadata.awaitUpdate(version, remainingWaitMs);
        } ...
        //【4】
        cluster = metadata.fetch();
        elapsed = time.milliseconds() - nowMs;
        ...
    } while (partitionsCount == null || (partition != null && partition >= partitionsCount));

    return new ClusterAndWaitTime(cluster, elapsed);
}
```

【1】从 KafkaProducer#metadata 缓存中获取集群元数据，如果获取到有效的集群元数据，则返回该元数据。

【2】如果 KafkaProducer#metadata 缓存中没有有效的集群元数据，则需要从 Kafka 集群中查询最新的集群元数据，执行以下操作：

- 调用 ProducerMetadata#requestUpdateForTopic 方法将 Metadata#needPartialUpdate 属性设置为 true，Sender 线程会根据该属性判断是否需要更新集群元数据。
- 调用 Sender#wakeup 方法唤醒 Sender 线程（当前 Sender 线程可能阻塞在 NetworkClient#poll 方法上）去查询集群元数据，并更新 KafkaProducer#metadata 缓存。

【3】阻塞当前线程，直到超时或者 Sender 线程更新集群元数据完成。

【4】执行到这里，说明 Sender 线程更新集群元数据成功，从 KafkaProducer#metadata 获取新的元数据缓存。

由前面可以看到，Sender 线程中调用了 NetworkClient#poll 方法，而 NetworkClient#poll 方法最终调用 DefaultMetadataUpdater#maybeUpdate 方法更新集群元数据。如果该方法发现满足以下条件：

- Metadata#needFullUpdate 或 Metadata#needPartialUpdate 属性为 true（前面 KafkaProducer#waitOnMetadata 方法将 Metadata#needPartialUpdate 属性设置为 true），或者上次更新后过去时间大于 metadata.max.age.ms 或 retry.backoff.ms 配置值。
- 客户端当前没有执行更新元数据操作。

则选择未完成请求最少的 Broker 节点（客户端会统计每个节点未完成请求的数量）发送 Metadata 请求，查询集群元数据信息。

当生产者收到 Metadata 响应后，NetworkClient#poll 方法触发 NetworkClient#handleCompletedReceives 方法，最终调用 metadataUpdater#handleSuccessfulResponse 方法更新 KafkaProducer#metadata 缓存。

8.2 Broker 接收消息

前面分析了生产者如何通过 Produce 请求发送消息，下面分析 Broker 节点如何处理 Produce 请求。

8.2.1 Broker 处理消息流程

KafkaApis#handleProduceRequest 方法负责处理 Produce 请求，处理步骤如下：

(1) 对命令请求内容进行验证。

- 检查消息写入的分区是否存在。
- 对生产者进行认证,并检查生产者是否有写入这些分区的权限。Broker 仅处理通过验证的分区的写入操作。

(2) 将消息保存到本地 Log 文件中。

(3) 按请求 acks 参数(由生产者配置项 ack 指定)进行处理:

- 如果请求 acks 参数不为-1,则 Broker 在消息写入本地后就立即给生产者返回成功响应。
- 如果请求 acks 参数为-1,则 Broker 会设置定时任务,等待 ISR 中所有副本节点都同步了该消息后,再给生产者返回成功响应。

KafkaApis#handleProduceRequest 方法调用 ReplicaManager#appendRecords 方法完成消息写入逻辑:

```
def appendRecords(timeout: Long,
                  requiredAcks: Short,
                  ...): Unit = {
  if (isValidRequiredAcks(requiredAcks)) {
    // 【1】
    val sTime = time.milliseconds
    val localProduceResults = appendToLocalLog(internalTopicsAllowed = internalTopicsAllowed,
        origin, entriesPerPartition, requiredAcks)
    ...
    // 【2】
    if (delayedProduceRequestRequired(requiredAcks, entriesPerPartition, localProduceResults)) {
      val produceMetadata = ProduceMetadata(requiredAcks, produceStatus)
      val delayedProduce = new DelayedProduce(timeout, produceMetadata, this, responseCallback, delayedProduceLock)

      val producerRequestKeys = entriesPerPartition.keys.map(TopicPartitionOperationKey(_)).toSeq
      delayedProducePurgatory.tryCompleteElseWatch(delayedProduce, producerRequestKeys)
    } else {
      // 【3】
```

```
        val produceResponseStatus = produceStatus.map { case (k, status) => k ->
status.responseStatus }
        responseCallback(produceResponseStatus)
      }
    } ...
  }
```

【1】调用 ReplicaManager#appendToLocalLog 方法将消息保存到本地 Log 文件中,这部分内容我们在分析 Kafka 存储机制时再详细分析。

【2】如果请求 acks 参数为-1,则创建一个延迟任务 DelayedProduce 并添加到 ReplicaManager# delayedProducePurgatory 中,当 leader 副本发现 ISR 中的副本都已经同步了该消息后,触发该任务的正常结束行为,给生产者返回成功响应。

提示:生产者配置项 request.timeout.ms 指定了该延迟任务最长等待时间,默认值为 30000(ms)。如果超过该配置值,消息还没有同步完成,则该任务到期结束,Broker 会返回失败响应给生产者。

【3】如果请求 acks 参数不为-1,则直接给生产者返回成功响应。

8.2.2 延迟操作与时间轮

本节介绍 Kafka 中延迟操作模块的实现。

Kafka 中存在大量延迟操作,例如:

(1)如果生产者设置 acks 为-1,那么 Broker 需要等待 ISR 中所有副本都完成同步后再返回写入成功响应。

(2)当消费者重平衡时,协调者需要等待消费组中消费者都加入消费组后再进行分配。

(3)消费者可以要求 Broker 返回指定大小的消息内容,如果当前读取的消息内容不满足要求,则需要等待消息。

由于 Kafka 对性能要求极高,而 java.util.Timer、java.util.concurrent.DelayQueue 等工具类的插入和删除的时间复杂度都是 $\log N$,难以满足 Kafka 的性能要求,所以 Kafka 利用时间轮算法实现了自己的延迟操作模块,对延迟操作进行管理。

Kafka 延迟操作模块涉及的组件类如图 8-1 所示。

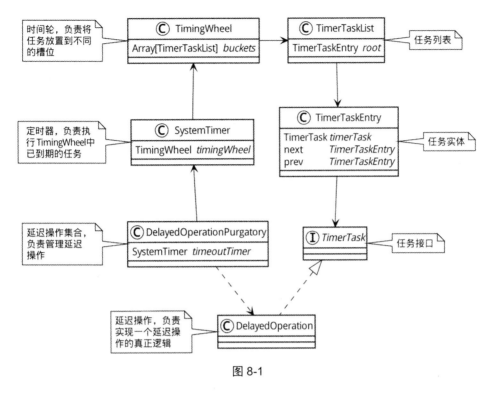

图 8-1

1. 延迟操作接口

ReplicaManager#delayedProducePurgatory 是一个 DelayedOperationPurgatory 实例，存放了一系列 DelayedProduce 延迟任务，这些任务负责等待 ISR 中的副本完成同步。下面分析 DelayedOperation 与 DelayedOperationPurgatoryl 两个接口的设计。

DelayedOperation 是一个延迟操作，通常有两个操作结果：

（1）正常结束：在到期时间到达前，延迟操作的结束条件已经满足，操作可以正常结束。例如，在 DelayedProduce 中，当 ISR 副本都同步了写入消息后，便可以正常结束该操作，将成功响应返回给生产者。

（2）到期结束：直到到期时间到达后，延迟操作的结束条件仍未满足，操作只能到期结束。例如，在 DelayedProduce 中，当到达最大延迟时间后，ISR 副本还没有全部同步写入消息，便返回异常响应给生产者。

DelayedOperationPurgatory 是一个延迟操作集合，可以监控一组延迟操作，并提供以下方法给 Kafka 内部使用：

- tryCompleteElseWatch：添加延迟操作，该方法会将 DelayedOperation 添加到 DelayedOperationPurgatory#timeoutTimer 属性指向的 SystemTimer 定时器中，并指定操

作的到期时间，任务到期后，时间轮会调用 DelayedOperation#run 方法执行到期结束的逻辑。

- checkAndComplete：尝试正常结束指定的延迟操作。

后面我们会介绍 ISR 副本同步流程，当 ISR 副本同步后，leader 副本会调用 ReplicaManager#delayedProducePurgatory 的 DelayedOperationPurgatory#checkAndComplete 方法正常结束对应的 DelayedProduce 操作。

2. 时间轮

TimingWheel 类使用时间轮算法，监控延迟任务是否已到期。下面介绍 Kafka 中的时间轮算法。

时间轮是一种充分利用线程资源进行批量化任务调度的调度模型算法，能够高效地管理各种延迟任务。

时间轮算法的设计也简单，分为如下几点：

（1）创建一个环形数组（该数组可以称为一个时间轮），每个数组元素是一个槽位 bundle，代表一个时间区间。

（2）按任务的到期时间，将任务放置到对应的槽位。

（3）定义一个指针，在槽位上定时移动，并执行槽位上面的任务。

假设当前时间为 X，存在 Task1、Task2（到期时间为 X+3），Task3（到期时间为 X+6），Task4、Task5（到期时间为 X+9），时间轮如图 8-2 所示。

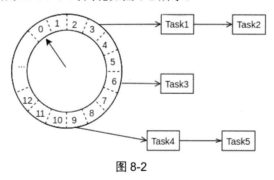

图 8-2

假设我们定义一个时间轮，长度为 20，每个槽位的时间区间为 1 毫秒，那么该时间轮可以存放延迟 20 毫秒内的任务。如果任务到期时间超过 20 毫秒，那么怎么处理呢？如果继续增加环形数组的长度，则可能导致环形数组占用大量内存。所以时间轮算法利用多层时间轮解决该问题，我们再定义一个时间轮，长度为 20，每个槽位的时间区间为 20 毫秒，如下：

[0,20) [20~40) [40~60)……

第 2 层时间轮可以存储 400 毫秒内的任务，指针每 20 毫秒移动一次。

以此类推，如果任务到期时间超过 400 毫秒，则继续定义上层的时间轮。时间轮算法的设计类似我们生活中的钟表，秒针每秒走一格，一轮 60 格，分针每分钟走一格，一轮 60 格。

如何执行上层时间轮的任务呢？时间轮中定义了降层的操作。例如，当第 2 层的指针走到某个槽位时，说明该槽位内的任务距当前时间的延迟不超过 20 毫秒，所以可以将该槽位的任务移到第一层时间轮中，该操作被称为"降层"。上层时间轮的任务一层一层地降层，直到进入第一层的时间轮，再被定时执行。

如果时间轮中任务的分配非常稀疏（很多槽位都没有任务），那么定时移动指针是没有意义且浪费资源的。例如，第一层时间轮每毫秒移动一次指针是非常占用 CPU 资源的操作。Kafka 对此进行了优化。Kafka 并没有定时移动时间轮指针，而是将存在任务的 bundle 槽位放入一个延迟队列（SystemTimer#delayQueue 属性，DelayQueue 类型），再从延迟队列中取出到期的 bundle 槽位，执行上面的任务，并移动时间轮指针。

读者可能感到疑惑，为什么不直接将任务放入延迟队列，在延迟队列中获取到期任务并执行呢？前面说了，DelayQueue 这些类的插入和删除的时间复杂度都是 log N，大量任务直接放入延迟队列可能造成性能问题，而时间轮中 bundle 的数量是固定的。假如每层时间轮有 N 个 bundle、M 层时间轮，则 bundle 的数量最多为 $N \times M$。

Kafka 中的第一层时间轮有 20 个槽位，每个槽位的时间区间为 1 毫秒，可以存放 20 毫秒内的任务，第二层时间轮有 20 个槽位，每个槽位的时间区间为 20 毫秒，可以存放 400 毫秒内的任务，第三层时间轮有 20 个槽位，每个槽位的时间区间为 400 毫秒，可以存放 8 秒内的任务。以此类推，最多需要 6 层就可以存放 1 小时内的任务（基本上没有延迟这么久的任务），bundle 为 20×6=120 个。

下面分析时间轮算法的具体实现。

TimingWheel 有以下属性：

- tickMs：表示一个槽所代表的时间区间。
- wheelSize：表示该时间轮有多少个槽，Kafka 的默认值是 20。
- startMs：表示该时间轮的开始时间。
- taskCounter：表示该时间轮的任务总数。
- interval：时间轮所能表示的时间跨度，也就是 tickMs*wheelSize。
- buckets：所有的槽。每个槽都是 TimerTaskList 实例，TimerTaskList 维护了一个双向链表用于存储任务，并且定义了 expireTime 属性，代表该槽到期时间。

- queue：TimerTaskList 的延迟队列，存放了所有有任务的槽。expireTime 最小（即最早到期）的槽会排在队列的最前面。
- currentTime：当前时间，也就是时间轮指针指向的时间。

DelayedOperationPurgatory#tryCompleteElseWatch 方法调用 SystemTimer#add 将 TimerTask 转化为 TimerTaskEntry，再调用 TimingWheel#add 将任务添加到时间轮中。

TimingWheel#add 方法的核心代码如下：

```
def add(timerTaskEntry: TimerTaskEntry): Boolean = {
  val expiration = timerTaskEntry.expirationMs
  if (timerTaskEntry.cancelled) {
    false
  } else if (expiration < currentTime + tickMs) {
    // 【1】
    false
  } else if (expiration < currentTime + interval) {
    // 【2】
    val virtualId = expiration / tickMs
    val bucket = buckets((virtualId % wheelSize.toLong).toInt)
    bucket.add(timerTaskEntry)

    if (bucket.setExpiration(virtualId * tickMs)) {
      queue.offer(bucket)
    }
    true
  } else {
    // 【3】
    if (overflowWheel == null) addOverflowWheel()
    overflowWheel.add(timerTaskEntry)
  }
}
```

【1】如果延迟操作到期时间 expiration 小于 currentTime+tickMs，则说明该操作已经无法放到下一个槽位了，即已经到期了。

【2】如果延迟操作到期时间 expiration 小于 currentTime+interval，则说明该操作可以放到本层，执行以下操作：

（1）计算该操作对应的槽位 bucket，并添加到对应的 bucket 中。计算规则为(expiration/tickMs)% wheelSize。

（2）设置 bucket 的过期时间，如果返回 true，则说明 bucket 更新了过期时间（时间轮走了一轮），这时需要将该 bucket 添加到 TimingWheel#queue 中。

【3】执行到这里，说明该延迟操作无法放入该层的时间轮，需要放入上一层的时间轮。

下面分析延迟操作放到时间轮后，Kafka 如何执行它。

DelayedOperationPurgatory#expirationReaper 定义了一个线程，该线程会不断地调用 Delayed-OperationPurgatory#advanceClock，最终调用 SystemTimer#advanceClock 方法：

```
def advanceClock(timeoutMs: Long): Boolean = {
  // 【1】
  var bucket = delayQueue.poll(timeoutMs, TimeUnit.MILLISECONDS)
  if (bucket != null) {
    writeLock.lock()
    try {
      while (bucket != null) {
        // 【2】
        timingWheel.advanceClock(bucket.getExpiration)
        // 【3】
        bucket.flush(addTimerTaskEntry)
        bucket = delayQueue.poll()
      }
    } finally {
      writeLock.unlock()
    }
    true
  } else {
    false
  }
}
```

【1】从 SystemTimer#delayQueue（该 queue 就是 TimingWheel#queue）中取出已到期的 bundle，如果没有过期的 bundle，则阻塞线程并等待。

【2】调用 TimingWheel#advanceClock，推动时间轮指针前进。这里只需要修改 TimingWheel#currentTime 即可，该属性可以理解为时间轮的指针。

【3】调用 bucket.flush 遍历 bundle 中的任务，执行以下操作：

（1）调用 timingWheel#add 方法，尝试将操作"降层"添加到时间轮中。

（2）如果上一步添加失败，则说明任务到期，这时可以使用 SystemTimer#taskExecutor 执行该到期操作。

假设当前时间为 X，添加一个到期时间为 45 毫秒的任务，在一开始，该任务放入第二层时间轮 bunelds[3]，buneld 槽的到期时间为 X+40，当实际时间到达 X+40 后，SystemTimer 将该 bundle 从延迟队列中取出，并再次调用 timingWheel#add 方法，这时会将任务放入第一层时间轮 bundles[5]，实现了时间轮的降层。

注意这里的第 2 步，将修改时间轮 currentTime 属性，可以理解为将指针移动到对应的位置。Kafka 做了一个巧妙的设计，仅当某个 bundle 过期时，才将该指针移动到对应的位置。

读者可能感到疑惑：如果时间轮长期没有过期的 bundle，那么时间轮指针会长期没有推动，该指针将落后于实际时间，这样会有问题吗？

通过一个例子进行说明。假设当前时间为 X，时间轮中的 currentTime 也是 X，过了 10 毫秒后，时间轮指针一直没有推动，实际时间为 X+10，时间轮 currentTime 为 X，落后了 10 毫秒。现在添加一个任务，到期时间为 15 毫秒，即任务到期时间为 X+25。本来该任务应该添加到第一层时间轮 bundls[15]中（因为实际 currentTime 为 X+10，bundle 位置为 X+25-10=15），由于时间轮 currentTime 落后了 10 毫秒，该任务会被添加到第二层时间轮 bundles[1]中，该 buneld 槽过期时间为 X+20。那么再过去 10 毫秒后，实际时间到达 X+20 时，该槽位过期了，SystemTimer#advanceClock 会将时间轮 currentTime "修正"为 X+20，并将任务重新放到第一层时间轮 bundls[5]中。所以，该任务最终会在 X+25 时间执行，并不会出现错误。

可以看到，虽然时间轮 currentTime 可能小于实际时间，导致任务被放到更高层的时间轮中，但该任务会被降层，时间轮 currentTime 也会被"修正"，最后保证任务在正确的时间被执行（currentTime 即时间轮指针，在 TimingWheel#add 方法中可以看到，该属性仅用于判断任务是否能放入当前的时间轮，并不用于计算任务对应的槽位）。不得不说，这里真是一个巧妙的设计。

总结一下，TimingWheel 涉及以下内容：

（1）按任务到期时间，将任务放到不同槽位中。

（2）将任务的槽位放到一个 DelayQueue 中。

（3）从 DelayQueue 中取出到期的槽位，执行槽位的任务，并修改时间指针。

8.3　本章总结

本章分析了 Kafka 生产者发送消息的流程，包括消息累积器、元数据更新机制、Sender 线程等内容。另外，本章也介绍了在 Broker 中如何处理生产者发送的消息，并分析了 Kafka 中延迟操作模块的设计与实现。

第 9 章 Kafka 的消费者与消息订阅

前面分析了 Kafka 生产者发布消息的过程,本章将详细分析 Kafka 消费者订阅和消费消息的过程。

9.1 消费组协作机制

在 Kafka 中,多个消费者可以组成一个消费组,一个消费组可以订阅多个主题,且 Kafka 提供了如下保证:在一个消费组内,Kafka 会将一个主题分区分配给某个消费者,并将该分区所有的消息投递给该消费者。

假设消费组存在消费者 c0、c1,订阅两个主题 t0、t1,存在分区[t0p0、t0p1]、[t1p0、t1p1],消费者分区分配示例方案如下:

- c0:[t0p0, t1p0](t0p0、t1p0 分区的所有消息都会投递给消费者 c0)。
- c1:[t0p1, t1p1](t0p1、t1p1 分区的所有消息都会投递给消费者 c1)。

通过该机制,Kafka 可以保证在一个消费组内,一个消息只会投递给一个消费者。另外,不同消费组间的消息投递互不干预,如主题 t0,存在两个消费组 cg1、cg2,则主题 t0 的每一条消息都会投递给消费组 cg1、cg2 中的某个消费者。

注意：如果一个消费组内消费者的数量大于该消费组订阅主题的分区数量之和，那么将存在部分消费者没有消费的分区。例如，在上面的例子中，假如消费组中加入了新的消费者c2、c3、c4，那么该消费组就存在一个消费者没有可以消费的分区，处于空闲状态。所以我们创建主题时指定分区数量，既要考虑后续Broker扩容的需要，也需要考虑消费组中消费者扩容的需要。

9.1.1 分区分配器

Kafka需要将消费组订阅的所有主题分区分配给该消费组的消费者，那么该如何分配呢？

Kafka提供了ConsumerPartitionAssignor接口，负责完成消费者与分区之间的分配工作，Kafka提供了如下分区分配器。

1. RangeAssignor

该分区分配器会将消费组的消费者在一个主题范围内分配。步骤如下：

（1）将同一个主题里面的分区按照字典序进行排序，订阅该主题的消费者按照字典序进行排序。

（2）针对每个主题，使用分区数 m 除以消费者数量 n，得到每个消费者消费数量 q，假如存在余数 p，则前 p 个消费者的消费数量为 $q+1$。按该结果将分区配置给消费者。

【例子 9.1】

假设消费组存在消费者c0、c1、c2，订阅的主题存在分区[t0p0、t0p1、t0p2、t0p3]、[t1p0、t1p1]，使用RangeAssignor策略，结果如下：

c0：[t0p0, t0p1, t1p0]

c1：[t0p2, t1p1]

c2：[t0p3]

从这个例子我们也可以看到，使用该策略很可能导致分区分配不均匀，排序靠前的消费者可能分配过多的分区。

2. RoundRobinAssignor

将一个消费组内所有分区以round-robin轮询的方式分配给所有的消费者，步骤如下：

（1）将所有的消费者、该消费组订阅的所有分区按字典序排序。

（2）按轮询方式将分区逐个分配给消费者。当将分区分配给某个消费者时，如果该消费者没有订阅该分区的主题，则跳过该消费者，分配给下一个消费者。

在理想情况下，如果一个消费组内所有的消费者都订阅了相同的主题，则可以将分区均匀地分配给消费者。

【例子 9.2】

假如消费组存在消费者 c0、c1、c2，订阅主题存在分区[t0p0、t0p1、t0p2、t0p3]、[t1p0、t1p1]，分配结果如下：

c0：[t0p0, t0p3]

c1：[t0p1, t1p0]

c2：[t0p2, t1p1]

如果一个消费组消费者订阅了不同的主题，则也可能导致分配不均。

【例子 9.3】

假如消费组存在消费者 c0、c1、c2，订阅主题存在分区[t0p0]、[t1p0, t1p1]、[t2p0, t2p1, t2p2]。c0 订阅了 t0，c1 订阅了 t0、t1，c2 订阅了 t0、t1、t2，使用 RoundRobinAssignor 分区分配器将生成下面的方案：

c0：[t0p0]

c1：[t1p0]

c2：[t1p1, t2p0, t2p1, t2p2]

可以看到，消费者 c2 被分配了过多的分区，分配非常不均匀。

如果 c0 因为故障下线，则使用 RoundRobinAssignor 分区分配器将生成以下新方案：

c1：[t0p0, t1p1]

c2：[t1p0, t2p0, t2p1, t2p2]

生成的新方案同样不均匀。

3. StickyAssignor

由于消费者切换订阅新的分区需要成本，而上面两个策略都没有考虑到上一次分配的结果，可能导致消费者大量切换分区，性能低下。

StickyAssignor 考虑了上次的分配结果，并保证分配尽可能平衡，尽量达到以下两个目标：

（1）主题分区尽可能均匀地分布。

（2）当发生重新分配时，新的分配结果中尽可能多地保留原来的分配结果（主题分区尽可能地分配给该分区上次被分配的消费者）。

当然，上面的第一个目标优先于第二个目标。

下面使用 Kafka 文档中的两个例子，对比说明 RoundRobinAssignor 与 StickyAssignor 的区别。

【例子 9.4】

假设消费组存在消费者 c0、c1、c2，订阅的主题存在分区[t0p0、t0p1]、[t1p0、t1p1]、[t2p0、t2p1]、[t3p0、t3p1]。每个消费者都订阅了所有的主题。使用 RoundRobinAssignor 分区分配器将生成下面的方案：

c0：[t0p0, t1p1, t3p0]

c1：[t0p1, t2p0, t3p1]

c2：[t1p0, t2p1]

现在如果 c1 因为故障下线，消费者重新分配分区，使用 RoundRobinAssignor 分区分配器将生成如下新方案：

c0：[t0p0, t1p0, t2p0, t3p0]

c2：[t0p1, t1p1, t2p1, t3p1]

使用 StickyAssignor 分区分配器将生成以下新方案：

c0：[t0p0, t1p1, t3p0, t2p0]

c2：[t1p0, t2p1, t0p1, t3p1]

可以看到，StickyAssignor 会保留原来 c0、c2 的分配方案，并将 c1 的分区再均匀地分配给 c0、c2。

【例子 9.5】

通过【例子 9.3】可以看到，使用 RoundRobinAssignor 生成的方案分配非常不均匀，而在【例子 9.3】的场景中，如果使用 StickyAssignor 分区分配器，那么将生成以下更均匀的方案：

c0：[t0p0]

c1：[t1p0, t1p1]

c2：[t2p0, t2p1, t2p2]

如果 c0 因故障下线，则 StickyAssignor 分区分配器也会生成更均匀的方案：

c1：[t1p0, t1p1, t0p0]

c2：[t2p0, t2p1, t2p2]

该分配器的分配步骤较复杂，这里不深入介绍，感兴趣的读者可以自行学习。

4. CooperativeStickyAssignor

CooperativeStickyAssignor 是 Kafka 2.4 开始提供的分区分配器。从该版本开始，Kafka 提供了两种重平衡协议：COOPERATIVE 和 EAGER，上面介绍的三种策略都属于 EAGER 协议，而 CooperativeStickyAssignor 属于 COOPERATIVE 协议。

由于在大规模 Kafka 集群（如上千个 Broker 节点组成的集群）中，随时都可能发生 Broker 节点上线下线、消息订阅的改变，而 EAGER 协议每次都会大规模重新分配，虽然有 StickyAssignor，但分配过程还是比较慢，COOPERATIVE 协议将一次全局重平衡改成多次小规模重平衡，直至最终收敛平衡的过程。我们将在下一节中结合重平衡流程说明该分区分配器。

提示：消费者配置项 partition.assignment.strategy 列举了消费者客户端支持的分区分配器，默认为[RangeAssignor, CooperativeStickyAssignor]，即默认情况下将使用 RangeAssignor，但允许升级到 CooperativeStickyAssignor。

9.1.2 重平衡的设计

消费者在客户端中指定了分区分配器，但一个消费组中存在多个消费者，应该由哪个消费者客户端完成分区分配呢？为此 Kafka 设计了一套方案来协作完成消费组内消费者与分区的分配，达到平衡状态，该分配流程被称为重平衡。

重平衡的触发条件主要有如下几个场景：

- 消费者组内成员发生变更，比如新增消费者、消费者因为故障下线。这也是最常见的重平衡触发场景。
- 主题的分区数发生变更。Kafka 目前支持增加主题的分区从而对主题扩容，当增加主题分区时会触发重平衡。
- 订阅的主题发生变化。当消费者组使用正则表达式订阅主题，而 Kafka 中新建了符合表达式的主题时，就会触发重平衡。

当上述场景发生时，Kafka 需要将主题分区重新分配给消费组的消费者，即完成重平衡的流程。本书只关注新增消费者场景导致的重平衡流程，其他场景的与之类似，读者可以自行探究。

Kafka 会在 Broker 节点中为每个消费组选出一个协调者（GroupCoordinator），该协调者负责存储该消费组的元数据，如消费组内所有的消费者、每个分区的 ACK 偏移量，并协作完成重平衡流程。

那么如何为消费组选择协调者呢？

首先，Kafka 内部创建了一个偏移量主题 __consumer_offsets，负责存储所有消费者的 ACK

偏移量。每个消费组都作为该偏移量主题的一个生产者，将 ACK 偏移量存储到该内部主题中，但与普通生产者不同，一个消费组的所有 ACK 偏移量都会存储到该内部主题的一个分区中。该存储分区选择规则：Hash(groupId)%分区数量（使用 groupId 的 Hash 值对分区数量取模，结果是该消费组对应的存储分区）。而消费组存储分区的 leader 副本就是该消费者的协调者。

1. 流程概述

下面分析消费组新增消费者场景下重平衡的流程：

（1）新消费者发送 JOIN_GROUP 请求给协调者，要求加入消费组。

（2）协调者收到给新消费者 JOIN_GROUP 请求后，会通过心跳响应（消费者会定时发送心跳给协调者，以维持会话）给该消费组所有消费者返回 REBALANCE_IN_PROGRESS 标志，通知消费者重平衡流程开始了，并要求这些消费者重新加入该消费组。这时协调者会创建一个延迟任务，等待所有消费者重新加入。

上述流程如图 9-1 所示。

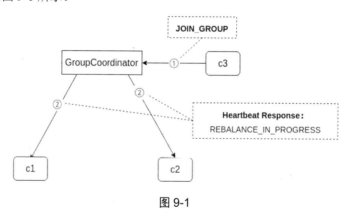

图 9-1

（3）其他消费者收到协调者返回的 REBALANCE_IN_PROGRESS 标志后，发送 JOIN_GROUP 请求给协调者，重新加入消费者。

上述流程如图 9-2 所示。

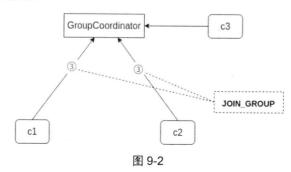

图 9-2

（4）协调者收到所有消费者的 JOIN_GROUP 请求后，从消费者中选择一个 leader 消费者，并将当前消费组所有消费者及订阅关系等信息作为 JOIN_GROUP 响应返回给该消费者，而非 leader 消费者则返回空的 JOIN_GROUP 响应。

上述流程如图 9-3 所示。

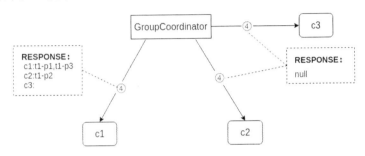

说明：协调者选择c1作为leader消费者，将当前消费组内所有的订阅关系返回给c1。

图 9-3

（5）leader 消费者收到消费组返回的消费者及订阅关系等信息后，将使用用户指定的分区分配器生成新的分区分配方案，并将该方案作为 SYNC_GROUP 请求内容发送给协调者。而其他非 leader 消费者则会发送内容为空的 SYNC_GROUP 请求。

上述流程如图 9-4 所示。

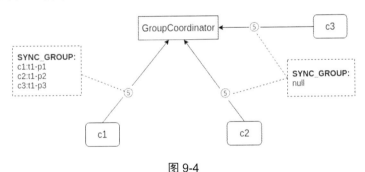

图 9-4

（6）协调者收到 leader 消费者发送的分区分配方案后，将该方案作为 SYNC_GROUP 响应返回给所有的消费者。

上述流程如图 9-5 所示。

（7）消费者收到 SYNC_GROUP 响应后，从中获取最新的分区分配方案，重新订阅并分配给自己的分区。

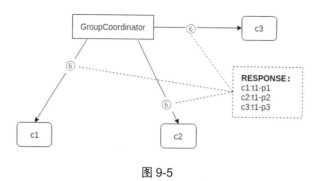

图 9-5

2. EAGER 协议和 COOPERATIVE 协议

- EAGER 协议：在上述流程的第（3）步中，消费者收到 REBALANCE_IN_PROGRESS 标志后，在重新发送 JOIN_GROUP 请求前会取消所有订阅的分区，在第（7）后再重新订阅新的分区。所以，在第（3）~（7）步中，该消费组是不能消费任何消息的，造成整个消费组停滞。

- Cooperative 协议：该协议需要使用 CooperativeStickyAssignor 分区分配器，并执行两轮重平衡流程。

下面结合一个例子进行说明。假设消费组存在消费者 c1、c2，该消费组订阅的主题存在分区 p1、p2、p3、p4、p5、p6，当前分配方案如下：

c1：[p1, p2, p3]

c2：[p4, p5, p6]

现在新的消费者 c3 加入消费组，重平衡流程如下所示。

（1）第一次重平衡，步骤与 EAGER 协议基本一致，区别如下。

- 在重平衡流程的第（3）步中，当前消费组的消费者 c1、c2 不会取消任何的订阅，在该阶段，消费组正常消费消息。

- 在该次重平衡中，CooperativeStickyAssignor 分区分配器会生成如下分配方案：

c1：[Assigned：p1, p2, Revoked：p3]

c2：[Assigned：p4, p5, Revoked：p6]

c3：[]

提示：Assigned 代表分配给消费者的分区，Revoked 代表该消费者需要取消分配的分区。

在该分配方案中，只要求原消费者取消部分分区（p3, p6），并没有给新消费者分配分区。本次重平衡执行完成后，c1 取消 p3 分区的订阅，c2 取消 p6 分区的订阅。结果如下：

c1：[p1, p2]

c2：[p4, p5]

c3：[]

提示：当前 p3、p6 没有被分配给任何消费者。

（2）继续执行第二次重平衡，这时 CooperativeStickyAssignor 分区分配器会将 p3、p6 分配给新消费者 c3。

本轮重平衡执行完成后，结果如下：

c1：[p1, p2]

c2：[p4, p5]

c3：[p3, p6]

这次重平衡完成后，主题分区已经全部分配给消费者，分配完成。

9.1.3　实战：使用 CooperativeStickyAssignor 分区分配器

通过以下方式，可以在消费者客户端指定 CooperativeStickyAssignor 分区分配器：

```
List assignorList = new ArrayList<>();
assignorList.add(CooperativeStickyAssignor.class);
props.put(ConsumerConfig.PARTITION_ASSIGNMENT_STRATEGY_CONFIG, assignorList);

KafkaConsumer consumer = new KafkaConsumer<String, String>(props);
```

使用 CooperativeStickyAssignor 分区分配器后，Kafka 消费者会打印每次执行重平衡的分配方案。例如上述例子，可以在客户端 c1 日志中看到如下内容。

（1）第一次重平衡后的分配方案。

```
Updating assignment with
    Assigned partitions:                        [tp-1, tp-2]
    Current owned partitions:                   [tp-1, tp-2, tp-3]
    Added partitions (assigned - owned):        []
    Revoked partitions (owned - assigned):      [tp-3]
```

（2）第二次重平衡后的分配方案。

```
Updating assignment with
    Assigned partitions:                            [tp-1, tp-2]
    Current owned partitions:                       [tp-1, tp-2]
    Added partitions (assigned - owned):            []
    Revoked partitions (owned - assigned):          []
```

读者可以自行验证 CooperativeStickyAssignor 分配器的分配流程，为了节省版面，这里不一一展示。

9.1.4 重平衡的实现

KafkaConsumer 是 Kafka 定义的消费者，核心组件类如图 9-6 所示。

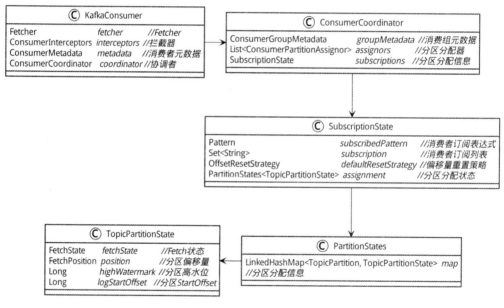

图 9-6

另外，GroupCoordinator 是 Broker 中定义的协调者，核心组件类如图 9-7 所示。

GroupMetadata 类型存储了一个消费组的元数据，GroupMetadata#state 存储了消费组状态，状态列表如下：

- Empty：空的消费组，消费组没有一个活跃的消费者。
- PreparingRebalance：消费组准备进行重平衡，协调者收到了 JOIN_GROUP 请求后进入该状态。

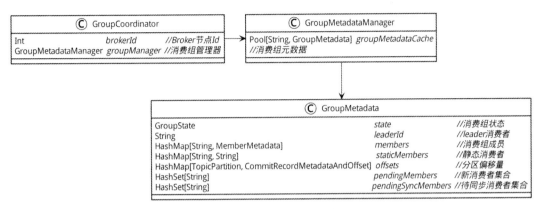

图 9-7

- CompletingRebalance：协调者收到该消费组所有消费者的 JOIN_GROUP 请求后进入该状态。
- Stable：重平衡完成后进入该稳定状态，消费者已经可以正常消费。
- Dead：该消费组被协调者彻底废弃。

1. 消费者主流程

ConsumerCoordinator#poll 方法封装了消费者端重平衡的主逻辑，KafkaConsumer#poll 拉取消息前，会调用该方法检查是否需要进行消费组重平衡。

ConsumerCoordinator#poll 方法的核心代码如下：

```
public boolean poll(Timer timer, boolean waitForJoinGroup) {
    ...
    if (subscriptions.hasAutoAssignedPartitions()) {
        ...
        // 【1】
        if (coordinatorUnknown() && !ensureCoordinatorReady(timer)) {
            return false;
        }
        // 【2】
        if (rejoinNeededOrPending()) {
            ...
            if (!ensureActiveGroup(waitForJoinGroup ? timer : time.timer(0L))) {
                timer.update(time.milliseconds());
                return false;
            }
```

```
        }
    } ...
    // 【3】
    maybeAutoCommitOffsetsAsync(timer.currentTimeMs());
    return true;
}
```

【1】如果消费组当前还没有找到协调者,则调用 AbstractCoordinator#ensureCoordinatorReady 方法发送 FindCoordinatorRequest 请求,查找消费组的协调者。

【2】调用 AbstractCoordinator#rejoinNeededOrPending 方法,判断是否需要重新加入消费者(当前消费者未加入消费组或者协调者返回了 REBALANCE_IN_PROGRESS 标志),如果是,则调用 AbstractCoordinator#ensureActiveGroup 方法重新加入消费者。

【3】自动提交 ACK 偏移量。

ConsumerCoordinator#ensureActiveGroup 调用 AbstractCoordinator#joinGroupIfNeeded,将当前消费者加入消费组:

```
boolean joinGroupIfNeeded(final Timer timer) {
    // 【1】
    while (rejoinNeededOrPending()) {
        ...
        // 【2】
        if (needsJoinPrepare) {
            needsJoinPrepare = false;
            onJoinPrepare(generation.generationId, generation.memberId);
        }

        // 【3】
        final RequestFuture<ByteBuffer> future = initiateJoinGroup();
        client.poll(future, timer);

        if (future.succeeded()) {
            Generation generationSnapshot;
            MemberState stateSnapshot;
            ...
            if (!generationSnapshot.equals(Generation.NO_GENERATION) &&
 stateSnapshot == MemberState.STABLE) {
                ByteBuffer memberAssignment = future.value().duplicate();
```

```
            // 【4】
            onJoinComplete(generationSnapshot.generationId,
generationSnapshot.memberId, generationSnapshot.protocolName, memberAssignment);

            resetJoinGroupFuture();
            needsJoinPrepare = true;
        } ...
    } ...
}
    return true;
}
```

【1】调用 rejoinNeededOrPending 方法判断消费者是否需要重新加入消费组。

【2】调用 onJoinPrepare 方法完成重新加入消费组前的准备工作。

【3】initiateJoinGroup 方法会发送 JOIN_GROUP、SYNC_GROUP 等请求，即完成当前消费者加入消费组的流程，下面详细分析该流程。

该方法返回的 RequestFuture 中保存了协调者返回的最新分区分配方案。

注意：这里消费者使用异步请求的方式发送请求，所以不会阻塞线程。这里的 client.poll 方法的 time 参数在通常场景下为 0，该方法也不会阻塞线程。

【4】获取上一步返回的分区分配方案，调用 onJoinComplete 方法订阅新的分区。

上面分析了消费者的重平衡整体流程，下面分析每个步骤中消费者、协调者的处理逻辑。

2. FIND_COORDINATOR

1）消费者逻辑

新的消费者要加入消费组，第一步就是查找消费组协调者。消费者 AbstractCoordinator#ensureCoordinatorReady 调用 AbstractCoordinator#lookupCoordinator 方法执行如下操作：

（1）调用 ConsumerNetworkClient#leastLoadedNode 找到一个待完成请求最少的 Broker 节点。

（2）调用 AbstractCoordinator#sendFindCoordinatorRequest 方法给上一步选择的 Broker 节点发送 FindCoordinatorRequest 请求。注意，该方法注册了 FindCoordinatorResponseHandler，当 Broker 返回响应后，消费者使用该 Handler 实例处理响应。

消费者端代码比较简单，不一一展示。

2）Broker 逻辑

下面分析 Broker 如何处理 FindCoordinatorRequest 请求。

KafkaApis#handleFindCoordinatorRequest 负责处理 FindCoordinatorRequest 请求，该方法最终调用 KafkaApis#getCoordinator 查找消费组的协调者：

```
private def getCoordinator(request: RequestChannel.Request, keyType: Byte, key: String): (Errors, Node) = {
    ...
    // 【1】
    val (partition, internalTopicName) = CoordinatorType.forId(keyType) match {
      case CoordinatorType.GROUP =>
        (groupCoordinator.partitionFor(key), GROUP_METADATA_TOPIC_NAME)
        ...
    }
    // 【2】
    val topicMetadata = metadataCache.getTopicMetadata(Set(internalTopicName), request.context.listenerName)

        if (topicMetadata.headOption.isEmpty) {
          // 【3】
          val controllerMutationQuota = quotas.controllerMutation.newPermissiveQuotaFor(request)
          autoTopicCreationManager.createTopics(Seq(internalTopicName).toSet, controllerMutationQuota, None)
            (Errors.COORDINATOR_NOT_AVAILABLE, Node.noNode)
        } else {
          if ...
          else {
            // 【4】
            val coordinatorEndpoint = topicMetadata.head.partitions.asScala
              .find(_.partitionIndex == partition)
              .filter(_.leaderId != MetadataResponse.NO_LEADER_ID)
              .flatMap(metadata => metadataCache.
                 getAliveBrokerNode(metadata.leaderId, request.context.listenerName))

              coordinatorEndpoint match {
                case Some(endpoint) =>
```

```
                (Errors.NONE, endpoint)
                ...
            }
        }
    }
}
```

【1】获取该消费者在 __consumer_offsets 主题中的存储分区下标。

GROUP_METADATA_TOPIC_NAME 变量为 __consumer_offsets，即 Kafka 内部存储 ACK 偏移量的主题名。该方法的 key 参数为 groupId，调用 GroupCoordinator#partitionFor 计算消费组对应的分区下标。计算逻辑：使用 groupId 的 Hash 值对 __consumer_offsets 分区数量取模，结果是该消费组的存储分区下标。

提示：这里也可以获取事务协调者，本书后面会分析 Kafka 事务机制，现在暂不关注。

【2】获取 __consumer_offsets 主题的元数据。

【3】如果没有获取到 __consumer_offsets 主题元数据，则调用 autoTopicCreationManager. createTopics 创建偏移量主题，这时返回 COORDINATOR_NOT_AVAILABLE 标志给消费组，消费组等待一段时间后再重新发送 FindCoordinatorRequest 请求。

【4】找到该消费组存储分区的 leader 副本，将该副本节点作为消费组协调者返回给消费者。

3. JOIN_GROUP

1）消费者逻辑

消费者找到消费组协调者后，就可以发送 JOIN_GROUP 请求了。在发送 JOIN_GROUP 请求前，消费者先调用 ConsumerCoordinator#onJoinPrepare 方法完成准备工作：如果使用的是 EAGER 协议，则消费者会在这里取消已订阅的所有分区。最后 AbstractCoordinator#initiate-JoinGroup 方法会调用 AbstractCoordinator#sendJoinGroupRequest 方法发送 JoinGroupRequestData 请求，并设置 JoinGroupResponseHandler 类处理协调者返回的 JoinGroupRequest 响应。

2）协调者逻辑

下面分析协调者如何处理 JOIN_GROUP 请求。KafkaApis#handleJoinGroupRequest 方法调用 GroupCoordinator#handleJoinGroup 方法处理 JOIN_GROUP 请求：

```
def handleJoinGroup(groupId: String, memberId: String, ...): Unit = {
    ...
```

```
    if ...
    else {
      val isUnknownMember = memberId == JoinGroupRequest.UNKNOWN_MEMBER_ID
      // 【1】
      groupManager.getOrMaybeCreateGroup(groupId, isUnknownMember) match {
        ...
        case Some(group) =>
          group.inLock {
            if ...
            } else if (isUnknownMember) {
              // 【2】
              doNewMemberJoinGroup(
                group, groupInstanceId, requireKnownMemberId, clientId, clientHost,
                rebalanceTimeoutMs, sessionTimeoutMs, protocolType, protocols,
                responseCallback, requestLocal
              )
            } else {
              // 【3】
              doCurrentMemberJoinGroup(
                group, memberId, groupInstanceId, clientId, clientHost,
                rebalanceTimeoutMs, sessionTimeoutMs,
                protocolType, protocols, responseCallback
              )
            }
            ...
          }
      }
    }
```

【1】groupManager.getOrMaybeCreateGroup 会查询消费组对应的消费组元数据 GroupMetadata，如果消费组元数据不存在，则创建一个 GroupMetadata 实例，用于存储该消费组元数据。新消费组的默认状态为 Empty。

【2】每个消费者都需要由协调者分配一个 memberId，并且在 JOIN_GROUP 请求中携带该 memberId。如果 JOIN_GROUP 请求中没有 memberId，则协调者认为这是一个新的消费者。这时需要给该消费者分配 memberId，协调者调用 GroupCoordinator#doNewMemberJoinGroup 方法，

完成以下准备工作：

（1）根据 group.instance.id 属性，判断消费者是动态消费者还是静态消费者。

（2）这里关注动态消费者的处理逻辑。如果是动态消费者，则调用 doDynamicNewMember-JoinGroup 方法进行处理：将 memberId 添加到消费组元数据的 pendingMembers 集合中。

（3）返回 MEMBER_ID_REQUIRED 标志、memberId 给消费者，消费者的 JoinGroupResponse-Handler 收到 MEMBER_ID_REQUIRED 标志后，会使用 memberId 重新发送 JOIN_GROUP 请求。

【3】如果 JOIN_GROUP 中携带了 memberId，则执行 GroupCoordinator#doCurrentMember-JoinGroup 方法，将消费者加入消费组。

GroupCoordinator#doCurrentMemberJoinGroup 方法执行如下操作：

（1）如果 memberId 存在于消费组元数据的 pendingMembers 集合中，则说明该消费者是一个新的消费者（前面 GroupCoordinator#doNewMemberJoinGroup 方法将新消费者的 memberId 添加到 pendingMembers 集合中），调用 addMemberAndRebalance 方法进行处理，执行如下逻辑：

a.将 memberId 从 pendingMembers 列表中移除，添加到消费组元数据的 members 集合中。

b.如果当前 GroupMetadata#leaderId 为空，则将该消费者 memberId 赋值给 GroupMetadata#leaderId，即该消费者成为 leader 消费者。

c.调用 GroupCoordinator#maybePrepareRebalance，该方法执行以下关键逻辑：

- 将消费组切换到 PreparingRebalance 状态，如果消费组已经是 PreparingRebalance 状态，则不做处理。
- 如果上一步切换了状态（由其他状态切换到 PreparingRebalance 状态），则创建一个 DelayedJoin 延迟任务并添加到 GroupCoordinator#rebalancePurgatory 中。该延迟任务负责等待消费组中已存在的消费者重新加入消费组。
- 将消费组元数据的 numMembersAwaitingJoin 加 1，统计当前消费组中已发送 JOIN_GROUP 请求的消费者数量。

（2）如果 memberId 不存在于消费组元数据的 pendingMembers 集合中，则说明该消费者是消费组原来存在的消费者，这时根据消费组状态进行处理。在正常场景下，当前消费组应该处于 PreparingRebalance 状态，调用 updateMemberAndRebalance 方法进行处理，该方法同样调用 maybePrepareRebalance 方法将 numMembersAwaitingJoin 加 1。

3）已存在消费者重新加入消费组

消费者会定时发送心跳请求给协调者，在协调者中，GroupCoordinator#handleHeartbeat 负责处理消费者的心跳请求，当消费组进入 PreparingRebalance 状态后，协调者会返回

REBALANCE_IN_PROGRESS 标志给消费者，通知消费者重平衡流程已开始，并要求消费者重新加入消费组。

在消费者中，HeartbeatResponseHandler#handle 方法负责处理 Broker 返回的心跳响应，如果 Broker 返回了 REBALANCE_IN_PROGRESS 标志，则将 AbstractCoordinator#rejoinNeeded 修改为 true，代表需要发送 JOIN_GROUP 请求，重新加入消费组。

前面说了，ConsumerCoordinator#poll 方法调用 ConsumerCoordinator#rejoinNeededOrPending 方法判断消费者是否需要重新加入消费组。该方法会根据 AbstractCoordinator#rejoinNeeded 属性进行判断。所以当 AbstractCoordinator#rejoinNeeded 为 true 时，已存在的消费者会发送 JOIN_GROUP 请求，重新加入消费组。而协调者会调用 doCurrentMemberJoinGroup 方法处理这些请求，前面已经分析过该方法了。

4）GroupCoordinator 返回 JOIN_GROUP 响应

前面说了，协调者切换到 PreparingRebalance 状态时，会创建一个延迟操作 DelayedJoin 并添加到 GroupCoordinator#rebalancePurgatory 中。而 DelayedJoin#tryComplete 判断是否所有消费者都发送了 JOIN_GROUP 请求的判断逻辑为：numMembersAwaitingJoin 等于 GroupMetadata#members 元素数量，并且 pendingMembers 列表为空。当所有消费者都发送 JOIN_GROUP 请求后，DelayedJoin 都会调用 GroupCoordinator#onCompleteJoin 方法进行处理，执行如下逻辑：

（1）调用 GroupMetadata#initNextGeneration 方法将消费组状态切换到 CompletingRebalance 状态。

（2）遍历所有消费者，调用 GroupMetadata#maybeInvokeJoinCallback 方法给消费者返回 JOIN_GROUP 响应。这里会将消费组所有的消费者及订阅关系返回给 leader 消费者。

（3）调用 GroupMetadata#addPendingSyncMember 方法将 GroupMetadata#members 中的元素添加到 pendingSyncMembers 集合中，代表这些消费者正在执行 SYNC_GROUP 步骤。

4. SYNC_GROUP

当消费者都收到了 JOIN_GROUP 响应后，消费者就需要发送 SYNC_GROUP 请求了。

1）消费者发送 SYNC_GROUP 请求

前面说了，在消费者中，JoinGroupResponseHandler 负责处理 JOIN_GROUP 响应，在 JoinGroupResponseHandler#handle 方法中，如果发现当前消费者是 leader 消费者，则调用 onJoinLeader 方法，使用用户指定的分区分配器生成新的分区分配方法，并将新的分配方案作为 SyncGroupRequest 请求内容发送给协调者。

如果不是 leader 消费者，则调用 onJoinFollower 方法发送一个内容为空的 SyncGroupRequest

请求给协调者。onJoinFollower、onJoinLeader 方法都会注册 SyncGroupResponseHandler 去处理 SyncGroupRequest 响应。

2）协调者处理 SYNC_GROUP 请求

下面分析协调者如何处理 SyncGroupRequest 请求。

KafkaApis#handleSyncGroupRequest 方法调用 GroupCoordinator#doSyncGroup 方法处理 SyncGroupRequest 请求，执行如下逻辑：

（1）如果（收到 leader 消费者的 SYNC_GROUP 请求前）收到了非 leader 消费者的 SYNC_GROUP 请求，则为发送请求的消费者注册回调函数 awaitingSyncCallback，等协调者收到 leader 消费者的 SYNC_GROUP 请求后再返回响应给该消费组。

（2）如果收到 leader 消费者的 SYNC_GROUP 请求，则执行如下逻辑：

a. 获取 SYNC_GROUP 请求中的分区分配方案，调用 groupManager.storeGroup 方法将该消费组最新信息存储到 __consumer_offsets 主题中。__consumer_offsets 主题不仅存储消费组的 ACK 偏移量信息，还存储消费组相关数据。这里以消息格式存储数据，消息的键是消费组 groupid 加密串，消息的值为消费组元数据、分区分配信息等内容。

b. 调用 setAndPropagateAssignment 方法给所有注册了 awaitingSyncCallback 的消费者返回 SYNC_GROUP 响应，该响应内容中携带了最新的分区分配方法。

c. 消费组进入 Stable 状态，以后再收到非 leader 消费者的 SYNC_GROUP 请求，直接将 SYNC_GROUP 响应发送给消费者即可。

d. 调用 removePendingSyncMember 方法将消费者 memberId 从消费组元数据 pendingSyncMembers 集合中删除，代表这些消费者已完成 SYNC_GROUP 步骤。

3）消费者处理 SYNC_GROUP 响应

在消费者中，当 SyncGroupResponseHandler 收到协调者返回的 SYNC_GROUP 响应后，直接将该响应作内容为 AbstractCoordinator#initiateJoinGroup 方法的返回值返回到 joinGroupIfNeeded 方法中，joinGroupIfNeeded 会调用 ConsumerCoordinator#onJoinComplete 方法，从响应中获取最新的分配方案，订阅新的分区（见 joinGroupIfNeeded 方法处理逻辑的第 3 步）。

到这里，重平衡流程执行完成。

注意：如果是 COOPERATIVE 协议，并且待取消的分区不为空（说明这是第 1 次重平衡），则 ConsumerCoordinator#onJoinComplete 会重新调用 requestRejoin 方法，开始第 2 次重平衡。

9.2 心跳与元数据更新

消费者会定时发送 Heartbeat 请求给协调者，维持当前消费者与协调者之间的会话。消费者启动一个 HeartbeatThread 线程，负责定时发送 Heartbeat 请求。

在 HeartbeatThread#run 方法中不断执行如下逻辑：

（1）如果还没有到发送 Heartbeat 请求的时间，则调用 AbstractCoordinator#wait，阻塞 HeartbeatThread 线程。而 ConsumerCoordinator#poll 方法调用 AbstractCoordinator#pollHeartbeat 方法检查是否需要发送心跳，如果需要，则调用 AbstractCoordinator#notify 方法唤醒 HeartbeatThread 线程发送心跳。

（2）如果到了发送 Heartbeat 请求的时间，则调用 AbstractCoordinator#sendHeartbeatRequest 方法发送 Heartbeat 请求。

消费者同样需要使用集群元数据，KafkaConsumer#metadata 中存储了集群元数据，与生产者一样，在 DefaultMetadataUpdater#maybeUpdate 方法中更新集群元数据，细节不再赘述。

9.3 ACK 管理

Kafka 中的每个消息都存在一个偏移量，如果将一个主题理解为一个逻辑数组，则可以将偏移量理解为该数组的索引。

（1）在消费者中，ConsumerCoordinator.subscriptions.assignment.position 存储了每个分区的 ACK 偏移量，该偏移量有两个作用：

- 代表该位置之前的消息都已经消费成功。前面说了，消费者会定时将 ACK 偏移量提交给 Broker，或者由应用程序调用 Consumer#commitSync 方法提交 ACK 偏移量。
- 作为消息读取位置，下一次拉取数据时，从该位置开始读取消息。

（2）协调者中存储了每个消费组下每个分区的 ACK 偏移量。当分区的消费者变更后，新的消费者将从该 ACK 偏移量位置开始消费。协调者将 ACK 偏移量保存在以下两处：

- 消费组元数据 GroupMetadata#offsets 属性，该属性是一个 Map 实例，存储了每个分区及该分区已提交的 ACK 偏移量。
- 内部主题 __consumer_offsets，以 "groupid-topic-partition->offset" 为维度进行存储。

假设消费者订阅了主题 my-topic，并且该主题分区 0 当前的 ACK 偏移量为 12，则说明偏移量 12 之前的消息都已经成功消费，而消费者下一次发送 Fetch 请求，会将读取偏移量 offset 设置为 12，要求 Broker 从该偏移量开始读取消息。

9.3.1 消费者初始化偏移量

下面分析消费者中如何初始化 ACK 偏移量。

KafkaConsumer#updateFetchPositions 方法负责初始化 ACK 偏移量。该方法执行如下步骤：

（1）发送 OffsetFetch 请求，获取消费者订阅的所有分区的最新偏移量。协调者会从消费组元数据 GroupMetadata#offsets 中获取所有分区最新的 ACK 偏移量并返回给消费者。如果消费组已存在，那么在正常情况下，协调者中应该存储了该消费组每个分区的 ACK 偏移量。

（2）如果是新的消费组或者消费组 ACK 偏移量已经过期被清除，Broker 会返回空的响应给消费者，则消费者会再发送 ListOffsets 请求，并将消费者配置项 auto.offset.reset 指定的策略作为请求的 timeStamp 参数，而协调者会根据该参数，直接到这些分区的 Log 文件中查找偏移量信息并返回给消费者。

关于消费者配置项 auto.offset.reset 的内容可回顾第 3 章。

9.3.2 ACK 偏移量的提交与存储

当消费者消费消息成功后，需要将最新消费成功的 ACK 偏移量发送给消费组协调者，要求协调者存储该 ACK 偏移量。

前面说了，消费者可以自动提交或者手动提交 ACK 偏移量。ConsumerCoordinator#poll 方法最后会调用 ConsumerCoordinator#maybeAutoCommitOffsetsAsync 方法，如果消费者启动了自动提交偏移量机制，则该方法会判断上次提交后过去时间是否超过配置项 auto.commit.interval.ms，如果超过，则提交 ACK 偏移量。消费者发送 OffsetCommit 请求，并将 ACK 偏移量作为请求内容发送给协调者。

在协调者中，KafkaApis#handleOffsetCommitRequest 方法负责处理 OffsetCommit 请求，该方法最终调用 GroupMetadataManager#storeOffsets 方法存储消费者提交的 ACK 偏移量，主要执行以下逻辑：

（1）调用 GroupMetadataManager#appendForGroup 方法，将 ACK 偏移量持久化保存到 __consumer_offsets 主题中。这里使用消息格式存储 ACK 偏移量。消息的键由 groupId、topic、partition 等属性组成，消息的值由 offset、commitTimestamp、LeaderEpoch（第 14 章介绍）等属性组成。

另外，Kafka 还会对 __consumer_offsets 主题进行压缩，清理同一个"groupid-topic-partition"下重复的偏移量数据，后续会详细介绍这部分内容。

（2）ACK 偏移量持久化完成后，调用 GroupMetadata#onOffsetCommitAppend 方法将 ACK

偏移量保存到消费组元数据 GroupMetadata#offsets 属性中,这部分代码不一一展示,读者可以自行阅读。

9.4 读取消息

本节分析消费者如何读取消息。

9.4.1 消费者发送 Fetch 请求

Kafka 消费者使用"拉"模型读取消息,消费者中定义了 Fetcher 类型,负责读取消息。

Fetcher#sendFetches 方法发送 Fetch 请求,从 Broker 中拉取消息,并将读取到的消息存储到 Fetcher#completedFetches 链表中。Fetcher#fetchedRecords 方法则可以从 Fetcher#completedFetches 中获取消息,交给 KafkaConsumer 处理。

Consumer#poll 方法会调用 KafkaConsumer#pollForFetches 读取消息:

```
private Map<TopicPartition, List<ConsumerRecord<K, V>>> pollForFetches(Timer timer) {
    long pollTimeout = coordinator == null ? timer.remainingMs() :
            Math.min(coordinator.timeToNextPoll(timer.currentTimeMs()), timer.remainingMs());

    // 【1】
    final Map<TopicPartition, List<ConsumerRecord<K, V>>> records = fetcher.fetchedRecords();
    if (!records.isEmpty()) {
        return records;
    }

    // 【2】
    fetcher.sendFetches();

    if (!cachedSubscriptionHashAllFetchPositions && pollTimeout > retryBackoffMs) {
        pollTimeout = retryBackoffMs;
    }

    Timer pollTimer = time.timer(pollTimeout);
```

```
    // 【3】
    client.poll(pollTimer, () -> {
        return !fetcher.hasAvailableFetches();
    });
    timer.update(pollTimer.currentTimeMs());
    // 【4】
    return fetcher.fetchedRecords();
}
```

【1】调用 Fetcher#fetchedRecords 方法查看上次拉取的消息是否处理完成，如果没有处理完成，则直接返回待处理的消息。

【2】调用 Fetcher#sendFetches 方法发送 Fetch 请求，从 Broker 中拉取消息。

【3】调用 client.poll 方法阻塞线程，等待 Broker 数据返回。

【4】再次调用 Fetcher#fetchedRecords 方法获取已读取的消息并返回给 KafkaConsumer。

注意：读取消息后，Fetcher#fetchedRecords 方法会调用 SubscriptionState#position 方法更新消费者 ConsumerCoordinator.subscriptions.assignment.position 中的偏移量。

9.4.2　Broker 处理 Fetch 请求

在 Broker 中，KafkaApis#handleFetchRequest 负责处理 Fetch 请求，该方法调用 ReplicaManager#fetchMessages 读取消息：

```
def fetchMessages(timeout: Long,
                  replicaId: Int,
                  fetchMinBytes: Int,
                  fetchMaxBytes: Int,
                  hardMaxBytesLimit: Boolean,
                  fetchInfos: Seq[(TopicPartition, PartitionData)],
                  ...): Unit = {

    // 【1】
    val logReadResults = readFromLog()
    ...

    // 【2】
    if (timeout <= 0 || fetchInfos.isEmpty || bytesReadable >= fetchMinBytes ||
errorReadingData || hasDivergingEpoch) {
        val fetchPartitionData = logReadResults.map { case (tp, result) =>
```

```
            val isReassignmentFetch = isFromFollower && isAddingReplica(tp, replicaId)
            tp -> result.toFetchPartitionData(isReassignmentFetch)
        }
        responseCallback(fetchPartitionData)
    } else {
        // 【3】
        ...
        delayedFetchPurgatory.tryCompleteElseWatch(delayedFetch, delayedFetchKeys)
    }
}
```

【1】调用 readFromLog 方法读取消息，后续会详细分析该方法。

【2】如果满足以下条件之一，则立即返回结果给消费者：

- fetch 请求 timeout 参数小于或等于 0。
- 已读取消息数据量大于或等于 fetch 请求 fetchMinBytes 参数。
- 读取消息时发生了错误。
- leaderEpoch 发生了变化，这个后面会说明。

【3】如果不能立即返回结果，则保持连接以等待新消息，直到条件满足后（阻塞时间达到最长阻塞时间或者累积消息达到最小消息量），再返回结果给消费者。

ACK 偏移量、消费组相关 Broker 配置如下：

- offsets.topic.replication.factor：偏移量主题的副本数量，默认值为 3。
- offsets.topic.num.partitions：偏移量主题的分区数量，默认值为 50。
- offsets.retention.minutes：当消费组所有消费者都下线后，消费组 ACK 偏移量信息保留时间，默认值为 10080（分钟），即 7 天。消费组 ACK 偏移量被清除后，消费组将根据配置项 auto.offset.reset 选择新的读取位置。
- group.initial.rebalance.delay.ms：消费组协调者执行重平衡时，在 JOIN_GROUP 阶段等待更多消费者加入消费组的最长等待时间，默认值为 3000（ms）。

其他配置项请参考官方文档。

9.5 本章总结

本章分析了 Kafka 消费组重平衡流程、ACK 偏移量存储机制、消费者读取消息流程。消费组重平衡流程是 Kafka 的难点，希望本章的内容可以帮助读者深入理解该流程。

第 10 章
Pulsar 的主题

本章分析 Pulsar 如何管理租户、命名空间、主题等元数据，并实现 Broker 间的负载均衡机制。

10.1 租户与命名空间

下面分析 Pulsar 如何管理租户和命名空间。

第 6 章中说过，PulsarService 中构建了 webService 组件，webService 提供了一系列的后台管理接口，这些接口可以对租户、命名空间、主题等对象进行创建、查询、删除等操作。

在第 5 章中，我们使用 pulsar-admin 脚本管理租户、命名空间，该脚本正是调用了 Pulsar 提供的管理接口，这些管理接口实现类在 org.apache.pulsar.broker.admin 目录中，例如：

- TenantResources 类：租户管理类。
- NamespaceResources 类：命名空间管理类。
- PersistentTopics：持久化主题管理类。
- NonPersistentTopics：非持久主题管理类。

Pulsar 对租户和命名空间的实现比较简单，它统一将这些元数据存放在 ZooKeeper 中。当用户创建、修改租户和命名空间时，Pulsar 都会更新 ZooKeeper 中的数据，这部分内容比较简单，不深入分析源码。

我们可以直接从 ZooKeeper 中查看这些信息，如查看租户信息：

```
zk> get /admin/policies/my-tenant
{"adminRoles":[],"allowedClusters":["testReSetupClusterMetadata-cluster"]}
```

- adminRoles：管理角色。该角色可以使用和管理该租户的命名空间、主题等资源。
- allowedClusters：该命名空间绑定的 Cluster 集群。

查看命名空间信息：

```
zk> get /admin/policies/my-tenant/my-namespace
```

可以看到，ZK 节点存放了命名空间的元数据，包括 bundles 区间（下面会介绍 bundle）、backlog quota 策略、消息投递速率配额、绑定的角色、持久化策略、TTL、消息保留策略、Schema 自动更新控制开关、Schema 兼容性检查策略等属性。

这些属性在第 5 章已经介绍过了，这里不再赘述。

10.2 主题

下面介绍主题相关内容，包括以下内容：

- 主题的创建流程。
- 主题如何与 Broker 绑定。
- Pulsar 如何实现 Broker 负载均衡。

10.2.1 创建主题

Pulsar 支持持久化和非持久化主题。本书只关注持久化的主题，对非持久化的主题感兴趣的读者可以自行了解。

创建主题的流程如下：

（1）获取主题配置。

（2）创建主题实例，并将主题元数据保存到 ZooKeeper 中。

（3）在 BookKeeper 集群中创建一个 Ledger，用于存储主题消息。前面说了，Pulsar Broker 不存储消息，而是将消息存储在 Bookie 的 Ledger 中，所以这里要先准备 Ledger。

PersistentTopics#createNonPartitionedTopic 方法提供了创建主题的接口，该方法最终调用 BrokerService# createPersistentTopic 方法创建主题：

```
private void createPersistentTopic(final String topic, boolean createIfMissing,...) {
    // 【1】
    TopicName topicName = TopicName.get(topic);
    ...
    // 【2】
    getManagedLedgerConfig(topicName).thenAccept(managedLedgerConfig -> {
        ...
        // 【3】
        managedLedgerFactory.asyncOpen(topicName.getPersistenceNamingEncoding(),
managedLedgerConfig,...);
    })...;
}
```

【1】调用 TopicName#get 方法将主题名转化为完整主题名，如 public/default/my-topic、my-topic 等都会转化为完整主题名 persistent://public/default/my-topic，完整主题名中包含持久化方式、租户、命名空间。

【2】BrokerService#getManagedLedgerConfig 方法从命名空间、Broker 配置项中获取该主题的配置，包括 ensembleSize、writeQuorumSize、maxSizePerLedgerMb、maxEntriesPerLedger 等配置项。

【3】调用 ManagedLedgerFactoryImpl#asyncOpen 方法创建一个 ManagedLedger。ManagedLedger 负责与 BookKeeper 交互，执行 Ledger 的写入、查询等操作。

从源码可以看到，Pulsar 中使用了异步模式，BrokerService#getManagedLedgerConfig 方法返回 CompletableFuture，并通过 CompletableFuture#thenAccept 方法注册了回调类，回调类会在 BrokerService#getManagedLedgerConfig 方法返回结果后执行后续逻辑。异步模式可以减少线程阻塞，充分利用 CPU 资源，是提高性能的常用手段。Pulsar 中大量使用了异步模式，读者阅读源码时需要注意异步模型中注册的回调方法和回调类，这些回调方法和回调类包含了后续的处理逻辑。

ManagedLedgerFactoryImpl#asyncOpen 方法执行如下操作：

（1）检查 ManagedLedgerFactoryImpl#ledgers 是否已存在该主题的 ManagedLedgerFactoryImpl，ManagedLedgerFactoryImpl#ledgers 是一个 Map 实例，存储了所有主题与对应的 ManagedLedgerImpl，如果不存在，则执行下面的步骤。

（2）创建一个 ManagedLedgerImpl。

（3）调用 ManagedLedgerImpl#initialize 方法初始化主题。

Broker 中定义了 ManagedLedgerImpl 类，负责管理一个主题中的 Ledger，并与 Bookie 进行交互，完成 Ledger 的读、写等操作。

10.2.2 初始化主题

ManagedLedgerImpl#initialize 方法负责创建 Ledger 实例，并初始化 ManagedLedgerImpl，执行如下操作：

（1）调用 ManagedLedgerImpl#initializeBookKeeper 方法为该主题创建 Ledger。

（2）调用 ManagedLedgerImpl#scheduleTimeoutTask 方法启动 Timeout 任务，定时检查写入或者读取 BookKeeper 的操作是否超时。

（3）调用 ManagedLedgerImpl#scheduleRollOverLedgerTask 方法启动 RollOverLedger 任务，定时切换 Ledger，下一章会介绍该操作。

ManagedLedgerImpl#initializeBookKeeper 方法的核心代码如下：

```
private synchronized void initializeBookKeeper(final ManagedLedgerInitializeLedgerCallback callback) {
    ...
    // 【1】
    asyncCreateLedger(bookKeeper, config, digestType, (rc, lh, ctx) -> {
        ...
        executor.executeOrdered(name, safeRun(() -> {
            // 【2】
            STATE_UPDATER.set(this, State.LedgerOpened);
            lastLedgerCreatedTimestamp = clock.millis();
            currentLedger = lh;
            ...
            // 【3】
            LedgerInfo info =
LedgerInfo.newBuilder().setLedgerId(lh.getId()).setTimestamp(0).build();
            ledgers.put(lh.getId(), info);

            // 【4】
            store.asyncUpdateLedgerIds(name, getManagedLedgerInfo(), ledgersStat, storeLedgersCb);
        }));
```

```
        }, ledgerMetadata);
    }
```

【1】ManagedLedgerImpl#asyncCreateLedger 方法会调用 BookKeeper#asyncCreateLedger 方法创建 Ledger，并返回 LedgerHandle 实例。该 Ledger 负责存储该主题的消息。

【2】执行到这里，Ledger 已经创建成功，将对应的 LedgerHandle 实例赋值给 ManagedLedgerImpl#currentLedger。

【3】将 LedgerHandle 实例添加到 ManagedLedgerImpl#ledgers 中。

【4】调用 MetaStore#asyncUpdateLedgerIds 方法将所有主题的 Ledger 信息（主要是 ManagedLedgerImpl#ledgers 的 Ledger 列表）保存到 ZooKeeper 中。

第 9 章中说过，Pulsar 将主题 Ledger 信息存放在 ZK 节点中，节点路径类似/managed-ledgers/{tenant}/{namespace}/persistent/{topic}，为了节省空间，Pulsar 将主题信息压缩为字节数组再存储到 ZooKeeper 中。

ManagedLedgerImpl 初始化完成后，ManagedLedgerImpl#currentLedger 是一个 LedgerHandle 实例（第 5 章中说过，LedgerHandle 可以对 BookKeeper 服务的 Ledger 进行操作），用于写入新的消息。ManagedLedgerImpl#ledgers 存储了该主题所有的 LedgerHandle。

到这里，创建主题的工作基本完成了：

（1）BookKeeper 集群中的 Ledger 已经创建完成，可以写入数据了。

（2）Ledger 信息在 ManagedLedgerImpl#ledger 和 ZooKeeper 中各保存了一份。

下面介绍分区主题的创建流程。

PersistentTopics#createPartitionedTopic 方法提供了创建分区主题的接口，该方法调用 AdminResource#tryCreatePartitionsAsync 方法创建分区主题。可以看到，创建一个分区主题很简单，只需要创建指定数量的内部主题即可。

提示：内部主题命名为{topicName}-partition-{partitionIndex}。

10.2.3　绑定主题

前面介绍了创建主题的流程，但刚创建的主题还没有与 Broker 绑定。在 Pulsar 中，主题需要与 Broker 绑定后才能接收消息。下面分析主题如何与 Broker 绑定。

1. bundle 的概念

为了支持 Broker 集群动态扩容，Pulsar 引入了一致性 Hash 算法，定义了 bundle 的概念。在一个命名空间下创建多个 bundle，每个 bundle 负责一组主题（通过主题 name 的 Hash 值将主题划分到不同 bundle 中），如图 10-1 所示。

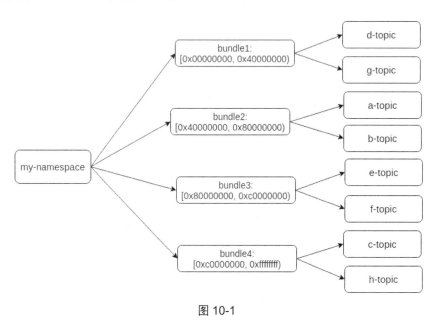

图 10-1

每个命名空间创建时都会初始化该空间的 bundle 区间，例如：

```
"bundles":{"boundaries":["0x00000000","0x40000000","0x80000000","0xc0000000","0xffffffff"],"numBundles":4}
```

每个 bundle 对应的区间依次为 [0x00000000,0x40000000)、[0x40000000,0x80000000)、[0x80000000,0xc0000000)、[0xc0000000,0xffffffff)。

提示：Pulsar 会使用 CRC32 算法计算主题名称的 Hash 值（CRC32 算法的计算结果小于 0xffffffff），并根据该 Hash 值将主题分配到对应区间的 bundle。

默认一个命名空间的 bundle 数量为 4 个，由 Broker 配置项 defaultNumberOfNamespaceBundles 指定。通常可以定义比 Broker 数量多的 bundle，方便 Broker 集群扩容或者故障转移时迁移 bundle。例如，存在 12 个 Broker，可以考虑定义 24 或 48 个 bundle。

Pulsar 会根据负载均衡策略，将 bundle 绑定到合适的 Broker 节点中。所以主题绑定 Broker，实际上是主题所属的 bundle 绑定 Broker。

2. Lookup 请求处理流程

生产者和消费者在发送、接收消息前，都会发送 Lookup 请求给 Pulsar 集群中某个 Broker 节点，要求该 Broker 节点返回主题绑定的 Broker 给客户端，具体操作步骤如下：

（1）客户端给任意一个 Broker 发送 Lookup 请求，收到该请求的 Broker 会返回 Broker 集群的 leader 节点给客户端。下一节我们会介绍 Broker 集群选举 leader 的相关内容。

（2）客户端重新发送 Lookup 请求给 leader 节点，leader 节点将 bundle 分配给某个 Broker，并返回该 Broker 给客户端。

（3）客户端重定向，发送 Lookup 请求给上一步 leader 节点返回的 Broker，Broker 收到该重定向的 Lookup 请求，知道自己已经被分配并负责该 bundle，则将该 bundle 与自己绑定。

在后续介绍生产者和消费者的过程中会介绍客户端如何发送 Lookup 请求，这里先关注 Broker 中处理 Lookup 请求的流程。

在 Broker 中，ServerCnx#handleLookup 方法处理 Lookup 请求，该方法最终调用 NamespaceService#getBrokerServiceUrlAsync 方法查找主题绑定的 Broker，执行如下步骤：

（1）调用 NamespaceService#getBundleAsync 方法计算主题对应的 bundle。

（2）调用 NamespaceService#findBrokerServiceUrl 方法查找 bundle 绑定的 Broker，如果已绑定，则返回对应的 Broker 节点，如果未绑定，则调用 NamespaceService#searchForCandidateBroker 方法，尝试将该 bundle 绑定到对应的 Broker 节点。

NamespaceService#searchForCandidateBroker 方法的核心代码如下：

```
private void searchForCandidateBroker(NamespaceBundle bundle,
                                      CompletableFuture<Optional<LookupResult>>
                                      lookupFuture,LookupOptions options) {
    ...
    String candidateBroker = null;
    // 【1】
    LeaderElectionService les = pulsar.getLeaderElectionService();
    ...

    boolean authoritativeRedirect = les.isLeader();
    try {
        ...
        if (candidateBroker == null) {
            Optional<LeaderBroker> currentLeader = pulsar.getLeaderElectionService().
getCurrentLeader();
```

```
            // 【2】
            if (options.isAuthoritative()) {
                candidateBroker = pulsar.getSafeWebServiceAddress();
            } else if (!this.loadManager.get().isCentralized()
                    || pulsar.getLeaderElectionService().isLeader()
                    || !currentLeader.isPresent()
                    || !isBrokerActive(currentLeader.get().getServiceUrl())
            ) {
                // 【3】
                Optional<String> availableBroker = getLeastLoadedFromLoadManager
(bundle);
                ...
                candidateBroker = availableBroker.get();
                authoritativeRedirect = true;
            } else {
                // 【4】
                candidateBroker = currentLeader.get().getServiceUrl();
            }
        }
    } ...

    try {
        if (candidateBroker.equals(pulsar.getSafeWebServiceAddress())) {
            // 【5】
            final String policyPath = AdminResource.path(POLICIES,
bundle.getNamespaceObject().toString());
            pulsar.getConfigurationCache().policiesCache().invalidate(policyPath);
            ownershipCache.tryAcquiringOwnership(bundle).thenAccept(ownerInfo
-> ...);
        } else {
            // 【6】
            createLookupResult(candidateBroker, authoritativeRedirect,
options.getAdvertisedListenerName())
                    .thenAccept(lookupResult -> lookupFuture.complete(Optional.of
(lookupResult)))
                    .exceptionally(ex -> {
                        lookupFuture.completeExceptionally(ex);
```

```
                return null;
            });
        }
    } ...
}
```

【1】调用 pulsar.getLeaderElectionService 方法获取当前 Broker 集群的 leader 节点。

【2】如果 Lookup 请求的 isAuthoritative 参数为 true，则代表当前 Broker 节点就是 bundle 的绑定节点，将当前节点赋值给 candidateBroker。

提示：candidateBroker 变量用于存储 bundle 的绑定节点或者客户端下次转发 Lookup 请求的目标节点。

【3】如果第 1 步查找 leader 节点失败，或者当前节点就是 leader 节点，又或者不需要由 leader 节点完成 bundle 分配操作（LoadManager#isCentralized 方法返回 false），则在当前节点完成 bundle 分配操作：调用 getLeastLoadedFromLoadManager 方法，该方法会根据 Broker 负载均衡策略，为 bundle 获取分配的 Broker 节点。这时将 authoritativeRedirect 变量修改为 true（该变量用于设置客户端下一次转发请求的 Authoritative 参数），代表客户端下一次转发 Lookup 请求的目标节点就是 bundle 的绑定节点。

【4】执行到这里，说明需要由 leader 节点为 bundle 分配节点，将 leader 节点作为转发目标节点，让客户端转发请求给 leader 节点。

【5】执行到这里，说明应该由当前节点绑定该 bundle，则调用 ownershipCache.tryAcquiring-Ownership 方法创建 ZK 节点，并将当前节点的信息写入 ZK 节点，完成绑定操作。ZK 节点路径为 /namespace/{tenant}/{namespace}/{bundle_range}，如 /namespace/my-tenant/my-namespace/0x80000000_0xc0000000。

【6】执行到这里，说明客户端需要转发 Lookup 请求，将 authoritativeRedirect 变量、转发目标节点返回给客户端。

经过上述操作，bundle 绑定成功，可以在 ZooKeeper 中查询 bundle 的绑定信息：

```
zk> get /namespace/my-tenant/my-namespace/0x80000000_0xc0000000
{"nativeUrl":"pulsar://127.0.0.1:6650","httpUrl":"http://127.0.0.1:8080","disabled":false,"advertisedListeners":{}}
```

当主题与 Broker 绑定（即主题所属的 bundle 与 Broker 绑定）后，主题就可以提供服务了。

最后还有一个问题，如何为 bundle 选择合适的 Broker 节点呢？我们将在下一节进行分析。

10.3 Broker 负载均衡

下面分析 Pulsar 如何为 bundle 选择一个 Broker，主要涉及以下内容。

1. 节点负载报告的上报与同步

Pulsar 为 bundle 选择节点时，需要用到每个 Broker 节点负载报告的相关数据，如 CPU 使用率等。Pulsar 中的每个节点都需要定时统计这些数据并上报给 ZooKeeper。这样每个节点都可以从 ZooKeeper 中获取集群所有节点的负载报告。

2. Broker 负载均衡

根据集群节点的负载报告，为 bundle 选择合适的 Broker 节点，Pulsar 会尽量实现 Broker 间的负载均衡。

10.3.1 负载报告上传

ModularLoadManagerImpl#localData 属性存储了每个 Broker 节点的自身负载报告，ModularLoadManagerImpl#loadData 属性存储了当前节点获取到的其他节点的负载报告，如图 10-2 所示。

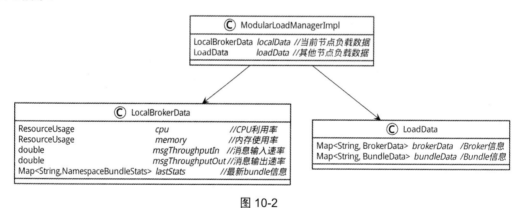

图 10-2

Broker 中启动了定时任务 LoadReportUpdaterTask，负载统计每个节点自身的负载报告并上传给 ZooKeeper。

LoadReportUpdaterTask#run 方法会调用 ModularLoadManagerImpl#writeBrokerDataOnZooKeeper 方法执行如下逻辑：

【1】调用 ModularLoadManagerImpl#updateLocalBrokerData 方法更新当前节点的负载报告，并将负载报告写入 ModularLoadManagerImpl#localData。

【2】调用 ResourceLockImpl#updateValue 方法，将该负载报告上传给 ZooKeeper。

负载报告上传成功后，可以在 ZooKeeper 中查询负载报告信息：

```
zk> get /loadbalance/brokers/127.0.0.1:8080
{"webServiceUrl":"http://127.0.0.1:8080","pulsarServiceUrl":"pulsar://127.0.0.
1:6650","persistentTopicsEnabled":true,"nonPersistentTopicsEnabled":true,"cpu":{"us
age":0.0020065307906213855,"limit":400.0},"memory":{"usage":196.37360382080078,"lim
it":1748.0},"directMemory":{"usage":0.0,"limit":1748.0},"bandwidthIn":{"usage":0.0,
"limit":0.0},"bandwidthOut":{"usage":0.0,"limit":0.0},"msgThroughputIn":0.0,"msgThr
oughputOut":0.0,"msgRateIn":0.0,"msgRateOut":0.0,"lastUpdate":1637410134572,"lastSt
ats":{},"numTopics":0,"numBundles":0,"numConsumers":0,"numProducers":0,"bundles":[]
,"lastBundleGains":[],"lastBundleLosses":[],"brokerVersionString":"2.8.0","protocol
s":{},"advertisedListeners":{},"bundleStats":{},"loadReportType":"LocalBrokerData",
"maxResourceUsage":0.11234187334775925}
```

可以看到，负载报告中包含了节点 CPU 使用率、内存使用率、消息吞吐量等信息。

当一个节点上传负载报告后，集群中的其他节点会收到 ZK 事件，并触发 ModularLoadManager-Impl#accept 方法。如果该方法发现变更的 ZK 节点位于 /loadbalance/brokers 路径下，则调用 ModularLoadManagerImpl#updateAll 将负载报告信息更新到当前节点 ModularLoadManagerImpl#loadData 中。这样每个 Broker 都可以获取集群其他 Broker 节点的统计信息。

读者可能感到疑惑，ZK 事件是如何触发 ModularLoadManagerImpl#accept 方法的呢？

（1）PulsarService#localMetadataStore 是一个 ZKMetadataStore 实例，实现了 ZooKeeper 的 Watcher 接口，当 process 方法收到 ZK 事件时，会触发其父类 AbstractMetadataStore# listeners 中的监听器。

（2）ModularLoadManagerImpl 初始化时会将自身注册为 PulsarService#localMetadataStore 的 listeners 属性中的一个监听器（见 ModularLoadManagerImpl#initialize 方法），所以 ModularLoadManagerImpl 会收到 ZK 事件，并触发 ModularLoadManagerImpl#accept 方法。

10.3.2　为 bundle 选择 Broker 节点

下面分析 Pulsar 如何为 bundle 选择 Broker 节点。

前面说了，NamespaceService#getLeastLoadedFromLoadManager 方法负责为 bundle 选择 Broker 节点，该方法会调用 ModularLoadManager#selectBrokerForAssignment 方法完成该操作。

用户可以实现 ModularLoadManager#selectBrokerForAssignment 方法，自定义为 bundle 选择

Broker 节点的规则,并通过 Broker 配置项 loadManagerClassName 指定用户自定义的实现类。

另外,Pulsar 中还提供了 LoadManager 接口,LoadManager#getLeastLoaded 方法类似于 ModularLoadManager#selectBrokerForAssignment 方法,同样可以为 bundle 选择 Broker 节点。

为什么这里可以支持两个不同的接口?Pulsar 为 ModularLoadManager 接口节点定义了一个 ModularLoadManagerWrapper 适配器,如果 Broker 配置项 loadManagerClassName 指定了 ModularLoadManager 实现类,那么 Pulsar 将创建一个 ModularLoadManagerWrapper 适配器,该适配器实现了 LoadManager 接口,并将方法调用委托给用户指定的 ModularLoadManager 实现类。

下面分析 ModularLoadManagerImpl#selectBrokerForAssignment 的逻辑:

```java
public Optional<String> selectBrokerForAssignment(final ServiceUnitId serviceUnit) {
    long startTime = System.nanoTime();

    try {
        synchronized (brokerCandidateCache) {
            ...
            final BundleData data = loadData.getBundleData().computeIfAbsent(bundle, key -> getBundleDataOrDefault(bundle));
            brokerCandidateCache.clear();
            // 【1】
            LoadManagerShared.applyNamespacePolicies(serviceUnit, policies, brokerCandidateCache,
                    getAvailableBrokers(), brokerTopicLoadingPredicate);
            // 【2】
            LoadManagerShared.filterBrokersWithLargeTopicCount(brokerCandidateCache,
                    loadData, conf.getLoadBalancerBrokerMaxTopics());
            // 【3】
            LoadManagerShared.filterAntiAffinityGroupOwnedBrokers(pulsar, serviceUnit.toString(),
                    brokerCandidateCache, brokerToNamespaceToBundleRange, brokerToFailureDomainMap);
            // 【4】
            LoadManagerShared.removeMostServicingBrokersForNamespace
                    (serviceUnit.toString(), brokerCandidateCache, brokerToNamespaceToBundleRange);
            ...
```

```
        }
    }
```

【1】getAvailableBrokers 方法获取所有存活的 Broker 节点，LoadManagerShared#applyNamespacePolicies 方法根据命名空间设置的 Broker 隔离策略过滤部分节点（Broker 隔离策略在第 5 章已经介绍了），选择符合 Broker 隔离策略规则的 Broker 节点作为候选节点。如果命名空间未设置 Broker 隔离策略，则所有存活节点都作为候选节点，并添加到 brokerCandidateCache 集合中。

【2】在 brokerCandidateCache 中过滤分配主题数量超过阈值的节点。Broker 配置项 loadBalancerBrokerMaxTopics 指定了一个 Broker 节点上允许分配主题的最大数量，默认值为 50000。

【3】根据反亲和性组（anti-affinity-group）过滤 brokerCandidateCache 中的部分节点。

【4】仅保留 brokerCandidateCache 中已绑定该命名空间 bundle 数量最少的 Broker 节点，移除其他节点。假设候选节点存在 Broker1、Broker2、Broker3，而 Broker1、Broker2 已绑定 bundle 的数量为 1，Broker3 已绑定 bundle 的数量为 2，则该步骤将移除 Broker3，仅保留 Broker1、Broker2。

继续分析 ModularLoadManagerImpl#selectBrokerForAssignment 方法：

```java
public Optional<String> selectBrokerForAssignment(final ServiceUnitId serviceUnit) {
    long startTime = System.nanoTime();
    try {
        ...
        // 【5】
        try {
            for (BrokerFilter filter : filterPipeline) {
                filter.filter(brokerCandidateCache, data, loadData, conf);
            }
        } ...

        if (brokerCandidateCache.isEmpty()) {
            LoadManagerShared.applyNamespacePolicies(serviceUnit, policies, ,
                    brokerCandidateCache getAvailableBrokers(),
                    brokerTopicLoadingPredicate);
        }

        // 【6】
```

```
            Optional<String> broker =
placementStrategy.selectBroker(brokerCandidateCache, data, loadData, conf);
            ...

            // 【7】
            final double overloadThreshold =
conf.getLoadBalancerBrokerOverloadedThresholdPercentage() / 100.0;
            final double maxUsage =
loadData.getBrokerData().get(broker.get()).getLocalData().getMaxResourceUsage();
            if (maxUsage > overloadThreshold) {
                LoadManagerShared.applyNamespacePolicies(serviceUnit, policies,
brokerCandidateCache,
                        getAvailableBrokers(), brokerTopicLoadingPredicate);
                broker = placementStrategy.selectBroker(brokerCandidateCache,
 data, loadData, conf);
            }

            ...
            return broker;
        }
    } ...
}
```

【5】使用 ModularLoadManagerImpl#filterPipeline 过滤 Broker 节点。ModularLoadManagerImpl#filterPipeline 是一个 BrokerFilter 列表，可以根据需要对 Broker 节点进行过滤。目前仅支持 BrokerVersionFilter 过滤器，该过滤器仅保留最新 Pulsar 版本的 Broker 节点，移除其他 Broker 节点。

Broker 版本号实际上是 Pulsar 的版本号（如笔者使用的 Pulsar 版本号为 2.8.0），假设集群中存在版本号为 2.8.0、2.7.0 的 Broker 节点，这里仅保留版本号为 2.8.0 的 Broker 节点。

如果过滤后候选节点为空，则重新加载候选节点。

【6】ModularLoadManagerImpl#placementStrategy 是一个 ModularLoadManagerStrategy 实例，可以根据指定策略为新主题选择一个 Broker 节点，默认选择一个负载最低的节点。

【7】检查前面选择的节点是否超载，如果该节点超载了，则重新加载候选节点，再使用 ModularLoadManagerImpl#placementStrategy 选择一个节点。这里是一个降级操作，即如果实在不能满足前面诸多条件，则只能直接选择一个负载最低的节点，从而尽量保证能成功选出一个节点。

ModularLoadManagerImpl#placementStrategy 目前仅支持 LeastLongTermMessageRate 策略，该策略会选择一个负载最低的 Broker 节点，它为每个节点计算一个分值，并选择分值最小的节点作为结果。

分值计算规则如下：

获取长期统计数据，将"最新平均消息输入速率（msgRateIn）+最新平均消息输出速率（MsgRateOut）+历史平均消息输入速率（longTermMsgRateIn）+历史平均消息输出速率（longTermMsgRateOut）"的结果作为分值。

10.4 bundle 管理

Pulsar 会在 Broker 集群中选择一个 leader 节点，完成一些额外的辅助工作，例如：

- 为 bundle 选择 Broker 节点，前面已经介绍了该流程。
- 卸载超载的 bundle。
- 拆分超载的 bundle

10.4.1 选举 leader 节点

PulsarService#start 方法负责启动 Broker 服务，它调用 LeaderElectionService#start 方法选举 leader 节点，该方法最终调用 LeaderElectionImpl#elect 完成相关逻辑：

```
private synchronized CompletableFuture<LeaderElectionState> elect() {
    internalState = InternalState.ElectionInProgress;
    // 【1】
    return store.get(path).thenCompose(optLock -> {
        if (optLock.isPresent()) {
            return handleExistingLeaderValue(optLock.get());
        } else {
            return tryToBecomeLeader();
        }
    });
}
```

【1】LeaderElectionImpl#store 是一个 ZKMetadataStore 实例，这里调用 ZKMetadataStore#get 方法，在 ZooKeeper 中创建一个 ZK 临时节点，节点路径为/loadbalance/leader。如果创建成功，

则当前节点成为 leader 节点。如果集群多个 Broker 节点同时尝试成为 leader 节点，那么只有一个节点可以成功创建该 ZK 节点并成为 leader 节点。

如果当前 Broker 创建 ZK 节点成功，则调用 LeaderElectionImpl#tryToBecomeLeader 方法修改 LeaderElectionImpl#leaderElectionState 为 Leading 状态，标志该节点已经是 leader 节点，否则将 LeaderElectionImpl#leaderElectionState 修改为 Following 状态。

提示：LeaderElectionImpl 构建函数中注册了一个监听器，监听 ZK 节点/loadbalance/leader，并调用 handlePathNotification 方法处理 ZK 事件。如果 leader 节点因为故障下线，则 ZooKeeper 删除 leader 节点创建的临时 ZK 节点，其他 Broker 节点会收到 ZK 事件，并调用 LeaderElectionImpl#handlePathNotification 重新尝试成为 leader 节点。

我们在 ZooKeeper 中可以查看当前 leader 节点的信息：

```
zk> get /loadbalance/leader
{"serviceUrl":"http://127.0.0.1:8080"}
```

经过上述操作后，当前 Broker 会成为 leader 节点或者 follow 节点，并调用 PulsarService#startLeaderElectionService 方法完成如下操作：

（1）启动 LoadSheddingTask 任务，它会定时判断 Broker 是否超载，如果发现 Broker 超载，那么将自动卸载一些 bundle（这些 bundle 会被重新绑定到其他低负载的 Broker 节点）。

（2）启动 LoadResourceQuotaUpdaterTask，它会定时对集群 Broker 的 bundle 负载信息执行一些聚合计算，如计算平均数据，并上报给 ZooKeeper。

10.4.2　bundle 卸载机制

leader 节点会定时检查 Broker 是否超载，如果是，则自动卸载一些 bundle，从而降低当前 Broker 负载。

该机制涉及以下配置：

- loadBalancerSheddingEnabled：启用/禁用 bundle 自动卸载机制，默认值为 true。
- loadBalancerSheddingIntervalMinutes：bundle 卸载操作的执行间隔，默认值为 1（分钟）。
- loadBalancerSheddingGracePeriodMinutes：bundle 卸载操作的退避时间间隔，在该时间段内禁止重复卸载同一个 bundle，默认值为 30（分钟）。
- loadBalancerLoadSheddingStrategy：选择卸载的 bundle 的策略，默认使用 OverloadShedder。
- loadBalancerBrokerOverloadedThresholdPercentage：Broker 超负载判断阈值，当 Broker

的 CPU、网络和内存使用率指标中任意一个指标达到阈值时，就认为该 Broker 超负载，需要卸载部分 bundle，默认值为 85。

LoadSheddingTask 会调用 ModularLoadManagerImpl#doLoadShedding 方法执行卸载 bundle 的操作，步骤如下：

（1）调用 OverloadShedder#findBundlesForUnloading 方法负责筛选出集群中需要卸载的 bundle。

这里遍历集群所有 Broker，使用 OverloadShedder 策略按以下规则筛选超载的 bundle：

- 如果 Broker 的 CPU、网络和内存使用率等指标都没有达到 loadBalancerBrokerOverloadedThresholdPercentage 阈值，则该 Broker 不需要卸载 bundle。
- 否则，按比例从该 Broker 中选择部分 bundle，直到 Broker 负载达到阈值以下。

假设当前 CPU 使用率为 95%，则卸载比例为（95%－85%）+5%=15%（5%为固定预留比例）。这里按照 bundle 的平均吞吐量来进行计算，如果当前 Broker 总 bundle 的平均吞吐量为 X，则依次选择 bundle，直到所选 bundle 平均吞吐量之和达到 X×15%。

（2）调用 Namespaces#unloadNamespaceBundle 方法卸载上一步选择的分区。这些分区被卸载后，Pulsar 会将这些 bundle 重新绑定到其他负载较低的 Broker 节点中，从而使集群中 Broker 负载均衡。

10.4.3　bundle 切分机制

由于 bundle 中主题的负载可能随着时间的推移发生变化，很难预测到，因此 Pulsar 支持将高负载的 bundle 切分成 2 个 bundle，然后将切分后的 bundle 重新分配给不同的 Broker。

bundle 切分涉及以下配置：

- loadBalancerAutoBundleSplitEnabled：启用/禁用 bundle 拆分机制，默认值为 true。
- loadBalancerAutoUnloadSplitBundlesEnabled：是否自动卸载拆分后的 bundle，默认值为 true。
- loadBalancerNamespaceBundleMaxTopics：主题数量超过该阈值的 bundle 将被切分，默认值为 1000。
- loadBalancerNamespaceBundleMaxSessions：会话数量超过给该阈值的 bundle 将被切分，默认值为 1000。
- loadBalancerNamespaceBundleMaxMsgRate：网络吞吐量超过给该阈值的 bundle 将被切分，默认值为 30000（每秒接收和投递的消息总数）。

- loadBalancerNamespaceBundleMaxBandwidthMbytes：bundle 占用带宽超过该阈值的 bundle 将被切分，默认值为 100MB。
- loadBalancerNamespaceMaximumBundles：命名空间中最大的 bundle 数量，默认值为 128。如果命名空间中的 bundle 数量达到该阈值，则该命名空间中的 bundle 无法被切分。

前面说了，某个 Broker 节点上传负载报告后，ZooKeeper 会发送事件通知集群其他 Broker，其他 Broker 节点会调用 ModularLoadManagerImpl#updateAll 更新自身缓存的负载报告，而该方法会调用 ModularLoadManagerImpl#checkNamespaceBundleSplit 方法切分 bundle，步骤如下：

（1）如果没有启用 bundle 切分机制，或者当前节点非 leader 节点，则退出当前方法。

（2）调用 BundleSplitStrategy#findBundlesToSplit 方法筛选需要切分的 bundle（通过上述 loadBalancerNamespaceBundleMaxTopics 等配置项进行筛选）。

（3）从 ModularLoadManagerImpl#loadData、localData 中删除该 bundle 信息。

（4）发送切分 bundle 的请求给 Pulsar 管理接口，由 webService 服务完成 bundle 切分操作。webService 最终会调用 Namespaces#splitNamespaceBundle 方法进行切分，不深入分析。

Pulsar 提供了切分 bundle 的管理接口，我们也可以通过 pulsar-admin 脚本调用该接口，自行切分 bundle：

```
$ ./bin/pulsar-admin namespaces split-bundle --bundle 0x00000000_0xffffffff my-tenant/my-namespace
```

Pulsar 提供了以下 bundle 拆分策略：

- RangeEquallyDivideBundleSplitAlgorithm：将 bundle 平均拆分，假设 bundle 区间为 ["0x00000000","0x40000000")，则拆分为 bundle1-["0x00000000","0x20000000")、bundle2-["0x20000000","0x40000000"]，默认使用该策略。
- TopicCountEquallyDivideBundleSplitAlgorithm：按主题数量拆分。假设 bundle 存储了 1000 个主题，则在第 500 个主题的位置进行拆分。

主题相关的 Broker 配置项如下：

- allowAutoTopicCreation：是否允许自动创建主题，默认值为 true。
- allowAutoTopicCreationType：自动创建主题的类型，可选值为 non-partitioned、partitioned，默认值为 non-partitioned。
- defaultNumPartitions：自动创建主题时分区主题的数量。默认值为 1，即非分区主题。
- allowAutoSubscriptionCreation：当新的消费者连接时，是否允许自动创建订阅组，默认认值为 true。

- managedLedgerDefaultEnsembleSize：主题创建 Ledger 时默认的 EnsembleSize，默认值为 2。
- managedLedgerDefaultWriteQuorum：主题创建 Ledger 时默认的 WriteQuorum，默认值为 2。
- managedLedgerDefaultAckQuorum：主题创建 Ledger 时默认的 AckQuorum，默认值为 2。
- brokerDeleteInactiveTopicsEnabled：是否自动删除非活跃主题，默认值为 true。
- brokerDeleteInactiveTopicsFrequencySeconds：检查非活跃主题的频率，默认值为 60（s）。
- brokerDeleteInactiveTopicsMode：判断非活跃主题的策略，默认值为 delete_when_no_subscriptions，即当主题不存在订阅组及生产者时，将被判断为非活跃主题。

其他配置项请参考官方文档。

10.5 本章总结

本章介绍了 Pulsar 主题的创建流程，以及 Broker 负载均衡机制。Pulsar 将主题分配给不同的 bundle，并将 bundle 绑定到合适的 Broker，从而实现负载均衡。

对比 Kafka 的分区副本分配规则，Pulsar 实现了更复杂、更强大的分配策略，尽量将主题均匀地分配到不同的 Broker 中，并提供了 bundle 卸载、bundle 切分机制，在运行时对 bundle 进行管理，进一步保证负载均衡。

第 11 章 Pulsar 的生产者与消息发布

本章分析 Pulsar 生产者如何发送消息,以及 Broker 如何接收和处理消息。

11.1 生产者发送消息

Pulsar 生产者发布消息的流程如下:

(1)生产者给 Broker 集群发送 Lookup 请求,查找主题绑定的 Broker 节点,前面已经详细分析了 Broker 如何处理 Lookup 请求,并将主题绑定到 Broker 节点。最后 Broker 会返回主题绑定的 Broker 节点给生产者。该步骤完成后,生产者会获得主题绑定的 Broker 节点。

(2)生产者给主题绑定的 Broker 节点发送 Producer 请求,完成生产者与 Broker 节点的绑定。

(3)完成绑定后,生产者通过 Send 请求给 Broker 节点发送消息。

11.1.1 初始化生产者

下面分析生产者与 Broker 绑定的流程。我们回顾一下生产者的初始化代码:

```
// 【1】
PulsarClient client = PulsarClient.builder()
```

```
    .serviceUrl(localClusterUrl)
    .build();
// 【2】
Producer producer = client
    .newProducer()
    .topic("my-topic").create();
```

【1】创建一个 Pulsar 客户端 PulsarClientImpl，Pulsar 客户端同样使用 Netty 进行网络通信，PulsarClientImpl 构造函数中会创建 ConnectionPool 实例，ConnectionPool 构造函数中会初始化 Netty 的 Bootstrap 实例，用于实现网络通信。

另外，ConnectionPool 中创建了 ClientCnx 实例，用于发送客户端请求和处理 Broker 返回的响应。ClientCnx 与 ServerCnx 一样，继承于 PulsarDecoder 类，并实现了 Netty 的 ChannelInboundHandler 接口。

【2】PulsarClient#newProducer 返回 PulsarClientImpl，PulsarClientImpl#create 方法调用 PulsarClientImpl#createProducerAsync 方法创建以下类型的生产者：

- 如果发布主题为分区主题，则创建 PartitionedProducerImpl（分区主题生产者）。
- 如果发布主题为非分区主题，则创建 ProducerImpl（非分区主题生产者）。

我们先关注非分区主题生产者 ProducerImpl 的实现。

ProducerImpl 构建函数中除了初始化 ProducerImpl 属性，还调用了 ConnectionHandler#grabCnx 初始化客户端的上下文：

```
protected void grabCnx() {
    ...
    try {
        state.client.getConnection(state.topic) // 【1】
            .thenAccept(cnx -> connection.connectionOpened(cnx)) // 【2】
            .exceptionally(this::handleConnectionError);
    } ...
}
```

【1】调用 PulsarClientImpl#getConnection 方法执行以下操作：

（1）以轮询的方法从 Broker 节点列表中选择一个 Broker 节点，给该 Broker 节点发送 Lookup 请求，该方法也会根据 Broker 返回的响应，重定向发送 Lookup 请求，具体流程可参考前一章的内容，最后获得主题绑定的 Broker 节点。

（2）与上一步获得的 Broker 节点建立网络连接。

【2】建立连接成功后，调用 ProducerImpl#connectionOpened 方法，该方法发送 Producer 请求，与 Broker 节点进行绑定，生产者初始化完成。

分区主题生产者 PartitionedProducerImpl 的实现也简单，由于分区主题对应多个内部主题，所以 PartitionedProducerImpl 会为该每一个内部主题构建一个 ProducerImpl，并存储在 PartitionedProducerImpl# producers 属性中（可查看 PartitionedProducerImpl#start 方法）。

11.1.2 生产者发送消息流程

生产者与 Broker 节点绑定后，就可以发送消息了。生产者发送消息的流程如下：

（1）序列化消息。

（2）根据生产者配置，对消息内容进行压缩、加密等。

（3）如果开启了消息批次，则尝试将消息添加到消息批次中，否则直接发送消息。

（4）如果消费批次已满，则发送消息批次。

1. 序列化消息

回顾一下生产者发送消息的代码：

```
producer.newMessage().value("hello".getBytes()).send();
```

该代码执行了如下操作：

- 调用 Producer#newMessage 方法返回 TypedMessageBuilder，用于构建消息。
- 调用 TypedMessageBuilder#value 方法设置消息的值，这时会调用 Schema#encode 方法对消息进行序列化，并将结果存入 TypedMessageBuilderImpl#content 属性。关于 Schema 的内容不深入分析，读者可以自行了解。
- TypedMessageBuilderImpl#send 将构建一个 MessageImpl，并调用 ProducerBase#internalSendAsync 方法发送消息。

2. 发送消息

ProducerBase#internalSendAsync 负责发送消息，该接口方法有两个实现：

- PartitionedProducerImpl#internalSendAsync：负责给分区主题发送消息。
- ProducerImpl#internalSendAsync：负责给非分区主题发送消息。

下面分析 ProducerImpl#internalSendAsync 方法的实现,该方法调用 ProducerImpl#sendAsync

方法发送消息，执行如下操作：

（1）调用 ProducerImpl#applyCompression 方法尝试压缩消息。

（2）调用 ProducerImpl#canAddToBatch 方法计算 Chunk 数量。如果消息大于单条消息的最大容量，则需要分为多个消息 chunk 进行发送。

（3）如果消息未设置序号，则调用 AtomicLongFieldUpdater#getAndIncrement 方法生成一个序号，用于判断消息是否重复发送。

（4）调用 ProducerImpl#serializeAndSendMessage 方法，按顺序依次发送所有的消息 chunk。

ProducerImpl#serializeAndSendMessage 方法执行如下操作：

（1）调用 ProducerImpl#canAddToBatch 方法判断是否启用批次发送机制。如果启用，则调用 ProducerImpl#canAddToCurrentBatch 方法判断当前批次容器是否存在足够的剩余空间。

（2）如果消息可以添加到批次容器中，则调用 BatchMessageContainerBase#add 方法将消息添加到消息批次容器中。该方法返回容器是否已满。如果容器已满，则调用 ProducerImpl#batchMessageAndSend 方法发送消息批次容器中所有的消息批次。

消息批次容器是否已满涉及两个生产端配置：batchingMaxBytes、batchingMaxMessages，前面介绍过了，可回顾第 5 章的内容。

消息批次容器 BatchMessageContainerBase 有两个实现类：

- BatchMessageContainerImpl：将所有消息缓存到一个缓存列表中，用于实现批次构建器 DefaultBatcherBuilder。
- BatchMessageKeyBasedContainer：按消息的键将消息缓存到不同的缓存列表中，用于实现批次构建器 KeyBasedBatcherBuilder。

第 5 章中说过，生产者配置项 batcherBuilder 可以指定批次构建器。

（3）如果消息无法添加到批次容器中，则构建一个 OpSendMsg，调用 ProducerImpl#processOpSendMsg 方法发送消息。

下面看一下 ProducerImpl#batchMessageAndSend 如何发送消息：

```
private void batchMessageAndSend() {
    if (!batchMessageContainer.isEmpty()) {
        try {
            List<OpSendMsg> opSendMsgs;
            // 【1】
            if (batchMessageContainer.isMultiBatches()) {
                opSendMsgs = batchMessageContainer.createOpSendMsgs();
```

```
            } else {
                opSendMsgs = Collections.singletonList(batchMessageContainer.
createOpSendMsg());
            }
            batchMessageContainer.clear();
            // 【2】
            for (OpSendMsg opSendMsg : opSendMsgs) {
                processOpSendMsg(opSendMsg);
            }
        } ...
    }
}
```

【1】BatchMessageContainerBase#createOpSendMsg(s)方法将 batchMessageContainer 中的消息转换为一个 opSendMsgs 实例，代表一个写入操作。OpSendMsg#cmd 就是以 Pulsar TCP 通信协议进行组装的请求报文。注意：这里会将 batchMessageContainer 中所有的消息封装为一个消息批次，并将该消息批次发送给 Broker，而 Broker 收到消息批次后，会将该消息批次直接存储到 BookKeeper 中，所以，Pulsar 也是以消息批次为数据单元进行数据存储的。

【2】调用 processOpSendMsg 处理 opSendMsgs 实例，通过 Send 请求消息发送给 Broker。

生产者发送消息后，还需要等待 Broker 返回的 ACK 确认信息，当生产者收到该 ACK 确认信息后，会调用 ProducerImpl#ackReceived 方法进行处理，该方法会给消息生成一个 MessageId（类似与 Kafka 的偏移量），该 MessageId 包含以下属性：

- ledgerId：该消息所在 Ledger 的 Id，Pulsar 的一个主题数据会存储到多个 BookKeeper 的 Ledger 中。
- entryId：该消息在 Ledger 中的序号。
- partitionIndex：该消息所在的分区，只用于分区主题。
- batchIndex：该消息在消息批次中的序号，仅当消息存在于消息批次中时才有用。

ProducerImpl#batchTimerTask 是一个定时任务，该任务定时调用 ProducerImpl#batchMessageAndSend 方法发送消息容器中已经到期的消息批次。batchingMaxPublishDelayMicros 配置项指定了该定时任务运行的时间间隔。

最后分析分区主题生产者 PartitionedProducerImpl 中如何发送消息：

```
CompletableFuture<MessageId> internalSendWithTxnAsync(Message<?> message,
Transaction txn) {
    switch(this.getState()) {
```

```
case Ready:
case Connecting:
default:
    // 【1】
    int partition = this.routerPolicy.choosePartition(message, this.topicMetadata);
    ...
    // 【2】
    return((ProducerImpl)this.producers.get(partition)).internalSendWithTxnAsync(message, txn);
    ...
}
}
```

【1】根据消息的路由模式选择一个内部主题。第 5 章中说过，生产者配置项 messageRoutingMode 可以指定消息路由模式。

【2】调用 ProducerImpl#internalSendWithTxnAsync 方法发送消息。

如果 Broker 节点因为故障下线，那么生产者如何执行故障转移呢？

Broker 节点因为故障下线后，生产者与 Broker 连接断开，触发 PulsarDecoder#channelRead 方法，该方法中发现连接断开后，调用 ConnectionHandler#connectionClosed 方法进行处理，该方法设置一个定时任务，定时任务到期后，会重新调用 ConnectionHandler#grabCnx 方法与新的 Broker 节点建立连接。

3. Pulsar TCP 通信协议

与 Kafka 类似，Pulsar 也定义了 TCP 通信协议，Pulsar 请求由 Header、Payload 两部分组成。

（1）不同请求的 Header 结构不同，Pulsar 使用 ProtoBuf 序列化 Header（PulsarApi.proto 中定义了所有请求的 Header 结构）。

Send 请求的 Header 中主要包括 Type（请求类型标识）、ProducerId、SequenceId、HighestSequenceId、NumMessagesInBatch 等属性。

（2）Payload 存储请求的数据，不同请求中的数据不同，Send 请求的 Payload 存储消息序列化数据，包含消息元数据（消息键 PartitionKey、附加属性 Properties、序列号 SequenceId 等属性）、消息值。

其他请求的格式请参考官方文档。

11.2　Broker 处理消息

前面说了，Pulsar Broker 不存储数据，而是将数据转发给 BookKeeper 集群，从而将数据保存到 Bookie 的 Ledger 中。Broker 会为每个主题创建一个 Ledger，并调用 BookKeeper 提供的 API 将消息存储到 BookKeeper 中。

另外，Pulsar Broker 实现了 Ledger 自动切换机制：Pulsar 中为 Ledger 定义了大小上限，当 Ledger 存储数据大小达到该上限时，则认为该 Ledger 已满。而 Broker 会定时判断 Ledger 是否已经满了，如果 Ledger 满了，则创建一个新的 Ledger，并将数据存储到新的 Ledger 中。这个操作很重要，它保证当 BookKeeper 中添加了新的 Bookie 节点后，新的数据也可以自动存储到新的 Bookie 节点中。

这个设计也是 Pulsar 号称支持 "无限容量" 的关键。

我们可以将每个 Ledger 理解为一个数据分片，而 Pulsar Broker 会更新、管理数据分片。对比 Kafka 扩展时需要我们手动新增分区，再将分区迁移到新的节点，Pulsar 会自动创建新的 Ledger，并将 Ledger 存储到新的 Bookie 节点中。由于 Pulsar 已经替我们完成了很多数据管理的工作，所以 Pulsar 的扩容也非常简单。

下面分析 Broker 如何处理生产者发送的请求。

Broker 主要处理以下 3 种生产者发送的请求：

- Lookup：前面章节中我们已经详细分析了该请求的实现。
- Producer：Broker 收到该请求后，会将生产者与当前 Broker 进行绑定。
- Send：Broker 收到该请求后，接收生产者发送的消息。

ServerCnx#handleProducer 方法负责处理 Producer 请求，该方法执行以下步骤：

（1）检查客户端权限，并检查生产者 Schema 是否兼容。

（2）创建一个 Producer 实例，并调用 Topic#addProducer 方法将该 Producer 实例存储在 AbstractTopic#producers 中。

提示：前面说过，生产者配置 AccessMode 可以指定生产者访问模式，而生产者访问模式的检查操作正是在这里执行的。

（3）将 Producer 实例添加到 ServerCnx#producers 中。

11.2.1　写入消息

第 10 章介绍了 ManagedLedgerImpl，它负责与 BookKeeper 交互，完成 Ledger 的读、写等

操作。ManagedLedgerImpl 存在如下用于处理生产者消息的属性：
- bookKeeper：BookKeeper 客户端。
- ledgerMetadata：Ledger 元数据。
- ledgers：Ledger 集合。
- currentLedger：当前写入的 LedgerHandle 实例，用于向 Bookie 写入数据。
- state：ManagedLedger 的状态，常见的状态如下：
    ○ LedgerOpened：正常的可写入状态。
    ○ ClosingLedger：当前 Ledger 正在关闭。
    ○ ClosedLedger：当前 Ledger 已经关闭。
    ○ CreatingLedger：正在创建新的 Ledger。

在 Broker 中，ServerCnx#handleSend 方法负责处理 Send 请求，该方法最终调用 PersistentTopic#publishMessage 方法处理生产者发送的消息：

```java
public void publishMessage(ByteBuf headersAndPayload, PublishContext publishContext) {
    ...
    // 【1】
    MessageDeduplication.MessageDupStatus status =
            messageDeduplication.isDuplicate(publishContext, headersAndPayload);
    switch (status) {
        case NotDup:
            // 【2】
            asyncAddEntry(headersAndPayload, publishContext);
            break;
        case Dup:
            publishContext.completed(null, -1, -1);
            decrementPendingWriteOpsAndCheck();
            break;
        ...
    }
}
```

【1】调用 MessageDeduplication#isDuplicate 方法判断消息是否重复发送了。这里会根据消息的序列号进行判断，具体逻辑不展开介绍。

【2】如果消息没有重复发送，则调用 PersistentTopic#asyncAddEntry 方法处理消息，否则

调用 publishContext#completed 方法直接返回结果。

PersistentTopic#asyncAddEntry 方法会调用 ManagedLedgerImpl#asyncAddEntry 方法处理消息，asyncAddEntry 方法会创建一个 OpAddEntry 实例（代表一个写入操作），并利用 ManagedLedgerImpl#executor 异步调用 ManagedLedgerImpl#internalAsyncAddEntry 方法（典型的异步模式）处理该实例。

下面分析 ManagedLedgerImpl#internalAsyncAddEntry 方法的逻辑：

```
private synchronized void internalAsyncAddEntry(OpAddEntry addOperation) {
    // 【1】
    pendingAddEntries.add(addOperation);
    final State state = STATE_UPDATER.get(this);
    // 【2】
    if ...
    else {
        ...
        // 【3】
        if (currentLedgerIsFull()) {
            ...
            addOperation.setCloseWhenDone(true);
            STATE_UPDATER.set(this, State.ClosingLedger);
        }
        // 【4】
        if (beforeAddEntry(addOperation)) {
            addOperation.initiate();
        }
    }
}
```

【1】将 OpAddEntry 实例添加到 ManagedLedgerImpl#pendingAddEntries 中，该列表存储了待处理的写入操作。

【2】针对 ManagedLedger 状态进行对应的逻辑处理：

- ClosingLedger、CreatingLedger：正在切换 Ledger，将 OpAddEntry 实例添加到 ManagedLedgerImpl# pendingAddEntries 中，暂不处理这些操作，等切换到新的 Ledger 后再处理。

- LedgerOpened：执行第【3】、【4】步的写入操作。

其他状态的处理请查看源码。

【3】执行到这里，说明 Ledger 处于正常的可写入状态。这时判断 Ledger 是否已满，如果已满，则设置 State 状态为 ClosingLedger，则后续的写入操作需等待切换到新的 Ledger 后再处理。

ManagedLedgerImpl#currentLedgerIsFull 方法判断当前 Ledger 是否已满。如果满足以下条件之一，则认为该 Ledger 已满：

- 当前 Ledger 存储消息数量大于或等于 managedLedgerMaxEntriesPerLedger 配置值。
- 当前 Ledger 存储消息大小大于或等于 managedLedgerMaxSizePerLedgerMbytes 配置值。
- 当前 Ledger 创建时间已经超过 managedLedgerMaxLedgerRolloverTimeMinutes 配置值。

另外，当前 Ledger 创建时间必须超过 managedLedgerMinLedgerRolloverTimeMinutes 配置值，否则不能切换 Ledger。

【4】调用 OpAddEntry#initiate，该方法会利用 ManagedLedgerImpl#currentLedger 将消息发送给 Bookie。

每个消息或者消息批次（生产者启动消息批次机制后，Pulsar 以消息批次为数据单元存储数据）都会作为 Ledger 中的一个 Entry，写入成功后 BookKeeper 会返回该 EntryId。

OpAddEntry#initiate 方法执行成功后，将调用 OpAddEntry#safeRun 方法，该方法会执行一个很重要的操作——将消息缓存到 ManagedLedgerImpl#entryCache 中。第 6 章中说过，Pulsar 中定义了 Broker 缓冲区，用于缓存最新写入的数据，即 ManagedLedgerImpl#entryCache 缓冲区。下一章我们会详细介绍该缓冲区。

11.2.2 切换 Ledger

下面分析 Pulsar 如何切换 Ledger。

ManagedLedgerImpl#scheduleRollOverLedgerTask 创建一个定时任务，该任务调用 ManagedLedger-Impl#rollCurrentLedgerIfFull 方法为已满的 Ledger 创建新的 Ledger，替换旧的 Ledger。

```java
public void rollCurrentLedgerIfFull() {
    // 【1】
    if (currentLedgerEntries > 0 && currentLedgerIsFull()) {
        STATE_UPDATER.set(this, State.ClosingLedger);
        // 【2】
        currentLedger.asyncClose(new AsyncCallback.CloseCallback() {
            public void closeComplete(int rc, LedgerHandle lh, Object o) {
                ...
```

```
                // 【3】
                ledgerClosed(lh);
                // 【4】
                createLedgerAfterClosed();
            }
        }, System.nanoTime());
    }
}
```

【1】检查 Ledger 是否已满,如果 Ledger 未满,则不需要执行任何操作。

【2】执行到这里,说明需要切换当前 Ledger。调用 LedgerHandle#asyncClose 方法关闭当前 Ledger(即 ManagedLedgerImpl#currentLedger)。

【3】执行到这里,说明当前 Ledger 已经关闭成功。执行一些收尾工作,如修改 ManagedLedgerImpl.State 为 State.ClosedLedger。

【4】调用 ManagedLedgerImpl#createLedgerAfterClosed 方法创建新的 Ledger。

ManagedLedgerImpl#createLedgerAfterClosed 方法调用 ManagedLedgerImpl#asyncCreateLedger 创建新的 Ledger:

```
    protected void asyncCreateLedger(BookKeeper bookKeeper, ManagedLedgerConfig config, DigestType digestType,
            CreateCallback cb, Map<String, byte[]> metadata) {
        AtomicBoolean ledgerCreated = new AtomicBoolean(false);
        Map<String, byte[]> finalMetadata = new HashMap<>();
        finalMetadata.putAll(ledgerMetadata);
        finalMetadata.putAll(metadata);
        // 【1】
        if (config.getBookKeeperEnsemblePlacementPolicyClassName() != null
            && config.getBookKeeperEnsemblePlacementPolicyProperties() != null) {
            try {
                finalMetadata.putAll(LedgerMetadataUtils.buildMetadataForPlacementPolicyConfig(
                    config.getBookKeeperEnsemblePlacementPolicyClassName(),
                    config.getBookKeeperEnsemblePlacementPolicyProperties()
                ));
            } ...
        }
        createdLedgerCustomMetadata = finalMetadata;
        // 【2】
```

```
    try {
        bookKeeper.asyncCreateLedger(config.getEnsembleSize(),
config.getWriteQuorumSize(), config.getAckQuorumSize(),
            digestType, config.getPassword(), cb, ledgerCreated, finalMetadata);
    } ...
    // 【3】
    scheduledExecutor.schedule(() -> {
        ...
        cb.createComplete(BKException.Code.TimeoutException, null, ledgerCreated);
    }, config.getMetadataOperationsTimeoutSeconds(), TimeUnit.SECONDS);
}
```

【1】准备用于创建 Ledger 的属性。

Broker 配置项 bookKeeperEnsemblePlacementPolicyClassName 可以设置 BookKeeper 使用的 BookKeeperEnsemblePlacementPolicy 策略。该策略会告诉 BookKeeper 集群该选择哪些 Bookie 节点存储新的 Ledger。

如果命名空间设置了（第 5 章介绍的）Bookie 隔离策略，则使用 ZkIsolatedBookieEnsemblePlacementPolicy 策略，按 Bookie 隔离策略的规则选择 Bookie 节点。如果命名空间未设置 Bookie 隔离策略，则使用 BookKeeper 默认的 BookKeeperEnsemblePlacementPolicy 策略（第 16 章介绍）。

【2】调用 BookKeeper#asyncCreateLedger 方法，在 BookKeeper 集群中创建新的 Ledger。

注意这里指定了 EnsembleSize、WriteQuorumSize、AckQuorumSize，这 3 个参数可以设置主题的存储策略。

【3】创建 Ledger 成功后，执行回调方法。这里的 cb 变量就是 ManagedLedgerImpl，所以创建 Ledger 成功后调用 ManagedLedgerImpl#createComplete，该方法执行以下操作：

（1）调用 updateLedgersListAfterRollover 方法将新的 Ledger 元数据存储到 ZooKeeper 中。

（2）在 Ledger 切换期间，该主题的 OpAddEntry 实例将一直缓存在 ManagedLedgerImpl#pendingAddEntries 中，这里创建了新的 Ledger，所以需要处理 ManagedLedgerImpl#pendingAddEntries 中缓存的 OpAddEntry 实例。

到这里，切换 Ledger 的操作就完成了。

11.3 本章总结

本章分析了 Pulsar 生产者发送消息及 Broker 中处理消息的流程。Broker 会将消息存储在 BookKeeper 的 Ledger 中，并自动切换 Ledger，从而实现"无限容量"。

第 12 章
Pulsar 的消费者与消息订阅

本章分析 Pulsar 消费者的订阅主题、消费消息的过程。

第 5 章中说过，Pulsar 中的多个消费者可以组成一个订阅组，并且 Pulsar 支持多种订阅模式：Exclusive、Failover、Shared、Key_Shared。

当 Pulsar 消费者使用 Shared、Key_Shared 模式订阅一个分区主题时，这种场景与 Kafka 中的订阅模式是非常相似的。

先介绍一下 Pulsar 和 Kafka 分配消费者的区别：

- Kafka：在一个消费组中，每个分区只能分配给一个消费者，该分区的所有消息全部发送给这个消费者。

假设在 Kafka 中，主题 a-topic 存在分区 P1、P2、P3，消费者 cg1 订阅了该主题，并存在消费者 C1、C2、C3，消费者分区分配关系如图 12-1 所示。

- Pulsar：在一个订阅中，每个主题（非分区主题或者内部主题）都绑定所有订阅了该主题的消费者，该主题的消息由 Broker 根据消费者设置的策略选择投递的消费者。

假设在 Pulsar 中，主题 a-topic 包括 3 个分区主题 P1、P2、P3，订阅组 sub1 订阅了该主题，存在 3 个消费者 C1、C2、C3，订阅组与 Broker 的关系如图 12-2 所示。

所以，Pulsar 不需要"协调者"在集群范围内管理一个订阅组内的消费者，Pulsar 中的每个 Broker 只需要管理与自己绑定的消费者即可。

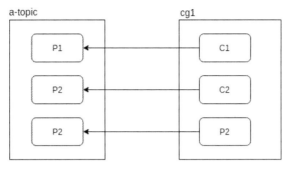

图 12-1

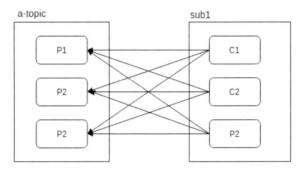

图 12-2

另外,Kafka 使用定期拉的模式读取消息,而 Pulsar 使用"推+拉"结合的模式。在 Pulsar 中,消费者会主动发送 Flow 请求给 Broker,Flow 请求中携带了一个 Permit 属性,代表 Broker 当前可以推送的数量。Broker 收到该请求后,再将 Permit 指定范围内的消息推送给消费者,这样可以避免 Broker 推送大量数据导致消费者无法承受。下面将这个 Permit 称为允许推送量。

12.1 消费者订阅消息

下面分析 Pulsar 消费者的设计与实现。

12.1.1 消费者的初始化

回顾前面 Pulsar 的使用示例,Pulsar 消费者的初始化代码如下:

```
client.newConsumer()
      .topic(topicName)
      .subscribeAsync();
```

上述代码执行了以下操作:

(1) PulsarClient#newConsumer 返回 ConsumerBuilder,用于构建消费者。

(2) ConsumerBuilder#subscribeAsync 方法会调用 PulsarClientImpl#subscribeAsync 方法,该方法会根据消费者订阅主题数量、是否使用正则表达式订阅主题构建以下类型的消费者:

- ConsumerImpl:如果只订阅了单个主题,则构建该消费者。
- MultiTopicsConsumerImpl:如果订阅了多个主题,则构建该消费者。
- PatternMultiTopicsConsumerImpl:如果使用正则表达式订阅主题,则构建该消费者。

这里我们只关注 ConsumerImpl,其他消费者的核心逻辑基本一样,不一一展示。

与生产者 Producer 类似,ConsumerImpl 构造函数中也调用 ConnectionHandler#grabCnx 方法发送 Lookup 请求查询主题绑定的 Broker 节点,并与该 Broker 建立连接,这个流程不再赘述。

ConnectionHandler#grabCnx 建立连接成功后,会调用 ConsumerImpl#connectionOpened 方法:

```java
public void connectionOpened(final ClientCnx cnx) {
    ...
    // 【1】
    ByteBuf request = Commands.newSubscribe(topic, subscription, consumerId, requestId, getSubType(), priorityLevel, consumerName, isDurable, startMessageIdData, ...);

    cnx.sendRequestWithId(request, requestId).thenRun(() -> {
        ....

        // 【2】
        boolean firstTimeConnect = subscribeFuture.complete(this);
        if (!(firstTimeConnect && hasParentConsumer && isDurable) &&
                conf.getReceiverQueueSize() != 0) {
            increaseAvailablePermits(cnx, conf.getReceiverQueueSize());
        }
    })...;
}
```

【1】消费者给 Broker 节点发送 Subscribe 请求,与 Broker 绑定,类似于生产者发送 Producer 请求与 Broker 绑定。

【2】调用 increaseAvailablePermits 方法将 ConsumerImpl#availablePermits 增加 ReceiverQueueSize,

ReceiverQueueSize 值默认为 1000。

在消费者中，ConsumerImpl#availablePermits 属性存储了允许推送量 Permit。

ConsumerImpl#increaseAvailablePermits 方法的核心代码如下：

```java
protected void increaseAvailablePermits(ClientCnx currentCnx, int delta) {
    // 【1】
    int available = AVAILABLE_PERMITS_UPDATER.addAndGet(this, delta);
    // 【2】
    while (available >= receiverQueueRefillThreshold && !paused) {
        if (AVAILABLE_PERMITS_UPDATER.compareAndSet(this, available, 0)) {
            sendFlowPermitsToBroker(currentCnx, available);
            break;
        } else {
            available = AVAILABLE_PERMITS_UPDATER.get(this);
        }
    }
}
```

【1】AVAILABLE_PERMITS_UPDATER 负责线程安全地修改 ConsumerImpl#availablePermits。这里为 ConsumerImpl#availablePermits 增加了 delta 参数的值。

【2】当 ConsumerImpl#availablePermits 大于 ConsumerImpl#receiverQueueRefillThreshold 属性时，发送 Flow 请求，并将 ConsumerImpl#availablePermits 发送给 Broker，发送成功后将 ConsumerImpl#availablePermits 重置为 0。ConsumerImpl#receiverQueueRefillThreshold 属性的默认值为 ReceiverQueueSize/2。

当前消费者初始化完成，会将允许推送量变更为 ReceiverQueueSize，并发送 Flow 请求，将 ConsumerImpl#availablePermits 发送给 Broker，要求 Broker 推送数据。

12.1.2 接收消息

当消费者收到 Broker 推送的消息时，由 ClientCnx 负责处理消息，它将调用 PulsarDecoder#channelRead 进行处理，将消息添加到消费者缓冲区 ConsumerBase#incomingMessages 中（见 ConsumerImpl#messageReceived 方法）。

当应用程序调用 Consumer#receive 时，消费者会从 ConsumerBase#incomingMessages 中获取缓存消息并返回给应用程序处理。

另外，Consumer#receive 方法最终会调用 ConsumerImpl#increaseAvailablePermits 方法，该方法前面已经介绍了，它会给 ConsumerImpl#availablePermits 加上收到的消息数量。

假设 ConsumerImpl#availablePermits 为 400，现在消费者收到 200 条消息，则消费者会将 ConsumerImpl#availablePermits 设置为 400+200=600，这时 ConsumerImpl#availablePermits 大于 ConsumerImpl#receiverQueueRefillThreshold 属性 500，消费者会将 ConsumerImpl#availablePermits 发送给 Broker，要求 Broker 继续推送消息，并将 ConsumerImpl#availablePermits 重置为 0。

12.1.3　确认超时与取消确认

第 5 章中说过，Pulsar 消费者提供了确认超时与取消确认机制。下面介绍它们的实现方式。

1. 确认超时

ConsumerImpl#unAckedMessageTracker 是一个 UnAckedMessageTracker 实例，负责跟踪未确认的消息。在 UnAckedMessageTracker 构建函数中，启动了一个定时任务 TimerTask（使用 Netty 提供的定时任务类 TimerTask），该任务负责检查消息是否确认超时。

下面看一下 UnAckedMessageTracker 如何监控确认超时的消息。

UnAckedMessageTracker#timePartitions 是一个队列，队列元素为 Set 类型，数量为 ackTimeoutMillis/tickDurationInMs（ackTimeoutMillis：ack 超时时间；tickDurationInMs：ack 超时检查的时间间隔）。

如果消费者启动了确认超时机制，那么当消费者收到消息时，会将消息添加到 timePartitions 队列的最后一个 Set 中（Consumer#receive 调用 ConsumerImpl#trackMessage 方法执行该操作）。

TimerTask 执行时间间隔为 tickDurationInMs，TimerTask 每次执行以下操作：

（1）timePartitions 队列的第一个 Set 中的消息已经确认超时，遍历第一个 Set 中的消息，通过 RedeliverUnacknowledgedMessages 请求将第一个 Set 中的消息发送给 Broker，要求 Broker 节点重新投递这些消息。

（2）清空 timePartitions 队列的第一个 Set，并将该 Set 移动到 timePartitions 队列的最后一位。

图 12-3 展示了确认超时机制的实现方式。

假设当前时间为X，acktimeout为30ms，tickDuration为10ms。				
时间	X	X+10	X+20	X+30
timePartitions	Set1 Set2 Set3 - M1	Set2 Set3 - M1 Set1 - M2	Set3 - M1 Set1 - M2 Set2	Set1 - M2 Set2 Set3
		添加新消息M1	添加新消息M2	M1消息ACK超时

图 12-3

2. 取消确认

ConsumerImpl#negativeAcksTracker 是一个 NegativeAcksTracker 实例，NegativeAcksTracker#nackedMessages 是一个 Map，键值对为"<消息 ID -- 消息添加时间>"，用于跟踪取消确认的消息。

当应用程序调用 Consumer#negativeAcknowledge 方法取消确认消息时，消费者会将该消息添加到 NegativeAcksTracker#nackedMessages 中。

NegativeAcksTracker#timeout 是一个定时任务，定时检查该 Map 中的消息是否超时，如果超时，则通过 redeliverUnacknowledgedMessages 请求将该消息发送给 Broker，要求 Broker 节点重新投递消息。该定时任务执行时间间隔为 negativeAckRedeliveryDelay 配置值的 1/3。

12.2 Broker 读取与推送消息

下面分析 Broker 如何读取消息。

前面说了，多个消费者可以绑定到一个订阅组上。

Pulsar 定义了 Subscription 接口，代表一个订阅组，主要有以下实现：

- NonPersistentSubscription：非持久化主题的订阅组。
- PersistentSubscription：持久化主题的订阅组。

这里只关注 PersistentSubscription，其关键属性如图 12-4 所示。

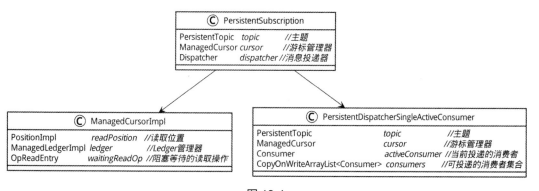

图 12-4

12.2.1 处理 Subscribe 请求

下面介绍 Broker 如何处理 Subscribe 请求。

ServerCnx#handleSubscribe 方法会调用 Topic#subscribe 方法处理 Subscribe 请求。

这里只关注 PersistentTopic，PersistentTopic#subscribe 方法执行如下逻辑：

（1）如果消费者订阅的订阅组不存在，则创建一个 Subscription 实例，并为 Subscription 创建 Cursor 实例。

Cursor 也有两种类型：持久化游标 ManagedCursorImpl 和非持久化游标 NonDurableCursorImpl。本书关注持久化游标 ManagedCursorImpl 的实现。

（2）创建消费者实例 Consumer，并调用 PersistentSubscription#addConsumer 方法执行以下逻辑。

a.根据消费者订阅模式，创建对应的 Dispatcher 实例，负责投递消息。

- Exclusive/Failover：PersistentDispatcherSingleActiveConsumer。
- Shared：PersistentDispatcherMultipleConsumers。
- Key_Shared：PersistentStickyKeyDispatcherMultipleConsumers。

提示： Pulsar 中还提供了 StreamingEntryReader 读取器，该读取器会使用专用的 Dispatcher（包括 PersistentStreamingDispatcherSingleActiveConsumer/PersistentStreamingDispatcherMultiple-Consumers/PersistentStreamingDispatcherSingleActiveConsumer），本书不过多关注这部分内容。

b.调用 Dispatcher#addConsumer 方法，将 Consumer 实例添加到 Dispatcher 中，Dispatcher 投递消息时需要使用消费者实例。

到这里，Broker 中的 Subscription 订阅组、Cursor 游标、Consumer 消费者、Dispatcher 投递器等实例都初始化完成，并完成绑定，接下来就可以为消费者提供服务了。

12.2.2　推送消息

Pulsar 客户端会与 Broker 保存长连接，以便 Broker 推送消息。（ClientCnx 的父类）PulsarHandler#channelActive 方法会启动一个定时任务，定时给 Broker 发送 Ping 请求，以维持客户端与 Broker 之间的长连接。

Broker 将在以下场景下推送消息给消费者：

（1）如果 Broker 收到消费者发送的 Flow 请求，则获取消费者发送的允许推送量，并尝试读取新的消息，然后推送给消费者。如果读取消息数量达不到消费者的要求，则注册一个等待操作，等待新的消息。

（2）生产者发送了新的消息，检查是否存在等待新消息的操作，如果存在，则唤起这些操作。这些操作会读取新消息并发送给消费者。

另外，在 Kafka 中，读取消息的位置由消费者维护，每个消费者读取消息时，都需要将读取消息的起始位置发送给 Broker,并且消费组订阅的每个分区都存在一个位置。

而在 Pulsar 中,Broker 使用 Cursor 管理订阅组的最新读取位置,每个订阅组只有一个读取位置。ManagedCursorImpl#readPosition 存储下一次读取消息的起始位置。

1. 处理 Flow 请求

下面分析 Broker 如何读取并推送消息。

ServerCnx#handleFlow 处理 Flow 请求,调用 Consumer#flowPermits 方法执行以下逻辑:

(1)给 Consumer#messagePermits 属性加上 Flow 请求中的允许推送量。

在 Broker 中,Consumer#messagePermits 属性存储了允许推送量,用于计算可以推送给消费者的消息数量。

(2)调用 Subscription#consumerFlow 方法读取消息。该方法会调用 Dispatcher#consumerFlow 读取消息。

对于投递器 Dispatcher,这里我们只关注 PersistentDispatcherSingleActiveConsumer 的实现。

PersistentDispatcherSingleActiveConsumer 最终调用 readMoreEntries 方法,如果该方法发现 consumer.getAvailablePermits 大于 0,则执行以下逻辑:

a.调用 calculateNumOfMessageToRead 方法计算当前允许推送的消息数量。

b.读取消息。对于非压缩主题,调用 ManagedCursor#asyncReadEntriesOrWait 方法读取消息,下面将分析该方法。对于压缩主题的处理,本书不展开介绍。

2. 读取消息或等待消息

使用 ManagedCursorImpl#asyncReadEntriesOrWait 可以读取新的消息或者(当没有可以读取的消息时)等待新的消息:

```
public void asyncReadEntriesOrWait(int maxEntries, long maxSizeBytes,
ReadEntriesCallback callback, Object ctx, PositionImpl maxPosition) {
    ...

    int numberOfEntriesToRead = applyMaxSizeCap(maxEntries, maxSizeBytes);
    // 【1】
    if (hasMoreEntries()) {
        asyncReadEntries(numberOfEntriesToRead, callback, ctx, maxPosition);
    } else {
        // 【2】
        OpReadEntry op = OpReadEntry.create(this, readPosition,
```

```
                numberOfEntriesToRead, callback,
                        ctx, maxPosition);
            ...
            if (!WAITING_READ_OP_UPDATER.compareAndSet(this, null, op)) ...

            if (config.getNewEntriesCheckDelayInMillis() > 0) {
                ledger.getScheduledExecutor()
                    .schedule(() -> checkForNewEntries(op, callback, ctx),
                        config.getNewEntriesCheckDelayInMillis(),
TimeUnit.MILLISECONDS);
            } else {
                checkForNewEntries(op, callback, ctx);
            }
        }
    }
```

【1】调用 hasMoreEntries 方法检查 Ledger 中是否存在未读取的消息，如果存在，则调用 ManagedCursorImpl#asyncReadEntries 读取消息。

【2】如果不存在未读取的消息，则需要等待生产者发送新消息后再推送消息，执行如下逻辑：

（1）创建一个 OpReadEntry 实例并存放在 ManagedCursorImpl# waitingReadOp 中，该属性是一个等待新消息的操作，它会在新消息到来后继续读取消息。

（2）调用 checkForNewEntries 方法将该 Cursor 添加到 ManagedLedgerImpl#waitingCursors 中。ManagedLedgerImpl#waitingCursors 中存储了所有等待新消息的 Cursor，当新消息到来后，Broker 会将消息交给这些 Cursor 处理。

3. 读取消息

如果 Ledger 中存在未读取的消息，则可以调用 ManagedCursorImpl#asyncReadEntries 方法读取这些消息，该方法的关键代码如下：

```
    public void asyncReadEntries(int numberOfEntriesToRead, long maxSizeBytes,
ReadEntriesCallback callback,Object ctx, PositionImpl maxPosition) {
        ...
        // 【1】
        OpReadEntry op = OpReadEntry.create(this, readPosition, numOfEntriesToRead,
callback, ctx, maxPosition);
```

```
        // 【2】
        ledger.asyncReadEntries(op);
    }
```

【1】创建一个 OpReadEntry 实例。

【2】调用 ManagedLedgerImpl#asyncReadEntries 方法读取消息。该方法会从 ManagedLedgerImpl#entryCache 缓冲区中读取消息。

下面分析 ManagedLedgerImpl#entryCache 缓冲区的实现。

第 6 章中说过,Pulsar 在 Broker 中创建了一个 Broker 缓存区,写入数据时会将数据缓存到 Broker 缓存区中,如果消费者执行追尾读,则可以在 Broker 缓冲区中直接读取数据,不需要从 Bookie 中读取数据,速度非常快。该 Broker 数据缓冲区就是 ManagedLedgerImpl#entryCache。前一章也分析了,Broker 写入消息后,会将消息缓存在该缓冲区中。

EntryCacheImpl#asyncReadEntry0 方法负责从缓冲区中读取消息:

```
    private void asyncReadEntry0(ReadHandle lh, long firstEntry, long lastEntry,
boolean isSlowestReader,
            final ReadEntriesCallback callback, Object ctx) {
        ...
        // 【1】
        Collection<EntryImpl> cachedEntries = entries.getRange(firstPosition, lastPosition);
        if (cachedEntries.size() == entriesToRead) {
            // 【2】
            final List<EntryImpl> entriesToReturn =
Lists.newArrayListWithExpectedSize(entriesToRead);
            ...
            callback.readEntriesComplete((List) entriesToReturn, ctx);
        } else {
            ...
            // 【3】
            lh.readAsync(firstEntry, lastEntry).whenCompleteAsync(
                (ledgerEntries, exception) -> {
                    ...
                    try {
                        long totalSize = 0;
                        // 【4】
                        final List<EntryImpl> entriesToReturn
                            = Lists.newArrayListWithExpectedSize(entriesToRead);
                        for (LedgerEntry e : ledgerEntries) {
```

```
                        EntryImpl entry = EntryImpl.create(e);
                        entriesToReturn.add(entry);
                        totalSize += entry.getLength();
                    }
                    manager.mlFactoryMBean.recordCacheMiss(entriesToReturn.size(),
totalSize);
                    ml.getMBean().addReadEntriesSample(entriesToReturn.size(),
totalSize);
                    // 【5】
                    callback.readEntriesComplete((List) entriesToReturn, ctx);
                } finally {
                    ledgerEntries.close();
                }
            }, ...);
        }
    }
```

【1】从 EntryCacheImpl#entries 缓存中读取数据，可以将 EntryCacheImpl#entries 简单地理解为一个 Map，负责缓存数据。

【2】如果缓存数据可以满足要求，则直接返回。

【3】如果缓存数据不满足要求，则从 BookKeeper 中读取数据，本书第 3 部分会分析 BookKeeper 读取操作。

【4】将从 BookKeeper 中读取到的数据添加到返回结果中。

【5】这里的 callback 就是前面（ManagedCursorImpl#asyncReadEntries 方法）构建的 OpReadEntry。这里调用 OpReadEntry#readEntriesComplete 处理读取到的消息。

提示：从 BookKeeper 中读取的消息是不会存入 ManagedLedgerImpl#entryCache 缓冲区的，这样才可以将最新写入数据与读取到的历史数据进行隔离。

注意 OpReadEntry 这个类，它代表一个读取操作，实现了 ReadEntriesCallback 接口。而 OpReadEntry#callback 也是一个 ReadEntriesCallback 实例，该实例通常是一个 Dispatcher 实例，该 Dispatcher 实例的 readEntriesComplete 方法负责将读取到消息投递给消费者。

当 Cursor 读取消息完成后，会调用 OpReadEntry#readEntriesComplete 方法执行以下逻辑：

（1）更新订阅组读取位置 ManagedCursorImpl#readPosition，以便下一次读取消息时从新的位置开始读取。

（2）调用 Dispatcher#readEntriesComplete 将消息投递给消费者。

4. 投递消息

前面 Broker 已经读取到消息了，最后一步就是由 Dispatcher 投递器将消息投递给消费者。我们只关注 PersistentDispatcherSingleActiveConsumer。

PersistentDispatcherSingleActiveConsumer 可以实现 Exclusive/Failover 订阅模式，其父类 AbstractDispatcherSingleActiveConsumer#activeConsumer 属性存储了当前的活跃的消费者，所有消息都投递到该消费者。

PersistentDispatcherSingleActiveConsumer#readEntriesComplete 方法调用 dispatchEntriesToConsumer 方法推送消息，执行如下逻辑：

【1】调用 Consumer#sendMessages 方法发送消息，执行如下逻辑：

（1）将消息添加到 Consumer#pendingAcks 中。Consumer#pendingAcks 存储了已发送待确认的消息。

（2）将 Consumer#messagePermits 减去已发送消息的数量。

（3）将消息发送给消费者。

【2】调用 readMoreEntries 方法继续读取消息，直到允许推送数量为 0，或者 Ledger 中不存在未读取消息。

其他 Dispatcher，如 PersistentStickyKeyDispatcherMultipleConsumers、PersistentDispatcher-MultipleConsumers，会根据需要选择一个合适的消费者，再将消息投递到该消费者，这些 Dispatcher 不一一展开介绍。

5. 处理新消息

前面说了，Broker 读取消息时，如果发现 Ledger 中没有可以读取的消息，则会创建一个 OpReadEntry 实例，赋值给 ManagedCursorImpl#waitingReadOp，并将该 Cursor 添加到 ManagedLedgerImpl#waitingCursors 中，等待新的消息。

如果生产者发送了新的消息，那么如何调度该 Cursor 呢？回到负责写入消息的 OpAddEntry#safeRun 方法，该方法会调用 ManagedLedgerImpl#notifyCursors：

```
void notifyCursors() {
    while (true) {
        final ManagedCursorImpl waitingCursor = waitingCursors.poll();
        if (waitingCursor == null) {
            break;
        }

        executor.execute(safeRun(waitingCursor::notifyEntriesAvailable));
```

    }
}
```

可以看到，该方法遍历 ManagedLedgerImpl#waitingCursors 中的 Cursor，调用 ManagedCursor-Impl#notifyEntriesAvailable 方法，该方法最终调用 ManagedLedgerImpl#asyncReadEntry 方法，继续读取消息并投递给消费者。

Broker 推送消息的完整流程如图 12-5 所示。

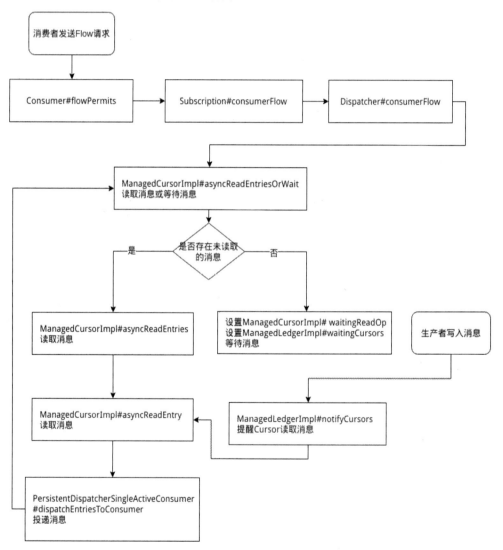

图 12-5
```

12.3 ACK 机制

12.3.1 ACK 机制的设计

Pulsar 中支持以下 ACK 确认机制：

- 单条确认（Individual ACK）：消费者将每个消费成功的消息 Id 都发送给 Broker。
- 累积确认（Cumulative ACK）：消费者将消费成功的最后一条消息 Id 发送给 Broker，代表该消息及之前的消息都已经消费成功。
- 消息批次中的单条确认：对消息批次中的消息进行单条确认。

Cursor 负责管理订阅组的 ACK 确认信息，持久化游标 ManagedCursorImpl 将 ACK 确认信息存储到 BookKeeper 的 Ledger 中，并在 Ledger 已满时切换到新的 Ledger，与消息存储类似。

ManagedCursorImpl 存在以下关键属性：

- cursorLedger：LedgerHandle 类型，用于将 ACK 信息写入 BookKeeper。
- readPosition：下一次读取位置。
- markDeletePosition：累计确认位置。
- individualDeletedMessages：单条确认区间。
- batchDeletedIndexes：存储消息批次中的单条确认信息。
- state：ManagedCursorImpl 状态，在切换 Ledger 时，ManagedCursorImpl 会切换到不同的状态，该属性存在 Open、Closed、SwitchingLedger 等状态值。

ManagedCursorImpl#individualDeletedMessages 属性负责存储单条确认的消息，它是一个 LongPairRangeSet 实例，它代表一个区间集合。Broker 并不会存储每个单条确认的消息 Id，而是存储所有已确认的消息区间。比如 Ledger（假设 Ledger Id 为 1）存在消息 Id1、2、3、5、6、7、9、10，而消息 4、8 未确认，则 ManagedCursorImpl#individualDeletedMessage 中区间为(1:-1, 1:3]、(1:4, 1:7]、(1:8, 1:10]。

LongPairRangeSet 中的一个区间组成如下：(lowerKey:lowerValue, upperKey:upperValue]，而 LongPairRangeSet 用于存储单条 ACK 信息时，lowerKey 与 upperKey 都是 LedgerId，lowerValue 和 upperValue 都是 EntryId。注意，这里的区间都是前开后闭的。

提示：一条消息的 MessageId 由 ledgerId、entryId、partitionIndex、batchIndex 组成，本章中为了描述方便，将假设所有消息都存储在一个 Id 为 1 的 Ledger 中（即所有消息的 ledgerId 都是 1），而且不考虑 partitionIndex、batchIndex，所以，本章中说的消息 Id 就是指消息 MessageId

中的 entryId。

LongPairRangeSet 有两个实现类：

- DefaultRangeSet：使用 Range 存储区间数据，Range 中定义了 lowerBound、upperBound 数据，记录每个区间的开始位置、结束位置。如果 Ledger 中只有少量消息未确认，则使用该实现类更节省空间。假设 Ledger 中存在 1000 条数据，只有消息 101 未确认，则只需要存储区间(1:-1, 1:100], (1:101:1:1000]。

- ConcurrentOpenLongPairRangeSet：使用位图 BitSet 记录区间数据，将已确认消息在 BitSet 中对应的 Bit 位设置为 1。如果一个 Ledger 存在大量未确认消息，而且这些消息很分散，则使用该实现类更节省空间。假设 Ledger 中存在 1000 条数据，已确认消息和未确认消息交替存在，如图 12-6 所示，则使用该实现类更节省空间。

图 12-6

提示：Pulsar 默认使用 ConcurrentOpenLongPairRangeSet，将 Broker 配置项 managedLedgerUnackedRangesOpenCacheSetEnabled 设置为 false，可以使用 DefaultRangeSet 记录单条确认信息。

Broker 将累积确认的最新位置存储在 ManagedCursorImpl#markDeletePosition 中，下面将该位置称为累计确认位置，将 ManagedCursorImpl#individualDeletedMessages 属性称为单条确认区间。

12.3.2 ACK 机制的实现

前面说了，应用程序可以调用 Consumer#acknowledge、Consumer#acknowledgeCumulative 方法发送 ACK 确认信息到 Broker。而在 Pulsar Broker 中，ServerCnx#handleAck 方法会调用 Consumer#messageAcked 处理 ACK 确认信息，这里分为单条确认（Individual ACK）、累积确认（Cumulative ACK）两种情况进行处理。

1. Cumulative ACK

先看一下累积确认的处理逻辑。Consumer#messageAcked 方法在处理累积确认时，还需要区分事务和非事务两种情况。这里只关注非事务场景的处理。

Consumer#messageAcked 方法会将 ACK 确认操作委托给 Subscription 处理，而 Subscription 再将 ACK 确认操作委托给 Cursor 处理，最终调用 ManagedCursorImpl#asyncMarkDelete 方法，

该方法执行以下逻辑：

（1）检查最新的累积确认位置，该位置是否小于或等于主题写入位置，并大于订阅组当前的累计确认位置。

（2）调用 setAcknowledgedPosition 方法，使用新的累积确认位置更新 ManagedCursorImpl#markDeletePosition。

（3）调用 internalAsyncMarkDelete 方法，该方法会创建一个 MarkDeleteEntry 实例，并根据 ManagedCursorImpl#state 执行对应的逻辑处理：

- Closed：当前 Cursor 已关闭，这是异常状态，操作失败。
- NoLedger：当前不存在 Ledger，创建一个新的 Ledger 用于写入 ACK 信息。
- SwitchingLedger：当前正切换 Ledger，将 MarkDeleteEntry 添加到 ManagedCursorImpl#pendingMarkDeleteOps 中，等待新的 Ledger 创建完成后再处理。
- Open：直接调用 internalMarkDelete 方法执行 MarkDeleteEntry。

ManagedCursorImpl#internalMarkDelete 方法的核心代码如下：

```
void internalMarkDelete(final MarkDeleteEntry mdEntry) {
    PENDING_MARK_DELETED_SUBMITTED_COUNT_UPDATER.incrementAndGet(this);

    lastMarkDeleteEntry = mdEntry;
    // 【1】
    persistPositionToLedger(cursorLedger, mdEntry, new VoidCallback() {
        public void operationComplete() {
            ...
            lock.writeLock().lock();
            try {
                // 【2】
                individualDeletedMessages.removeAtMost(mdEntry.newPosition
                    .getLedgerId(), mdEntry.newPosition.getEntryId());
                ...
            } finally {
                lock.writeLock().unlock();
            }
            // 【3】
            ledger.updateCursor(ManagedCursorImpl.this, mdEntry.newPosition);
            decrementPendingMarkDeleteCount();
            ...
```

```
            }
        });
    }
```

【1】调用 ManagedCursorImpl#persistPositionToLedger 方法将最新的 ACK 确认信息保存到 BookKeeper 中。这里存储的信息包括累计确认位置、单条确认区间、消息批次中的单条确认信息等内容。

提示：ACK 确认信息保存到 BookKeeper 中成功后，ManagedCursorImpl 会调用 shouldCloseLedger 方法判断是否需要切换到新的 Ledger。这部分不深入介绍，读者可以自行阅读源码。

【2】将该累积确认前面的单条确认区间删除，因为前面所有的消息都已经确认了。假设单条确认范围为 (1:-1, 1:3]、(1:4, 1:7]、(1:8, 1:10]，现在将累积确认位置变更为 6，则单条确认范围调整为 (1:-1, 1:7]、(1:8, 1:10]。

【3】调用 ManagedLedgerImpl#updateCursor 执行以下操作：

（1）更新 ManagedLedgerImpl#cursors，该属性存储了该主题所有订阅组的 Cursor 及累计确认位置，用于清除数据等操作。

（2）调用 ManagedLedgerImpl#trimConsumedLedgersInBackground 方法，根据 Retention 策略，清除历史消息。后面会详细分析该操作。

2. Individual ACK

下面看一下 Consumer#messageAcked 方法如何处理单条确认请求。这里同样区分事务和非事务的情况，本书只关注非事务的处理逻辑。Consumer#messageAcked 最终调用 ManagedCursorImpl# asyncDelete 处理单条确认请求：

```
public void asyncDelete(Iterable<Position> positions,
AsyncCallbacks.DeleteCallback callback, Object ctx) {
    PositionImpl newMarkDeletePosition = null;

    lock.writeLock().lock();
    try {
        for (Position pos : positions) {
            PositionImpl position = (PositionImpl) checkNotNull(pos);
            ...
            // 【1】
            if (position.ackSet == null) {
                ...
```

```java
                    PositionImpl previousPosition = 
ledger.getPreviousPosition(position);
                    individualDeletedMessages.addOpenClosed(previousPosition.getLedgerId(), 
previousPosition.getEntryId(), position.getLedgerId(), position.getEntryId());
                    ...
                } else if (config.isDeletionAtBatchIndexLevelEnabled() && 
batchDeletedIndexes != null) {
                    // 【2】
                    BitSetRecyclable bitSet = batchDeletedIndexes.computeIfAbsent
(position, (v) -> BitSetRecyclable.create().resetWords(position.ackSet));
                    BitSetRecyclable givenBitSet = 
BitSetRecyclable.create().resetWords(position.ackSet);
                    bitSet.and(givenBitSet);
                    givenBitSet.recycle();
                    if (bitSet.isEmpty()) {
                        PositionImpl previousPosition = 
ledger.getPreviousPosition(position);
                        individualDeletedMessages.addOpenClosed
(previousPosition.getLedgerId(), previousPosition.getEntryId(),position.getLedgerId(), 
position.getEntryId());
                        ...
                    }
                }
            }
            ...

            // 【3】
            Range<PositionImpl> range = individualDeletedMessages.firstRange();

            if (range.lowerEndpoint().compareTo(markDeletePosition) <= 0 || ledger
                    .getNumberOfEntries(Range.openClosed(markDeletePosition, 
range.lowerEndpoint())) <= 0) {
                ...
                newMarkDeletePosition = range.upperEndpoint();
            }

            if (newMarkDeletePosition != null) {
                newMarkDeletePosition = setAcknowledgedPosition(newMarkDeletePosition);
```

```
            } else {
                newMarkDeletePosition = markDeletePosition;
            }
        } ....

        try {
            Map<String, Long> properties = lastMarkDeleteEntry != null ?
lastMarkDeleteEntry.properties
                    : Collections.emptyMap();
            // 【4】
            internalAsyncMarkDelete(newMarkDeletePosition, properties, new
MarkDeleteCallback() {
                ...
            }, ctx);
        } ...
    }
```

【1】这里处理的是普通的单条确认操作。

将所有单条确认的消息 Id 添加到单条确认区间 ManagedCursorImpl#individualDeletedMessages 中。这里会根据具体情况,合并连续的区间。假设单条确认区间为(1:-1, 1:3]、(1:4, 1:7]、(1:8, 1:10],则单条确认消息 4 后,单条确认区间变更为(1:-1, 1:7]、(1:8, 1:10],而单条确认消息 11 后,单条确认区间变更为(1:-1, 1:7]、(1:8, 1:11]。

【2】这里处理的是批次消息中的单条确认操作。

由于一个消息批次中所有消息的 LedgerId、EntryId 都相等,因此需要等该批次中所有消息都确认后,再对该批次的 EntryId 进行单条确认。

消费者发送批次消息中的单条确认信息时,会发送一个位图给 Broker,该位图将消息批次中未确认消息对应 Bit 位设置为 1,这里称为未确认位图。ManagedCursorImpl#batchDeletedIndexes 中存储了所有消息批次与对应的未确认位图。这里将消费者发送的位图与 ManagedCursorImpl#batchDeletedIndexes 中的位图做"按位与"操作,得到新的未确认位图,如果未确认位图所有 Bit 都被置为 0,则说明该消息批次的所有消息都已确认,这时可以对该批次的 EntryId 进行单条确认。

【3】计算新的累积确认位置。如果当前累计确认位置在单条确认的第一个区间中,则说明可以将累计确认位置移动到该区间的结束位置。假如单条确认区间为(1:-1, 1:3]、(1:4, 1:7]、(1:8, 1:10],累计确认位置为 3,如果现在单条确认了消息 4,则单条确认区间变更为(1:-1, 1:7]、(1:8, 1:10],累计确认位置也可以变更为 7。

【4】调用 ManagedCursorImpl#internalAsyncMarkDelete 方法修改累积确认位置并存储 ACK 信息。

12.4 消息清除

第 5 章中说过，Pulsar Broker 可以清除主题中的数据，避免数据过量导致磁盘无法承受。Pulsar 支持以下清除机制来对消息进行清除：

- Retention 策略：消息保留策略，Pulsar 会根据该策略对主题中已确认的历史消息进行清除。
- backlog quota 策略：Pulsar 根据该策略对主题中所有未确认的消息进行清除。
- TTL 存活时间：Pulsar 会根据消息存活时间清除主题中已过期的消息。

12.4.1 历史消息清除

ManagedLedgerImpl#cursors 是一个 ManagedCursorContainer 实例，存储了该主题所有订阅组的 Cursor 及其累计确认位置。

ManagedLedgerImpl#getMarkDeletePositionOfSlowestConsumer 方法负责获取当前主题所有订阅组中最落后的累计确认位置，下面将该位置称为最落后确认位置。

前面说了，当我们变更累积确认位置时，会修改 ManagedLedgerImpl#cursors 信息，并调用 ManagedLedgerImpl#trimConsumedLedgersInBackground 方法清除历史数据，该方法会从线程池中找到一个异步线程，调用 ManagedLedgerImpl#internalTrimLedgers 方法执行如下操作：

（1）获取主题的最落后确认位置。

（2）查找最落后确认位置前面的 Ledger，筛选满足以下条件的 Ledger（Pulsar 清除历史数据时是以 Ledger 为单位的）：

- 非当前写入的 Ledger。当前写入的 Ledger 不允许删除。
- Ledger 数据的存储时间或者大小超出 Retention 策略指定限制。

（3）准备删除上一步筛选出的 Ledger，步骤如下：

- 关闭 Ledger 的 LedgerHandler。
- 清除 ManagedLedgerImpl#entryCache（Broker 缓存区）中缓存的数据。

（4）更新该主题的 Ledger 元数据，从中删除第（2）步筛选出的 Ledger。Ledger 元数据更新成功后，再调用 bookKeeper#asyncDeleteLedger 从 BookKeeper 中删除这些 Ledger。

12.4.2 清除 backlog 消息

BrokerService#startBacklogQuotaChecker 中启动了一个定时任务,定时调用 BrokerService#monitorBacklogQuota 方法,负责检查 backlog 的大小,如果 backlog 大小或者消息创建时间超出阈值,则执行对应的处理逻辑。

提示:Pulsar 中并没有定义 backlog 对应的类,而是实时计算 backlog 的容量或消息创建时间。ManagedLedgerImpl#getEstimatedBacklogSize 方法负责计算 backlog 的大小,它会从 ManagedLedgerImpl#cursors 中获取最落后确认位置,计算该位置到最新写入的消息位置之间的消息数据量,从而获得 backlog 的数据大小。如果需要检查 backlog 中的消息是否超过时间阈值,则同样获取最落后确认位置的消息,判断该消息是否超过时间限制。

如果 backlog 大小或者消息创建时间超过时间限制,则 Pulsar 执行以下操作:

- producer_request_hold:Broker 继续提供服务,但对于之后未确认的消息不做持久化操作。
- producer_exception:Broker 抛出异常,断开连接。
- consumer_backlog_eviction:Broker 删除之前 backlog 中积压的消息。

最后一种操作,Pulsar 并没有立即删除消息,而是向前移动累计确认位置,后续由 Broker 根据 Retention 策略清除这些消息。

12.4.3 清除过期数据

BrokerService#startMessageExpiryMonitor 启动了一个定时任务,负责定时检查所有的主题,清除主题上过期的数据。

PersistentTopic#checkMessageExpiry 方法可以清除一个主题上所有订阅组、复制器(跨地域复制机制)的过期数据。该方法会调用 PersistentMessageExpiryMonitor#expireMessages 完成数据清除工作:

(1)遍历主题上的消息,从累计确认位置向后查找,直到找到第一个未过期的消息,这个位置前面的消息都是需要清除的。

(2)修改累积确认位置,将第一条未过期的消息设置为累积确认位置,后续由 Broker 根据 Retention 策略清除该位置前面的消息。

消费者相关的 Broker 配置项如下:

- backlogQuotaCheckEnabled:是否检查主题的 backlog,默认值为 true。

- backlogQuotaCheckIntervalInSeconds：检查主题 backlog 的时间间隔，默认值为 60（s）。
- backlogQuotaDefaultLimitBytes：每个主题的 backlog quota 的大小限制，默认值为-1。
- backlogQuotaDefaultRetentionPolicy：backlog quota 达到限制后的执行操作，默认值为 producer_request_hold。
- ttlDurationDefaultInSeconds：命名空间的消息存活时间，默认值为 0，代表不启用。
- dispatchThrottlingRateInMsg：每秒推送消息数量限制。
- dispatchThrottlingRateInByte：每秒推送字节数限制。
- dispatchThrottlingRatePerTopicInMsg：单个主题每秒推送消息数量限制。
- dispatchThrottlingRatePerTopicInByte：单个主题每秒推送字节数限制。

这些配置项都可以被命名空间的配置覆盖，其他配置项请参考官方文档。

12.5 本章总结

本章分析了 Pulsar 消费者的实现原理、Broker 推送消息的流程，以及 ACK 机制、消息清除机制等内容。

对比 Kafka 与 Pulsar 的设计：

- Pulsar 不需要维护分布式机制协同消费组，整体设计与实现比 Kafka 简单。
- Pulsar 提供了更丰富的订阅模式，可以支持不同的业务场景。
- Pulsar 也提供了更丰富的 ACK 模式、消费重发机制，有助于消费者"精准一次"地处理消息。

第 3 部分
分布式数据存储

- 第 13 章　Kafka 存储机制与读写流程
- 第 14 章　Kafka 主从同步
- 第 15 章　Kafka 分布式协同
- 第 16 章　BookKeeper 客户端
- 第 17 章　BookKeeper 服务端

第 13 章
Kafka 存储机制与读写流程

本章分析 Kafka 副本的日志（数据）存储机制。

13.1 数据存储机制的设计

消息系统的特点如下：

- 追加写入：生产者只会进行追加写入，不需要修改数据。
- 顺序读取：消费者通常会顺序读取数据。另外，消费者可能需要定位到某个具体的消息，所以消息系统还需要存储消息对应的位置。

第 6 章中说过，Kafka 使用磁盘存储数据，并利用以下特性提高性能：

（1）利用磁盘的顺序读写提高磁盘读写效率。

（2）利用 PageCache 实现"追尾读"，避免磁盘操作。

（3）利用 mmap 与 sendfile 实现内存"零拷贝"。

Kafka 中将消息称为日志（Log），并将消息实体称为 Record，本书沿用了这些名词。

在一个 Broker 节点中，Kafka 如何组织和管理自己的数据呢？

Kafka 存储机制涉及以下内容：

（1）Kafka 在数据目录（由配置项 log.dirs 指定）下为每个分区创建一个子目录，子目录为"{主题名}-{分区下标}"，该目录存放了一系列存储该分区的消息的 Log 文件。

（2）Log 文件是一个逻辑概念，为防止 Log 文件过大导致数据定位效率低下，Kafka 将每个分区的日志划分为日志段。每个日志段的数据量达到指定大小后，将切换到新的日志段。

（3）日志段也是一个逻辑概念，Kafka 中的每个日志段包含 3 个二进制格式的物理文件，index 后缀的是位置索引文件（偏移量索引文件），log 后缀的是日志文件，timeindex 后缀的是时间索引文件。

3 个文件的命名规则为{baseOffset}.log，baseOffset 为该日志段第一个消息的偏移量，如图 13-1 所示。

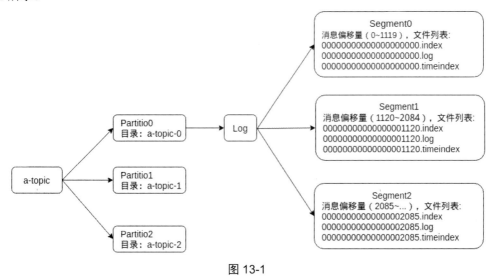

图 13-1

Kafka 的位置索引文件可以建立消息偏移量到物理位置的映射关系，方便快速定位消息所在物理文件位置。位置索引文件使用稀疏索引维护数据，每间隔特定数量（或特定大小）的消息记录一个消息索引。消息索引内容为主键值对"<消息批次最后一条消息偏移量，物理地址>"，如图 13-2 所示。

注意位置索引文件使用了相对偏移量 relativeOffset，每个位置索引文件都有一个 baseOffset（即该位置索引文件第一条消息的偏移量），位置索引文件中真正的偏移量为 baseOffset+relativeOffset。图 13-2 中 00000000000000001120.index 索引文件的 baseOffset 为 1120，其中第 2 个索引条目（offset：11；position：374）代表批次（1129，1131）的物理位置为 374。

提示：稀疏索引可以加速有序数据的检索速度，广泛应用于有序数据的存储场景，如 MySQL（页内数据索引）、Redis（Stream），下面也会介绍 Kafka 中如何利用位置索引文件的稀疏索引快速查找消息。

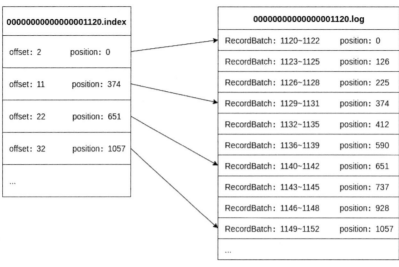

图 13-2

13.2 消息写入流程

Kafka 是以消息批次为数据单元存储数据的，生产者将消息聚合为一个批次后，发送到 Broker，在 Broker 中，调用 KafkaApis#handleProduceRequest 方法处理 Producer 请求，该方法检验参数通过后调用 ReplicaManager#appendRecords 执行以下逻辑：

（1）调用 ReplicaManager#appendToLocalLog 函数将消息保存到本地。

（2）如果 ACK 为-1，则创建一个延迟任务，等待 ISR 中的副本同步数据完成，这部分内容在第 8 章已经分析过了。

1. ReplicaManager 处理逻辑

ReplicaManager#appendToLocalLog 方法的核心代码如下：

```
private def appendToLocalLog(internalTopicsAllowed: Boolean,
                    origin: AppendOrigin,
                    entriesPerPartition: Map[TopicPartition, MemoryRecords],
                    requiredAcks: Short): Map[TopicPartition, LogAppendResult] = {
  ...
  entriesPerPartition.map { case (topicPartition, records) =>
    ...
    // 【1】
    val partition = getPartitionOrException(topicPartition)
```

```
            val info = partition.appendRecordsToLeader(records, origin, requiredAcks)
            val numAppendedMessages = info.numMessages

            ...
            (topicPartition, LogAppendResult(info))
        ...
    }
}
```

参数说明：

- entriesPerPartition：Broker 批次读取消息批次并将其解析为 MemoryRecords，存储到该参数中。

【1】从 ReplicaManager#allPartitions 中找到消息对应的分区，调用 Partition#appendRecords-ToLeader 方法将消息写入分区。

2. Partition 写入流程

ReplicaManager#allPartitions 是一个 Partition 集合，存储了该 Broker 负责的所有副本的分区，包括作为 leader 副本和 follow 副本的分区。

Partition 是 Kafka 为分区定义的类型。Kafka 分别为分区、Log 日志、日志段定义了 Partition、Log、LogSegment 类型，关键属性如图 13-3 所示。

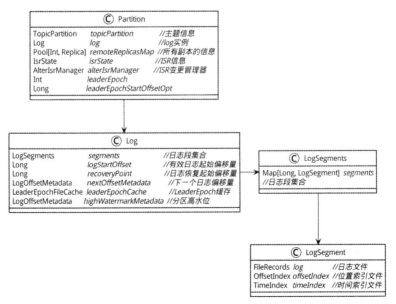

图 13-3

提示：Log#nextOffsetMetadata 指向 Log 文件当前最新消息的下一个消息的偏移量，也被称为 LogEndOffset，注意当前该偏移量并没有写入消息，如图 13-4 所示。

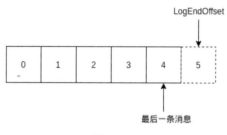

图 13-4

Partition#appendRecordsToLeader 的核心代码如下：

```
def appendRecordsToLeader(records: MemoryRecords, origin: AppendOrigin,
requiredAcks: Int,
                          requestLocal: RequestLocal): LogAppendInfo = {
  val (info, leaderHWIncremented) = inReadLock(leaderIsrUpdateLock) {
    // 【1】
    leaderLogIfLocal match {
      case Some(leaderLog) =>
        val minIsr = leaderLog.config.minInSyncReplicas
        val inSyncSize = isrState.isr.size
        ...
        // 【2】
        val info = leaderLog.appendAsLeader(records, leaderEpoch =
this.leaderEpoch, origin,
          interBrokerProtocolVersion, requestLocal)
        // 【3】
        (info, maybeIncrementLeaderHW(leaderLog))
      ...
    }
  }
}
```

【1】Partition#log 是该分区的 Log 实例。调用 leaderLogIfLocal 方法获取该 Log 实例，并检查当前 Broker 是否为分区的 leader 副本。

提示：Partition#leaderReplicaIdOpt 存储该分区 leader 副本所在 Broker 的 BrokerId，用于判断当前 Broker 是否为 leader 副本。

【2】调用 Log#appendAsLeader 方法将消息写入 leader 日志。

【3】变更该分区的高水位，后面详细分析。

3. Log 写入流程

执行到这里，已经定位到分区对应的 Log 实例，Log#appendAsLeader 方法会调用 Log#append 将消息写入 Log 文件：

```scala
private def append(records: MemoryRecords,
                   origin: AppendOrigin,
                   ...): LogAppendInfo = {
  // 【1】
  ...
    lock synchronized {
        // 【2】
        val segment = maybeRoll(validRecords.sizeInBytes, appendInfo)
        // 【3】
        val logOffsetMetadata = LogOffsetMetadata(
          messageOffset = appendInfo.firstOrLastOffsetOfFirstBatch,
          segmentBaseOffset = segment.baseOffset,
          relativePositionInSegment = segment.size)
        val (updatedProducers, completedTxns, maybeDuplicate) = analyzeAndValidateProducerState(
            logOffsetMetadata, validRecords, origin)

        maybeDuplicate match {
          case Some(duplicate) =>
            // 【4】
            appendInfo.firstOffset = Some(LogOffsetMetadata(duplicate.firstOffset))
            appendInfo.lastOffset = duplicate.lastOffset
            appendInfo.logAppendTime = duplicate.timestamp
            appendInfo.logStartOffset = logStartOffset
          case None =>
            // 【5】
            appendInfo.firstOffset = appendInfo.firstOffset.map { offsetMetadata =>
              offsetMetadata.copy(segmentBaseOffset = segment.baseOffset,
 relativePositionInSegment = segment.size)
            }
```

```
                segment.append(largestOffset = appendInfo.lastOffset,
                    largestTimestamp = appendInfo.maxTimestamp,
                    shallowOffsetOfMaxTimestamp = appendInfo.offsetOfMaxTimestamp,
                    records = validRecords)
                // 【6】
                updateLogEndOffset(appendInfo.lastOffset + 1)
                ...
                // 【7】
                if (unflushedMessages >= config.flushInterval) flush()
            }
            appendInfo
        }
    }
```

【1】这里执行了很多检查操作，并执行了加锁操作，避免多个生产者同时写入该 Log 文件。

【2】检查是否需要切换到新的日志段，如果需要，则创建新的日志段，替换当前写入的日志段。

Kafka 根据以下 Broker 配置项，决定是否切换日志段：

- log.roll.hours：如果日志文件创建时间达到该阈值，则切换日志段，单位为 168（7 天），类似配置还有 log.roll.ms。
- log.segment.bytes：如果日志文件达到该大小阈值，则切换日志段，默认值为 1073741824（1GB）。
- log.index.size.max.bytes：如果索引文件达到该阈值，则切换日志段，默认值为 10485760（10MB）。

【3】检查消息中偏移量、时间戳等属性是否正确，并检查消息是否已存在，处理幂等发送和事务的逻辑，这部分内容将在第 19 章介绍。

【4】如果该消息已存在，则直接返回已存在的消息。

【5】如果该消息不存在，则调用 LogSegment#append 方法将消息写入日志段。

【6】更新 Log#nextOffsetMetadata，即下一条消息的偏移量。

【7】每当写入消息数量大于或者等于 config.flushInterval 时，执行一次刷盘操作。config.flushInterval 属性由 Broker 配置项 flush.messages 指定，默认不启用。

4. 日志段写入流程

执行到这里，已经定位到具体的日志段 LogSegment，调用 LogSegment#append 方法将消息写入物理文件：

```
def append(largestOffset: Long,
           largestTimestamp: Long,
           shallowOffsetOfMaxTimestamp: Long,
           records: MemoryRecords): Unit = {
  if (records.sizeInBytes > 0) {
    ...
    // 【1】
    val appendedBytes = log.append(records)
    ...
    // 【2】
    if (bytesSinceLastIndexEntry > indexIntervalBytes) {
      offsetIndex.append(largestOffset, physicalPosition)
      timeIndex.maybeAppend(maxTimestampSoFar, offsetOfMaxTimestampSoFar)
      bytesSinceLastIndexEntry = 0
    }
    bytesSinceLastIndexEntry += records.sizeInBytes
  }
}
```

【1】LogSegment#log 是一个 FileRecords 实例，调用 FileRecords#append 方法将消息写入物理文件。

【2】bytesSinceLastIndexEntry 记录了上次写入索引信息后该 Log 日志新写入的消息的大小。当写入消息大于 LogSegment#indexIntervalBytes 时，则需要写入新的索引信息。LogSegment#indexIntervalBytes 属性由 Broker 配置项 log.index.interval.bytes 指定，默认值为 4096（4KB）。

下面关注 Kafka 写入数据的一些细节：

（1）LogSegment#log 是一个 FileRecords 实例，FileRecords#channel 是一个 FileChannel 实例，FileRecords#append 方法最终调用 FileChannel#write 方法将数据追加写入物理文件。

另外，NetworkReceive#readFrom 方法负责读取网络请求的内容（可回顾第 6 章的内容），该方法将请求存储到一个直接内存缓冲区（DirectByteBuffer）中，而当使用直接内存缓冲区（DirectByteBuffer）作为 FileChannel#write 方法参数时，FileChannel 可以将直接内存数据写入文件，避免在 JVM 中复制数据，提高 I/O 效率。

（2）LogSegment#offsetIndex、LogSegment#timeIndex 分别为 OffsetIndex、TimeIndex 类型，

负责管理位置索引文件、时间索引文件，这两个类型都使用 mmap 机制，将文件直接映射为内存区域，对内存的修改最终由操作系统同步到文件。

关于 mmap 和 sendfile 机制可参考第 6 章内容。

5. Kafka 数据存储格式

下面看一下 Kafka 中数据的存储格式。

使用 kafka-dump-log.sh 脚本，可以直接读取 Kafka 日志文件中的内容：

```
$ ./bin/kafka-dump-log.sh  --files data/kafak1/b-topic-0/00000000000000000000.log  --print-data-log
Dumping data/kafka1/b-topic-0/00000000000000000000.log
Starting offset: 0
baseOffset: 0 lastOffset: 0 count: 1 baseSequence: -1 lastSequence: -1 producerId: -1 producerEpoch: -1 partitionLeaderEpoch: 1 isTransactional: false isControl: false position: 0 CreateTime: 1639800869215 size: 78 magic: 2 compresscodec: none crc: 1210748869 isvalid: true
 | offset: 0 CreateTime: 1639800869215 keySize: 1 valueSize: 9 sequence: -1 headerKeys: [] key: 1 payload: message-1
```

从上面的输出内容可以看到，Kafka 存储的消息批次中包含以下内容：

- header：消息批次头部信息，包含消息批次的第一个消息偏移量（baseOffset）、最后一个消息偏移量（lastOffset）、消息数量（count）、是否为事务消息（isTransactional）、物理位置（position）、批次大小（size）、校检码（crc）等属性。
- key：消息的键，如 key:1。
- val：消息的内容，如 payload:message-1。

13.3 消息读取流程

下面分析 Broker 中的消息读取流程。

1. ReplicaManager 处理逻辑

在 Broker 中，KafkaApis#handleFetchRequest 方法负责处理 Fetch 请求，该方法调用 ReplicaManager# fetchMessages 方法读取消息：

```
def fetchMessages(timeout: Long,
                  replicaId: Int,
```

```scala
                    fetchMinBytes: Int,
                    fetchMaxBytes: Int,
                    hardMaxBytesLimit: Boolean,
                    fetchInfos: Seq[(TopicPartition, PartitionData)],
                    ...): Unit = {
    // 【1】
    val isFromFollower = Request.isValidBrokerId(replicaId)
    val isFromConsumer = !(isFromFollower || replicaId ==
Request.FutureLocalReplicaId)
    val fetchIsolation = if (!isFromConsumer)
      FetchLogEnd
    else if (isolationLevel == IsolationLevel.READ_COMMITTED)
      FetchTxnCommitted
    else
      FetchHighWatermark

    val fetchOnlyFromLeader = isFromFollower || (isFromConsumer &&
clientMetadata.isEmpty)
    def readFromLog(): Seq[(TopicPartition, LogReadResult)] = {
      // 【2】
      val result = readFromLocalLog(
        replicaId = replicaId,
        fetchOnlyFromLeader = fetchOnlyFromLeader,
        fetchIsolation = fetchIsolation,
        ...)
      // 【3】
      if (isFromFollower) updateFollowerFetchState(replicaId, result)
      else result
    }
    ...
    // 【4】
    if (timeout <= 0 || fetchInfos.isEmpty || bytesReadable >= fetchMinBytes ||
errorReadingData || hasDivergingEpoch) {
      val fetchPartitionData = logReadResults.map { case (tp, result) =>
        val isReassignmentFetch = isFromFollower && isAddingReplica(tp, replicaId)
        tp -> result.toFetchPartitionData(isReassignmentFetch)
      }
      responseCallback(fetchPartitionData)
```

```
    } else {
      // 【5】
      ...
    }
  }
```

【1】获取消费者读取位置上限，分为以下三种情况：

（1）如果消费者是 follow 副本消费者，则可以读取最新的写入消息。

（2）如果是普通消费者，并且事务隔离级别设置为 IsolationLevel.READ_COMMITTED，则消费者只能读取已提交事务的消息。

（3）其余消费者可以读取到分区高水位前的消息。

提示：由于分区高水位是 ISR 中同步最落后的副本的 LogEndOffset，所以消费者不能读取分区高水位指向的消息，只能读取分区高水位前的消息。

【2】调用 ReplicaManager#readFromLocalLog 方法从副本中读取消息。

注意：fetchInfos 参数是一个 Seq[(TopicPartition, PartitionData)]实例，而 PartitionData 包括了该分区读取位置 fetchOffset，Broker 从 fetchOffset 位置开始读取消息。

【3】如果当前客户端是 follow 副本，则可能需要更新分区的高水位。第 14 章会介绍这部分内容。

【4】满足以下条件之一，调用 KafkaApis 的 responseCallback 方法将结果返回给消费者：

- Fetch 请求未设置等待时间。
- Fetch 请求内容为空（一些特殊的 Fetch 请求）。
- 读取数据量满足 Fetch 请求。
- 读写过程中发生错误。
- 发现了新的 LeaderEpoch（第 14 章将介绍）。

【5】执行到这里，说明不满足返回响应的条件，创建一个延迟操作，等待新的消息。

第 3 章介绍的 fetch.min.bytes、fetch.max.wait.ms 等消费者配置项正是在这里使用的。

2. 选择最佳读取副本

ReplicaManager#readFromLocalLog 方法负责读取消息。该方法判断当前 Broker 节点是否为最佳读取副本，如果是，则找到消息对应分区，再调用 Partition#readRecords 方法读取消息，如果不是，则直接返回最佳读取副本。

这里有一个选择消费者最佳读取副本的机制：

如果 Kafka 数据存储在多个机架上，则不同的副本可以存储在不同机架上，如果消费者与 leader 副本不在同一个机架上，则消费者只能跨机架读取数据，网络传输的成本会比较高（尤其是云服务端）。在这种情况下，Kafka 允许消费者从同一个机架的 follow 副本中读取数据，这时 ReplicaManager#readFromLocalLog 方法不会读取消息，而是调用 ReplicaManager#findPreferredReadReplica 方法，选择一个最合适的副本，并将该副本信息返回给消费者，消费者重新给该副本发送 Fetch 请求。

Broker 配置项 replica.selector.class 指定了选择最佳读取副本的策略实现类，默认值为 null，即不启用最佳副本读取机制，只从 leader 副本中读取消息。

3. 本地读取消息

Partition#readRecords 方法负责从当前 Broker 节点读取消息，步骤如下：

（1）Partition#readRecords 方法找到 Log 实例，调用 Log#read 方法读取消息。

（2）客户端读取消息时会传入每个分区的读取位置参数 fetchOffset。Log#read 方法会查找该 fetchOffset 所在日志段。Log#segments 是一个 LogSegments 实例，LogSegments#segments 是一个 SortedMap 实例，键值对内容为"<日志段 BaseOffset,日志段实例 LogSegment>"，Log#read 方法从中找到小于或等于 fetchOffset 的最大 baseOffset 的 LogSegment 实例，再调用 LogSegment#read 方法从该 LogSegment 中读取消息。

假设在图 13-1 中查找 fetchOffset 为 1137 的消息，则从 Log#segments 中找到日志段 Segment1，再从该日志段中查询消息。

（3）LogSegment#read 方法调用 LogSegment#translateOffset 方法，从位置索引文件中找到小于或等于 Fetch 请求的 fetchOffset 参数的最大索引，从该索引指向的消息批次开始向后查找 Log 文件，找到第一个 lastOffset（消息批次最后一条消息偏移量）大于或等于 fetchOffset 的消息批次，该消息批次就是包含 fetchOffset 偏移量的消息批次。注意该查找过程中不会读取消息的内容，只会读取消息批次的 header 信息，再根据 header 中消息批次的大小，跳转到下一个消息批次的位置，依次遍历消息批次。

假设在图 13-2 中查找 fetchOffset 为 1137 的消息，由于 Segment1 的 baseOffset 为 1120，所以 fetchOffset 的相对偏移量为 17，则从位置索引文件中找到日志索引（offset：11，position：374），从该索引中的物理位置向后遍历查找消息批次，直到找到消息批次（1136~1139）。

注意 LogSegment#read 方法并没有读取消息内容，而是返回了 FetchDataInfo 实例，FetchDataInfo 实例仅记录找到的消息批次的物理位置、物理文件等内容，如下所示。

```
{
    "records": {
        "size": 78,
```

```
            "file": "/kafka/bin/data/kafka1/d-topic-0/00000000000000000000.log",
            "start": 234,
            "end": 312
        }
    }
```

（4）最终 ReplicaManager#fetchMessages 方法会调用 KafkaApis 的 processResponseCallback 方法将 FetchDataInfo#records 转化为 DefaultRecordsSend 实例。

第 6 章中说过，Selector#attemptWrite 方法负责将 Send 的内容发送给客户端。这里最终调用 DefaultRecordsSend#writeTo 方法，并调用 FileRecords#writeTo 方法：

```java
public long writeTo(TransferableChannel destChannel, long offset, int length)
throws IOException {
    long newSize = Math.min(channel.size(), end) - start;
    int oldSize = sizeInBytes();
    ...

    long position = start + offset;
    long count = Math.min(length, oldSize - offset);
    // 【1】
    return destChannel.transferFrom(channel, position, count);
}
```

【1】destChannel.transferFrom 方法会调用 FileChannelImpl#transferTo 方法，这里使用 sendfile 机制，将文件内容直接从磁盘复制到 socket 缓冲区。

本节主要分析普通消费者的读取流程，而 follow 副本也从 leader 副本中读取消息，我们将在下一章分析该流程。

13.4　日志管理

LogManager 类是 Kafka 的日志管理组件。下面分析 Kafka 如何管理日志文件。

LogManager#startupWithConfigOverrides 方法启动了多个定时任务，负责完成日志的加载和清理等工作：

（1）调用 LogManager#loadLogs 方法从磁盘中加载 Log 信息，并执行日志恢复（recover）操作。

（2）启动 kafka-log-retention 任务，负责定时清理历史数据，删除过期的日志段文件。

（3）启动 kafka-log-flusher 任务，负责定时刷盘，将 PageCache 缓存的数据刷新到磁盘上。

（4）启动 kafka-recovery-point-checkpoint 任务，将 Log#recoveryPoint（日志恢复起始位置）写入 recovery-point-offset-checkpoint 文件。

（5）启动 kafka-log-start-offset-checkpoint 任务，负责定时将分区的 logStartOffset 属性（有效日志起始位置）写入 log-start-offset-checkpoint 文件。

（6）启动 kafka-delete-logs 任务，负责定时删除标记为-delete 的日志。Kafka 删除主题时，使用异步的方式删除日志文件，会先给日志文件添加 delete 后缀，并在这里定时删除。

（7）启动 LogCleaner 组件，负责对主题数据进行压缩去重。

13.4.1 日志加载

LogManager#loadLogs 方法负责加载主题中的 Log 日志，该方法执行如下操作：

（1）查看 Log 目录是否存在.kafka_cleanshutdown 后缀的标志文件。Kafka 优雅退出时，会在 Log 目录下生成一个 kafka_cleanshutdown 文件，代表这时不需要恢复数据。

（2）从 recovery-point-offset-checkpoint 文件中加载 recoveryPoint（日志恢复起始位置），用于恢复日志。

（3）在 log-start-offset-checkpoint 文件中加载 Log 的 logStartOffsets 信息。

（4）调用 LogManager#loadLog 方法加载 Log 文件信息，创建 Log 实例，并放入 LogManager#currentLogs，以便后续使用。

这里会调用 LogLoader#load 方法加载 Log 相关信息，该方法执行如下操作：

（1）调用 LogLoader#loadSegmentFiles 方法加载该 Log 文件的日志段元数据。

（2）调用 LogLoader#recoverLog 方法，如果 Kafka 上次非优雅退出，则执行以下操作，恢复 Log 日志内容：

- 查找包含 recoveryPoint 的日志段。
- 从 recoveryPoint 位置开始向后遍历消息批次，调用 FileChannelRecordBatch#ensureValid 方法检查消息批次是否有效。Kafka 会将消息批次的校检码存储在消息批次的 header 信息中，用来判断该消息批次是否完整。
- 将第一个无效的消息批次及后续的消息批次删除，并修改 LogEndOffset 等属性。

13.4.2 日志刷盘

Kafka 将消息写入 PageCache 后便会返回写入成功的响应给生产者，由操作系统异步将 PageCache 的内容刷新到磁盘中。

如果操作系统将 PageCache 刷新前就崩溃下线，那么会导致 Kafka 部分内容丢失。

Kafka 提供了如下刷盘机制：

（1）写入时刷盘。

log.flush.interval.messages：写入消息时，间隔写入多少条消息进行一次刷盘，如果配置为 1，则每次写入消息都刷盘，可以最大限度地保证单副本消息不丢失。

（2）kafka-log-flusher 任务定时执行刷盘操作，该任务涉及以下 Broker 配置项：

- log.flush.scheduler.interval.ms：kafka-log-flusher 任务执行间隔。
- log.flush.interval.ms：消息缓存在内存中的最长时间，当 kafka-log-flusher 任务发现数据缓存时间超过该阈值时，就会刷新消息到磁盘中。

例如，log.flush.scheduler.interval.ms 为 10，log.flush.interval.ms 为 30，则 kafka-log-flusher 任务每隔 10 毫秒执行一次，并且将缓存时间超过 30 毫秒的内容刷新到磁盘中。

刷盘操作对性能影响较大，Kafka 不建议依赖刷盘机制来保证消息可靠，所以以上配置默认值都是 Java Long 类型的最大值。

Kafka 建议依靠多副本同步来保证消息可靠，Kafka 副本同步的内容将在下一章分析。

刷盘完成后，Kafka 会将 Log#nextOffsetMetadata 赋值给 Log#recoveryPoint，Log#recoveryPoint 之前的数据都已经刷盘成功，Kafka 重启后从 Log#recoveryPoint 指向位置开始恢复数据。另外，kafka-recovery-point-checkpoint 任务负责定时将 Log#recoveryPoint 写入 recovery-point-offset-checkpoint 文件。该任务执行时间间隔由 Broker 配置项 log.flush.offset.checkpoint.interval.ms 指定，默认值为 60000（1 分钟）。

13.4.3 数据清理

为了避免主题数据过多，导致磁盘无法承受，Kafka 可以对主题消息进行清理，并支持以下清理模式：

（1）删除。如果主题配置项 cleanup.policy 配置为 delete，则 kafka-log-retention 任务会定时清除该主题的历史数据。

（2）压缩去重。如果主题配置项 cleanup.policy 配置为 compact，则 LogCleaner 组件会定

时对该主题进行压缩，清除重复数据。

kafka-log-retention 任务负责定时清理主题的历史数据，log.retention.hours 配置项指定了历史消息保留小时数，默认值为 168（7 天），类似配置还有 log.retention.minutes、log.retention.ms。

kafka-log-retention 任务最终会调用 Log#deleteOldSegments 方法执行以下操作：

（1）删除日志段文件。

（2）修改 LogStartOffset。

Log#logStartOffset 是该 Log 文件第一个未删除消息的偏移量，该位置前面的历史数据都已经被清理，消费者只能读取该位置及其之后的消息。

kafka-log-start-offset-checkpoint 任务负责定时将 logStartOffset 属性写入 log-start-offset-checkpoint 文件。该任务执行时间间隔由 Broker 配置项 log.flush.start.offset.checkpoint.interval.ms 指定，默认值为 60000（1 分钟）。

13.4.4 数据去重

下面看一下 Kafka 如何对 compact 模式的主题进行压缩去重。

LogManager#startupWithConfigOverrides 方法启动了 CleanerThread 线程，该线程调用 CleanerThread#cleanFilthiestLog 方法对主题进行压缩。

该方法最终调用 Cleaner#doClean 方法执行压缩操作：

```
private[log] def doClean(cleanable: LogToClean, deleteHorizonMs: Long): (Long, CleanerStats) = {
    val log = cleanable.log
    val stats = new CleanerStats()

    // 【1】
    val upperBoundOffset = cleanable.firstUncleanableOffset
    buildOffsetMap(log, cleanable.firstDirtyOffset, upperBoundOffset, offsetMap, stats)
    val endOffset = offsetMap.latestOffset + 1
    ...

    // 【2】
    val groupedSegments = groupSegmentsBySize(log.logSegments(0, endOffset), log.config.segmentSize,
        log.config.maxIndexSize, cleanable.firstUncleanableOffset)
```

```
// 【3】
for (group <- groupedSegments)
  cleanSegments(log, group, offsetMap, deleteHorizonMs, stats, transactionMetadata)

...
(endOffset, stats)
}
```

【1】buildOffsetMap 方法遍历主题的消息，并生成一个 Map，Map 的键值对内容为 "<消息键，消息偏移量>"。如果多个消息的键相同，则该 Map 仅保存最新消息的偏移量。

【2】由于日志段的数据压缩去重后，每个段文件中剩余的日志内容必然减少，所以压缩后多个段文件剩余的内容可以放到一个日志段中，这里将日志段进行分组，将每组的日志段合并到一个新的日志段中。

【3】针对每一组的日志段，调用 cleanSegments 方法进行处理。这里会创建一个新的段文件，并遍历原日志段中的数据，将存在于第【1】步获得的 Map 中的消息写到新的文件中。主题数据遍历完成后，删除原的日志段文件。

可以看到，Kafka 对主题进行压缩去重并不轻松，需要多次遍历主题数据，并不建议使用 compact 模式的主题存储大量数据。

Cleaner 机制的主要配置项如下：

- log.cleaner.enable：是否启动 Cleaner 机制，默认值为 true。
- log.cleaner.delete.retention.ms：压缩日志最长的保留时间，默认值为 86400000（1 天）。
- log.cleaner.threads：CleanerThread 线程数量，默认值为 1。
- log.cleaner.backoff.ms：没有待清理数据时，CleanerThread 线程的休眠时间，默认值为 15000。

提示：前面分析 Kafka ACK 机制时简单说过，Kafka 会对 __consumer_offsets 主题进行压缩，清理同一个 "groupid-topic-partition" 维度下重复的 ACK 偏移量数据，正是利用该机制实现的。

13.5 本章总结

本章分析了 Kafka 数据的存储机制，包括消息的写入、读取流程、日志管理机制等内容。Kafka 通过优秀的设计，利用磁盘高效地存储数据。

第 14 章
Kafka 主从同步

本章将介绍 Kafka 中 leader 副本和 follow 副本的数据同步机制。

在分布式系统中安全、可靠地存储数据并不是一件容易的事情，通常需要做到以下几点：

- 数据可靠性：分布式环境是不可靠的，每个集群节点都可能因故障下线，网络也可能抖动、阻塞，分布式存储系统需要在不可靠的环境中保证数据的可靠。通常的做法是将数据备份到多个集群节点，避免由于集群节点单点故障导致数据丢失。Kafka 的做法是使用主从机制，而 Pulsar 则是同时将数据发送给多个 Bookie 节点。
- 数据一致性：在分布式系统中，多个集群节点中同一个数据的值必须是相同的。为了实现数据一致性，需要解决数据写入先后的问题：假如集群中有 A、B 两个节点存储了一个数据 X=1，并且它们同时收到客户端的写入请求，A 收到写入请求 X=2，B 收到写入请求 X=3，那么如何确认最终 X 的值？

数据写入顺序问题通常有两种解决方法："中心化架构"与"去中心化架构"。Kafka 使用的是"中心化架构"，在每个分区中，leader 副本即中心节点，leader 副本负责处理生产者写入请求，负责读取数据并发送给消费者，follow 副本负责同步数据。而 Pulsar 使用的是"去中心化架构"，Bookie 中的所有节点都是平等的，生产者写入数据时将数据同时发送给多个 Bookie 节点。

分布式数据一致性涉及 CAP、BASE 理论，而 Paxos、Raft 等一致性算法也提供了对应的解决方案，读者可以自行了解，本书不深入介绍。

14.1 成为 leader/follow 副本

主从机制的第一个问题：Broker 节点是怎样成为分区 leader 副本或者 follow 副本的？

第 7 章分析 Kafka 主题的创建流程时说过，KafkaController 会发送 LeaderAndIsr 请求，将新主题的分区信息发送给集群中的各个节点。当 Broker 节点收到 LeaderAndIsr 请求时，如果发现自己成为分区的 leader 副本，则准备接收生产者发送的消息；如果发现自己成为分区的 follow 副本，则从 leader 副本中同步数据到当前节点。

LeaderAndIsr 请求的核心属性如下：

```
{
    "controllerId": 0,
    "controllerEpoch": 3,
    "topicStates": [{
        "topicName": "a-topic",
        "partitionStates": {
            "partitionIndex": 1,
            "leader": 0,
            "leaderEpoch": 1,
            "isr": [0],
            "replicas": [1, 0]
        },
        "liveLeaders": [{
            "brokerId": 0,
            "hostName": "binecy",
            "port": 9292
        }]
    }],
    ...
}
```

在 Broker 节点中，KafkaApis#handleLeaderAndIsrRequest 方法处理该请求，并调用 ReplicaManager#becomeLeaderOrFollower 方法执行如下操作：

（1）为请求中的新分区创建 Partition 实例，并添加到 ReplicaManager#allPartitions 中。

Partition 实例存储了分区核心信息，关键属性如下：

- log：Log 实例。

- remoteReplicasMap：存储该分区所有副本信息（不包括当前节点）。
- isrState：存储该分区 ISR 信息。
- leaderReplicaIdOpt：该分区 leader 副本所在 Broker 的 Id。
- leaderEpoch：分区的 leaderEpoch（后面介绍 LeaderEpoch 机制）。

（2）按当前节点是否作为分区的 leader 副本，将请求中的分区分为 leader 集合（该节点成为分区的 leader 副本）和 follower 集合（该节点成为分区的 follow 副本），并调用 ReplicaManager#makeLeaders 方法和 ReplicaManager#makeFollowers 方法分别处理这两个集合中的分区。

ReplicaManager#makeLeaders 方法调用 Partition#makeLeader 方法处理 leader 集合中的分区：

```scala
def makeLeader(partitionState: LeaderAndIsrPartitionState,
               highWatermarkCheckpoints: OffsetCheckpoints,
               topicId: Option[Uuid]): Boolean = {
  val (leaderHWIncremented, isNewLeader) = inWriteLock(leaderIsrUpdateLock) {
    controllerEpoch = partitionState.controllerEpoch
    val isr = partitionState.isr.asScala.map(_.toInt).toSet
    val addingReplicas = partitionState.addingReplicas.asScala.map(_.toInt)
    val removingReplicas = partitionState.removingReplicas.asScala.map(_.toInt)
    // 【1】
    updateAssignmentAndIsr(
      assignment = partitionState.replicas.asScala.map(_.toInt),
      isr = isr,
      addingReplicas = addingReplicas,
      removingReplicas = removingReplicas
    )
    // 【2】
    try {
      createLogIfNotExists(partitionState.isNew, isFutureReplica = false,
highWatermarkCheckpoints, topicId)
    } ...
    // 【3】
    val leaderLog = localLogOrException
    val leaderEpochStartOffset = leaderLog.logEndOffset
    leaderEpoch = partitionState.leaderEpoch
    leaderEpochStartOffsetOpt = Some(leaderEpochStartOffset)
    zkVersion = partitionState.zkVersion
```

```
        leaderLog.maybeAssignEpochStartOffset(leaderEpoch, leaderEpochStartOffset)

      // 【4】
      val isNewLeader = !isLeader
      ...
      if (isNewLeader) {
        leaderReplicaIdOpt = Some(localBrokerId)
        remoteReplicas.foreach { replica =>
          replica.updateFetchState(
            followerFetchOffsetMetadata = LogOffsetMetadata.UnknownOffsetMetadata,
            followerStartOffset = Log.UnknownOffset,
            followerFetchTimeMs = 0L,
            leaderEndOffset = Log.UnknownOffset)
        }
      }
      // 【5】
      (maybeIncrementLeaderHW(leaderLog), isNewLeader)
    }
    ...
    isNewLeader
  }
```

【1】利用 LeaderAndIsr 请求内容更新分区信息，包括副本集合 Partition#remoteReplicasMap、ISR 集合 Partition#isrState。

【2】如果该分区对应的 Log 实例不存在，则创建 Log 实例。

提示：第 13 章介绍了 Log#apply 方法，该方法会加载文件，创建 Log 实例并存放在 LogManager#currentLogs 中，这里会先从该集合中获取 Log 实例，如果获取成功，则不需要重复创建 Log 实例。

【3】更新分区 leaderEpoch、leaderEpochStartOffsetOpt、lastCaughtUpTimeMs 等属性，并调用 leaderLog.maybeAssignEpochStartOffset 方法持久化存储 LeaderEpoch，后面会介绍 LeaderEpoch 机制。

【4】isNewLeader 代表该 Broker 成为分区新的 leader 副本（分区原 leader 副本不是当前分区），这时将当前 BrokerId 存储到 Partition#leaderReplicaIdOpt 中（代表当前 Broker 是该分区的 leader 副本），并重置副本集合 Partition#remoteReplicasMap 中副本的属性。

【5】更新分区高水位。由于 ISR 可能发生变更（第【1】步可能更新了 ISR），所以这里可能需要更新分区高水位。

为了节省版面，ReplicaManager#makeFollowers 等方法不详细展示，读者可以自行阅读源码。

14.2 follow 副本同步流程

在 Kafka 中，每个分区都有一个 leader 副本、0 到多个 follow 副本，follow 副本不断从 leader 中读取消息，并保存到自己的 Log 文件中，这是一种典型的主从同步机制，是分布式系统中常用的保证数据安全的机制。

14.2.1 同步流程与数据一致性

1. 读取一致性保证

为了保证数据的一致性，Kafka 定义了高水位 HighWatermark（HW）：ISR 集合中同步进度最落后的副本的 LogEndOffset，如图 14-1 所示。

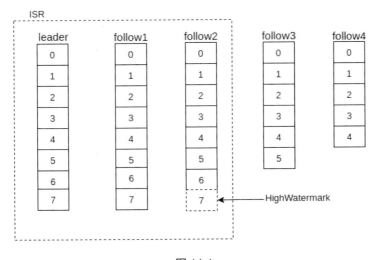

图 14-1

消费者只能读取高水位 HW 前的消息，而这些消息已经存储到 ISR 所有副本中，所以消费者从 ISR 中任意一个副本读取消息的结果都是一样的，Kafka 默认只能从 leader 副本读取消息（不启动最佳副本读取机制），而 leader 副本默认只能在 ISR 中选举。这保证了即使 Kafka 发生了故障转移，消费者读取的结果仍然是一致的，从而保证消费者读取一致性。

Partition#Partition 存储了分区 ISR 信息，Partition#remoteReplicasMap 存储了分区所有 follow 副本信息（包括 follow 副本的 LogEndOffset），利用这两个属性，leader 副本可以计算分区高水位。

2. 同步流程

leader 副本、follow 副本主从同步过程中，不仅需要同步分区的消息数据，还需要同步分区的 HW、LogEndOffset 等关键属性，这些属性如下所示。

（1）leader 副本属性。

- leader-LogEndOffset：leader 副本的日志结束位置，每次写入消息后更新。
- leader-RemoteMap：leader 副本的 Partition#remoteReplicasMap 会维护分区所有 follow 副本的相关信息，包括 follow 副本的 LogEndOffset、logStartOffset 等属性。
- HW：leader 副本的 Log#highWatermarkMetadata 属性存储了 leader 副本的高水位。

（2）follow 副本属性。

- follow-LogEndOffset：follow 副本的日志结束位置，从 leader 副本同步数据后更新。
- follow-HW：follow 副本的高水位，与 leader 副本同步。

下面通过一个示例说明主从同步流程。

假设某个分区存在一个 leader 副本、一个 follow 副本，当前 leader 副本和 follow 副本中的分区信息如下：

- leader-EndOffset：2。
- leader-RemoteMap：(follow:2)。提示：follow:2 代表 follow 副本的 LogEndOffset 为 2，由于 leader 副本利用该集合 follow 副本的 LogEndOffset 计算 HW，这里只关注 follow 副本的 LogEndOffset 属性，不展示其他属性。
- leader-HW：2。
- follow-EndOffset：2。
- follow-HW：2。

假设 leader 副本写入新的 Record M2，offset 为 2，消息写入成功后，leader-EndOffset 为 3。follow 副本同步流程如图 14-2 所示。

图 14-2

下面将结合图 14-2，分析 Kafka 中的同步机制。

3. 截断机制

当分区的 leader 副本发生变更，或者 leader 副本重启后成为 follow 副本时，该 follow 副本可能存在一些当前 leader 副本不存在的数据，这时 follow 副本需要进行截断操作，删除这些无效数据。

图 14-3 展示了一个数据截断的常见场景。

如图 14-3 所示，原 leader 副本 S1 下线，S2 成为新的 leader 副本，则 S3 需要进行截断操作：删除消息 M3，因为新的 leader 副本 S2 不存在该消息。

数据截断是保证数据一致性的重要操作，但截断数据需要非常谨慎，如果随意截断数据，则可能导致消息丢失或者不一致。为此，Kafka 0.11 引入了 LeaderEpoch 机制，在数据截断前，判断该数据是否有效。14.2.2 节将介绍 LeaderEpoch 机制。

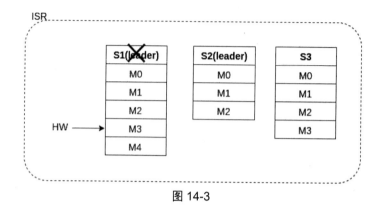

图 14-3

14.2.2 LeaderEpoch 机制

LeaderEpoch 实际上是一个键值对集合,键值对内容为 `<epoch, offset>`。epoch 表示 leader 副本的版本号,从 0 开始,分区的 leader 副本变更一次,epoch 就会加 1,而 offset 则是该 epoch 版本对应的 leader 副本写入的第一条消息的偏移量,如表 14-1 所示。

表 14-1

LeaderEpoch	Leader 副本的 epoch	该 epoch 中 leader 副本写入的第一条消息偏移量
<0, 0>	0	0
<1, 120>	1	120
<2, 329>	2	329
<3, 596>	3	596

下面分析 LeaderEpoch 机制的实现。Log#leaderEpochCache 是一个 LeaderEpochFileCache 实例,负责存储 LeaderEpoch,它将 LeaderEpoch 信息存储在以下介质中:

- LeaderEpochFileCache#epochs 是一个 Map,缓存分区所有的 LeaderEpoch。
- LeaderEpochFileCache 可以将 LeaderEpoch 信息持久化,存储在分区目录下的 leader-epoch-checkpoint 文件中。

1. 加载 LeaderEpoch

Broker 启动时,LogManager#loadLog 方法调用 Log#maybeCreateLeaderEpochCache 方法,从 leader-epoch-checkpoint 文件中加载 leaderEpoch 信息并存储到 LeaderEpochFileCache#epochs 中。

2. 更新与存储 LeaderEpoch

KafkaController 在为分区选举 leader 副本时会执行以下操作:

(1)将新 leader 副本的 epoch 加 1。

(2)将 epoch 存储到 ZooKeeper 中,ZK 节点路径为/brokers/topics/{topic}/partitions/{partition}/state。

(3)通过 LeaderAndIsr 请求将新的 LeaderEpoch 发送给 Broker。

Broker 收到 LeaderAndIsr 请求后,会调用 Log#maybeAssignEpochStartOffset 方法记录最新的 LeaderEpoch 信息,并进行持久化存储。

3. 利用 LeaderEpoch 机制完成数据截断

下面分析 Kafka 如何利用 LeaderEpoch 机制判断 follow 副本是否需要执行截断操作。

(1)follow 副本、leader 副本都存储了分区的 LeaderEpoch 信息。

(2)follow 副本发送的 Fetch 请求中携带了 follow 副本最新的 LeaderEpoch 信息,leader 副本会根据该 LeaderEpoch 判断 follow 副本是否需要截断(下面介绍判断方式),并将判断结果返回给 follow 副本,follow 副本再根据 leader 副本返回的响应执行对应的操作。

leader 副本最终会调用 Partition#readRecords 方法处理 Fetch 请求:

```
def readRecords(lastFetchedEpoch: Optional[Integer],
            fetchOffset: Long,
            currentLeaderEpoch: Optional[Integer],
            maxBytes: Int,
            fetchIsolation: FetchIsolation,
            ...): LogReadInfo = inReadLock(leaderIsrUpdateLock) {
  ...
  // 【1】
  lastFetchedEpoch.ifPresent { fetchEpoch =>
    // 【2】
    val epochEndOffset = lastOffsetForLeaderEpoch(currentLeaderEpoch, fetchEpoch,
fetchOnlyFromLeader = false)
    ...
    // 【3】
    if (epochEndOffset.leaderEpoch < fetchEpoch || epochEndOffset.endOffset <
fetchOffset) {
      val emptyFetchData = FetchDataInfo(...)
      val divergingEpoch = new FetchResponseData.EpochEndOffset()
        .setEpoch(epochEndOffset.leaderEpoch)
        .setEndOffset(epochEndOffset.endOffset)
      return LogReadInfo(
```

```
                fetchedData = emptyFetchData,
                divergingEpoch = Some(divergingEpoch),
                highWatermark = initialHighWatermark,
                logStartOffset = initialLogStartOffset,
                logEndOffset = initialLogEndOffset,
                lastStableOffset = initialLastStableOffset)
        }
    }
    ...
}
```

【1】如果 follow 副本发送的 Fetch 请求中包含 lastFetchedEpoch 参数，则说明 leader 副本需要判断该 follow 副本是否需要执行截断操作。

lastFetchedEpoch 参数是 follow 副本中最新的 LeaderEpoch 的 epoch。

【2】调用 lastOffsetForLeaderEpoch 方法获取 lastFetchedEpoch 参数在 leader 副本中对应的 LeaderEpoch，以及该 LeaderEpoch 结束偏移量（该 LeaderEpoch 最后一条消息偏移量）。如果 leader 副本中 lastFetchedEpoch 参数对应的 LeaderEpoch 不存在，则该方法返回 leader 副本最新的 LeaderEpoch 及其结束偏移量。下面将该 epoch、结束偏移量分别称为 leader-lastEpoch、leader-lastEpochEnd。

【3】如果 lastFetchedEpoch、fetchOffset 参数大于 leader-lastEpoch、leader-lastEpochEnd，则说明 follow 副本中存在 leader 副本中不存在的数据，需要执行截断操作。这时 leader 副本不会读取数据，而是将 leader-lastEpoch、leader-lastEpochEnd 作为 divergingEpoch 属性返回给 follow 副本，follow 副本收到这些属性后，便会执行截断操作。

假设 follow 副本发送的 Fetch 请求中包含属性：lastFetchedEpoch=12、fetchOffset=33，如果 leader 副本没有 epoch 12，或者 epoch 12 的结束偏移量为 32，则说明 follow 副本的最新数据有误，需要截断。下面会进一步介绍 follow 副本的截断操作。

提示：上述的 leaderEpoch 检查机制是 Kafka 2.7 开始提供的，在 Kafka 2.7 之前，follow 副本在启动时或者 leader 变更时发送 OffsetsForLeaderEpoch 请求，询问 leader 副本是否需要执行截断操作，本书不深入介绍。

14.2.3 follow 副本拉取消息

在 Kafka 中，follow 副本会主动从 leader 副本读取数据，并将数据存储在 follow 副本中，实现数据同步，下面分析 follow 副本如何拉取数据。

ReplicaManager#replicaFetcherManager 是 ReplicaFetcherManager 类型，负责实现 follow 副本的数据拉取操作。

ReplicaManager#makeFollowers 将调用 ReplicaFetcherManager#addFetcherForPartitions 创建一个 ReplicaFetcherThread，该线程负责从 leader 副本拉取数据，并保存到本地中。

ReplicaFetcherThread 的父类为 AbstractFetcherThread，AbstractFetcherThread#doWork 执行线程的主要逻辑：

```
override def doWork(): Unit = {
  maybeTruncate()
  maybeFetch()
}
```

- maybeTruncate：这是 Kafka 2.7 之前的数据截断机制，不深入介绍。
- maybeFetch：发送 Fetch 请求。

AbstractFetcherThread#maybeFetch 方法调用 AbstractFetcherThread#processFetchRequest 方法给 leader 副本发送 Fetch 请求，并处理 leader 副本返回的数据：

```
private def processFetchRequest(sessionPartitions: util.Map[TopicPartition,
FetchRequest.PartitionData],fetchRequest: FetchRequest.Builder): Unit = {
    ...
    
    try {
      // 【1】
      responseData = fetchFromLeader(fetchRequest)
    } ...
    
    if (responseData.nonEmpty) {
      inLock(partitionMapLock) {
        // 【2】
        responseData.forKeyValue { (topicPartition, partitionData) =>
          Option(partitionStates.stateValue(topicPartition)).foreach
{ currentFetchState =>
              ...
            case Errors.NONE =>
              try {
                // 【3】
                val logAppendInfoOpt = processPartitionData(topicPartition,
currentFetchState.fetchOffset,
```

```
                        partitionData)

                    logAppendInfoOpt.foreach { logAppendInfo =>
                        val validBytes = logAppendInfo.validBytes
                        ...

                        // 【4】
                        if (validBytes > 0 && partitionStates.contains(topicPartition)) {
                            val newFetchState = PartitionFetchState(nextOffset, Some(lag),
                                currentFetchState.currentLeaderEpoch, state = Fetching,
                                logAppendInfo.lastLeaderEpoch)
                            partitionStates.updateAndMoveToEnd(topicPartition, newFetchState)
                            fetcherStats.byteRate.mark(validBytes)
                        }
                    }

                    // 【5】
                    if (isTruncationOnFetchSupported) {
                        FetchResponse.divergingEpoch(partitionData).ifPresent
{ divergingEpoch =>
                            divergingEndOffsets += topicPartition -> new EpochEndOffset()
                                .setPartition(topicPartition.partition)
                                .setErrorCode(Errors.NONE.code)
                                .setLeaderEpoch(divergingEpoch.epoch)
                                .setEndOffset(divergingEpoch.endOffset)
                        }
                    }
                } catch ...           ...
            }
          }
        }
    }
    // 【6】
    if (divergingEndOffsets.nonEmpty)
        truncateOnFetchResponse(divergingEndOffsets)
    ...
}
```

【1】调用 fetchFromLeader 方法发送 Fetch 请求，并且这里会阻塞线程直到 leader 副本返回响应。

【2】这里开始处理 leader 副本返回的响应 responseData 。

【3】调用 ReplicaFetcherThread#processPartitionData 方法执行以下操作：

（1）调用 Log#appendAsFollower 方法，将 leader 副本返回的消息写入 follow 副本的 Log 文件。

（2）使用 leader 副本返回的 highWatermark，更新 follow 副本分区高水位 Log#highWatermark-Metadata。

【4】计算该 follow 副本下一次拉取数据的偏移量并存储到 partitionStates.partitionStateMap 中，用于构建下一次 Fetch 请求。

【5】如果是 Kafka 2.7 及以上版本，则需要获取 leader 副本返回的 divergingEpoch。

【6】如果 leader 副本返回了 divergingEpoch 属性，则 follow 副本需要执行截断操作。

AbstractFetcherThread#maybeTruncateToEpochEndOffsets 方法调用 getOffsetTruncationState 方法计算截断位置，并调用 doTruncate 方法执行截断操作。

看一下 AbstractFetcherThread#getOffsetTruncationState 方法如何计算截断位置：

```
  private def getOffsetTruncationState(tp: TopicPartition, leaderEpochOffset:
EpochEndOffset): OffsetTruncationState = inLock(partitionMapLock) {
    if ...
    else {
      // 【1】
      val replicaEndOffset = logEndOffset(tp)
      // 【2】
      endOffsetForEpoch(tp, leaderEpochOffset.leaderEpoch) match {
        case Some(OffsetAndEpoch(followerEndOffset, followerEpoch)) =>
          if (followerEpoch != leaderEpochOffset.leaderEpoch) {
            // 【3】
            val intermediateOffsetToTruncateTo = min(followerEndOffset, replicaEndOffset)
            OffsetTruncationState(intermediateOffsetToTruncateTo,
truncationCompleted = false)
```

```
        } else {
          // 【4】
          val offsetToTruncateTo = min(followerEndOffset,
leaderEpochOffset.endOffset)
          OffsetTruncationState(min(offsetToTruncateTo, replicaEndOffset),
truncationCompleted = true)
        }
      case None =>
        // 【5】
        OffsetTruncationState(min(leaderEpochOffset.endOffset,
replicaEndOffset), truncationCompleted = true)
    }
  }
}
```

【1】获取 follow 副本的 LogEndOffset，后面计算的截断位置必须小于或等于该值。

【2】调用 endOffsetForEpoch 方法，在 follow 副本中找到小于或等于 leader-lastEpoch 的最大 epoch 及该 epoch 结束偏移量，下面称为 follow-lastEpoch、follow-lastEpochEnd。

【3】如果 follow-lastEpoch 小于 leader-lastEpoch，则截断到 follow-lastEpochEnd 位置。

【4】如果 follow-lastEpoch 等于 leader-lastEpoch，则截断到 follow-lastEpochEnd、leader-lastEpochEnd 较小值对应的位置。

【5】如果找不到 follow-lastEpoch，则截断到 leader-lastEpochEnd 位置。

通过 Kafka 的同步机制及数据截断机制，Kafka 保证了 follow 副本与 leader 副本上相同偏移量保存了相同的消息，从而保证数据一致性。

14.3　leader 副本更新

下面分析 leader 副本如何处理 follow 副本的 Fetch 请求。前一章已经分析了 leader 副本处理普通消费者 Fetch 请求的流程，下面仅介绍 follow 副本的 Fetch 请求的处理流程的不同之处。

leader 副本处理 follow 副本的 Fetch 请求与处理普通消费者 Fetch 请求的区别如下：

（1）Follow 副本可读取位置为 Log#logEndOffset，即 follow 副本可以读取 leader 副本上最新的数据，而普通消费者只能读取高水位前的消息。

（2）更新 ISR 集合。

（3）更新分区高水位。

14.3.1　更新 ISR 集合

Kafka 为了支持故障转移，定义了 ISR 集合：该集合中的 follow 副本都与 leader 副本保持同步（不能落后太多）。

每个分区的 ISR 集合由 leader 副本管理，leader 副本的 Partition#isrState 中存储了 ISR 的信息。当 follow 副本拉取 leader 副本数据后，leader 副本会检查是否有新的副本可以放入 ISR，如果有，则扩充 ISR。

另外，KafkaController 也会将分区 ISR 信息存储到 ZooKeeper 中（ZK 节点路径为 /brokers/topics/{topic}/partitions/{partition}/state），避免由于 leader 副本下线导致 ISR 信息丢失。

前面说过，如果 ReplicaManager#fetchMessages 方法发现拉取数据的是 follow 副本，则调用 Partition#updateFollowerFetchState 方法更新分区高水位、ISR 集合：

```
def updateFollowerFetchState(followerId: Int,
                             followerFetchOffsetMetadata: LogOffsetMetadata,
                             followerStartOffset: Long,
                             followerFetchTimeMs: Long,
                             leaderEndOffset: Long): Boolean = {
  // 【1】
  getReplica(followerId) match {
    case Some(followerReplica) =>
      ...
      // 【2】
      followerReplica.updateFetchState(
        followerFetchOffsetMetadata,
        followerStartOffset,
        followerFetchTimeMs,
        leaderEndOffset)
      // 【3】
      val newLeaderLW = if (delayedOperations.numDelayedDelete > 0) lowWatermarkIfLeader else -1L
      val leaderLWIncremented = newLeaderLW > oldLeaderLW
```

```
        // 【4】
        maybeExpandIsr(followerReplica, followerFetchTimeMs)
        // 【5】
        val leaderHWIncremented = if (prevFollowerEndOffset !=
followerReplica.logEndOffset) {
            inReadLock(leaderIsrUpdateLock) {
                leaderLogIfLocal.exists(leaderLog => maybeIncrementLeaderHW(leaderLog,
followerFetchTimeMs))
            }
        } ...

        // 【6】
        if (leaderLWIncremented || leaderHWIncremented)
            tryCompleteDelayedRequests()
        true

    }
}
```

【1】从 Partition#remoteReplicasMap 中获取副本对应的 Replica 实例。

【2】更新该 Replica 实例，包括 logStartOffset、logEndOffsetMetadata 等属性。

由于更新了 follow 副本的 logEndOffset 属性，所以分区高水位可能也需要更新。

【3】oldLeaderLW、newLeaderLW 变量为更新分区数据前后的低水位。这里还有一个低水位概念：该分区所有副本中同步最落后的副本的 logStartOffset 偏移量。

【4】调用 maybeExpandIsr 方法扩展 ISR 集合。

【5】调用 maybeIncrementLeaderHW 方法更新分区高水位。

【6】如果分区低水位或者高水位发生变化，则触发该分区生产者的延迟操作的正常结束行为。前面说了，如果生产者设置了 acks=-1，则写入消息时，会创建一个延迟操作，该延迟操作需要等待 ISR 中所有副本同步数据后再返回成功响应给生产者。如果高水位发生变化，则说明 ISR 中 follow 副本同步了新的数据，这时触发对应的生产者延迟操作的正常结束行为。

如果 Partition#maybeExpandIsr 方法发现某个 follow 副本满足以下条件，则会将该副本添加到 ISR 集合中。

（1）当前该副本不在 ISR 集合中。

（2）该副本 logEndOffset 大于或等于分区高水位。

maybeExpandIsr 方法会更新 Partition#isrState 属性，并调用 AlterIsrManager#submit 方法给 KafkaController 发送 AlterIsr 请求，KafkaController 收到该请求后，会修改 KafkaController 元数据，并更新 ZooKeeper 中该分区元数据的 ISR 信息。

提示：Kafka 2.7 之前，ISR 变更后 Broker 将直接修改 ZooKeeper 数据，Kafka 2.7 及后续版本中，ISR 变更后由 KafkaController 修改 ZooKeeper 数据。

如果 ISR 中的副本落后太多，则 Kafka 会将其从 ISR 集合中移除，从而收缩 ISR。

在 ReplicaManager#startup 方法中启动一个定时任务，定时调用 ReplicaManager#maybeShrinkIsr 方法收缩 ISR。如果 follow 副本上次发送的 Fetch 请求距今时间大于 Partition#replicaLagTimeMaxMs 属性，则需要将该 follow 副本从 ISR 中移除。Partition#replicaLagTimeMaxMs 属性由 Broker 配置项 replica.lag.time.max.ms 指定，默认值为 500。

14.3.2 更新高水位

Log#highWatermarkMetadata 属性存储了分区的高水位。下面分析 leader 副本如何更新分区高水位。

leader 副本在以下场景中可能会更新高水位：

- Broker 成为 leader 副本后。
- follow 副本拉取数据后。
- 收缩 ISR 后。
- 写入新的消息后。

leader 副本调用 Partition#maybeIncrementLeaderHW 方法更新分区高水位：

```
private def maybeIncrementLeaderHW(leaderLog: Log, curTime: Long =
time.milliseconds): Boolean = {
    // 【1】
    var newHighWatermark = leaderLog.logEndOffsetMetadata
    remoteReplicasMap.values.foreach { replica =>
      if (replica.logEndOffsetMetadata.messageOffset < newHighWatermark.messageOffset &&
        (curTime - replica.lastCaughtUpTimeMs <= replicaLagTimeMaxMs ||
isrState.maximalIsr.contains(replica.brokerId))) {
        newHighWatermark = replica.logEndOffsetMetadata
      }
```

```
    }
    // 【2】
    leaderLog.maybeIncrementHighWatermark(newHighWatermark) match {
      case Some(oldHighWatermark) =>
        true
      ...
    }
  }
```

【1】遍历满足以下条件之一的副本,取其中最小的 logEndOffset 作为分区高水位。

(1) follow 副本在 ISR 集合中。

(2) follow 副本上次发送的 Fetch 请求距今时间小于 Partition#replicaLagTimeMaxMs 属性 (这些 follow 副本后续会添加到 ISR 集合中,所以这里也需要考虑这些 follow 副本)。

【2】调用 leaderLog.maybeIncrementHighWatermark 方法更新 leader 副本的高水位 Log#highWatermarkMetadata。

注意,高水位 HW 只能增加,不能减少,如果第【1】步获取的 HW 比之前的 HW 小,则不更新。

主从同步相关的 Broker 配置项如下:

- unclean.leader.election.enable:选举 leader 副本时,是否允许选举不在 ISR 中的 follow 副本为 leader 副本,默认值为 false。如果配置为 true,则当 ISR 中无法选择 leader 副本时,将从不在 ISR 的 follow 副本中选举 leader 副本。这是很重要的配置项。如果配置为 false,则可以保证数据的一致性。如果配置为 true,则可以提高 Kafka 集群可用性,但不能保证数据一致性。
- replica.lag.time.max.ms:如果 follow 副本在这个配置项指定时间内没有发送 Fetch 请求,则 leader 副本会将该 follow 副本从 ISR 中删除。
- min.insync.replicas:当生产者 ACK 参数设置为 all(或者为-1)时,消息必须写入最少副本数量,默认值为 1。假设该配置项设置为 3,那么 ISR 中必须存在 3 个副本(包括 leader 副本),生产者才可以正常写入。该参数配合生产者 ACK 参数可以进一步保证消息的数据安全。
- num.replica.fetchers:用于复制数据的 Fetch 线程数量,默认值为 1。

其他配置项请参考官方文档。

14.4 本章总结

数据同步机制是分布式存储系统中很重要的内容。本章介绍了 Kafka 中 follow 副本与 leader 副本的同步机制。通过本章内容，读者可以了解 Kafka 是如何保证数据的安全与一致的。

第 15 章
Kafka 分布式协同

Kafka 是典型的中心化架构，Kafka 会从 Broker 集群中选择一个 Broker 节点成为中心节点 KafkaController，该中心节点协助 Kafka 集群正常运行，主要包括以下内容。

1. 主题管理

KafkaController 负责协助完成 Kafka 主题的创建、删除及分区增加等操作。KafkaController 在检测到新主题后（ZooKeeper 中/brokers/topics/节点的子节点发生变化），会为新主题分区分配 leader 副本，并给新主题的副本发送 LeaderAndIsr 请求，这些内容本书已经介绍过了。

2. 分区重分配

用户可以使用 kafka-reassign-partitions 脚本对已有主题分区进行重分配。这部分功能也需要 KafkaController 协助实现。

3. Preferred Replica 重平衡

在创建主题时，Kafka 会尽量将 leader 副本平均分配在所有的 Broker 上。但在运行过程中，Broker 可能会重启，导致 leader 副本迁移到其他 Broker 节点，集群的负载不均衡。我们期望对主题的 leader 副本进行重新负载均衡。Kafka 将主题创建时为分区选择的 leader 副本称为 Preferred Replica（最佳副本节点），KafkaController 会定时将这些偏离 Preferred Replica 的 leader 副本迁移到 Preferred Replica 中，该操作称为 Preferred Replica 重平衡。

4. 集群成员管理

KafkaController 会自动检测新增 Broker、Broker 主动关闭及故障下线等事件。当某个 Broker 节点因为故障下线时，KafkaController 会执行故障转移操作，将该 Broker 负责的 leader 副本迁移到新的 Broker 节点，下面会详细介绍该流程。

5. 数据服务

KafkaController 向其他 Broker 提供数据服务。KafkaController 中保存了最完整的集群元数据，并通过 UpdateMetadata 请求将集群元数据发送给其他 Broker 节点，要求其他 Broker 节点更新元数据，从而保证集群节点的元数据一致。

前面说了，leader 副本作为分区的中心节点，负责处理生产者的写入操作，而 KafkaController 作为 Kafka 集群的中心节点，负责管理 Kafka 集群。注意区分这两个中心节点的作用。

15.1 KafkaController 选举

15.1.1 KafkaController 元数据

KafkaController#controllerContext 是一个 ControllerContext 实例，负责存储 Kafka 集群元数据，主要属性如图 15-1 所示。

```
                          Ⓒ ControllerContext
ControllerStats                       stats                    //KafkaController状态
Set[Broker]                           liveBrokers              //存活的Broker节点
int                                   epoch                    //当前ControllerEpoch值
int                                   epochZkVersion           //当前Controller对应ZK节点的Epoch值
Map[String, Map[Int, ReplicaAssignment]]  partitionAssignments //分区的副本信息
Map[TopicPartition, LeaderIsrAndControllerEpoch] partitionLeadershipInfo //分区的Leader、ISR信息
Set[TopicPartitio]                    partitionsBeingReassigned //正处于副本重分配中的分区集合
Map[TopicPartition, PartitionState]   partitionStates          //分区状态集
Map[PartitionAndReplica, ReplicaState] replicaStates           //副本状态集
```

图 15-1

提示：

- ControllerContext#partitionAssignments：主题分区的 AR 副本集合，即创建主题时，给分区分配的副本列表，主题创建后便不会变化。
- ControllerContext#partitionLeadershipInfo：主题分区的元数据，包含分区 leader 副本、ISR 信息，会由于副本节点的下线等情况而变化。
- partitionStates：分区状态集，下面会介绍分区状态机对分区状态的管理。
- replicaStates：副本状态集，副本对象（PartitionAndReplica）由主题 topic、分区 partition、副本索引 replica（该副本所在 Broker 节点的 Id）组成，下面会介绍副本状态机对副本状态的管理。

下面使用"Controller 元数据"专指 KafkaController#controllerContext 属性。

15.1.2 ControllerEpoch 机制

Broker 节点通过在 ZooKeeper 中创建路径为"/controller"的 ZK 临时节点来选举 KafkaController 节点。如果某个 Broker 节点创建该 ZK 节点成功，则可以成为 KafkaController 节点，否则，Broker 节点会监控该 ZK 临时节点，如果发现该 ZK 临时节点被删除（由于之前的 KafkaController 节点因故障下线），则重新尝试创建该 ZK 节点，如果创建成功，则该 Broker 节点成为新的 KafkaController 节点。

ZooKeeper 通过心跳检测判断 KafkaController 节点是否正常。考虑以下场景，如果 KafkaController 节点由于 GC 或者网络抖动无法及时响应 ZooKeeper 心跳请求，导致 ZooKeeper 将该 KafkaController 节点判断为下线，并删除该 KafkaController 创建的临时 ZK 节点，这时集群中其他 Broker 就可以当选为新的 KafkaController 节点。而当原来的 KafkaController 恢复后，Kafka 集群中将同时有两个 KafkaController 节点，它们都会给集群中其他 Broker 节点发送 Controller 请求，这种情况被称为 Controller 脑裂。

为了解决这个问题，Kafka 为每个 KafkaController 定义了一个 epoch，这里称为 ControllerEpoch。

（1）每次新的 KafkaController 当选，都会将 ControllerEpoch 加 1，并通过 UpdateMetadata 请求将新的 KafkaController 和 ControllerEpoch 信息发送给 Broker。

（2）Broker 会将该 ControllerEpoch 存储在 ReplicaManager#controllerEpoch 属性中，当收到 KafkaController 发送的 Controller 请求时，先将该属性与请求中的 ControllerEpoch（KafkaController 发送 Controller 请求时会携带 ControllerEpoch）进行对比，如果请求中的 ControllerEpoch 小于该属性，则不执行请求。

15.1.3 选举流程

下面分析在 Kafka 集群中如何选举 KafkaController 节点。

KafkaServer#startup 方法调用 KafkaController#startup 方法启动 KafkaController，KafkaController#startup 方法会在事件管理器 KafkaController#eventManager 中添加一个 Startup 事件（事件管理器 KafkaController#eventManager 将在下一节介绍），最后调用 KafkaController#processStartup 方法处理该事件，执行如下操作：

（1）调用 KafkaZkClient#registerZNodeChangeHandlerAndCheckExistence 方法注册 ZooKeeper 监听器，负责监控 ZK 节点"/controller"。当发现该 ZK 节点被删除后，调用 KafkaController#

processReelect 方法重新尝试成为 KafkaController 节点。

(2) 调用 KafkaController#elect 方法尝试成为 KafkaController 节点。

KafkaController#elect 的核心代码如下：

```
private def elect(): Unit = {
  activeControllerId = zkClient.getControllerId.getOrElse(-1)
  ...
  try {
    // 【1】
    val (epoch, epochZkVersion) = 
zkClient.registerControllerAndIncrementControllerEpoch(config.brokerId)
    controllerContext.epoch = epoch
    controllerContext.epochZkVersion = epochZkVersion
    activeControllerId = config.brokerId

    // 【2】
    onControllerFailover()
  } catch {
    // 【3】
    case e: ControllerMovedException =>
      maybeResign()
    ...
  }
}
```

【1】调用 KafkaZkClient#registerControllerAndIncrementControllerEpoch 方法执行以下操作：

(1) 尝试创建临时 ZK 节点 "/controller"。

(2) 将 ZK 节点 "/controller_epoch" 中存储的 ControllerEpoch 加一。

如果两个操作都执行成功，则当前 Broker 成为 KafkaController。

【2】执行到这里，说明当前节点成为 KafkaController，调用 KafkaController#onControllerFailover 方法执行 KafkaController 的逻辑。

【3】执行到这里，说明当前节点不能成为 KafkaController，执行对应逻辑，如关闭副本状态机、分区状态机，以及取消监控 "/brokers/topics/" 等 ZK 节点。

KafkaController#onControllerFailover 方法的核心代码如下：

```
private def onControllerFailover(): Unit = {
```

```
    ...
    // 【1】
    val childChangeHandlers = Seq(brokerChangeHandler, topicChangeHandler,
topicDeletionHandler, logDirEventNotificationHandler,
        isrChangeNotificationHandler)
    childChangeHandlers.foreach(zkClient.registerZNodeChildChangeHandler)

    val nodeChangeHandlers = Seq(preferredReplicaElectionHandler,
partitionReassignmentHandler)
    nodeChangeHandlers.foreach(zkClient.registerZNodeChangeHandlerAndCheckExistence)
    ...
    // 【2】
    initializeControllerContext()
    sendUpdateMetadataRequest(controllerContext.liveOrShuttingDownBrokerIds.toSeq,
Set.empty)

    // 【3】
    replicaStateMachine.startup()
    partitionStateMachine.startup()
    ...

    // 【4】
    val pendingPreferredReplicaElections = fetchPendingPreferredReplicaElections()
    onReplicaElection(pendingPreferredReplicaElections, ElectionType.PREFERRED,
ZkTriggered)
    // 【5】
    kafkaScheduler.startup()
    if (config.autoLeaderRebalanceEnable) {
      scheduleAutoLeaderRebalanceTask(delay = 5, unit = TimeUnit.SECONDS)
    }
    ...
}
```

【1】KafkaController 在特定的 ZK 节点上注册监听器，以接收 Kafka 集群的事件。KafkaController 主要监控如下 ZK 节点：

- /brokers/ids：接收 Broker 变更通知。
- /brokers/topics：接收主题变更通知。

- /admin/delete_topics：接收主题删除通知。
- /log_dir_event_notification：接收 LogDir 异常通知（某个 Broker 上的 LogDir 出现异常，比如磁盘损坏、文件读写失败等）。
- /isr_change_notification：接收 ISR 的变更通知。

【2】initializeControllerContext 方法初始化 Controller 元数据，执行如下操作：

（1）从 ZK 节点"/brokers/ids"获取活跃的 Broker 节点信息。

（2）从 ZK 节点"/brokers/topics"获取所有的主题信息。

（3）从 ZK 节点"/brokers/topics/{topicName}"获取主题分区的 AR 集合信息。

（4）从 ZK 节点"/brokers/topics/{topicName}/partitions/{partition}/state"获取主题分区的元数据，包括 leader 副本和 ISR 集合等信息。

sendUpdateMetadataRequest 方法发送 UpdateMetadata 请求，将最新的 Controller 元数据发送给集群其他 Broker 节点，其他节点收到该请求后会更新 Controller 元数据，如 ReplicaManager#controllerEpoch 属性等。

【3】启动副本状态机、分区状态机，并初始化分区、副本状态。这两个状态机负责管理集群中的副本、分区，后面会介绍。

【4】执行一次 Preferred Replica 重平衡操作。

【5】如果 Broker 配置项 auto.leader.rebalance.enable 为 true，则启动一个定时任务，定时执行 Preferred Replica 重平衡操作。

15.2　ZooKeeper 监控机制

KafkaController 通过监控 ZK 节点，接收 Kafka 集群的事件，并执行对应的分布式协同操作。例如，当创建主题或节点下线时，KafkaController 都会收到 ZooKeeper 的通知事件，并对事件进行处理。

下面分析 KafkaController 如何监听 ZooKeeper。

1. ZooKeeper 监听器

Kafka 定义了如下 ZooKeeper 客户端和监听器：

KafkaController#zkClient：KafkaZkClient 类型，包含 Kafka 逻辑的 ZooKeeper 客户端，提供了 createTopicAssignment、getTopicIdsForTopics、getReplicaAssignmentForTopics 等方法，而 Kafka- ZkClient#zooKeeperClient 则是没有逻辑的 ZooKeeper 客户端，负责与 ZooKeeper 交互。

而 ZooKeeperClient#zNodeChangeHandlers、ZooKeeperClient#zNodeChildChangeHandlers 都

是 Map 实例，键值对内容为"<监听路径，监听器>"，这些监听器可以监听 ZK 节点或者 ZK 节点的子节点。

ZooKeeperClient 定义了 ZooKeeperClientWatcher 类，该类实现了 ZooKeeper 的 Watcher 接口，当 ZooKeeper 发送事件后，会触发 ZooKeeperClientWatcher#process 方法：

```
override def process(event: WatchedEvent): Unit = {
  Option(event.getPath) match {
    ...
    case Some(path) =>
      (event.getType: @unchecked) match {
        case EventType.NodeChildrenChanged =>
zNodeChildChangeHandlers.get(path).foreach(_.handleChildChange())
        case EventType.NodeCreated =>
zNodeChangeHandlers.get(path).foreach(_.handleCreation())
        case EventType.NodeDeleted =>
zNodeChangeHandlers.get(path).foreach(_.handleDeletion())
        case EventType.NodeDataChanged =>
zNodeChangeHandlers.get(path).foreach(_.handleDataChange())
      }
  }
}
```

可以看到，这里使用发生 ZK 事件的 ZK 节点路径，从 zNodeChangeHandlers 或 zNodeChildChangeHandlers 中取出对应的监听器，并根据 ZK 事件类型调用对应的处理方法。

KafkaController 中实现了一组 ZNodeChangeHandler 和 ZNodeChildChangeHandler 接口，负责处理 ZK 事件，处理逻辑很简单，将 ZK 事件转化为 Kafka 事件并添加到 KafkaController#eventManager 中。

2. Kafka 事件处理机制

下面分析 Kafka 事件处理机制。

KafkaController#eventManager 是一个 ControllerEventManager 实例，负责管理 Kafka 事件，存在如下属性：

- queue：Kafka 事件队列，BrokerChangeHandler 等 ZK 事件处理器将 ZK 事件转换为 Kafka 事件，并添加到该队列中。
- processor：ControllerEventProcessor 类型，Kafka 事件处理器，负责处理 queue 队列中的 Kafka 事件。

最后，KafkaController 实现了 ControllerEventProcessor，KafkaController#process 负责处理所有的 Kafka 事件，在该方法中可以看到 BrokerChange、TopicChange 等 Kafka 事件的处理逻辑。

15.3 故障转移

下面分析集群 Broker 节点下线后，KafkaController 如何进行故障转移。

15.3.1 分区、副本状态机

ControllerContext#partitionStates 集合存储了集群中所有分区的状态，ControllerContext#replicaStates 集合存储了集群中所有副本的状态，KafkaController 中定义了 partitionStateMachine 和 replicaStateMachine 两个状态机，负责管理集群中的分区状态与副本状态。

partitionStateMachine：分区状态机，负责管理集群中的分区，分区存在以下状态：

- NewPartition：分区刚创建，类似于初始化状态。
- OnlinePartition：分区正常提供服务。
- OfflinePartition：分区已下线，无法提供服务。
- NonExistentPartition：分区被删除。

replicaStateMachine：副本状态机，负责管理集群中的副本，存在以下状态：

- NewReplica：副本刚被创建，初始化状态。
- OnlineReplica：副本正常提供服务时所处的状态。
- OfflineReplica：副本服务下线时所处的状态。

提示：副本还有一些删除相关的状态，本书没有一一列举。

下面结合一个例子，分析 KafkaController 故障转移过程。

【例子 15.1】

假设 a-topic 主题的分区分配情况如下：

```
$ ./bin/kafka-topics.sh --describe --bootstrap-server localhost:9092 --topic a-topic
   Topic: a-topic    TopicId: EOnl1nUMRKGYaQFqAKJwJw    PartitionCount: 3
ReplicationFactor: 2 Configs: segment.bytes=1073741824
       Topic: a-topic    Partition: 0 Leader: 0    Replicas: 0,1    Isr: 0,1
       Topic: a-topic    Partition: 1 Leader: 2    Replicas: 2,0    Isr: 2,0
```

```
Topic: a-topic    Partition: 2 Leader: 1    Replicas: 1,2    Isr: 1,2
```

现在 Broker 节点 1 因故障下线，KafkaController 需要执行故障转移操作。

KafkaController 监听了 ZK 节点/brokers/ids/的子节点的变化，由于每个 Broker 节点都会在该 ZK 节点下创建临时 ZK 子节点，所以当某个 Broker 节点因故障下线后，KafkaController 收到 ZK 事件，触发 KafkaController#processBrokerChange 方法。该方法会获取当前存活的 Broker，与之前的 Broker 进行对比，最后将 Broker 节点分为 3 个集合并执行对应的逻辑处理：newBrokerIds（新的 Broker）、bouncedBrokerIds（重启的 Broker）和 deadBrokerIds（已下线的 Broker）。结合【例子 15.1】，deadBrokerIds 集合中存储了节点 Broker1。

这里只关注 deadBrokerIds 的处理，也就是某个 Broker 下线后，如何执行故障转移。

KafkaController#processBrokerChange 方法会对 deadBrokerIds 中的节点执行如下处理逻辑：

（1）将 Broker 从 Controller 元数据的 liveBrokers 列表中移除。

（2）调用 KafkaController#onBrokerFailure 处理下线的 Broker 节点，该方法会调用 KafkaController#onReplicasBecomeOffline 完成相关逻辑。

KafkaController#onReplicasBecomeOffline 方法的核心代码如下：

```
private def onReplicasBecomeOffline(newOfflineReplicas:
Set[PartitionAndReplica]): Unit = {
    // 【1】
    val (newOfflineReplicasForDeletion, newOfflineReplicasNotForDeletion) =
      newOfflineReplicas.partition(p =>
topicDeletionManager.isTopicQueuedUpForDeletion(p.topic))
    // 【2】
    val partitionsWithOfflineLeader =
controllerContext.partitionsWithOfflineLeader
    partitionStateMachine.handleStateChanges(partitionsWithOfflineLeader.toSeq,
OfflinePartition)
    // 【3】
    partitionStateMachine.triggerOnlinePartitionStateChange()
    // 【4】
    replicaStateMachine.handleStateChanges(newOfflineReplicasNotForDeletion.toSeq,
OfflineReplica)
    ...
    // 【5】
    if (partitionsWithOfflineLeader.isEmpty) {
```

```
    sendUpdateMetadataRequest(controllerContext.liveOrShuttingDownBrokerIds.toSeq,
Set.empty)
    }
}
```

【1】newOfflineReplicas 参数是所有下线 Broker 负责的副本集合,这里将这些副本区分为删除的下线副本和(由于 Broker 下线导致的)非删除的下线副本。

结合【例子 15.1】,这里的 newOfflineReplicas 参数中存储了两个副本:[Topic=a-topic, Partition=0,Replica=1]、[Topic=a-topic,Partition=2,Replica=1],并且这两个副本都是非删除的下线副本。

【2】使用 partitionsWithOfflineLeader 方法查询下线 Broker 节点负责的 leader 副本,将这些分区切换为下线状态。

【3】尝试将集群所有分区切换到正常状态,由于上一步关闭了部分分区,现在需要为这些分区选择新的 leader 副本,并重新启动它们。

【4】将非删除的下线副本切换到下线状态。

【5】发送 UpdateMetadata 请求给集群其他 Broker 节点,更新集群元数据。

可以看到,Kafka 主要通过切换分区和副本的状态完成故障转移。下面分析这些状态机的逻辑。

15.3.2 分区状态切换流程

ZkPartitionStateMachine#handleStateChanges 方法负责修改分区的状态,执行如下逻辑:

(1)调用 doHandleStateChanges 方法修改分区状态,给分区选举新的 leader 副本,并修改 ISR 集合。

(2)根据分区的状态,发送 LeaderAndIsr 请求给集群中的其他节点。

ZkPartitionStateMachine#doHandleStateChanges 方法会根据目标状态执行不同的逻辑,如果目标状态为 OnlinePartition,则执行如下操作(其他目标状态的逻辑这里不介绍):

(1)将分区划分为 uninitializedPartitions(新主题的分区)和 partitionsToElectLeader(待选举 leader 副本的分区)。

(2)为 uninitializedPartitions 分配 leader 副本和 ISR 集合:选择分区的 AR 副本列表的第一个 Broker 作为 leader 副本,并将 AR 副本列表作为 ISR 集合。选举完成后将分区状态添加到 ControllerContext#partitionStates 中。

Kafka 创建主题时,需要由 KafkaController 为分区选举 leader 副本的 Broker,该操作正是在这里执行的。

(3)调用 ZkPartitionStateMachine#doElectLeaderForPartitions 方法为 partitionsToElectLeader 中的分区选择 leader。选举完成后更新 ControllerContext#partitionStates 中的分区状态。

ZkPartitionStateMachine#doElectLeaderForPartitions 方法的核心代码如下:

```
private def doElectLeaderForPartitions(
    partitions: Seq[TopicPartition],
    partitionLeaderElectionStrategy: PartitionLeaderElectionStrategy
): (Map[TopicPartition, Either[Exception, LeaderAndIsr]], Seq[TopicPartition]) = {
    ...
    // 【1】
    val (partitionsWithoutLeaders, partitionsWithLeaders) =
partitionLeaderElectionStrategy match {
        case OfflinePartitionLeaderElectionStrategy(allowUnclean) =>
            val partitionsWithUncleanLeaderElectionState =
collectUncleanLeaderElectionState(
                validLeaderAndIsrs,
                allowUnclean
            )
            leaderForOffline(controllerContext,
partitionsWithUncleanLeaderElectionState).partition(_.leaderAndIsr.isEmpty)
        case ReassignPartitionLeaderElectionStrategy =>
            leaderForReassign(controllerContext,
validLeaderAndIsrs).partition(_.leaderAndIsr.isEmpty)
        case PreferredReplicaPartitionLeaderElectionStrategy =>
            leaderForPreferredReplica(controllerContext,
validLeaderAndIsrs).partition(_.leaderAndIsr.isEmpty)
        case ControlledShutdownPartitionLeaderElectionStrategy =>
            leaderForControlledShutdown(controllerContext,
validLeaderAndIsrs).partition(_.leaderAndIsr.isEmpty)
    }
    ...
    // 【2】
    ...
    val UpdateLeaderAndIsrResult(finishedUpdates, updatesToRetry) =
```

```
zkClient.updateLeaderAndIsr(
        adjustedLeaderAndIsrs, controllerContext.epoch,
controllerContext.epochZkVersion)
    ...
    (finishedUpdates ++ failedElections, updatesToRetry)
  }
```

【1】根据不同的 leader 选举策略为分区选举 leader 副本,并更新 ISR 集合。

Kafka 支持以下 leader 选举策略:

- OfflinePartitionLeaderElectionStrategy:当创建分区或原 leader 下线时,使用该策略选举新的 leader。该策略会在 ISR 列表中找到第一个存活的副本作为 leader 副本。如果找不到,并且 unclean.leader.election.enable=true,则从 AR 副本列表中取第一个存活的副本作为 leader 副本。

- ReassignPartitionLeaderElectionStrategy:当分区重分配时,从重分配的 Broker 列表中找到第一个存活并且位于 ISR 中的副本作为 leader 副本。

- leaderForPreferredReplica:优先副本选举。从 ControllerContext#partitionAssignments 中获取分区 AR 副本列表的第一个副本(即 Preferred Replica 节点)作为 leader 副本,如果该 Broker 没有处于正常状态,则报错。

- ControlledShutdownPartitionLeaderElectionStrategy:当优雅关闭某个节点时,使用该策略为该节点负责的 leader 副本选择新的 leader 副本,这部分不深入介绍。

提示:使用 kafka-server-stop.sh 脚本可以优雅关闭 Broker 节点。

【2】执行以下操作:

(1)调用 zkClient.updateLeaderAndIsr 方法更新 ZooKeeper 中的分区元数据(更新分区 leader 副本、ISR 集合)。

(2)调用 ControllerContext#putPartitionLeadershipInfo 方法更新 Controller 元数据的 partitionLeadershipInfo 集合。

(3)生成 LeaderAndIsr 请求,该请求会给分区存活的副本节点发送新的 leader 副本、ISR 信息。

结合【例子 15.1】,这里为 a-topic 的分区 2 选举新的 leader 副本 Broker2,并将该分区 ISR 更新为[2],最后给 Broker2 发送 LeaderAndIsr 请求,通知分区 2 的 leader 副本、ISR 发生变化。

15.3.3 副本状态切换流程

ZkReplicaStateMachine#handleStateChanges 方法负责修改副本的状态，执行如下逻辑：

（1）调用 ZkReplicaStateMachine#doHandleStateChanges 方法修改副本状态，主要是变更分区的 AR 副本列表，并修改 ISR 集合。

提示：Broker 下线不会导致分区的 AR 副本列表变更，AR 副本列表的变更通常由分区重分配等条件触发。

（2）根据副本的状态，发送 LeaderAndIsr、UpdateMetadata、StopReplica 等请求给集群中的其他节点。

ZkReplicaStateMachine#doHandleStateChanges 的核心代码如下：

```scala
private def doHandleStateChanges(replicaId: Int, replicas: Seq[PartitionAndReplica],
targetState: ReplicaState): Unit = {
    ...
    targetState match {
      ...
      case OfflineReplica =>
        // 【1】
        validReplicas.foreach { replica =>
          controllerBrokerRequestBatch.addStopReplicaRequestForBrokers(Seq(replicaId),
replica.topicPartition, deletePartition = false)
        }
        // 【2】
        val (replicasWithLeadershipInfo, replicasWithoutLeadershipInfo) =
validReplicas.partition { replica =>
            controllerContext.partitionLeadershipInfo(replica.topicPartition).isDefined
        }
        // 【3】
        val updatedLeaderIsrAndControllerEpochs = removeReplicasFromIsr(replicaId,
replicasWithLeadershipInfo.map(_.topicPartition))
        // 【4】
        updatedLeaderIsrAndControllerEpochs.forKeyValue { (partition,
leaderIsrAndControllerEpoch) =>
            if (!controllerContext.isTopicQueuedUpForDeletion(partition.topic)) {
              val recipients =
```

```
controllerContext.partitionReplicaAssignment(partition).filterNot(_ == replicaId)
        controllerBrokerRequestBatch.addLeaderAndIsrRequestForBrokers(recipients,
          partition,
          leaderIsrAndControllerEpoch,
          controllerContext.partitionFullReplicaAssignment(partition), isNew = false)
      }
      // 【5】
      val replica = PartitionAndReplica(partition, replicaId)
      val currentState = controllerContext.replicaState(replica)
      controllerContext.putReplicaState(replica, OfflineReplica)
    }
    ...
  }
}
```

参数说明:

- replicaId：副本索引，即 Broker 节点，这里将副本按其所在 Broker 节点进行分组处理。
- replicas：replicaId 参数对应的所有副本。结合【例子 15.1】，这里的 replicaId 参数为 1（即 Broker1），replicas 参数为[Topic=a-topic,Partition=0,Replica=1]、[Topic=a-topic, Partition=2,Replica=1]。

【1】这里只关注目标状态为 OfflineReplica 的处理过程（即故障转移场景的处理过程）。

构建一个 StopReplica 请求，尝试给下线副本的节点发送 StopReplica 请求，要求这些 Broker 节点停止运行该副本。

在故障转移场景中，Broker 节点已经下线无法收到请求，而在其他场景中，如分区重分配时需要发送该请求通知 Broker 节点停止运行副本。

【2】将副本区分为存在 leader 的副本和不存在 leader 的副本。正常场景是执行到这里，副本都是存在 leader 的，所以这里只关注存在 leader 的副本。

【3】将下线 Broker 从副本分区的 ISR 中删除，并修改 ZooKeeper 中的分区元数据。

【4】使用这些副本的最新信息构建 LeaderAndIsr 请求。这些 LeaderAndIsr 请求将发送给分区的存活副本，通知它们 ISR 的变化。

【5】修改 Controller 元数据的 replicaStates 集合。

结合【例子 15.1】，这里会将 Broker1 从分区 0、分区 2 的 ISR 中删除，并给 Broker0、Broker2 发送 LeaderAndIsr 请求，通知它们分区 ISR 变更内容。

提示：Broker2 会收到重复的 LeaderAndIsr 请求，但 Broker 支持幂等处理 LeaderAndIsr 请求，所以收到重复的 LeaderAndIsr 请求并不会出现问题。

在【例子 15.1】中，Broker1 下线且 KafkaController 故障转移完成后，t-topic 主题的分区分配情况如下：

```
$ ./bin/kafka-topics.sh  --describe  --bootstrap-server localhost:9092  --topic a-topic
Topic: a-topic      TopicId: h11ydUUZTyCFtouFkfmxzA     PartitionCount: 3
    ReplicationFactor: 2 Configs: segment.bytes=1073741824
    Topic: a-topic    Partition: 0 Leader: 0    Replicas: 0,1    Isr: 0
    Topic: a-topic    Partition: 1 Leader: 2    Replicas: 2,0    Isr: 2,0
    Topic: a-topic    Partition: 2 Leader: 2    Replicas: 1,2    Isr: 2
```

15.4 实战：Preferred Replica 重平衡

下面介绍如何在 Kafka 中进行 Preferred Replica 重平衡。

假设主题 a-topic 的分区分配信息如下：

```
$ ./bin/kafka-topics.sh --bootstrap-server localhost:9092 --describe --topic  a-topic
Topic: a-topic      TopicId: Bz5xEO14TNKlITQShEIk_w     PartitionCount: 3
    ReplicationFactor: 3 Configs: segment.bytes=1073741824
    Topic: a-topic    Partition: 0 Leader: 0    Replicas: 0,2,1    Isr: 0,2,1
    Topic: a-topic    Partition: 1 Leader: 2    Replicas: 2,1,0    Isr: 2,1,0
    Topic: a-topic    Partition: 2 Leader: 1    Replicas: 1,0,2    Isr: 1,0,2
```

现在 Broker0 重启，重启后 a-topic 的分区分配信息如下：

```
$ ./bin/kafka-topics.sh --bootstrap-server localhost:9092 --describe --topic  a-topic
Topic: a-topic      TopicId: Bz5xEO14TNKlITQShEIk_w     PartitionCount: 3
    ReplicationFactor: 3 Configs: segment.bytes=1073741824
    Topic: a-topic    Partition: 0 Leader: 2    Replicas: 0,2,1    Isr: 2,1,0
    Topic: a-topic    Partition: 1 Leader: 2    Replicas: 2,1,0    Isr: 2,1,0
    Topic: a-topic    Partition: 2 Leader: 1    Replicas: 1,0,2    Isr: 1,2,0
```

可以看到，分区 0 的 leader 副本已经不在 Preferred Replica 上了，而是在 Broker2 上，而 Broker2 存储了两个分区的 leader 副本，分配不均匀。

执行 kafka-leader-election.sh 脚本，进行 Preferred Replica 重平衡：

```
$ ./bin/kafka-leader-election.sh --bootstrap-server localhost:9092 --topic a-topic
--partition 0 --election-type PREFERRED
Successfully completed leader election (PREFERRED) for partitions a-topic-0
```

kafka-leader-election.sh 脚本执行完成后，可以看到分区 0 的 leader 副本回到了 Preferred Replica 上。

```
$ ./bin/kafka-topics.sh --bootstrap-server localhost:9092 --describe --topic  a-topic
Topic: a-topic     TopicId: Bz5xEO14TNKlITQShEIk_w     PartitionCount: 3
    ReplicationFactor: 3 Configs: segment.bytes=1073741824
    Topic: a-topic    Partition: 0 Leader: 0    Replicas: 0,2,1  Isr: 2,1,0
    Topic: a-topic    Partition: 1 Leader: 2    Replicas: 2,1,0  Isr: 2,1,0
    Topic: a-topic    Partition: 2 Leader: 1    Replicas: 1,0,2  Isr: 1,2,0
```

如果将 Broker 配置项 auto.leader.rebalance.enable 设置为 true，则 KafkaController 会定时执行 Preferred Replica 重平衡，但在生产环境中无计划地迁移 leader 副本可能导致问题，不建议在生产环境中开启该配置项。

15.5 实战：增加分区数量

通过以下命令可以增加分区数量：

```
$ ./bin/kafka-topics.sh --bootstrap-server localhost:9092 --alter --topic a-topic
--partitions 3
```

假设 a-topic 的分区分配情况如下：

```
$ ./bin/kafka-topics.sh --bootstrap-server localhost:9092 --describe --topic  a-topic
Topic: a-topic     TopicId: xAIvhvRCRy2KxXLlM2vyCw     PartitionCount: 2
    ReplicationFactor: 2 Configs: segment.bytes=1073741824
    Topic: a-topic    Partition: 0 Leader: 1    Replicas: 1,2    Isr: 1,2
    Topic: a-topic    Partition: 1 Leader: 0    Replicas: 0,1    Isr: 0,1
```

增加分区后的分区分配情况如下：

```
$ ./bin/kafka-topics.sh --bootstrap-server localhost:9092 --describe --topic  a-topic
```

```
Topic: a-topic        TopicId: xAIvhvRCRy2KxXLlM2vyCw        PartitionCount: 3
    ReplicationFactor: 2  Configs: segment.bytes=1073741824
    Topic: a-topic     Partition: 0  Leader: 1      Replicas: 1,2    Isr: 1,2
    Topic: a-topic     Partition: 1  Leader: 0      Replicas: 0,1    Isr: 0,1
    Topic: a-topic     Partition: 2  Leader: 0      Replicas: 0,2    Isr: 0,2
```

可以看到，增加分区后，新的分区 2 与分区 1 的 leader 副本在同一个 Broker 节点上，这时可以执行分区重分配操作，调整分区 2 的 leader 副本。

15.6 实战：Kafka 集群扩容

下面介绍如何对 Kafka 集群进行扩容。

假设当前 Kafka 集群存在 Broker0 和 Broker1 两个节点，当前 hello-topic 主题的分区分配情况如下：

```
$ ./bin/kafka-topics.sh --describe --bootstrap-server localhost:9092 --topic hello-topic
Topic: hello-topic        TopicId: GqukWGL9ROOSt8MIOuCP2Q        PartitionCount: 3
    ReplicationFactor: 2  Configs: segment.bytes=1073741824
    Topic: hello-topic     Partition: 0  Leader: 1      Replicas: 1,0    Isr: 1,0
    Topic: hello-topic     Partition: 1  Leader: 0      Replicas: 0,1    Isr: 0,1
    Topic: hello-topic     Partition: 2  Leader: 1      Replicas: 1,0    Isr: 1,0
```

现在 Kafka 集群新增节点 Broker2，需要将 hello-topic 中部分副本移到新的 Broker 节点中。

1. 生成一个新的分区分配方案

用户既可以自行为主题分区指定副本列表，也可以利用 kafka-reassign-partitions.sh 脚本生成一个分区副本列表，这里利用 kafka-reassign-partitions.sh 脚本生成新的分区副本列表。

（1）准备一个 JSON 文件，用于向 kafka-reassign-partitions.sh 脚本传递参数。

```
$ echo '{"topics": [{"topic": "hello-topic"}]}' > topic-generate.json
```

（2）调用 kafka-reassign-partitions.sh 脚本生成新的分区副本列表。

```
$ ./bin/kafka-reassign-partitions.sh --bootstrap-server localhost:9092 --topics-to-move-json-file topic-generate.json --broker-list "0,1,2" --generate
...
```

```
Current partition replica assignment
{"version":1,"partitions":[{"topic":"hello-topic","partition":0,"replicas":[1,0],"l
og_dirs":["any","any"]},{"topic":"hello-topic","partition":1,"replicas":[0,1],"log_
dirs":["any","any"]},{"topic":"hello-topic","partition":2,"replicas":[1,0],"log_dir
s":["any","any"]}]}

Proposed partition reassignment configuration
{"version":1,"partitions":[{"topic":"hello-topic","partition":0,"replicas":[1,0],"l
og_dirs":["any","any"]},{"topic":"hello-topic","partition":1,"replicas":[2,1],"log_
dirs":["any","any"]},{"topic":"hello-topic","partition":2,"replicas":[0,2],"log_dir
s":["any","any"]}]}
```

该脚本的执行结果中输出了现在的分区副本列表，以及建议使用的新的分区副本列表。

我们将该生成的分区副本列表保存到 partition-replica-reassignment.json 文件中。

提示：这里的脚本调用了 AdminUtils#assignReplicasToBrokers 方法重新生成新的分区分配方案，该方法在第 7 章中介绍过。另外，我们也可以在该分区副本列表上进行调整，比如增加分区的副本数。

2. 执行分区重分配

```
$ ./bin/kafka-reassign-partitions.sh --bootstrap-server localhost:9092
--reassignment-json-file partition-replica-reassignment.json --execute
...
Current partition replica assignment

{"version":1,"partitions":[{"topic":"hello-topic","partition":0,"replicas":[1,0],"l
og_dirs":["any","any"]},{"topic":"hello-topic","partition":1,"replicas":[0,1],"log_
dirs":["any","any"]},{"topic":"hello-topic","partition":2,"replicas":[1,0],"log_dir
s":["any","any"]}]}

Save this to use as the --reassignment-json-file option during rollback
Successfully started partition reassignments for
hello-topic-0,hello-topic-1,hello-topic-2
```

3. 查看分区重分配进度

由于涉及数据迁移，因此时间可能比较长，执行以下脚本可查看进度：

```
$ ./bin/kafka-reassign-partitions.sh --bootstrap-server localhost:9092
--reassignment-json-file partition-replica-reassignment.json --verify
```

15.7 本章总结

本章介绍了 Kafka 集群中心节点 KafkaController 的主要工作,并详细分析了 KafkaController 的选举流程,以及故障转移流程。

另外,本章也介绍了 Kafka 集群中执行 Preferred Replica 重平衡、增加分区数量、Kafka 扩容等操作的流程。

第 16 章 BookKeeper 客户端

BookKeeper 是 Pulsar 中的存储组件,负责存储 Pulsar 中的消息。

本书在 Pulsar 的背景下讨论 BookKeeper,并将 BookKeeper 分为两部分:客户端与服务端。本章将介绍 BookKeeper 客户端的设计与实现。

16.1 客户端设计

BookKeeper 是一个独立的分布式存储系统,存在以下角色:

- Bookie:BookKeeper 中的服务节点,负责存储数据。
- 生产者:负责将数据写入 Bookie,Pulsar Broker 即 Bookie 的生产者。前面说过,Pulsar Broker 会在 BookKeeper 中创建 Ledger,并将消息发送给 BookKeeper 集群,存储在 Ledger 中。
- 消费者:从 Bookie 中读取数据,Pulsar Broker 也是 Bookie 的消费者。

提示:如无特殊说明,本章中说的生产者、消费者都是指 BookKeeper 生产者、消费者,读者也可以将其理解为 Pulsar Broker。

与 Kafka 的主从同步机制不同,Pulsar 采用了"去中心化架构"。客户端写入时会将数据同时发送给多个 Bookie 节点,并等待指定数量的 Bookie 节点返回写入成功响应后,客户端才认为数据写入成功。这样可以保证数据安全地存储在多个 Bookie 节点中。

BookKeeper 中存在如下核心概念:

- Entry：BookKeeper 数据实体。每个 Entry 都有一个递增整数类型的 EntryId。
- Ledger：数据集合，负责存储一组 Entry，客户端的读写操作也是针对 Ledger 进行的。每个 Ledger 都有一个递增整数类型的 LedgerId。创建 Ledger 时需要指定 3 个核心配置：EnsembleSize (E)、WriteQuorumSize (Qw)、AckQuorumSize (Qa)。
  - EnsembleSize：每个 Ledger 都会从集群中选择 EnsembleSize 个节点，组成 Ensemble 集合，BookKeeper 会将该 Ledger 的数据分散存储到该 Ensemble 集合的节点中。
  - WriteQuorumSize：生产者会将每个写入操作同时发送到 WriteQuorumSize 个节点中（这些节点需要从 Ensemble 集合中选出）。
  - AckQuorumSize：当生产者收到 AckQuorumSize 个节点返回写入成功的响应后，就认为该消息已经写入成功。

当写入 Entry 时，生产者使用条带化的方式选择 Entry 的写入节点：第 N 个写入节点的下标为(EntryId + N)%E，N=[0,1,...,WriteQuorumSize-1)，E=EnsembleSize，如图 16-1 所示。

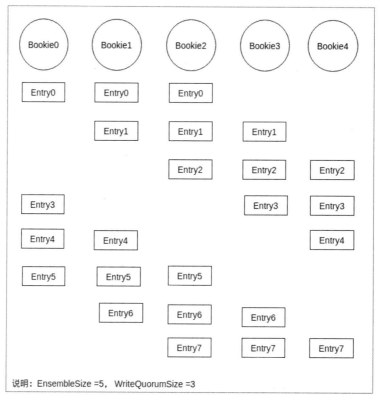

图 16-1

这种条带化的写入方式可以将 Ledger 数据分散存储到 Ensemble 中的每一个节点上，从而充分利用 Ensemble 中的每个节点的带宽、磁盘，并尽量保证每个 Bookie 节点的数据是均衡的。

本书将客户端为每个 Entry 选择的写入节点集合称为 WriteSet。

与 Kafka 的高水位类似，BookKeeper 定义了 lastAddConfirmed（LAC），用于实现消费者的一致性读。

BookKeeper 保证了 LAC 位置及之前的 Entry 都已经安全地存储在 BookKeeper 中，所以 BookKeeper 消费者可以安全读取 EntryId 小于或等于 LAC 的 Entry，这样消费者不会读取到不安全的数据，保证消费者读取消息的一致性。

由于每个 Ledger 都是一个数据分片（sharding），BookKeeper 将这些分片均匀存储在 Bookie 节点上，并尽量保证 Ledger 内数据的安全与一致。所以，BookKeeper 为上层应用（如 Pulsar）提供一个统一的、无界的数据视图，并提供更好的性能、更灵活的扩展性和更高的可用性。

Pulsar 也被称为分层（计算、存储分层）分片（数据分片存储）架构。

16.2 客户端写入

16.2.1 Ledger 创建流程

在 BookKeeper 中创建 Ledger 的工作是由客户端完成的。

BookKeeper#asyncCreateLedger 方法负责创建 Ledger，该方法会创建一个 LedgerCreateOp 实例，并调用 LedgerCreateOp#initiate 方法完成相关操作：

```
public void initiate() {
    int actualEnsembleSize = ensembleSize;
    List<BookieId> ensemble = null;
        ...
        // 【1】
        ensemble = bk.getBookieWatcher()
                .newEnsemble(actualEnsembleSize, writeQuorumSize, ackQuorumSize, customMetadata);

        // 【2】
        LedgerMetadataBuilder metadataBuilder = LedgerMetadataBuilder.create()
            .withEnsembleSize(actualEnsembleSize).withWriteQuorumSize(writeQuorumSize).withAckQuorumSize(ackQuorumSize).withDigestType(digestType.toApiDigestType()).withPassword(passwd);
```

```
        metadataBuilder.newEnsembleEntry(0L, ensemble);
        ...
        if (this.generateLedgerId) {
            // 【3】
            generateLedgerIdAndCreateLedger(metadataBuilder);
        } ...
    }
```

【1】每个 Bookie 节点启动时，都会在 ZooKeeper 中（ZK 节点/ledgers/available/下）注册临时 ZK 节点，客户端 BookieWatcher 类从 ZooKeeper 中获取 BookKeeper 集群所有的 Bookie 节点，并使用 Bookie 选择策略从中选择 Bookie 节点组成 Ensemble 集合。BookKeeper 提供了以下 Bookie 选择策略：

- DefaultEnsemblePlacementPolicy：在 BookKeeper 中随机选择 Bookie 节点。
- RackawareEnsemblePlacementPolicy：在网络拓扑中选择不同的机架，它保证 Ensemble 中的 Bookie 节点至少分布在两个机架上，BookKeeper 默认使用该策略。
- RegionAwareEnsemblePlacementPolicy：从不同区域中选择相等数量的 Bookie，每个区域都使用 RackawareEnsemblePlacementPolicy 策略从不同机房中选择 Bookie 节点。假设现在有 3 个区域：region-a、region-b、region-c，客户端需要选择 15 个 Bookie 节点组成 Ensemble 集合。首先，每个区域需要选择 5 个 Bookie 节点，而在每个区域中，使用 RackawareEnsemblePlacementPolicy 策略去选择节点。

用户也可以根据需要自行定义 Bookie 选择策略，如选择可用容量最大的 Bookie 节点等。

【2】创建 Ledger 元数据构建器，用于构建 Ledger 元数据。

【3】调用 LedgerCreateOp#generateLedgerIdAndCreateLedger 方法执行以下操作：

（1）调用 LedgerIdGenerator#generateLedgerId 方法生成 LedgerId。该方法会在 ZooKeeper 中/ledgers/idgen/节点下创建一个顺序临时节点，格式为 `Id-{顺序数}`，并取其中顺序数作为 LedgerId。

（2）生成 Ledger 元数据，并将该 Ledger 元数据写入 ZK 节点。这里默认调用 HierarchicalLedgerManager#getLedgerPath 方法为 Ledger 生成 ZK 节点路径，该方法会将 LedgerId 划分为不同的层级，避免将所有 Ledger 元数据节点都放到在同一个 ZK 节点下：

- 如果 LedgerId 为 Integer 类型，则在 LedgerId 前补充 0，将其转化为 10 个字符的字符串，生成路径为 /ledgers/{LedgerId:0~1}/{LedgerId:2~5}/L{LedgerId:6~9}。提示：{LedgerId:0~1}代表取 LedgerId 字符串的第 0~1 个字符。
- 如果 LedgerId 为 Long 类型，则在 LedgerId 前补充 0，将其转化为 19 个字符的字符串，

生成路径为 /ledgers/{LedgerId:0~2}/{LedgerId:3~6}/{LedgerId:7~10}/{LedgerId:11~14}/L{LedgerId:15~18}。

假设 LedgerId 为 1024，转化为字符串"0000001014"，则 ZK 路径为"/ledgers/00/0000/L1024"。Ledger 元数据的核心属性如下：

```
{
    "ensembleSize":1,
    "writeQuorumSize":1,
    "ackQuorumSize":1,
    "state":"OPEN",
    "digestType":"MAC",
    "password":"OMITTED",
    "ensembles":[
        {
            "0":["127.0.0.1:3181"]
        }
    ]
}
```

由于 BookKeeper 会将 Ledger 元数据进行编码，并以字节数组的形式存储在 ZooKeeper 中，所以无法直接在 ZooKeeper 中查看这些数据。

16.2.2 数据写入流程

LedgerHandle#asyncAddEntry 方法负责写入 Entry（参考第 5 章中的示例），该方法创建一个 PendingAddOp 实例，并通过异步线程处理该实例。

PendingAddOp#safeRun 方法实现了生产者写入逻辑：

```
public void safeRun() {
    ...
    // 【1】
    DistributionSchedule.WriteSet writeSet =
lh.distributionSchedule.getWriteSet(entryId);

    try {
        // 【2】
        for (int i = 0; i < writeSet.size(); i++) {
```

```
            sendWriteRequest(ensemble, writeSet.get(i));
        }
    } finally {
        writeSet.recycle();
    }
}
```

【1】从 Ensemble 集合中选择部分节点作为 WriteSet，负责存储该 Entry。WriteSet 集合的数量由 writeQuorumSize 指定。

【2】生产者通过 AddEntry 请求写入数据，这里依次发送 AddEntry 请求到 WriteSet 集合中的 Bookie 节点。

WriteSetImpl#reset 方法负责从 Ensemble 集合中选择 Entry 对应的 WriteSet 集合，使用的条带化的选择方式在前面已经介绍过了，不再赘述。

16.2.3　处理写入结果

PendingAddOp#sendWriteRequest 方法会调用 BookieClient#addEntry 方法发送数据，并且注册 PendingAddOp#writeComplete 方法处理 Bookie 返回的结果。

PendingAddOp#writeComplete 方法执行如下操作：

（1）统计返回写入成功的 Bookie 节点，当统计数据大于或等于 ackQuorumSize 时，执行如下逻辑：

- 返回写入成功的响应给生产者。
- 调用 LedgerHandle#sendAddSuccessCallbacks 方法，该方法会修改 LedgerHandle#lastAddConfirmed（LAC），下面会进一步介绍。

（2）如果 Bookie 返回了没有预料到的异常，则调用 LedgerHandle#handleBookieFailure 方法进行故障转移。

由于 BookKeeper 使用"去中心化架构"，BookKeeper 集群中没有中心节点来执行故障转移等操作，所以由客户端来完成创建 Ledger、故障转移等操作。

16.2.4　故障转移

如果 Ensemble 中的某个 Bookie 节点写入失败，则客户端需要在 BookKeeper 集群中选择新的节点，替换写入失败的节点，并生成新的 Ensemble 集合，后续生产者会将新的消息写入新的 Ensemble 集合。所以，在 BookKeeper 中，一个 Ledger 会对应多个 Ensemble 集合，每个 Ensemble

集合也被称为 Fragment。

Ledger 元数据 ensembles 属性是一个 Map，键值对的内容为"<fragment 第一个 EntryId，fragment 的 ensemble>"，如下所示。

```
{
    "ensembleSize":1,
    "writeQuorumSize":1,
    "ackQuorumSize":1,
    "state":"OPEN",
    "digestType":"MAC",
    "password":"OMITTED",
    "ensembles":[
        {
            "0":["10.21.0.1:3181","10.21.0.2:3181"],
            "265":["10.21.0.1:3181","10.21.0.3:3181"],
            "658":["10.21.0.2:3181","10.21.0.3:3181"],
        }
    ]
}
```

该 Ledger 中的 Ensemble 集合如图 16-2 所示。

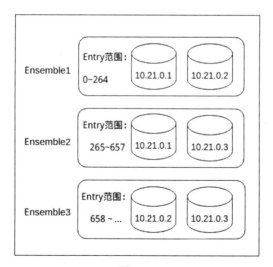

图 16-2

下面分析生产者故障转移的流程。

当生产者写入数据失败后，调用 LedgerHandle#handleBookieFailure 方法进行故障转移，该方法调用 LedgerHandle#ensembleChangeLoop 方法变更 Ensemble 集合：

```
void ensembleChangeLoop(List<BookieId> origEnsemble, Map<Integer, BookieId> failedBookies) {
    ...
    new MetadataUpdateLoop(
            ... ,
            (metadata) -> {
                ...
                // 【1】
                List<BookieId> currentEnsemble = getCurrentEnsemble();
                List<BookieId> newEnsemble = EnsembleUtils.replaceBookiesInEnsemble(
                        clientCtx.getBookieWatcher(), metadata, currentEnsemble, failedBookies, logContext);
                // 【2】
                Long lastEnsembleKey = LedgerMetadataUtils.getLastEnsembleKey(metadata);
                LedgerMetadataBuilder builder = LedgerMetadataBuilder.from(metadata);
                long newEnsembleStartEntry = getLastAddConfirmed() + 1;
                ...
                if (lastEnsembleKey.equals(newEnsembleStartEntry)) {
                    return builder.replaceEnsembleEntry(newEnsembleStartEntry, newEnsemble).build();
                } else {
                    return builder.newEnsembleEntry(newEnsembleStartEntry, newEnsemble).build();
                }
            },
            this::setLedgerMetadata)
        // 【3】
        .run().whenCompleteAsync(...);
}
```

【1】EnsembleUtils.replaceBookiesInEnsemble 方法使用 Bookie 选择策略从 Bookie 集群中选择一个 Bookie 节点，替换 Ensemble 集合中下线的 Bookie 节点。相关策略前面已经介绍过了。

【2】准备新的 Ledger 元数据，并更新元数据 ensembles 属性。

【3】调用 MetadataUpdateLoop#run 方法将 Ledger 元数据存入 ZooKeeper。

16.2.5　LAC 上报

LAC 由生产者维护，存储在 LedgerHandle#lastAddConfirmed 属性中。

前面说了，生产者 PendingAddOp#writeComplete 方法会统计返回写入成功响应的 Bookie 数量，当该数量达到 AckQuorum 时，会调用 LedgerHandle#sendAddSuccessCallbacks 方法修改 LedgerHandle#lastAddConfirmed 属性。

另外，LedgerHandle#explicitLacFlushPolicy 方法创建了一个定时任务，该任务发现 LAC 发生变化后，会发送 WriteLac 请求，将最新 LAC 发送给 Bookie。Bookie 收到该请求后，会调用 Bookie#setExplicitLac 方法存储 LAC，该 LAC 存储机制会在第 17 章介绍。

16.2.6　限制生产者数量

第 15 章中说过，如果多个生产者同时执行写入操作，那么分布式存储系统必须确认"写入操作的顺序"，才能保障数据的一致性。BookKeeper 如何实现这一点呢？

BookKeeper 使用了一个简单方式规避了这个问题：BookKeeper 中限制每个 Ledger 在一个时间点只能被一个生产者写入。

BookKeeper#asyncCreateLedger 方法可以创建 Ledger，返回支持读写的 LedgerHandle。而在创建 Ledger 后，客户端没有提供可以打开 Ledger 并支持写入的 LedgerHandle，从而避免一个 Ledger 存在多个生产者。

提示：这也是 Pulsar Broker 的一个重要作用，一个 Pulsar 主题可以存在多个 Pulsar 生产者，而这些生产者会将消息发送到同一个 Broker 中，该 Broker 聚合这些消息，再发送给 Bookie，这样不会破坏 BookKeeper 中一个 Ledger 在一个时间点只能被一个生产者写入的限制。

后面会介绍 Fence 机制，该机制同样可以防止出现多个生产者同时写入 Ledger 的情况。

16.3　客户端读取

下面分析客户端读取的流程。

16.3.1　消费者读取数据

使用以下方法可以打开一个只读的 ReadOnlyLedgerHandle：

- BookKeeper#asyncOpenLedger：打开一个 LedgerHandle 并执行客户端 recover 操作。

- BookKeeper#asyncOpenLedgerNoRecovery：打开一个 LedgerHandle，不执行客户端 Recover 操作（客户端 Recover 操作后面会介绍）。

LedgerHandle 提供了如下方法来读取消息：

- LedgerHandle#readEntries：读取给定范围内的数据，读取位置必须小于或等于 LAC。该方法会在读取消息前检查读取范围的结束位置，如果该位置超过 lastAddConfirmed，则不允许读取消息。
- LedgerHandle#readUnconfirmedEntries：读取给定范围内的数据，读取位置可以大于 LAC。该方法读取的消息不一定是安全的。

上述两个方法都调用 readEntriesInternalAsync 方法读取消息，该方法会创建 PendingReadOp，并调用 PendingReadOp#initiate 方法实现消费者读取逻辑。

PendingReadOp#initiate 的核心代码如下：

```
void initiate() {
    long nextEnsembleChange = startEntryId, i = startEntryId;
    this.requestTimeNanos = MathUtils.nowInNano();
    List<BookieId> ensemble = null;
    do {
        // 【1】
        if (i == nextEnsembleChange) {
            ensemble = getLedgerMetadata().getEnsembleAt(i);
            nextEnsembleChange =
LedgerMetadataUtils.getNextEnsembleChange(getLedgerMetadata(), i);
        }
        // 【2】
        LedgerEntryRequest entry;
        if (parallelRead) {
            entry = new ParallelReadRequest(ensemble, lh.ledgerId, i);
        } else {
            entry = new SequenceReadRequest(ensemble, lh.ledgerId, i);
        }
        seq.add(entry);
        i++;
    } while (i <= endEntryId);

    for (LedgerEntryRequest entry : seq) {
        // 【3】
        entry.read();
```

```
        if (!parallelRead && 
clientCtx.getConf().readSpeculativeRequestPolicy.isPresent()) {
                speculativeTask = clientCtx.getConf().readSpeculativeRequestPolicy.get()
                    .initiateSpeculativeRequest(clientCtx.getScheduler(), entry);
        }
    }
}
```

【1】选择 Ensemble 集合。

nextEnsembleChange 是该 Ledger 下一个 Ensemble 的第一个 EntryId，如果当前 EntryId 等于 nextEnsembleChange，则说明这时需要切换到新的 Ensemble 集合读取数据，这时调用 getEnsembleAt 方法从 Ledger 元数据中获取该 Entry 对应的 Ensemble，并调用 getNextEnsembleChange 方法再计算下一个 Ensemble 的第一个 EntryId。

【2】构建 LedgerEntryRequest，负责执行读取操作。BookKeeper 支持两种读取数据的方式：

- 串行读取：按顺序从 Ensemble 集合中选择 Bookie 节点，每次只给一个 Bookie 节点发送 ReadEntry 请求，如果读取成功，则不再发送请求，如果读取失败，则再发送 ReadEntry 请求给下一个 Bookie（见 SequenceReadRequest#logErrorAndReattemptRead 方法）。BookKeeper 默认使用这种方式。
- 并行读取：同时给 Ensemble 集群中的所有 Bookie 发送 ReadEntry 请求，并获取最先返回的响应数据。

【3】调用 LedgerEntryRequest#read 方法读取数据。

16.3.2 客户端 Recover

下面介绍客户端的 Recover 操作。

BookKeeper 要求，一个 Ledger 正常关闭后，其所有的数据都满足 Qw（每个 Entry 都存储在其 WriteSet 的所有 Bookie 中），并在 Ledger 元数据中存储 LAC 信息，所以正常关闭一个 Ledger 是非常重要的，而一个 Ledger 一旦关闭，它的数据都是安全并且不可变的，读取位置不再受限于 LAC。

如果生产者因故障下线，没有正常关闭 Ledger，则可能导致 Ledger 中的部分数据不满足 Qw，这种情况会导致不同消费者读取的结果不一致！假设 Qw 为 3，生产者将 AddEntry 请求发送给 2 个 Bookie 后，因为故障下线了，则最新的数据只写入了 2 个 Bookie，并不满足 Qw。

为了保证关闭后的 Ledger 所有数据都满足 Qw，BookKeeper 会在打开一个 LedgerHandle 时，检查 Ledger 是否正常关闭，如果不是，则执行 Recover 操作。

ReadOnlyLedgerHandle#recover 负责完成 Recover 操作，步骤如下：

（1）将 Ledger 状态修改为 IN_RECOVERY 状态。

（2）创建 LedgerRecoveryOp 实例，调用 LedgerRecoveryOp#initiate 方法执行以下操作：

a.从 Bookie 中读取 LAC 信息。

b.读取 Ledger 中 LAC 后面的数据，再执行 RecoverAdd 操作，将这些数据重新写入 Bookie。

这里执行了 RecoverAdd 操作，当前 ReadOnlyLedgerHandle 会成为一个"Recover 生产者"。

前面说了，Ledger 在一个时间点只能被一个生产者写入，为了避免正常生产者、Recover 生产者同时写入数据到 Ledger 中，BookKeeper 使用了 Fence 机制：Recover 生产者执行 Recover 操作前，会发送携带 Fence 标志的请求给 Bookie，Bookie 收到该请求后会给该 Ledger 添加 Fence 标志，这时只有该 Recover 生产者可以写入数据到 Ledger，其他生产者不能写入数据到该 Ledger 中。

（3）将 Ledger 修改为 CLOSED 状态。

现在，该 Ledger 进入正常关闭状态，并且所有数据都满足 Qw。

客户端 Recover 操作如图 16-3 所示。

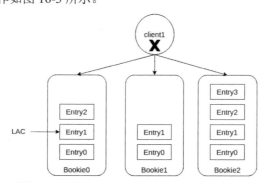

说明：EnsembleSize =3，WriteQuorumSize=3
由于client1因故障下线，导致Ledger中Entry2、Entry3不满足Qw条件

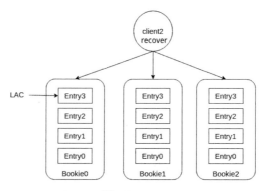

说明：client2执行Recover操作，使Entry2、Entry3满足Qw条件

图 16-3

16.4 本章总结

本章分析了 BookKeeper 客户端的设计与实现,包括生产者选择 WriteSet、发送数据、执行故障转移等内容,以及消费者读取数据、执行 Recover 操作等内容。在 Pulsar 中,Broker 就是 BookKeeper 的生产者与消费者,这部分内容可以帮助读者理解 BookKeeper 如何保证数据安全、一致性,以及 Pulsar Broker 是如何使用 BookKeeper 的。

第 17 章
BookKeeper 服务端

本章将介绍 Bookie 中的数据存储、清理机制等内容。

17.1 Bookie 设计

BookKeeper 实现了 WAL 机制（预写日志机制），使用 Journal 日志记录所有的写入请求。Bookie 写入数据时，只需要将数据写入 Journal 日志，便会返回成功响应给生产者。由于 Journal 日志不支持读取操作，因此 Bookie 还会将 Entry 写入 Ledger 文件，并记录 Entry 的位置信息。

使用 WAL 机制有以下好处：

（1）由于 Journal 日志是顺序写入的，因此写入速度非常快，这样可以保证 Bookie 写入数据时达到高吞吐、高性能。

（2）引入 Journal 机制后，Bookie 写入数据时只需要将 Entry 缓存到缓冲区即可，后续由异步线程将数据写入 Ledger 文件。Bookie 重启后，可以从 Journal 中读取之前没有及时写入 Ledger 文件的数据，并将这些数据写入 Ledger 文件，保证数据不丢失。

Bookie 定义了 LedgerStorage 接口，负责将数据写入 Ledger，并提供如下实现类：

- InterleavedLedgerStorage：将每个 Entry 的索引信息写入一个单独的文件，所有 Entry 内容写入一个日志文件（该日志文件是一个逻辑概念，包含多个物理文件）。注意该实现类没有使用缓存，Bookie 处理写入请求时，会同步将 Entry 写入 Ledger 文件。

- SortedLedgerStorage：在 InterleavedLedgerStorage 上添加的缓冲层，Bookie 处理写入请

求时，只需要将 Entry 写入缓冲区，当缓冲区满了之后，才执行真正的写入操作。
- DbLedgerStorage：将 Entry 写入日志文件，并使用 RocksDB 存储 Entry 的索引信息。LedgerStorage 也创建了缓冲区，Bookie 处理写入请求时，只需要将 Entry 写入缓冲区。Bookie 会定时执行 Checkpoint 操作，将缓存层的数据刷新到文件中。RocksDB 是一个 Key-Value 数据库引擎，BookKeeper 利用 RocksDB 存储 Entry 的索引信息，Entry 索引信息可以理解为键值对 "`<EntryId-EntryOffset>`"。Pulsar 默认使用该实现类。

BookKeeper 中创建了 SyncThread 线程，负责将 DbLedgerStorage 缓冲区的数据写入文件。BookKeeper 默认将所有 Ledger 数据写入一个 Log 文件。注意，该 Log 文件是一个逻辑概念，BookKeeper 会根据文件大小切换到新的物理文件。下面将这些实际的物理文件称为 Ledger 物理文件。

BookKeeper 建议使用独立磁盘存储 Journal，这样可以实现读写隔离：
- 写入 Entry 时，只需要实时将数据写入 Journal 文件，并不需要将数据实时写入 Ledger 文件，所以写入时只需要使用 Journal 磁盘，不影响数据读取。
- 读取 Entry 时，首先从缓冲区中读取，命中则返回；如果不命中，那么再从 Ledger 磁盘中读取，所以读取数据只会使用 Ledger 磁盘的 I/O，不使用 Journal 磁盘，也不会影响数据的写入。

17.2 Bookie 写入流程

17.2.1 Bookie 初始化

Bookie 是 Bookie 服务的核心类，关键属性以下：
- journals：Journal 线程列表。journalDirectories 配置项可以指定多个 Journal 文件的存储目录，Bookie 为每个目录创建一个 Journal 线程，负责将数据写入 Journal 文件。通常单个 HDD 硬盘使用一个目录，单线程即可充分利用磁盘带宽，而 SSD 等硬盘则可以根据具体情况创建多个目录。
- ledgerStorage：LedgerStorage 实例，负责将 Entry 写入 Ledger。
- syncThread：同步线程，负责定时将缓冲区的 Entry 刷新到 Ledger 中。
- stateManager：Bookie 的状态管理器。

Bookie#start 方法负责启动 Bookie 服务，执行以下操作：

（1）启动 Bookie#dirsMonitor 监控器，负责监控磁盘空间。

（2）尝试执行 replay 操作，从 Journal 中恢复数据。

（3）启动 Bookie 线程。Bookie 类也是一个线程，Bookie#run 方法会启动所有 Journal 线程。

（4）启动 syncThread 线程。

（5）调用 LedgerStorage#start 方法初始化 LedgerStorage 实例。

（6）初始化 Bookie#stateManager 状态管理器。

（7）调用 BookieStateManager#registerBookie 方法，将 Bookie 节点信息写入 ZooKeeper，ZK 节点路径为/ledgers/available/{ip:port}。

我们可以在 ZooKeeper 中查询 Bookie 的信息：

```
zk> get /ledgers/available/127.0.0.1:3181
```

17.2.2　Journal 写入流程

Bookie 写入数据的流程如图 17-1 所示。

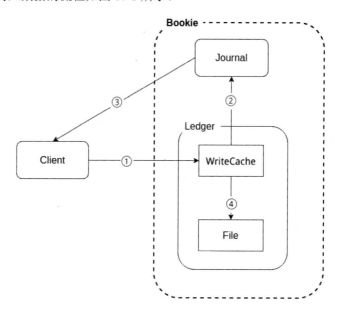

1. 客户端发送AddEntry请求给Bookie，Bookie将数据存入WriteCache缓冲区。
2. Bookie将数据写入Journal。
3. Bookie返回写入成功响应给客户端。
4. Bookie将WriteCache缓冲区的数据写入Ledger文件。

图 17-1

下面详细分析图 17-1 中的操作步骤。

BookieRequestProcessor#processAddRequestV3 方法负责处理 AddEntry 请求，该方法中处理了两个场景下的写入操作：RECOVERY_ADD（Recover 写入操作）、NORMAL_ADD（正常写入操作）。本书只关注正常写入操作的场景，该场景调用 Bookie#addEntry 方法执行以下操作：

（1）检查该 Ledger 是否存在 Fence 标志，如果是，则禁止写入（可回顾第 16 章客户端 Recover 的内容）。

（2）调用 Bookie#addEntryInternal 方法执行写入操作。

1. Journal 写入流程

Bookie#addEntryInternal 的核心代码如下：

```java
private void addEntryInternal(LedgerDescriptor handle, ByteBuf entry,
                    boolean ackBeforeSync, WriteCallback cb, Object ctx,
                    byte[] masterKey)
    throws IOException, BookieException, InterruptedException {
    ...
    long ledgerId = handle.getLedgerId();
    // 【1】
    long entryId = handle.addEntry(entry);
    ...
    // 【2】
    getJournal(ledgerId).logAddEntry(entry, ackBeforeSync, cb, ctx);
}
```

【1】handle.addEntry 方法会调用 LedgerStorage#addEntry 方法将 Entry 写入 Ledger 文件或者缓冲区。

【2】执行如下操作：

（1）调用 getJournal 方法获取该 ledgerId 对应的 Journal 实例，这里使用 ledgerId 对 journal 实例数量取模，得到 Ledger 对应的 journal 实例。

（2）调用 Journal#logAddEntry 方法，将 Entry 写入 Journal 文件。

提示：entry 参数存储了 Entry 的内容，这里使用 Netty 提供的直接内存缓冲区存储数据，可以减少内存复制次数。

下面分析 Journal#logAddEntry 方法如何写入数据。

Journal#logAddEntry 方法会将该 Entry 数据封装为一个 QueueEntry 实例，并添加到

Journal#queue 中。

Journal#run 方法执行以下操作：

（1）创建一个 JournalChannel 实例（如果该实例未创建），用于写入数据。

（2）尝试从 Journal#queue 中获取 QueueEntry 实例，如果 Journal#queue 为空，则阻塞等待任务。如果不存在待刷盘数据，则一直阻塞。如果存在待刷盘数据，则只能阻塞到待刷盘数据到期。

（3）在写入数据前，根据需要执行一次刷盘操作。

满足以下条件之一，刷新磁盘：

- 待刷盘数据等待时间已经大于 Journal#maxGroupWaitInNanos 属性（取配置项 journalMaxGroupWaitMSec 的值）。
- 待刷盘的数据量大于 Journal#bufferedWritesThreshold 属性（取配置项 journalBufferedWritesThreshold 的值）。
- 待刷盘 Entry 数量大于 Journal#bufferedEntriesThreshold 属性（取配置项 journalBufferedEntriesThreshold 的值）。
- Journal#queue 为空，而且 Journal#flushWhenQueueEmpty 属性为 true（取配置项 journalFlushWhenQueueEmpty 的值）。

Journal 的刷盘也是异步操作，这时会创建一个 ForceWriteRequest 并添加到 Journal#forceWriteRequests 中，后续由 ForceWriteThread 线程执行刷盘操作。

（4）如果当前 journal 文件数据量大于 Journal#maxJournalSize（取配置项 journalMaxSizeMB 的值），则 Bookie 会创建新的 Journal 物理文件。

（5）JournalChannel#bc 是一个 BufferedChannel 实例，可以执行写入操作。

调用 BufferedChannel#write 方法，将 QueueEntry 中的 Entry 数据写入文件。

（6）循环执行第 1 步。

下面关注 JournalChannel 数据写入的细节。

JournalChannel#bc 是一个 BufferedChannel 实例，负责完成写入和读取操作。BufferedChannel 是 BookKeeper 对 FileChannel 的封装，主要是添加了一个缓冲层。BufferedChannel 存在以下属性（部分属性在其父类中）：

- fileChannel：FileChannel 类型，负责读写数据。
- writeBuffer：写入缓冲区。
- readBuffer：读取缓冲区。

- position：下一次写入位置。

BufferedChannel 提供了如下方法：

- write：负责写入一个 ByteBuf，默认这里会将数据写入 BufferedChannel#writeBuffer。
- flush：调用 FileChannel#write，将数据写入文件。
- forceWrite：调用 FileChannel#force，将数据刷新到磁盘中。

可以看到，与 Kafka 类似，BookKeeper 也使用 FileChannel 写入数据，只是 BookKeeper 在 FileChannel 上添加了一个缓冲层。

2. Journal 刷盘流程

分析到这里，Entry 数据已经成功写入 Journal 文件，但还没有执行刷盘操作，即部分 Journal 数据还缓存在于 PageCache 中，没有真正写入磁盘。为了避免数据丢失，Bookie 还需要对 Journal 文件执行刷盘操作。

Journal#forceWriteThread 是一个 ForceWriteThread 线程，负责执行刷盘操作。ForceWriteThread#run 方法获取 Journal#forceWriteRequests 中的刷盘请求 ForceWriteRequest，并调用 ForceWriteRequest#process 方法执行以下逻辑：

（1）将 Journal 的系统缓存刷新到磁盘中。

（2）异步执行 QueueEntry#run 方法，返回写入响应给客户端。

Bookie 中实现了组刷新机制，会将多个刷盘请求聚合为一组，再执行一次刷盘操作，将这一组待刷新的内容一起刷新到磁盘中，这样可以减少磁盘刷新次数。

ForceWriteThread 线程开始执行时会在 Journal#forceWriteRequests 队列的末尾添加一个标志请求（标志请求不需要处理），并且 ForceWriteThread 线程处理 Journal#forceWriteRequests 队列的刷盘请求时，仅当遇到标志请求后的第一个真正刷盘请求时才执行真正的刷新操作，并且刷新完成后会在 Journal#forceWriteRequests 队列的末尾添加一个新的标志请求。

ForceWriteThread 线程的执行流程如图 17-2 所示。

读者可能感到疑惑，为什么不以固定刷盘请求数量进行分组呢，而是使用这种动态分组的方式？因为这种动态分组的方式可以根据刷盘速度调整每个分组的刷盘请求数量。

如果刷盘操作执行得足够快，则可能每个分组都只有一个刷盘请求，那么每个写入操作都会执行刷盘，可以达到类似同步刷盘的效果。如果刷盘操作执行得比较慢，那么就可以将较多的刷盘请求聚合为一组后再统一刷盘，缓解刷盘压力。

启用组刷新机制后，Journal 也是异步刷新磁盘的，如果操作系统因为故障重启，则可能丢失部分最新的待刷盘数据。由于 BookKeeper 中的数据存储在多个 Bookie 节点上，并且消费者读取数据时会读取多个 Bookie，因此即使发生这种极端情况，也不会导致客户端读取失败。

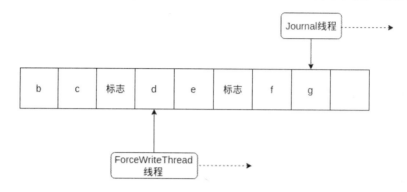

图 17-2

Journal 相关配置项如下：

- **journalMaxSizeMB**：单个 Journal 日志的最大值，当 Journal 日志大小达到该配置值后，BookKeeper 将创建一个新的 Journal 日志。默认值为 2048（2GB）。

- **journalBufferedWritesThreshold**：待刷盘的数据最大值，当待刷盘的数据大小达到该配置值后，将执行一次刷盘操作，默认值为 524288（512KB）。

- **journalMaxGroupWaitMSec**：待刷盘的数据最长等待时间，默认值为 1（毫秒）。

- **journalBufferedEntriesThreshold**：待刷盘的 Entry 最大数量，默认值为 0（不限制）。

- **journalFlushWhenQueueEmpty**：当 Journal#queue 为空时，是否执行刷盘操作，默认值为 false。

- **journalAdaptiveGroupWrites**：是否启用分组刷新机制，默认值为 true。

17.2.3 Ledger 写入流程

前面已经将数据写入 Journal，下面看一下 Bookie 如何将数据写入 Ledger。

由于本书基于 Pulsar 讨论 BookKeeper，因此我们只关注 Pulsar 中默认使用的 LedgerStorage 实现类：DbLedgerStorage。下面讨论的内容都是基于 DbLedgerStorage 的。

ledgerDirectories 配置项可以指定多个 Ledger 目录，DbLedgerStorage 为每个 Ledger 目录创建了一个 SingleDirectoryDbLedgerStorage 实例。

SingleDirectoryDbLedgerStorage 存在如下属性：

- ledgerIndex：LedgerMetadataIndex 类型，使用 RocksDB 存储所有 Ledger 的相关信息，包括 Ledger 的 Fence 标志、LAC、masterKey 等。前面说了，Bookie 处理 WriteLac 请求时会存储 LAC 信息，LAC 信息正是存储在这里的。
- entryLocationIndex：EntryLocationIndex 类型，使用 RocksDB 存储 Entry 索引信息，Entry 索引可以理解为键值对 "<EntryId-EntryOffset>"。
- gcThread：数据清理线程。
- writeCache：写入缓冲区。
- readCache：读取缓冲区。

可以在 ledgerDirectories 配置项指定目录下查看 DbLedgerStorage 创建的文件：

```
$ ls current/
0.log  1.log  lastId  lastMark  ledgers  locations  VERSION
```

相关文件如下：

- ledgers 目录：存储 Ledger 信息，即 SingleDirectoryDbLedgerStorage#ledgerIndex 的内容。
- locations：存储 Entry 索引信息，即 SingleDirectoryDbLedgerStorage#entryLocationIndex 的内容。
- log 后缀的 Ledger 物理文件：存储 Entry 内容。

1. 写入 Ledger 缓存区

前面说了，Bookie 处理写入请求时，会调用 DbLedgerStorage#addEntry 方法将 Entry 写入 Ledger 或者缓冲区：

```java
public long addEntry(ByteBuf entry) throws IOException, BookieException {
    long ledgerId = entry.getLong(entry.readerIndex());
    return getLedgerSorage(ledgerId).addEntry(entry);
}
```

（1）调用 getLedgerSorage 方法获取该 Ledger 对应的 SingleDirectoryDbLedgerStorage。这里使用 ledgerId 对 SingleDirectoryDbLedgerStorage 数量取模，获得该 Ledger 对应的 SingleDirectoryDbLedgerStorage 实例。所以 Bookie 在运行过程中，不能随意修改 ledgerDirectories 配置项指定的目录，否则 Bookie 会找不到之前的数据。

（2）调用 SingleDirectoryDbLedgerStorage#addEntry 方法，该方法会将 Entry 添加到 SingleDirectoryDbLedgerStorage#writeCache 缓冲区中。

2. Checkpoint 操作

DbLedgerStorage#addEntry 方式只是将数据写入到缓冲区,接下来需要由异步线程 SyncThread 执行 Checkpoint 操作,将 SingleDirectoryDbLedgerStorage#writeCache 的数据写入 Ledger 文件。

Bookie#syncThread 是一个 SyncThread 线程,Bookie 构建方法中会根据当前使用的 LedgerStorage 类型创建不同的 SyncThread 实现类:

```
if (entryLogPerLedgerEnabled || isDbLedgerStorage) {
    // 【1】
    syncThread = new SyncThread(conf, getLedgerDirsListener(), ledgerStorage,
checkpointSource) {
        ...
        public void start() {
            // 【2】
            executor.scheduleAtFixedRate(() -> {
                doCheckpoint(checkpointSource.newCheckpoint());
            }, conf.getFlushInterval(), conf.getFlushInterval(),
TimeUnit.MILLISECONDS);
        }
    };
} ...
```

【1】如果 Bookie 使用了 LedgerStorage 类型,则创建定时执行 Checkpoint 操作的 SyncThread。

【2】定时调用 SyncThread#doCheckpoint 方法执行 Checkpoint 操作。注意,执行 Checkpoint 操作前会调用 Journal#newCheckpoint 方法生成一个 Checkpoint 位置。

SyncThread#doCheckpoint 方法调用 SyncThread#checkpoint 方法执行以下操作:

- 调用 SingleDirectoryDbLedgerStorage#checkpoint 方法执行 Checkpoint 操作。
- 调用 CheckpointSource#checkpointComplete 方法将最新的 Checkpoint 位置写到 lastMark 文件中。

SingleDirectoryDbLedgerStorage#checkpoint 的核心代码如下:

```
public void checkpoint(Checkpoint checkpoint) throws IOException {
    ...
    // 【1】
    swapWriteCache();
    ...
```

```
        // 【2】
        Batch batch = entryLocationIndex.newBatch();
        writeCacheBeingFlushed.forEach((ledgerId, entryId, entry) -> {
            try {
                long location = entryLogger.addEntry(ledgerId, entry, true);
                entryLocationIndex.addLocation(batch, ledgerId, entryId, location);
            } ...
        });

        entryLogger.flush();
        batch.flush();
        batch.close();
        ...
}
```

【1】SingleDirectoryDbLedgerStorage 定义了两个缓冲区：

- writeCache：Bookie 处理写入请求时将 Entry 写入该缓冲区。
- writeCacheBeingFlushed：执行 Checkpoint 操作时将该缓冲区的内容写入 Ledger。

执行 Checkpoint 操作前，调用 swapWriteCache 方法互换这两个缓冲区，即 writeCache 指向原 writeCacheBeingFlushed，writeCacheBeingFlushed 指向原 writeCache。另外，为了线程安全，互换缓冲区时也会执行加锁操作。

【2】遍历 writeCacheBeingFlushed 中所有的 Entry，将数据写入 Ledger，步骤如下：

（1）调用 EntryLogger#addEntry 方法将 Entry 写入文件，并返回 Entry 存储位置。

（2）调用 EntryLocationIndex#addLocation 方法将 Entry 索引写入 RocksDB。

提示：EntryLogManager#addEntry 方法返回了 Entry 的物理位置，该位置为 long 类型，由两部分组成——高 32 位为 Ledger 物理文件 Id（Ledger 物理文件命名规则为 "{文件 Id}.log"，文件 Id 为 16 进制整数，从 0 开始递增），低 32 位为该 Entry 数据在 Ledger 物理文件内的物理位置。

下面分析 EntryLogger#addEntry 方法如何写入数据。该方法使用 EntryLogger#entryLogManager 写入数据。EntryLogger#entryLogManager 是一个 EntryLogManager 实例，负责完成读写操作。

EntryLogManager 有两种实现：

- EntryLogManagerForSingleEntryLog：将所有 Ledger 数据写入一个文件，可以减少磁盘

的随机读写操作。BookKeeper 默认使用该类型。

- EntryLogManagerForEntryLogPerLedger：将每个 Ledger 写入独立的文件。

另外，如果当前 Ledger 物理文件的数据量大于 EntryLogManagerBase#logSizeLimit 属性（取配置项 logSizeLimit 的值），则创建新的 Ledger 物理文件，并将数据写入新的 Ledger 物理文件。

EntryLogManagerBase#createNewLog 负责创建一个新的 Ledger 物理文件，步骤如下：

（1）将 LedgersMap 写入当前 Ledger 物理文件。LedgersMap 的内容后面会介绍。

（2）创建新的 Ledger 物理文件。

3. 记录 Checkpoint 位置

Checkpoint 操作执行完成后，需要记录一个 Checkpoint 位置，代表该位置前的 Journal 数据已经被成功写入 Ledger 文件。而 Bookie 恢复数据时，只需要从位置开始恢复 Journal 数据即可。

syncThread 方法执行 Checkpoint 操作前，会调用 Journal#newCheckpoint 方法生成一个 Checkpoint 位置。该方法会使用 Journal#lastLogMark 属性生成一个 Checkpoint 位置。Journal#lastLogMark 属性记录了当前 Journal 文件已刷新的位置（ForceWriteRequest#process 方法将 Journal 数据刷盘成功后会将 Journal 文件最新写入位置记录到该属性中）。

当 SyncThread 线程完成 Checkpoint 操作后，调用 Journal#checkpointComplete 方法执行以下操作：

（1）将 Checkpoint 位置写入 lastMark 文件，文件名就是 lastMark。如果配置了多个 Journal 目录，则文件名为 lastMark.{journalIndex}。

（2）将该位置前面的 Journal 物理文件删除。

4. 数据恢复

Bookie 服务启动时，Bookie#start 方法会调用 Bookie#readJournal 方法恢复数据，步骤如下：

（1）从 lastMark 文件中读取最新的 Checkpoint 位置。

（2）从 Checkpoint 位置开始读取 Journal 文件数据并将读取到的数据写入 Ledger 文件。

Ledger 相关配置项如下：

- ledgerStorageClass：指定 Ledger 存储实现类，Pulsar 默认使用 DbLedgerStorage。
- logSizeLimit：单个 Ledger 物理文件大小的最大值，默认值为 2147483648。
- flushInterval：SyncThread 线程执行 Checkpoint 操作的时间间隔，默认值为 60000。
- dbStorage_writeCacheMaxSizeMb：写入缓冲区大小。Bookie 将该空间平均分给多个 SingleDirectoryDbLedgerStorage 使用，而 SingleDirectoryDbLedgerStorage 再将自己的空间平均分给 writeCache、writeCacheBeingFlushed。假设该配置值为 6MB，Bookie 中

存在 3 个 SingleDirectoryDbLedgerStorage，则每个 SingleDirectoryDbLedgerStorage 中的 writeCache、writeCacheBeingFlushed 分别为 1MB，默认值为直接内存的 1/4。

17.2.4　Ledger 的数据存储格式

下面看一下 Ledger 的数据存储格式。

Bookie 的 Ledger 物理文件内容由以下部分组成：

（1）FileHead：BookKeeper 中预留了 1KB 的空间存储 FileHead 信息，目前 FileHead 中存储如下属性：Fingerprint（4 字节，标志属性，固定为"BKLO"）、LogFile HeaderVersionEnum（4 字节，版本号）、LedgerMap Offset（8 字节，LedgersMap 的位置）、Ledgers Count（4 字节，Ledgers 数量）。

（2）Entry 数据：每个 Entry 包含的内容有 EntryHead 和 EntryVal。

EntryHead 包含以下内容：LedgerId、EntryId、LastAddConfirmed、Length、数据头摘要。

EntryVal 可以存储任何数据，在 Pulsar 中，EntryVal 即 Pulsar 消息内容。Pulsar 消息内容在第 11 章已经介绍过了。

（3）LedgersMap：LedgersMap 中存储了该 Ledger 物理文件中所有 Ledger 的相关信息，由以下属性组成：

- Length：4 字节。
- LedgerId：8 字节。
- EntryId：8 字节。
- Ledger 数量：4 字节。
- Ledger 信息：存储了每个 Ledger 的 LedgerId（8 字节）和 Size（8 字节）信息。

提示：当使用 EntryLogManagerForSingleEntryLog 写入数据时，一个 Ledger 物理文件存在多个 Ledger 数据，所以 LedgerId、EntryId 为标志值-1、-2。

17.3　Bookie 读取数据

下面分析 Bookie 中如何处理 ReadEntry 请求，并完成数据读取操作。

BookieRequestProcessor#processReadRequestV3 方法负责处理 ReadEntry 请求，该方法会处理以下两种场景的读取操作：

（1）客户端使用长连接读取数据，创建 LongPollReadEntryProcessorV3 任务完成读取操作。

（2）客户端使用短连接读取数据，创建 ReadEntryProcessorV3 任务完成读取操作。

这里只关注 ReadEntryProcessorV3 任务的逻辑，ReadEntryProcessorV3#getReadResponse 方法会调用 DbLedgerStorage#getEntry 方法读取数据，该方法会找到 Ledger 对应的 SingleDirectoryDbLedgerStorage，最终调用 SingleDirectoryDbLedgerStorage#getEntry 方法读取数据：

```java
public ByteBuf getEntry(long ledgerId, long entryId) throws IOException {
    ...
    // 【1】
    ByteBuf entry = localWriteCache.get(ledgerId, entryId);
    if (entry != null) {
        ...
        return entry;
    }
    entry = localWriteCacheBeingFlushed.get(ledgerId, entryId);
    if (entry != null) {
        ...
        return entry;
    }
    entry = readCache.get(ledgerId, entryId);
    if (entry != null) {
        ...
        return entry;
    }

    // 【2】
    long entryLocation;
    try {
        entryLocation = entryLocationIndex.getLocation(ledgerId, entryId);

        entry = entryLogger.readEntry(ledgerId, entryId, entryLocation);
    } ...

    readCache.put(ledgerId, entryId, entry);

    // 【3】
    long nextEntryLocation = entryLocation + 4 /* size header */ +
```

```
entry.readableBytes();
            fillReadAheadCache(ledgerId, entryId + 1, nextEntryLocation);

        ...
        return entry;
    }
```

【1】依次从多个缓冲区中读取数据。如果读取成功，则直接返回结果。

前面说了，SingleDirectoryDbLedgerStorage 中定义了 localWriteCache 和 localWriteCacheBeingFlushed 两个写入缓存区。另外，SingleDirectoryDbLedgerStorage 还定义了读取缓冲区 readCache：读取数据时，会预读一部分数据并缓存在该缓冲区中。这里会依次读取这几个缓冲区。

【2】如果从缓冲区读取数据失败，则从磁盘 Ledger 文件中读取数据，步骤如下：

（1）从 Entry 索引信息中查询 Entry 的位置信息。前面说了，该位置信息包含了存储 Entry 的 Ledger 物理文件 Id，以及 Entry 在 Ledger 物理文件内的位置。

（2）使用上一步的位置信息，从 Ledger 物理文件中读取对应的数据。

（3）将读取的数据存入 readCache。

【3】继续读取更多的 Entry 并放入读取缓冲区 readCache。根据数据局部性原理，这些数据很可能会被消费者读取，所以这里执行了预读操作。该预读操作可以充分利用磁盘顺序读的性能优势，提高数据读取效率。

预读数据必须满足以下条件，否则停止预读数据：

（1）必须是同一个 Ledger 的数据。

（2）必须是同一个 Ledger 物理文件的数据。

（3）预读 Entry 的数量必须小于 SingleDirectoryDbLedgerStorage#readAheadCacheBatchSize 属性（取配置项 dbStorage_readAheadCacheBatchSize 的值），预读数据的大小必须小于 SingleDirectoryDbLedgerStorage#maxReadAheadBytesSize 属性。

预读机制相关配置项如下：

- dbStorage_readAheadCacheBatchSize：最多预读取 Entry 的数量，默认值为 1000。
- dbStorage_readAheadCacheMaxSizeMb：读取缓冲区的大小。Bookie 将该空间平均分给多个 SingleDirectoryDbLedgerStorage 使用。假设该配置值为 6MB，Bookie 中存在 3 个 SingleDirectoryDbLedgerStorage，则每个 SingleDirectoryDbLedgerStorage 读取缓冲区为 2MB，另外 SingleDirectoryDbLedgerStorage#maxReadAheadBytesSize 为读取缓冲区的 1/2，所以 maxReadAheadBytesSize 为 1MB。默认值为直接内存的 1/4。

17.4　Bookie 数据清除

第 13 章中说过，Pulsar Broker 根据 Retention 策略，会调用 bookKeeper.asyncDeleteLedger 方法删除 Ledger。实际上该方法只会删除 Ledger 的元数据，而 Ledger 内容的删除则由 GarbageCollectorThread 线程完成。

SingleDirectoryDbLedgerStorage 中会创建一个 GarbageCollectorThread，并调用 Garbage-CollectorThread#start 方法定时执行数据清除操作。

GarbageCollectorThread#runWithFlags 主要执行以下操作：

（1）清除已删除、不活跃的 Ledger。

（2）删除 Ledger 物理文件。

（3）合并 Ledger 物理文件。

下面介绍这些操作的流程。

1. 清除 Ledger

GarbageCollectorThread#doGcLedgers 负责清除已删除、不活跃的 Ledger，步骤如下：

（1）从 SingleDirectoryDbLedgerStorage#ledgerIndex 中获取当前 Bookie 存储所有的 Ledger。

（2）遍历上一步获取的 Ledger，从 ZooKeeper 中查找 Ledger 的元数据，如果元数据不存在或者该 Ledger 所有的 Fragment 都不包含当前 Bookie，则说明当前 Bookie 中该 Ledger 内容可以删除了。这时会调用 SingleDirectoryDbLedgerStorage#deleteLedger 方法，从 SingleDirectory-DbLedgerStorage 的 writeCache、ledgerIndex、entryLocationIndex 中删除该 Ledger 相关内容。

2. 删除 Ledger 物理文件

如果一个 Ledger 物理文件中的所有 Ledger 都已经被删除，则该 Ledger 物理文件可以直接删除。GarbageCollectorThread#doGcEntryLogs 方法负责删除这些 Ledger 物理文件，步骤如下：

（1）准备数据。GarbageCollectorThread#extractMetaFromEntryLogs 方法会读取 Ledger 物理文件的 LedgersMap 信息并存储在 GarbageCollectorThread#entryLogMetaMap 中。

（2）删除文件。GarbageCollectorThread#doGcEntryLogs 方法使用 LedgersMap 信息遍历所有 Ledger 物理文件，如果发现某个 Ledger 物理文件中所有的 Ledger 都删除了（通过 SingleDirectoryDbLedgerStorage#ledgerIndex 是否存在该 Ledger 来判断 Ledger 是否删除了），则将该 Ledger 物理文件删除。

3. 合并 Ledger 物理文件

如果一个 Ledger 物理文件中只有部分 Ledger 删除了，剩余部分 Ledger 没有删除，那么该文件并不能直接删除。由于这些 Ledger 物理文件中只有部分数据是有效的，为了避免这些 Ledger 物理文件占用过多空间，BookKeeper 可以将这些文件进行合并。

GarbageCollectorThread#doCompactEntryLogs 方法负责完成 Ledger 物理文件的合并操作，步骤如下：

（1）查询有效数据率小于指定阈值的 Ledger 物理文件。由于 LedgersMap 信息中存储了每个 Ledger 物理文件的所有 Ledger，以及 Ledger 大小、是否已删除等信息，利用这些信息可以计算 Ledger 物理文件中未删除的 Ledger 空间占比。

（2）遍历上一步获取的 Ledger 物理文件，将文件中未删除 Ledger 的数据重新写入 BookKeeper，这里的写入操作类似于新数据的写入。

（3）删除这些 Ledger 物理文件。

BookKeeper 支持两种合并模式：major 模式、minor 模式，这两个模式的逻辑相同，只是配置不同。

major 模式涉及以下配置：

- majorCompactionThreshold：如果 Ledger 物理文件的有效数据率小于该阈值，则合并该文件，默认值为 0.5。
- majorCompactionInterval：两次合并操作的执行时间间隔必须大于该阈值，默认值为 86400（1 天）。
- majorCompactionMaxTimeMillis：合并操作执行时间限制，每合并一个文件完成后都检查当前合并操作的总执行时间，如果超出该阈值，则退出操作。该配置的默认值为-1，即没有限制。

minor 模式涉及以下配置：

- minorCompactionThreshold：如果 Ledger 物理文件的有效数据比率小于该阈值，则合并该文件，默认值为 0.2。
- minorCompactionInterval：两次合并操作的执行时间间隔必须大于该阈值，默认值为 3600（1 小时）。
- minorCompactionMaxTimeMillis：合并操作执行时间限制，默认值为-1，即没有限制。

另外，gcWaitTime 配置项指定了 GC 线程执行时间间隔，默认值为 600000（ms）。

合并 Ledger 物理文件的操作如图 17-3 所示。

提示：WAL、组刷新等机制广泛应用于数据库实现中，如 MySQL 等，希望本章内容可以帮助读者触类旁通。

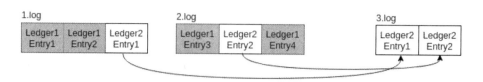

提示：Ledger1已删除

图 17-3

17.5 Bookie Recovery

在 BookKeeper 中，Ledger 最理想的状态是所有数据都满足 Qw（每个 Entry 都存储在其 WriteSet 的所有 Bookie 中）。如果 Ledger 的 Ensemble 中的 Bookie 下线，那么该 Ledger 中的数据不满足该状态，称为复制不足。

BookKeeper 提供了 AutoRecovery 机制，可以为这些 Ledger 恢复数据。

AutoRecoveryMain#start 方法启动以下两个线程：

- Auditor：检查 Ledger 是否复制不足。
- ReplicationWorker：恢复复制不足的 Ledger。

17.5.1 Auditor

Auditor 负责查找 Bookie 集群中复制不足的 Ledger。

由于 Bookie 集群中可能多个 Bookie 节点都启动了 Auditor 线程，因此 BookKeeper 会从中选举一个 leader 线程，由 leader 线程完成 Auditor 工作，其他线程处于待命状态。

leader 线程选举机制：Auditor 线程尝试在 ZooKeeper 中创建临时 ZK 节点，路径为 "/underreplication/auditorelection"。如果创建成功，则该 Auditor 线程成为 leader 线程，调用 Auditor#start 方法执行以下操作：

（1）注册 ZooKeeper 监听器，监听路径为 "/ledgers/available"。前面说了，每个 Bookie 启动时，都会在该 ZK 节点下创建临时的 ZK 子节点。通过监控该节点，当 Bookie 集群中有 Bookie 节点因故障下线后，Auditor 线程会收到通知。

（2）启动定时任务，负责定时检查 Bookie 是否正常运行。

当 leader 线程发现 Bookie 因故障下线时，则调用 Auditor#auditBookies 方法执行以下操作：给该下线 Bookie 负责的 Ledger 创建 ZK 节点，路径为/ledgers/underreplication/ledgers/{lederIDs}，代表该 Ledger 复制不足。

为什么同时需要 ZooKeeper 监听器和定时任务呢？因为定时任务执行频率不能过高，检测不及时。而 ZooKeeper 监听器在以下场景中会丢失 ZK 事件：Bookie 下线后，leader 线程收到 ZK 事件后也因为故障下线了，而新的 leader 线程并不会再收到该 ZK 事件，所以该 ZK 事件不会被处理，导致下线 Bookie 的 Ledger 一直处于复制不足的状态。

17.5.2　ReplicationWorker

当 Auditor 发现复制不足的 Ledger 后，由 ReplicationWorker 线程完成 Recovery 操作。

ReplicationWorker 线程监控 ZooKeeper 的 "/ledgers/underreplication" 节点，当发现新的复制不足的 Ledger 时，执行如下操作：

（1）调用 ZkLedgerUnderreplicationManager#getLedgerToRereplicate 方法获取复制不足的 Ledger，并执行以下操作：创建一个 ZK 节点，路径为 "/ledgers/underreplication/locks/urL{LedgerId}"。这是一个抢占操作，代表该 Ledger 由当前 Bookie 完成 Recovery 操作，当前其他 Bookie 不允许对该 Ledger 执行 Recovery 操作。

（2）执行以下步骤，恢复数据：

a.获取该 Ledger 中所有复制不足的 Fragment。

b.从 BookKeeper 中选择一个存活的 Bookie 节点，用于替代下线的节点。这里同样使用 Bookie 选择策略选择 Bookie 节点，该策略在前面已经介绍过了（这里会先过滤该 Ledger Ensemble 中已存在的 Bookie 节点）。

c.遍历所有的 Fragment，从 BookKeeper 中读取该 Fragment 所有的数据，并写入上一步选择的节点。

（3）操作成功后，删除 ZooKeeper 中/ledgers/underreplication/ledgers/、/ledgers/underreplication/locks/下该 Ledger 对应的 ZK 节点，Recovery 操作完成。

Bookie Recovery 操作流程如图 17-4 所示。

Bookie Recovery 机制相关配置项如下：

- autoRecoveryDaemonEnabled：是否启动 AutoRecovery 机制，默认值为 true。
- auditorPeriodicBookieCheckInterval：Auditor 检查 Bookie 的时间间隔，默认值为 86400（1 天）。
- auditorPeriodicCheckInterval：Auditor 检查 Ledger 的时间间隔，Auditor 除了检查 Bookie，还会对所有的 Ledger 进行检查，默认值为 604800（7 天）。

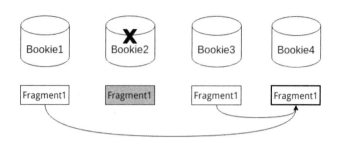

提示：Bookie2 因故障下线，该 Bookie 负责的 Fragment 被复制到 Bookie4

图 17-4

17.6 本章总结

本章分析了 BookKeeper 的数据存储机制，包含 Journal、Ledger 文件的读写流程、缓存与刷新机制，以及数据清除、数据恢复等内容，这部分内容可以帮助读者理解 BookKeeper 如何设计并实现一个高性能的分布式存储系统。

第 4 部分
事务与 KRaft 模块

- 第 18 章　Kafka 与 Pulsar 事务概述
- 第 19 章　Kafka 事务的设计与实现
- 第 20 章　KRaft 模块概述
- 第 21 章　KRaft 模块的设计与实现原理

第 18 章
Kafka 与 Pulsar 事务概述

本章将介绍 Kafka 和 Pulsar 中的事务机制及事务使用方式。

18.1 为什么需要事务

在 MySQL 等传统数据库中，事务是非常关键的，它可以保证一个业务内的多个写入操作的原子性。比如典型的转账操作，转出、转入涉及的数据库操作应该放在一个事务中，从而保证这两个操作要么都执行，要么都不执行。而在消息队列中，这种典型的事务操作就是 Flink 等流计算框架的 consume-process-produce 场景：从 Kafka 和 Pulsar 的源主题中获取数据，经过计算处理后，将结果写入目标主题。在这种场景中，通常需要保证多个读取、写入操作的原子性，即消费源主题、提交偏移量、发送结果到目标主题，这些操作要么都不执行，要么都执行成功。

consume-process-produce 流程示例如图 18-1 所示。

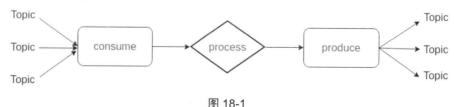

图 18-1

比如当前存在订单主题 order-topic，主题消息中存在订单金额、时间等属性，现在需要统计每天订单的订单总额，则步骤如下：

（1）创建一个消费者，从 order-topic 中读取订单消息。

（2）将订单金额添加到对应日期的统计结果中。

（3）提交 order-topic 的 ACK 偏移量。

（4）将统计结果发送到目标主题 sum-topic 中。

在这个例子中，假设前两步执行成功，后两步执行失败，那么不管是否重新计算该订单的金额，都会导致最终统计结果错误（该订单的金额重复统计或者没有统计）。

考虑到这些应用场景，Kafka 和 Pulsar 等消息系统也提供了事务机制。事务（txn）保证应用程序能够在一个原子操作中消费、处理和发送消息。开启事务后，如果事务中某个操作失败了，则事务中所有的操作都会回退。

18.1.1 幂等发送

Kafka 和 Pulsar 的事务都是在"精确一次"（Exactly-Once Semantics，EOS）的语义上扩展的。这里先介绍"精确一次"的概念。

针对消息系统处理消息的次数，系统提供如下语义保证：

- "最多一次"：一条消息最多被处理一次，但可能丢失消息。
- "最少一次"：一条消息可能发送多次，保证每条消息至少被正确地处理一次，消息不丢失，但可能导致消息重复。
- "精确一次"：一个消息只会被正确地处理一次。

Kafka 生产者提供了重试机制，默认支持最少一次语义，如果由于网络故障、Broker 重启等原因，导致生产者发送消息失败，则生产者可以重复发送消息。

Pulsar 生产者不提供重试机制，发送消息失败后由应用程序决定处理方式。

Kafka 幂等发送机制的设计

Kafka 和 Pulsar 都提供了幂等发送机制，使生产者能够"精确一次"地发送消息。该机制的设计思路就是给每个消息（或者消息批次）绑定一个序列号，Broker 在写入消息前，检查该序列号是否已存在，如果已存在。则说明这是一个重复的消息，应该抛弃该消息。

启用幂等发送机制后可以避免消息丢失或重复，但幂等发送机制存在如下不足：

（1）只能保证单个写入操作的幂等，不能保证多个写操作的原子性，更不能保证 consume-process-produce 场景中多个操作的原子性。

（2）不能跨会话，即生产者重启后，Broker 都会给它分配一个新的 PID，所以幂等发送机制只能在一个会话中保证消息被幂等发送。

（3）不能保证消费者的幂等消费。消费者可能因为没有成功提交 ACK 偏移量而重复消费消息。

后面我们会介绍 Kafka 幂等机制的实现方式，读者就可以了解为什么该机制存在这些局限。

18.1.2 事务保证

由于生产者幂等发送机制无法为 consume-process-produce 场景提供底层支持，因此 Kafka 和 Pulsar 提供了事务机制，事务提供以下保证：

（1）原子性。

一个事务内的多个操作，要么全部不执行，要么全部执行成功。

（2）跨分区、跨主题。

一个事务中的多个操作可以跨分区、跨主题。

（3）隔离性。

隔离性是指消费者是否能够读取未提交事务的消息。Pulsar 中的消费者只能读取已提交事务的消息，而 Kafka 提供了两种类型的隔离级别：

- UNCOMMITTED：消费者可以读取未提交的事务消息，这是 Kafka 默认的隔离级别。
- COMMITTED：消费者只能读取已提交事务的消息。消费者将消费者配置项 isolation.level 设置为 read_committed 即可开启该隔离级别。

（4）"精确一次"的语义。

事务保证了"精确一次"的语义，保证只提交一次事务，不会丢失数据或重复处理数据（即使发生故障）。

18.2 Kafka 事务应用示例

下面介绍 Kafka 事务的使用方式。

（1）Kafka 中启用事务，需要在生产者中设置 transactional.id 参数，该参数需要保持唯一性，并且生产者重启后也不能变化。另外，生产者配置项 transaction.timeout.ms 指定了事务超时时间，默认值为 60000（1 分钟），即事务每隔 1 分钟必须提交或回退一次，否则将超时自动回退。

（2）KafkaProducer 提供了以下方法用于处理事务。

- initTransactions：初始化事务。

- beginTransaction：开启事务。
- sendOffsetsToTransaction：将消费成功的 ACK 偏移量发送给事务并作为事务的一部分，当事务成功提交后，Kafka 会要求消费组协调者提交 ACK 偏移量。
- commitTransaction：提交当前事务的所有操作。
- abortTransaction：回退当前事务的所有操作。

提示：sendOffsetsToTransaction 方法可以将消费者的 ACK 偏移量发送给事务，而仅当事务提交成功后，消费组协调者才会提交这些 ACK 偏移量，从而保证 consume-process-produce 场景中 consume、produce 操作的原子性。

下面是一个简单的事务使用示例，生产者使用事务保证发送给多个主题的消息的操作原子性：

```java
Properties props = new Properties();
props.put(ProducerConfig.BOOTSTRAP_SERVERS_CONFIG, "localhost:9092");
props.put(ProducerConfig.KEY_SERIALIZER_CLASS_CONFIG,
StringSerializer.class.getName());
props.put(ProducerConfig.VALUE_SERIALIZER_CLASS_CONFIG,
StringSerializer.class.getName());

props.put(ProducerConfig.ENABLE_IDEMPOTENCE_CONFIG, "true");
props.put(ProducerConfig.TRANSACTIONAL_ID_CONFIG, "mul-producer");
// 【1】
KafkaProducer producer = new KafkaProducer<String, String>(props);
// 【2】
producer.initTransactions();
// 【3】
producer.beginTransaction();
try {
    // 【4】
    producer.send(new ProducerRecord<String, String>("a-topic", "1", "message-a"));
    producer.send(new ProducerRecord<String, String>("b-topic", "1", "message-b"));
    // 【5】
    producer.commitTransaction();
} catch (Exception e) {
```

```
        // 【6】
        producer.abortTransaction();
    }

    producer.close();
```

【1】创建生产者。注意这里将配置项 enable.idempotence 设置为 true（启动生产者幂等发送机制），并设置了配置项 transactional.id。

【2】初始化事务环境。

【3】开启事务。

【4】发送消息。这里给多个主题发送了消息，但由于事务未提交，因此 READ_COMMITTED 隔离级别下的消费者无法读取这些消息。

【5】提交事务，即提交第【4】步的消息，提交后所有消费者都可以读取这些消息。

【6】如果发生异常，则回退事务，即第【4】步的所有消息都将回退。

下面是一个 consume-process-produce 的使用示例，将主题 a-topic 的消息内容添加后缀"-convert"后转发到主题 b-topic 中：

```
// 【1】
private static Properties getProducerPro() {
    Properties props = new Properties();
    props.put(ProducerConfig.BOOTSTRAP_SERVERS_CONFIG, "localhost:9092");
    props.put(ProducerConfig.KEY_SERIALIZER_CLASS_CONFIG,
StringSerializer.class.getName());
    props.put(ProducerConfig.VALUE_SERIALIZER_CLASS_CONFIG,
StringSerializer.class.getName());
    props.put(ProducerConfig.ENABLE_IDEMPOTENCE_CONFIG, "true");
    props.put(ProducerConfig.TRANSACTIONAL_ID_CONFIG, "convert-process");
    return props;
}

private static Properties getConsumerPro() {
    Properties props = new Properties();
    props.put(ConsumerConfig.BOOTSTRAP_SERVERS_CONFIG, "localhost:9092");
    props.put(ConsumerConfig.KEY_DESERIALIZER_CLASS_CONFIG,
StringDeserializer.class.getName());
    props.put(ConsumerConfig.VALUE_DESERIALIZER_CLASS_CONFIG,
```

```java
            StringDeserializer.class.getName());
        props.put(ConsumerConfig.ENABLE_AUTO_COMMIT_CONFIG, false);
        props.put(ConsumerConfig.GROUP_ID_CONFIG, "convert-group");
        return props;
    }

    public static void main(String[] args) throws ExecutionException,
InterruptedException {
        KafkaProducer producer = new KafkaProducer<String, String>(getProducerPro());

        KafkaConsumer consumer = new KafkaConsumer<String, String>(getConsumerPro());
        consumer.subscribe(Arrays.asList("a-topic"));

        // 【2】
        producer.initTransactions();
        while (true) {
            // 【3】
            ConsumerRecords<String, String> records =
                    consumer.poll(Duration.ofMillis(1000));
            if (!records.isEmpty()) {
                Map<TopicPartition, OffsetAndMetadata> offsets = new HashMap<>();
                // 【4】
                producer.beginTransaction();
                try {
                    // 【5】
                    for (TopicPartition partition : records.partitions()) {
                        List<ConsumerRecord<String, String>> partitionRecords =
records.records(partition);
                        for (ConsumerRecord<String, String> record : partitionRecords) {
                            // 【6】
                            ProducerRecord<String, String> producerRecord =
                                    new ProducerRecord<>("b-topic", record.key(),
                                            record.value() + "-convert");
                            producer.send(producerRecord);
                        }
                        // 【7】
                        long lastConsumedOffset =
partitionRecords.get(partitionRecords.size() - 1).offset();
```

```
                offsets.put(partition, new
OffsetAndMetadata(lastConsumedOffset + 1));
            }
            // 【8】
            producer.sendOffsetsToTransaction(offsets,new
ConsumerGroupMetadata("convert-group"));
            // 【9】
            producer.commitTransaction();
        } catch (Exception e) {
            // 【10】
            producer.abortTransaction();
            // 根据具体需求，处理异常
            ...
        }
    }
 }
}
```

【1】准备生产者、消费者的属性，用于构建生产者、消费者。注意这里将消费者属性 enable.auto.commit 设置为 false，禁止消费者自动提交偏移量。

【2】初始化事务环境。

【3】消费者接收消息。

【4】处理消息前开启事务。

【5】将消息按分区进行分组处理。

【6】处理消息，并将处理结果发送给目标主题。

【7】获取该分区已处理的偏移量 lastConsumedOffset，并计算该分区下一次拉取消息的偏移量（即 ACK 偏移量）。

【8】提交消费者 ACK 偏移量。

【9】提交事务。

【10】如果发生异常，则回退事务，即第【6】～【9】步的操作都会回退，这时需要根据具体需求，执行对应处理操作，如重新处理消息。

18.3　Pulsar 事务应用示例

Pulsar 2.8 引入了事务机制，与 Kafka 事务的实现基本一致。

下面介绍 Pulsar 中事务的应用。

（1）在 Broker 添加以下配置项以启用事务：

transactionCoordinatorEnabled=true

（2）下面是一个 consume-process-produce 的使用示例，同样是将主题 a-topic 的消息内容添加后缀 "-convert" 后转发到主题 b-topic 中：

```java
public static void main(String[] args) throws PulsarClientException,
ExecutionException, InterruptedException {
    // 【1】
    PulsarClient client = PulsarClient.builder()
            .serviceUrl("pulsar://127.0.0.1:6650")
            .enableTransaction(true)
            .build();
    // 【2】
    Consumer<String> consumer = client.newConsumer(Schema.STRING)
            .topic("my-tenant/my-namespace/a-topic").subscriptionName(subName).subscribe();
    Producer<String> producer = client.newProducer(Schema.STRING)
            .sendTimeout(0,
TimeUnit.SECONDS).topic("my-tenant/my-namespace/b-topic").create();

    while(true) {
        // 【3】
        Transaction txn = client.newTransaction()
                .withTransactionTimeout(1, TimeUnit.MINUTES)
                .build().get();
        // 【4】
        Message<String> message = consumer.receive();
        MessageId sendMsg = producer.newMessage(txn).value(message.getValue() +
"-convert").send();

        // 【5】
        consumer.acknowledgeAsync(message.getMessageId(), txn);
        // 【6】
        txn.commit();
    }
```

【1】构建 Client,注意这里调用了 enableTransaction 方法启动事务。

【2】构建消费者、生产者。注意,生产者 sendTimeout 需要设置为 0。

【3】构建事务实例。

【4】使用消费者接收消息,并对消息进行转换,将转换结果发送给新的主题。注意,发送的消息中需要携带事务实例(在 newMessage 方法中传入事务实例)。

【5】提交已消费成功的消息 Id,这里同样要提供事务实例作为 acknowledgeAsync 方法参数。

【6】提交事务。

可以看到,Pulsar 中事务的使用方法与 Kafka 是非常类似的。

18.4 本章总结

本章介绍了 Kafka 与 Pulsar 的事务机制与使用示例。通过本章内容,读者可以了解 Kafka 与 Pulsar 中事务的作用,以及如何使用事务。

第 19 章 Kafka 事务的设计与实现

本章将深入介绍 Kafka 中事务的设计与实现。

由于 Pulsar 事务的设计与 Kafka 类似，本书不介绍 Pulsar 事务的实现，读者可以自行了解。

19.1 Kafka 的事务设计

Kafka 0.11 引入了事务机制。Kafka 事务主要提供以下保证：

- 支持多个操作的原子性执行：多个操作要么全部不执行，要么全部执行，并且这些操作可以跨主题、跨分区。
- 准确一次的语义保证，事务中的操作只会执行一次。
- 支持消费者中不同的隔离级别：UNCOMMITTED 隔离级别可以读取未提交的事务消息；COMMITTED 隔离级别只能读取已提交事务的消息。

Kafka 是分布式系统，不同的主题、分区数据存储在不同的 Broker 节点上。要支持跨主题、分区的原子性操作，必须实现分布式事务。Kafka 使用的是类似于 2PC 的协议实现分布式事务。

提示：实现分布式事务的协议有 2PC、3PC 及 TCC 等，本书不深入介绍，读者可以自行了解。

下面介绍 Kafka 事务实现的关键点。

1. 生产者幂等发送机制

Kafka 事务是在生产者幂等发送机制之上实现的。为了实现生产者的幂等发送机制，Kafka

引入了 Producer Id（即 PID）和消息批次序号 Sequence Number。生产者初始化时，要求 Broker 给它分配一个唯一的 Producer Id，并且生产者为每一个分区维护一个从 0 开始单调递增的消息序号 Sequence Number。

提示：Producer Id 不会暴露给用户，对于用户是完全透明的。

生产者发送消息时，会将 PID、Sequence Number 作为消息批次的属性中发送给 Broker，并且每发送一个消息批次后就将该序列号加一。

Broker 会记录所有生产者下每个分区的最新序号。当 Broker 收到消息批次时，使用 Producer Id 查询对应的生产者，并获取分区的最新序号，与生产者发送的消息批次的序号进行对比：

- 如果生产者发送的消息序号比 Broker 记录的最新序号大于 1 以上，则说明中间有数据尚未写入，即乱序，此时 Broker 拒绝该消息。
- 如果生产者发送的消息序号小于或等于 Broker 记录的最新的序号，则说明该消息已被保存，为重复消息，Broker 直接丢弃该消息。

Kafka 使用生产者配置项 enable.idempotence 启用生产者幂等发送机制。

2. Kafka 提供 Transaction Id 来标识不同的事务

生产者要使用事务，都必须设置 transactional.id 配置项来指定一个唯一的 Transaction Id。另外，为了生产者重启后继续提交或回退事务，该 Transaction Id 必须是稳定的（重启后不变）。下面将该 Id 称为事务 Id。

提示：Kafka 生产者设置 transactional.id 配置项后，默认也会启动生产者的幂等发送机制。

为了保证新生产者启动后，具有相同 Transaction Id 的旧生产者立即失效，每次生产者初始化时，还会获取一个单调递增的 Produce Epoch。生产者发送请求中会携带该 Epoch，由于旧生产者的 Epoch 比新生产者的 Epoch 小，因此 Kafka 可以抛弃那些旧生产者的请求。

3. 引入事务协调者

Kafka 引入了事务协调者，从 Broker 节点中选出一个事务协调者，协同 Kafka 集群完成事务的提交、回退等操作。

提示：本章涉及消费组协调者、事务协调者两个概念，如无特殊说明，本章说的"协调者"指的是事务协调者。

4. 事务信息的存储

为了支持协调者故障转移及事务恢复，Kafka 需要存储事务中的信息，如事务包含的分区（该事务所有消息的分区，为了描述方便，下面将这些分区称为事务分区）、事务中提交的偏移量等内容。Kafka 中定义了一个内部主题：__transaction_state，用于存储事务的信息，下面将该主题称为事务状态主题。

5. 事务处理流程

本书将 Kafka 事务处理流程分为事务初始化、处理事务消息、提交事务 3 个子流程。

Kafka 事务初始化的流程如图 19-1 所示。

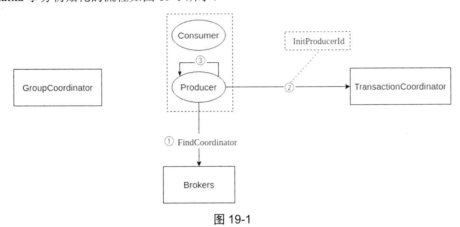

图 19-1

（1）生产者选择一个当前待完成请求最少的 Broker 节点发送 FindCoordinator 请求，查询协调者。该 Broker 会将协调者返回给生产者。

（2）生产者发送 InitProducerId 请求给协调者，协调者会生成 PID、Producer Epoch 并返回给生产者。

（3）生产者启动事务。

Kafka 处理事务消息的流程如图 19-2 所示。

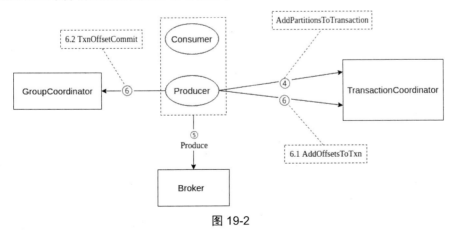

图 19-2

（4）生产者发送消息前，会先发送 AddPartitionsToTransaction 请求给协调者，请求内容中携带了事务分区信息。协调者收到该请求后，会将事务分区信息存储到事务状态主题中。

（5）生产者发送 Produce 请求，将消息发送给 Broker。该步骤与普通的生产者基本一致，区分在于 Broker 会将这些消息标志为未提交消息。如果消费者启用了 COMMITTED 隔离级别，则无法读取事务中的未提交消息。

（6）生产者提交分区偏移量。这里有两个步骤：

（6.1）生产者发送 AddOffsetsToTxn 请求给协调者，请求中携带了 ACK 偏移量，协调者收到该请求后会将偏移量信息存储到事务状态主题中。

（6.2）生产者发送 TxnOffsetCommit 请求给消费组协调者，请求中携带了 ACK 偏移量，消费组协调者将存储这些 ACK 偏移量，注意这时消费组协调者并没有提交 ACK 偏移量。

Kafka 提交事务的流程如图 19-3 所示。

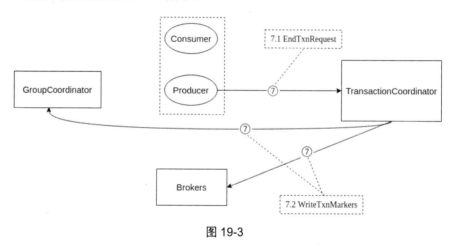

图 19-3

（7）提交事务（回退事务）。步骤如下：

（7.1）生产者发送 EndTxnRequest 请求给协调者。请求中携带了提交事务或回退事务的标志，这里只关注提交事务的逻辑。协调者收到 EndTxnRequest 请求后，将事务状态切换到 PREPARE_COMMIT 状态，并将该 PREPARE_COMMIT 状态写入事务状态主题。写入成功后，协调者返回事务提交成功的响应给生产者。

（7.2）由协调者完成事务提交流程，协调者会发送 WriteTxnMarkers 请求给事务分区的 leader 副本和消费组协调者。leader 副本和消费组协调者收到 WriteTxnMarkers 请求后，分别提交事务中的消息和 ACK 偏移量，并返回响应给协调者。协调者收到所有 leader 副本和消费组协调者返回的响应后，将事务转化为 COMPLETE_COMMIT 状态，并将 COMPLETE_COMMIT 状态写入事务状态主题，到此该事务提交完成。

读者对这个流程是不是有点熟悉？不错，事务协调者完成事务的流程与前面"消费组协调者完成消费者分区分配"的流程是类似的。

6. 协调者故障转移

当事务进入 PREPARE_COMMIT 状态后，协调者已经将事务分区、偏移量等内容存储到事务状态主题中，接下来需要由协调者完成事务。如果在完成事务前，该协调者因故障下线了，那么 Kafka 会选举新的协调者，从日志中加载这些处于 PREPARE_COMMIT 状态的事务，并继续完成该事务。

19.2 事务初始化流程

下面通过源码分析 Kafka 的事务的实现原理。

19.2.1 事务定义

1. 生产者事务定义

在生产者中，KafkaProducer#transactionManager 是一个 TransactionManager 实例，负责管理事务。

KafkaProducer 事务相关的关键属性如图 19-4 所示。

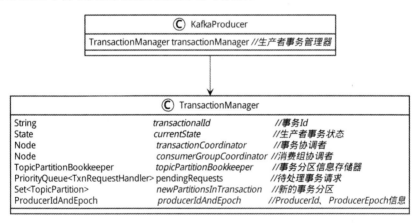

图 19-4

从图 19-4 可以看到，TransactionManager 存在两个协调者：

- consumerGroupCoordinator：消费组协调者，生产者会将 ACK 偏移量发送给消费组协调者。

- transactionCoordinator：事务协调者。

TransactionManager#currentState 属性存储了生产者视图下的事务状态（下面称为生产者事务状态），其关键状态如下：

- UNINITIALIZED：未初始化。
- INITIALIZING：正初始化中。
- READY：事务已经准备好，可以发送消息了。初始化完成后或者事务提交（或回退）完成后回到该状态。
- IN_TRANSACTION：事务处理中。
- COMMITTING_TRANSACTION：事务正提交（这时协调者未返回成功响应，当协调者返回成功响应后将回到 READY 状态）。
- ABORTING_TRANSACTION：事务正回退。
- ABORTABLE_ERROR、FATAL_ERROR：异常状态。

2. 协调者事务定义

在协调者中，TransactionCoordinator 代表一个协调者，其关键属性如图 19-5 所示。

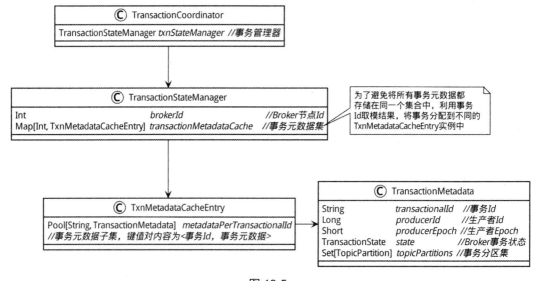

图 19-5

TransactionMetadata 存储了一个事务的元数据，TransactionMetadata#state 属性存储了协调者视图下该事务的状态（下面称为协调者事务状态），其关键状态如下：

- EMPTY：初始状态。

- ONGOING：事务进行中。
- PREPARE_COMMIT、PREPARE_ABORT：预提交（回退）状态，协调者收到 EndTxn 请求后切换到该状态。
- COMPLETE_COMMIT、COMPLETE_ABORT：提交（回退）完成状态，协调者收到事务所有 Broker 的 WriteTxnMarkers 响应后切换到该状态。

下面为了描述方便，将协调者中的 TransactionStateManager 称为事务管理器，该类负责管理事务，将 TransactionStateManager#transactionMetadataCache 称为事务元数据集，该集合存储了所有事务的元数据，将每个事务对应的 TransactionMetadata 实例称为事务元数据。

19.2.2 生产者初始化事务

1. 生产者查找协调者

在生产者中，TransactionManager#pendingRequests 是一个待处理请求的队列，用于存储待发送的事务相关请求，下面称其为待处理请求队列。队列元素类型为 TxnRequestHandler，代表一个待处理的事务相关操作，可以生成一个事务请求，后面介绍的 InitProducerIdHandler、AddPartitionsToTxnHandler、TxnOffsetCommitHandler 都继承自 TxnRequestHandler。

Sender#runOnce 方法调用 Sender#maybeSendAndPollTransactionalRequest 方法，该方法是生产者处理事务的核心方法，专门负责发送待处理请求队列中的事务请求，或者执行事务相关的操作：

```
private boolean maybeSendAndPollTransactionalRequest() {
    ...
    // 【1】
    TransactionManager.TxnRequestHandler nextRequestHandler =
transactionManager.nextRequest(accumulator.hasIncomplete());
    if (nextRequestHandler == null)
        return false;
    AbstractRequest.Builder<?> requestBuilder = nextRequestHandler.requestBuilder();

    Node targetNode = null;
    try {
        // 【2】
        FindCoordinatorRequest.CoordinatorType coordinatorType =
nextRequestHandler.coordinatorType();
        targetNode = coordinatorType != null ?
```

```
                transactionManager.coordinator(coordinatorType) :
                client.leastLoadedNode(time.milliseconds());

        // 【3】
        if (targetNode != null) {
            if (!awaitNodeReady(targetNode, coordinatorType)) {
                maybeFindCoordinatorAndRetry(nextRequestHandler);
                return true;
            }
        } else if (coordinatorType != null) {
            maybeFindCoordinatorAndRetry(nextRequestHandler);
            return true;
        } ...

        // 【4】
        long currentTimeMs = time.milliseconds();
        ClientRequest clientRequest = client.newClientRequest(targetNode.idString(),
requestBuilder, currentTimeMs, true, requestTimeoutMs, nextRequestHandler);

        client.send(clientRequest, currentTimeMs);

transactionManager.setInFlightCorrelationId(clientRequest.correlationId());
        client.poll(retryBackoffMs, time.milliseconds());
        return true;
    } ...
}
```

【1】TransactionManager#nextRequest 方法会从待处理请求队列中获取下一个 TxnRequestHandler，并生成一个 requestBuilder，该 requestBuilder 负责生成下一个事务请求。

【2】nextRequestHandler.coordinatorType 方法返回下一个事务请求的目标节点类型，这里分为 3 种情况：

（1）如果是 FindCoordinatorHandler（查找事务协调者操作），则该方法返回 null，这时会调用 client.leastLoadedNode 方法查找一个未完成请求最少的 Broker 节点并将其作为目标节点。

（2）如果是 txnOffsetCommitHandler（提交消费组偏移量操作），则该方法返回 GROUP 类型，这时目标节点为消费组协调者（TransactionManager#consumerGroupCoordinator）。

（3）如果是其他 TxnRequestHandler，那么该方法返回 TRANSACTION 类型，则目标节点为事务协调者（TransactionManager#transactionCoordinator）。

【3】如果目标节点未准备好，或者目标节点为空（TransactionManager#consumerGroupCoordinator 或 TransactionManager#transactionCoordinator 为空），则说明需要查找目标节点（即查找事务协调者或消费组协调者）。这时会调用 maybeFindCoordinatorAndRetry 方法生成一个 FindCoordinatorHandler，放入待处理请求队列，并将第【1】步获得的 TxnRequestHandler 重新放入待处理请求队列，以便获取目标节点成功后再处理该 Handler。

【4】如果执行到这里，说明已经找到目标节点，发送请求到目标节点。

可以看到，Sender#maybeSendAndPollTransactionalRequest 会完成查找协调者、发送事务请求等工作。

所以，生产者初始化事务时首先需要查找协调者，执行步骤如下：

（1）FindCoordinatorHandler 发送 FindCoordinator 请求给未完成请求最少的 Broker 节点。

（2）Broker 调用 KafkaApis#getCoordinator 方法处理该请求，执行以下操作，找到该生产者的事务协调者：

a.计算该事务在事务状态主题中的存储分区，计算规则为 Hash(transactionalId)%partitionNum。

b.找到上一步计算的分区的 leader 副本，将其 leader 副本作为该事务的事务协调者。

c.返回事务协调者给生产者。

这里与消费组查找消费组协调者类似。

（3）生产者调用 FindCoordinatorHandler#handleResponse 处理 FindCoordinator 响应，将协调者信息存储在 TransactionManager#transactionCoordinator 中，以便后续给协调者发送消息。

2. 生产者初始化事务流程

生产者执行如下操作，初始化事务状态：

（1）在生产者中，KafkaProducer#initTransactions 方法调用 TransactionManager#initializeTransactions 方法给协调者发送 InitProducerIdRequest 请求，并将事务 Id 发送给协调者。

（2）在协调者中调用 TransactionCoordinator#handleInitProducerId 方法处理该请求，执行以下操作：

a.生成 ProducerId、Producer Epoch。

b.创建事务元数据 TransactionMetadata 实例并存储在事务元数据集中。

c.返回 ProducerId、Producer Epoch 给生产者，并初始化协调者事务状态为 Empty。

（3）生产者收到协调者返回的响应，调用 InitProducerIdHandler#handleResponse 执行如下操作：

a.获取 ProducerId、Producer Epoch 并存储在 TransactionManager#producerIdAndEpoch 中。

b.生产者事务状态切换到 State.READY 状态。

到这里，生产者和 Broker 都已初始化完成。

提示：协调者保证 ProducerId 是一个唯一的递增整数，它通过 ZooKeeper 生成 ProducerId，并且每次申请 1000 个 Id，再将最新的 ProducerId 信息写到 ZK 节点 "/latest_producer_id_block" 中，执行以下命令可查看该 ZK 节点内容：

```
zk> get /latest_producer_id_block
{"version":1,"broker":0,"block_start":"0","block_end":"999"}
```

19.2.3　生产者启动事务

事务初始化完成后，生产者需要调用 KafkaProducer#beginTransaction 方法启动事务。该方法会调用 TransactionManager#beginTransaction 方法，将生产者事务状态修改为 State.IN_TRANSACTION，这时，生产者就可以发送消息了。上述内容比较简单，不再赘述。

19.3　事务消息发送与处理流程

19.3.1　事务分区发送与处理流程

1. 生产者发送事务分区

生产者在发送消息到 Broker 前，需要将消息的分区发送给协调者，协调者会将这些事务分区信息存储到事务状态主题中。

启动事务后，KafkaProducer#doSend 方法发送消息时，会调用 TransactionManager#maybeAddPartitionToTransaction 方法将分区信息添加到 TransactionManager#newPartitionsInTransaction 中，该 newPartitionsInTransaction 属性是一个 Set 集合，存储了待发送的分区信息，下面将其称为待发送分区集合。

前面说了，TransactionManager#nextRequest 方法负责获取待处理请求队列中下一个待处理的 TxnRequestHandler，如果该方法发现待发送分区集合不为空，则创建一个 AddPartitionsToTxnHandler 实例并添加到生产者的待处理请求队列 pendingRequests 中，AddPartitionsToTxnHandler 会通过 AddPartitionsToTransaction 请求将分区信息发送给协调者。

2. 协调者处理事务分区

在协调者中，调用 TransactionCoordinator#handleAddPartitionsToTransaction 方法处理

AddPartitionsToTransaction 请求，执行以下操作：

（1）从事务元数据集中找到该事务的元数据 TransactionMetadata，生成一个新的事务元数据，并将请求中的分区信息添加到新的事务元数据 TransactionMetadata#topicPartitions 属性中。

（2）调用 TransactionStateManager#appendTransactionToLog 方法执行以下操作：

a.调用 ReplicaManager#appendRecords 方法将新的事务元数据保存到事务状态主题中。

b.调用 TransactionMetadata#completeTransitionTo 方法将新的元数据保存到事务元数据集中，替换旧的元数据。

提示：这里会将协调者事务状态切换到 Ongoing 状态，协调者事务状态可以从 Empty/CompleteAbort/CompleteCommit 切换到 Ongoing 状态，所以生产者提交（或回退）事务完成后，可以调用 KafkaProducer#beginTransaction 方法重新开启该事务。

注意，由于一个事务可以重复开启，因此为了避免同一个事务不同轮次的消息相互混淆（这里将事务从开始到提交完成的一个过程称为一个轮次），在生产者进入下一轮事务前，协调者需要保证该一个事务前一轮次已经完成。

在 TransactionCoordinator#handleAddPartitionsToTransaction 方法中可以看到，协调者会检查该生产者当前的事务状态，如果发现当前事务处于 PrepareCommit、PrepareAbort 等状态（说明该事务的前一轮次未完成），则返回异常，不接受生产者提交的事务分区，这时生产者会等待一段时间再重新提交分区信息。

19.3.2 生产者发送事务消息

生产者给协调者发送事务分区信息后，就可以发送消息了。

下面介绍生产者如何为消息批次生成序号。

在生产者中，TransactionManager#topicPartitionBookkeeper 属性是一个 TopicPartitionBookkeeper 实例，TopicPartitionBookkeeper#topicPartitions 属性是一个 Map，键值对内容是"`<TopicPartition, TopicPartitionEntry>`"，TopicPartitionEntry 中存储了分区的 producerIdAndEpoch、nextSequence（下一个序号）、lastAckedSequence（最后确认的序号）等信息，生产者使用这些信息为消息批次生成序号。

第 8 章中说过，生产者发送消息时，Sender 线程调用 RecordAccumulator#drainBatchesForOneNode 方法从生产者累积器中获取消息批次：

```
// 【1】
boolean isTransactional = transactionManager != null &&
```

```
transactionManager.isTransactional();
    ProducerIdAndEpoch producerIdAndEpoch =
        transactionManager != null ? transactionManager.producerIdAndEpoch() : null;
    ProducerBatch batch = deque.pollFirst();

    if (producerIdAndEpoch != null && !batch.hasSequence()) {
        // 【2】
        transactionManager.maybeUpdateProducerIdAndEpoch(batch.topicPartition);
        // 【3】
        batch.setProducerState(producerIdAndEpoch, transactionManager.sequenceNumber
(batch.topicPartition), isTransactional);
        // 【4】
        transactionManager.incrementSequenceNumber(batch.topicPartition,
batch.recordCount);
        ...
        transactionManager.addInFlightBatch(batch);
    }
```

【1】获取最新的消息批次，并判断是否为事务中的消息。

【2】执行到这里，说明生产者开启了幂等发送机制，检查 topicPartitionBookkeeper 中是否存在该分区信息，如果不存在，则初始化该分区信息。

【3】利用 topicPartitionBookkeeper 中该分区的 nextSequence 给消息批次设置序号，这里也给消息批次设置了事务消息标志（isTransactional）。提示：序号、事务消息标志存储在消息属性 baseSequence、isTransactional 中。

【4】增加 topicPartitionBookkeeper 中该分区的序号 nextSequence。

从上面的代码可以看到，生产者发送事务消息前，会给消息批次设置序号、事务消息标志，这些工作完成后，生产者就可以正常发送事务消息了，该发送流程与第 8 章介绍的非事务消息发送流程一致。

19.3.3 Broker 处理事务消息

下面分析 Broker 中如何处理事务消息，主要涉及以下内容：

（1）Broker 如何利用消息序号处理重复消息批次。

（2）Broker 对事务消息的处理。

前面说了，生产者通过 Produce 请求将消息发送给 Broker，而 Broker 调用 ReplicaManager#appendRecords 方法处理消息。

另外，协调者事务状态切换到 PREPARE_COMMIT 状态后，会给事务分区的 leader 副本发送 WriteTxnMarkers 请求，要求 leader 副本提交事务中的消息，leader 副本调用 KafkaApis#handleWriteTxnMarkersRequest 方法处理 WriteTxnMarkers 请求，执行如下操作：

（1）使用请求中的 producerId、producerEpoch 等属性生成一个消息批次。

（2）调用 ReplicaManager#appendRecords 方法处理上一步生成的消息批次。

下面介绍 ReplicaManager#appendRecords 方法中的两个关键逻辑：

- Broker 处理生产者 Produce 请求的消息批次。
- Broker 处理协调者 WriteTxnMarkers 请求生成的消息批次。

在 Broker 中，Log 类型中定义了如图 19-6 所示的事务相关的属性。：

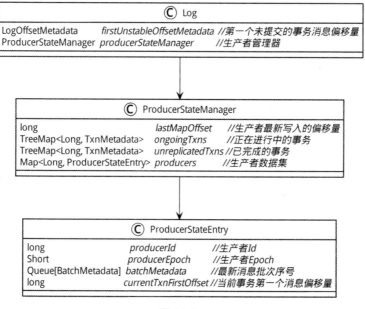

图 19-6

提示：

（1）Log#firstUnstableOffsetMetadat 属性记录了该分区第一个未提交事务消息的偏移量，用于计算 LSO（LastStableOffset，最新稳定消息偏移量）。LSO 取分区高水位、Log#firstUnstableOffsetMetadat 中的较小值，如果消费组启用了 COMMITTED 隔离级别，则只能读取 LSO 前的数据。

（2）ProducerStateManager#ongoingTxns 是一个 Map 实例，存储了正在进行中的事务，键值对内容为"<offset, TxnMetadata>"，offset 为该事务第一个消息偏移量，TxnMetadata 存储了事务的基础信息。ProducerStateManager# unreplicatedTxns 属性则存储了已完成的事务（注意这些事务的消息还没有同步给 follow 副本）。

第 14 章中说过，在 Broker 中调用 Log#append 写入消息内容，该方法写入消息前会调用 Log#analyzeAndValidateProducerState 方法检验消息批次的内容：

```scala
private def analyzeAndValidateProducerState(appendOffsetMetadata: LogOffsetMetadata,
                                            records: MemoryRecords,
                                            origin: AppendOrigin):
(mutable.Map[Long, ProducerAppendInfo], List[CompletedTxn], Option[BatchMetadata]) = {
   ...
   // 【1】
   records.batches.forEach { batch =>
     if (batch.hasProducerId) {
       if (origin == AppendOrigin.Client) {
         // 【2】
         val maybeLastEntry = producerStateManager.lastEntry(batch.producerId)
         maybeLastEntry.flatMap(_.findDuplicateBatch(batch)).foreach { duplicate =>
           return (updatedProducers, completedTxns.toList, Some(duplicate))
         }
       }

       // 【3】
       val firstOffsetMetadata = if (batch.isTransactional)
         Some(LogOffsetMetadata(batch.baseOffset,
appendOffsetMetadata.segmentBaseOffset, relativePositionInSegment))
       else
         None
       val maybeCompletedTxn = updateProducers(producerStateManager, batch,
updatedProducers, firstOffsetMetadata, origin)
       // 【4】
       maybeCompletedTxn.foreach(completedTxns += _)
     }

   }
```

```
            (updatedProducers, completedTxns.toList, None)
    }
```

【1】遍历处理所有的消息批次。

【2】获取该批次生产者的元数据 ProducerStateEntry，调用其 findDuplicateBatch 方法查找重复的消息批次。查找逻辑：ProducerStateEntry#batchMetadata 属性存放了该生产者最新发送的 5 个消息批次的序号，如果该集合中存在某个消息批次与请求的消息批次的 baseSequence（第一条消息的序号）、lastSequence（最后一条消息的序号）相同，则认为生产者发送的消息批次重复发送，不做处理。

【3】调用 updateProducers 方法，以消息生产者为维度，将消息的事务信息分组汇总到不同的 ProducerAppendInfo 中。步骤如下：

（1）从 updatedProducers 集合中查找该消息批次生产者对应的 ProducerAppendInfo 实例，如果不存在则创建。

（2）调用 ProducerAppendInfo#append 方法将该消息批次的事务信息添加到 ProducerAppendInfo 中。

ProducerAppendInfo#append 方法执行如下操作：

（1）如果消息批次的 isTransactional 属性为 true（该批次的消息属于事务消息），并且该批次是该事务的第一个消息批次，则执行如下操作：

a.创建该事务对应的 TxnMetadata 实例并添加到 ProducerAppendInfo#transactions 中。

b.将消息批次的第一个消息偏移量存储到 ProducerStateEntry#currentTxnFirstOffset 中。

（2）如果处理的是 WriteTxnMarkers 请求生成的消息批次，则说明该事务可以完成了，将创建并返回一个 CompletedTxn 实例，CompletedTxn 定义了 firstOffset、lastOffset（事务消息偏移量范围）、producerId（事务生产者 Id）等属性，用于存储该事务的信息。

结合一个例子说明这两个步骤。假设生产者（producerId=1）在一个事务中发送了 3 个消息批次[100, 110]、[120, 130]、[140, 150]，则第（1）步会生成一个 TxnMetadata 实例，并设置 ProducerStateEntry#currentTxnFirstOffset 为 100。而当 Broker 收到协调者发送的该事务的 WriteTxnMarkers 请求，并且该请求生成的消息偏移量为 160 时，则第（2）步生成一个 CompletedTxn 实例，属性 firstOffset=100、lastOffset=160、producerId=1，代表偏移量范围[100, 160)内 producerId 为 1 的消息就是该事务的消息。

【4】将上一步获得的 CompletedTxn 实例添加到 completedTxns 集合中。

所以，analyzeAndValidateProducerState 方法执行完成后，会返回以下数据：

- updatedProducers：ProducerAppendInfo 集合（ProducerAppendInfo#transactions 携带了新的事务信息）。
- completedTxns：已完成的事务。
- duplicate：重复的消息批次。

Log#append 方法会对上面几种数据进行处理：

```
// 【1】
segment.append(largestOffset = appendInfo.lastOffset,
  largestTimestamp = appendInfo.maxTimestamp,
  shallowOffsetOfMaxTimestamp = appendInfo.offsetOfMaxTimestamp,
  records = validRecords)
updateLogEndOffset(appendInfo.lastOffset + 1)

// 【2】
updatedProducers.values.foreach(producerAppendInfo =>
producerStateManager.update(producerAppendInfo))

// 【3】
completedTxns.foreach { completedTxn =>
  val lastStableOffset = producerStateManager.lastStableOffset(completedTxn)
  segment.updateTxnIndex(completedTxn, lastStableOffset)
  producerStateManager.completeTxn(completedTxn)
}
...

// 【4】
maybeIncrementFirstUnstableOffset()
```

【1】写入消息，并更新 logEndOffset，前面章节已经介绍过，不再赘述。

【2】调用 ProducerStateManager#update 方法将 ProducerAppendInfo#transactions 中的事务转移到 ProducerStateManager#ongoingTxns 中，代表这些事务正在进行中。

【3】提交已完成事务的消息。针对每个事务执行以下逻辑：

（1）调用 ProducerStateManager#completeTxn，该方法会将事务从 ProducerStateManager#ongoingTxns 转移到 ProducerStateManager#unreplicatedTxns 中，代表这些事务已完成，等待从节点同步复制。

（2）如果事务被回退，则将事务信息（包括事务 firstOffset、lastOffset、producerId）存储

到 LogSegment#txnIndex 中（见 LogSegment#updateTxnIndex 方法）。

提示：LogSegment#txnIndex 存储了所有回退事务的信息，下面会介绍回退事务的处理逻辑。

【4】调用 Log#maybeIncrementFirstUnstableOffset 更新 Log#firstUnstableOffsetMetadata。

Log#firstUnstableOffsetMetadat 属性的取值规则为：取 ProducerAppendInfo#transactions、ProducerStateManager#unreplicatedTxns 中最小的偏移量。

提示：当事务消息被 follow 副本复制后，Kafka 调用 Log#updateHighWatermarkMetadata 方法更新高水位，该方法还会删除 ProducerStateManager#unreplicatedTxns 中已同步数据的事务（见 ProducerStateManager#onHighWatermarkUpdated 方法），并更新 Log#firstUnstableOffsetMetadat 属性，这样这些同步完成的事务消息就可以被所有消费者读取到。

19.3.4　ACK 偏移量发送与处理流程

在生产者中，KafkaProducer#sendOffsetsToTransaction 方法可以发送 ACK 偏移量到事务中，该方法生成一个 AddOffsetsToTxnHandler 实例，并添加到"待处理请求队列"pendingRequests 中，AddOffsetsToTxnHandler 会构建并发送 AddOffsetsToTxn 请求给协调者。

在协调者中，KafkaApis#handleAddOffsetsToTxnRequest 方法处理 AddOffsetsToTxn 请求，执行如下操作：

（1）生成一个分区信息，该分区的主题即偏移量主题，分区下标即消费组偏移量存储分区的下标。

（2）将该分区信息添加到事务元数据中，并将新的事务元数据写入事务状态主题。

（3）返回响应给生产者。

在生产者中，AddOffsetsToTxnHandler#handleResponse 方法收到协调者返回的 AddOffsetsToTxn 成功响应后，会添加一个 TxnOffsetCommitHandler 到"待处理请求队列"pendingRequests 中，TxnOffsetCommitHandler 会构建 TxnOffsetCommit 请求，将 ACK 偏移量发送给消费组协调者。消费组协调者收到该请求后，会将偏移量信息存储到偏移量主题中。注意，这时消费组协调者并没有提交这些 ACK 偏移量，即不会将这些偏移量添加到 GroupMetadata#offsets 中。

前面也说了，TxnOffsetCommitHandler 的目标节点是消费组协调者，不是事务协调者。

19.4　事务提交流程

下面分析 Kafka 中事务提交的流程。

19.4.1　生产者提交事务

在生产者中，KafkaProducer#commitTransaction 方法负责提交事务：

```
public void commitTransaction() throws ProducerFencedException {
    ...
    // 【1】
    TransactionalRequestResult result = this.transactionManager.beginCommit();
    // 【2】
    this.sender.wakeup();
    // 【3】
    result.await(this.maxBlockTimeMs, TimeUnit.MILLISECONDS);
}
```

【1】发送 EndTxn 请求给协调者，EndTxn 请求中携带了 committed 标志，代表提交事务或者回退事务。本书只关注提交事务的处理过程。

【2】唤醒 sender 线程，将 EndTxn 请求发送给协调者。

【3】阻塞生产者，等待协调者返回 EndTxn 的响应。

19.4.2　协调者完成事务

在协调者中，TransactionCoordinator#endTransaction 处理 EndTxn 请求：

```
private def endTransaction(transactionalId: String,
                           producerId: Long,
                           producerEpoch: Short,
                           txnMarkerResult: TransactionResult,
                           isFromClient: Boolean,
                           responseCallback: EndTxnCallback,
                           requestLocal: RequestLocal): Unit = {
    var isEpochFence = false
    if ...
    else {
        // 【1】
        val preAppendResult: ApiResult[(Int, TxnTransitMetadata)] = {
            ...
            case Ongoing =>
```

```scala
              Right(coordinatorEpoch, txnMetadata.prepareAbortOrCommit(nextState,
time.milliseconds()))
          }

        preAppendResult match {
          ...
          case Right((coordinatorEpoch, newMetadata)) =>
            // 【2】
            def sendTxnMarkersCallback(error: Errors): Unit = {
              if (error == Errors.NONE) {
                // 【4】
                val preSendResult: ApiResult[(TransactionMetadata,
TxnTransitMetadata)] = {
                    ...
                    case PrepareCommit =>
                        Right(txnMetadata,
txnMetadata.prepareComplete(time.milliseconds()))
                }

                preSendResult match {
                  ...
                  case Right((txnMetadata, newPreSendMetadata)) =>
                    // 【5】
                    responseCallback(Errors.NONE)
                    // 【6】
                    txnMarkerChannelManager.addTxnMarkersToSend(coordinatorEpoch,
txnMarkerResult, txnMetadata, newPreSendMetadata)
                }
            } ...
        }
        // 【3】
        txnManager.appendTransactionToLog(transactionalId, coordinatorEpoch,
newMetadata,
            sendTxnMarkersCallback, requestLocal = requestLocal)
        }
      }
    }
```

【1】执行到这里，处理的是正常情况下的逻辑。检查协调者事务状态当前是否可以切换到 PrepareCommit 状态。

【2】执行到这里，说明协调者事务状态可以切换到 PrepareCommit 状态，先定义一个 sendTxnMarkersCallback 回调函数。

【3】将协调者事务状态切换到 PrepareCommit 状态，并将事务的 PrepareCommit 状态写入事务状态主题，写入成功后调用回调函数 sendTxnMarkersCallback 执行【4】、【5】【6】步骤。

【4】检查协调者事务状态当前是否可以切换到 CompleteCommit 状态。

【5】执行到这里，说明事务可以正常完成。调用 responseCallback 方法返回成功响应给客户端。生产者收到该响应后便认为事务已执行成功（实际上还没有），后续由协调者保证完成该事务。

【6】调用 txnMarkerChannelManager.addTxnMarkersToSend，该方法会为该事务所有事务分区创建一个 TxnIdAndMarkerEntry 实例（代表一个待发送的 WriteTxnMarkers 请求，目标节点为分区 leader 副本），并添加到 TransactionMarkerChannelManager#markersQueuePerBroker 中。

下面分析协调者发送和处理 WriteTxnMarkers 请求的流程。

TransactionMarkerChannelManager#markersQueuePerBroker 存储了每个 Broker 节点与待发送给该 Broker 的 WriteTxnMarkers 请求。

Kafka 定义了 TransactionMarkerChannelManager 类型，继承于 InterBrokerSendThread，负责给其他 Broker 节点发送 WriteTxnMarkers 请求。

InterBrokerSendThread 线程不断调用 InterBrokerSendThread#pollOnce 方法执行以下逻辑：

（1）InterBrokerSendThread#drainGeneratedRequests 方法遍历 TransactionMarkerChannelManager#markersQueuePerBroker 队列，生成 WriteTxnMarkers 请求并存储在 InterBrokerSendThread#unsentRequests 中。

（2）调用 sendRequests 方法发送 InterBrokerSendThread#unsentRequests 中的请求。这里会将 WriteTxnMarkers 请求发送给对应的 Broker 节点。而在 Broker 节点中，调用 KafkaApis#handleWriteTxnMarkersRequest 处理 WriteTxnMarkers 请求，该方法会提交事务消息，前面已经介绍了这部分内容。

（3）调用 NetworkClient#poll 方法处理网络事件。TransactionMarkerRequestCompletionHandler#onComplete 方法负责处理 Broker 节点返回的 WriteTxnMarkers 响应，执行以下逻辑：

- 如果 Broker 返回处理失败的响应，则协调者重新生成 TxnIdAndMarkerEntry 实例并添加到 TransactionMarkerChannelManager#markersQueuePerBroker 队列中，后续协调者会重新发送 WriteTxnMarkers 请求到该 Broker，直到事务中所有的 Broker 都处理成功，

该事务才提交完成。

- 如果 Broker 返回处理成功的响应，则执行以下操作：
  - 调用 TransactionMetadata#removePartition 方法将处理成功的事务分区从该事务元数据 TransactionMetadata#topicPartitions 中移除。
  - 调用 TransactionMarkerChannelManager#maybeWriteTxnCompletion 方法，如果该方法发现事务元数据 TransactionMetadata#topicPartitions 中的事务分区已清空，则说明事务已完成，这时将协调者事务主题切换到 CompleteCommit 状态，并将该状态写入事务状态主题，该事务提交完成。

下面分析事务 ACK 偏移量提交流程和事务回退机制。

（1）事务 ACK 偏移量提交流程。

前面说了，协调者收到生产者发送的 AddOffsetsToTxn 请求后，会生成一个偏移量主题分区，分区下标即消费组偏移量存储分区的下标，该分区的 leader 副本就是消费组协调者，所以 TransactionCoordinator#endTransaction 方法处理 EndTxn 请求时，也会给消费组协调者发送 WriteTxnMarkers 请求，要求消费组协调者提交 ACK 偏移量。

消费组协调者收到该请求后，处理流程与 19.3.3 节的分析流程一致，但最后消费组协调者会调用 GroupCoordinator#scheduleHandleTxnCompletion 方法提交该事务中的 ACK 偏移量。

（2）事件回退机制。

前面说了，LogSegment#txnIndex 存储了所有回退事务的信息，包括事务 firstOffset、lastOffset、producerId，而 Log#read 方法读取消息时，（调用 Log#addAbortedTransactions 方法）将读取到消息对应范围的回退事务信息返回给消费者：

```
fetchDataInfo = segment.read(startOffset, maxLength, maxPosition,
minOneMessage)
    if (fetchDataInfo != null) {
      if (includeAbortedTxns)
        fetchDataInfo = addAbortedTransactions(startOffset, segment, fetchDataInfo)
    } else segmentOpt = segments.higherSegment(baseOffset)
```

而消费者收到消息后，会根据这些回退事务信息过滤被回退的事务消息（见 CompletedFetch#nextFetchedRecord 方法）。

可能读者会感到疑惑，为什么要将回退事务信息返回给消费者进行过滤，而不是在 Broker 中进行过滤呢？因为 Broker 读取消息时使用了 sendfile 机制，并不会将数据复制到 Kafka 进程的内存区中，所以在 Broker 中无法对消息进行过滤，只能将该操作转移到消费者中处理。

另外，为了避免 Broker 重启导致 LogSegment#txnIndex 数据丢失，Broker 会将该属性数据存储到一个已回退事务索引文件中，每个日志段都有一个已回退事务索引文件，文件名为"{baseOffset}.txnindex"。

下面我们通过 kafka-dump-log.sh 查看 __transaction_state 主题中存储的事务信息内容：

```
$ ./bin/kafka-dump-log.sh  --transaction-log-decoder --skip-record-metadata
--files /opt/data/kafka/__transaction_state-1/00000000000000000000.log
...
... key: transaction_metadata::transactionalId=base-trans payload:
producerId:0,producerEpoch:0,state=Empty,partitions=[],txnLastUpdateTimestamp=16428
52231786,txnTimeoutMs=60000
... key: transaction_metadata::transactionalId=base-trans payload:
producerId:0,producerEpoch:0,state=Ongoing,partitions=[a-topic-0],txnLastUpdateTime
stamp=1642852231911,txnTimeoutMs=60000
... key: transaction_metadata::transactionalId=base-trans payload:
producerId:0,producerEpoch:0,state=Ongoing,partitions=[b-topic-0,a-topic-0],txnLast
UpdateTimestamp=1642852231919,txnTimeoutMs=60000
... key: transaction_metadata::transactionalId=base-trans payload:
producerId:0,producerEpoch:0,state=PrepareCommit,partitions=[b-topic-0,a-topic-0],t
xnLastUpdateTimestamp=1642852231977,txnTimeoutMs=60000
... key: transaction_metadata::transactionalId=base-trans payload:
producerId:0,producerEpoch:0,state=CompleteCommit,partitions=[],txnLastUpdateTimest
amp=1642852231981,txnTimeoutMs=60000
```

可以看到，事务状态主题中依次存储了每个事务各个状态下的相关数据，包括 `producerId`、`partitions` 等信息。

Kafka 中事务相关的 Broker 配置项如下：

- transactional.id.expiration.ms：如果协调者在该配置项指定时间内发现某个事务没有任何状态更新，则认为该事务过期。即每经过该配置项指定时间，一个事务的协调者事务状态必须变更一次，默认值为 604800000（7 天）。
- transaction.max.timeout.ms：生产者 transaction.timeout.ms 配置值的最大限制。
- transaction.state.log.min.isr：事务状态主题的每个分区 ISR 最少副本数，默认值为 2。
- transaction.state.log.replication.factor：事务状态主题的副本数，默认值为 3。
- transaction.state.log.num.partitions：事务状态主题的分区数，默认值为 50。
- transaction.state.log.segment.bytes：事务状态主题的日志段文件大小，默认值为 104857600（100MB）。

- transaction.abort.timed.out.transaction.cleanup.interval.ms：回退已超时事务的操作间隔，默认值为 10000（10 秒）
- transaction.remove.expired.transaction.cleanup.interval.ms：删除过期事务的操作间隔，默认值为 3600000（1 小时）。

19.5 本章总结

本章详细分析了 Kafka 事务的设计与实现，Kafka 事务的设计思路是一种常见的分布式事务设计思路。希望本章内容可以帮助读者触类旁通，理解其他类似分布式事务的设计与实现。

第 20 章
KRaft 模块概述

从 Kafka 2.8 开始，Kafka 就开始尝试移除 ZooKeeper，并提供了 KRaft 模块（Kafka Raft Metadata Mode）代替 ZooKeeper，从而实现在不需要 ZooKeeper 的情况下单独部署 Kafka 集群。

可惜由于该改动比较大，从 Kafka 2.8 到笔者完成本书的 Kafka 3.0，KRaft 模块都是预览版本，还不能支持在生产环境中部署。

不过 KRaft 模块基本的设计思路与实现原理已经确认，下面基于 Kafka 3.0 分析 KRaft 模块的设计与实现。

本章将介绍 KRaft 模块的应用示例，以及 KRaft 中使用的 Raft 算法。

下面将使用 ZooKeeper 部署 Kafka 的方式称为 ZooKeeper 模式，将使用 KRaft 模块部署 Kafka 的方式称为 KRaft 模式。

20.1 为什么要移除 ZooKeeper

Kafka 移除 ZooKeeper 主要基于以下考虑：

（1）ZooKeeper 使 Kafka 的部署、管理过于复杂。

Kafka 使用 ZooKeeper 存储 Broker、主题、分区等元数据，并使用 ZooKeeper 协助 Kafka 集群完成 Broker 选主等操作。虽然使用 ZooKeeper 简化了 Kafka 的工作，但这也使 Kafka 的部署和运维更复杂。当使用 ZooKeeper 模式时，需要同时部署和管理 Kafka、ZooKeeper 两个分布式系统。而 ZooKeeper 的部署与管理并不简单，需要运维人员对 ZooKeeper 有一定的了解，这也对运维人员提出了较高的要求。

（2）ZooKeeper 本身存在的一些问题对 Kafka 也会造成影响。比如出现大量分区时，ZooKeeper 可能导致性能问题。而 Kafka 开发团队无法针对 ZooKeeper 的痛点问题进行优化。

引入 KRaft 模块后，有如下优点：

- 部署更简单：只需要部署 Kafka 集群即可，使 Kafka 更加简单、轻量级，用户只需要专注于维护 Kafka 集群即可。
- 监控更便捷：由于 Kafka 元数据完全交给 KRaft 模块管理，因此从 Kafka 获取监控信息更加轻松可控，后续也可以与 Grafana/Kibana/Prometheus 等监控系统集成。
- 性能更强大：Kafka 使用了高性能的 Raft 算法实现 KRaft 模块，并针对 Kafka 使用场景进行了性能优化，后续 Kafka 的性能将会更强大。

20.2 部署与调试 KRaft 模块

1. 部署

下面介绍如何使用 KRaft 模块部署 Kafka 集群。这里使用 3 台机器（或者 3 个 Docker 容器）部署 3 个 Kafka 节点，使用的 Kafka 版本为 3.0.0。

（1）修改配置文件。

Kafka 中 KRaft 模块的配置文件为 config/kraft/broker.properties，该配置文件只能用于单个 Kafka 节点，如果部署 Kafka 集群，则需要修改配置项：

```
process.roles=broker,controller
node.id=1
listeners=PLAINTEXT://172.17.0.2:9092,CONTROLLER://172.17.0.2:9093
advertised.listeners=PLAINTEXT://172.17.0.2:9092
inter.broker.listener.name=PLAINTEXT
controller.listener.names=CONTROLLER
controller.quorum.voters=1@172.17.0.2:9093,2@172.17.0.3:9093,3@172.17.0.4:9093
```

- process.roles 指定了该节点的角色，有以下取值：
    - broker：这台机器将仅仅作为一个 Broker 节点，负责为客户端提供服务。
    - controller：作为 Raft Quorum 的 Controller 节点，负责完成 Kafka 集群元数据管理、Raft 集群选主等工作。
    - broker,controller：包含以上两者的功能。
- listeners：配置 broker 角色和 controller 角色对应服务绑定的网络地址和端口。

- node.id：节点 Id，一个集群中不同节点的 node.id 需要不同。
- controller.quorum.voters：集群中所有的 Controller 节点，配置格式为 `<nodeId>@<ip>:<port>`。

（2）生成 ClusterId 及 meta 文件。步骤如下：

a. 使用 kafka-storage.sh 生成 ClusterId：

```
$ ./bin/kafka-storage.sh random-uuid

dPqzXBF9R62RFACGSg5c-Q
```

b. 使用 ClusterId 生成 meta 文件：

```
$ ./bin/kafka-storage.sh format -t dPqzXBF9R62RFACGSg5c-Q -c ./config/kraft/server.properties

Formatting /tmp/kraft-combined-logs
```

注意：只需要生成一个 ClusterId，并使用该 ClusterId 在所有集群节点上生成 meta 文件，即集群中所有节点使用的 ClusterId 需要相同。

可以看到，在 Kafka 的 log 目录下（/tmp/kraft-combined-logs）生成了 meta.properties，内容如下：

```
cluster.id=dPqzXBF9R62RFACGSg5c-Q
version=1
node.id=1
```

提示：我们也可以自行在 Kafka 的 log 目录下创建该 meta 文件，并写入这些内容。

（3）启动 Kafka 服务。

使用 kafka-server-start.sh 脚本启动 Kafka 节点：

```
$ ./bin/kafka-server-start.sh ./config/kraft/server.properties
```

至此，Kafka 集群部署成功。

2. 调试

如果要调试 KRaft 模块，则按上述 KRaft 模块部署步骤准备 KRaft 配置文件、meta 文件后，再按第 2 章的调试方式执行相关操作，并将启动参数（program arguments）修改为 KRaft 配置文件（./config/kraft/server.properties）即可。

20.3 Raft 算法

KRaft 模块中使用了 Raft 算法实现分布式存储系统，下面介绍 Raft 算法。

第 15 章介绍了分布式环境中保证数据一致性的难点，并且第 2 部分介绍了 Kafka 和 Pulsar 如何保证数据一致性。而 Raft 算法是现在非常流行的分布式一致性算法（保证分布式系统数据一致的算法）。Raft 算法会选举一个 leader 节点（其余节点称为 follower 节点），由 leader 节点处理所有写请求，从而解决"时钟不同步导致无法确认操作顺序"的问题（典型的中心化架构）。另外，leader 节点会将自己收到的写入请求广播给集群内其他 follower 节点，从而保证集群内数据一致。通过 leader 节点，Raft 算法将一致性问题简化为 3 个子问题：

- **leader 选举**：当前 leader 节点崩溃下线或集群刚启动时，需要选举一个新的 leader 节点。
- **日志复制**：leader 节点将自己接收的写入请求记录到日志中，并将日志广播给其他节点，从而保证集群数据达到一致。
- **数据安全**：如果某个日志已经被集群提交，那么该日志不能再被覆盖或者修改。Raft 算法通过日志存储所有的修改操作，保证了已提交日志的安全，即保证了这些日志对应的修改操作不能被抛弃或篡改（日志提交：当某个日志被复制给集群一半以上节点时，leader 节点就会提交该日志，并执行真正的修改操作）。

另外，Raft 算法实现的是强一致性，即优先追求数据一致，当集群无法达到数据一致时将停止服务。但 Raft 算法使用了"Quorum 机制"，只要集群中超过半数节点正常运行（即超过半数节点可以正常同步数据），集群就可以正常提供服务。

Raft 算法通过"Quorum 机制"对某个提议达成共识（提议即执行某个操作的请求，如选择某个节点成为 leader 节点），即当集群中超过半数节点接受某个提议后，集群内就达成共识：该操作可以被集群执行。

下面详细分析 Raft 算法。

Raft 算法中定义了任期（Term）的概念，将时间切分为一个个 Term，可以认为是逻辑上的时间。每一任期开始时都需要选举 leader 节点，该 leader 节点将在该任期内一直完成 leader 节点的工作。如果 leader 节点因为故障下线，则需要开启一个新的任期，并选举新的 leader 节点。

提示：Raft 算法任期的概念与 Kafka LeaderEpoch 机制 Epoch 的概念是非常相似的。

在 Raft 算法中，每个节点都需要维护如表 20-1 所示的属性。

表 20-1

属性	说明
currentTerm	服务端当前任期（节点首次启动的时候初始化为 0，单调递增）
votedFor	当前任期获得该节点选票的 candidate 节点的 Id，如果当前节点没有投给任何 candidate 节点，则为空，用于 leader 节点选举
log[]	本地日志集，每个条目包含日志索引、操作内容，以及 leader 节点收到该日志时的任期
commitIndex	已提交的最后一条日志条目索引（初始值为 0，单调递增）
lastApplied	已执行真正的修改操作的最后一条日志条目索引（初始值为 0，单调递增）

20.3.1 leader 选举

Raft 算法中的每个节点都可以有 3 种状态：leader、follower、candidate。在正常情况下，集群中存在一个 leader 节点和 0 到多个 follow 节点。leader 节点会定时向所有 follower 节点发送心跳请求，以维护 leader 地位或同步数据。如果某个 follower 节点超过指定时间没有收到 leader 心跳（该超时时间称为选举超时时间），那么它就认为 leader 节点已下线，并转化为 candidate（候选）节点，发起选举流程。

另外，集群刚启动时，每个节点都是 follower 节点，直到某个节点转化为 candidate 节点，发起选举流程。选举流程如下：

（1）增加自己的任期，更新 currentTerm 为 currentTerm+1。

（2）给自己投票。

（3）向集群其他节点发送投票报文，要求它们给自己投票。

投票报文内容如表 20-2 所示。

表 20-2

属性	说明
term	发送节点的当前任期号
candidateId	发送节点 Id
lastLogIndex	发送节点最后一条日志条目的索引值
lastLogTerm	发送节点最后一条日志条目的任期号

其他节点收到该报文后，执行如下逻辑：

（1）如果 request.term < receiver.currentTerm，则拒绝投票（request 代表请求数据，receiver 代表接收节点的数据，下同）。

（2）如果 request.lastLogTerm < receiver.lastLogterm 或 request.lastLogIndex < receiver.lastLogindex，则拒绝投票（receiver.lastLogterm、receiver.lastLogindex 指接收节点最后一条日志条目的任期号、索引值）。

（3）如果 request.term==receiver.currentTerm，并且接收节点 votedFor 属性不为空，则说明该任期内接收节点已经给其他节点投过票，拒绝投票。

（4）到这里，说明可以给请求节点投票，更新 receiver.currentTerm 为 request.term，重置选举超时时间，并返回投票响应。

在以下场景中，candidate 节点会转化为其他状态：

（1）超过半数节点给自己投票（包括自己的选票），当前节点当选为 leader 节点。由于使用了"Quorum 机制"，因此 Raft 算法保证如果某次选举成功，那么只能选举出唯一的 leader 节点。

（2）收到其他节点的心跳报文，并且任期不小于自己当前任期，说明其他节点已成为 leader 节点，当前节点转化为 follower 节点。

（3）等待一段时间，直到超过选举超时时间仍没有当选或收到其他 leader 节点的心跳报文，则开始新一轮选举。

图 20-1 展示了 Raft 算法的一次选举流程，leader 节点（S1 节点）将最新的日志（lastLogIndex 为 12）复制给 S2 节点后就崩溃下线。随后，S5 节点发起选举流程。

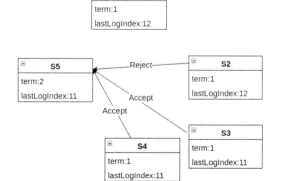

提示：S3、S4、S5 没有收到 S1 最新的日志，所以 lastLogIndex:11 是 11

图 20-1

S5 获得 3 票（加上自己给自己投的一票）成为 leader 节点。S5 成为 leader 节点后，S5 节点需要定时发送心跳报文以维持自己的 leader 地位，如图 20-2 所示。

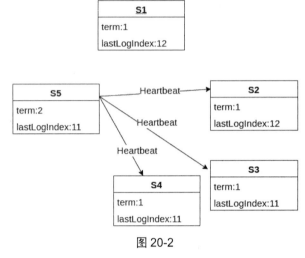

图 20-2

如果一个任期内同时有多个节点发起选举，则该任期的选票可能被多个节点瓜分，导致该任期最终没有任何一个节点能成为 leader 节点，投票失败，如图 20-3 所示。

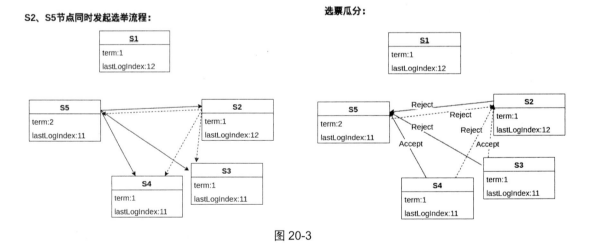

图 20-3

由于 S2、S5 节点同时发起选举流程，最终 S2、S5 节点都只收到两个投票（包括自己的投票），最终本轮投票没有 leader 节点当选。为了避免这种情况，Raft 算法要求每个节点都在一个固定的区间（例如，150～300 毫秒）内选择一个随机时间作为选举超时时间。当 leader 节点下线后，最先超时的节点会先发起选举流程，这时它通常可以获得多数选票（其他节点未超时或发起选举流程时间比它晚）。然后该节点赢得选举并在其他节点选举超时之前发送心跳报文，从而成为 leader 节点。

提示：每个节点在发送投票报文或者给其他节点投票后，都需要将当前节点选举超时时间重置为一个新的随机时间，这样该节点可以等待本轮选举正常结束或者等待超时后再发起新的选举。

20.3.2 日志复制

一致性算法是在复制状态机的背景下产生的。复制状态机是指多个节点以相同的初始状态开始，以相同顺序接收相同输入并产生相同的最终状态。复制状态机通常使用复制日志实现，集群中的每个节点都存储了一系列包含操作的日志（即输入），并按照日志的顺序执行操作。由于每个操作都产生相同的结果，所以只要集群内所有节点日志的内容和顺序保持一致，那么每个节点执行日志后生成的数据也保持一致（即相同的最终状态）。通过复制状态机，我们可以将数据一致性问题简化为日志一致性问题。

回到 Raft 算法，leader 节点被选举出来后，就开始为客户端提供服务。它将每个写入请求记录为一条新的日志条目并附加到本地日志集中，然后通过心跳报文（心跳报文可以携带日志条目）发送给集群中的其他 follower 节点，让它们复制这条日志条目。

当集群中超过半数节点（包括 leader 节点）都存储了该日志后，leader 节点（在收到这些节点存储日志条目成功的确认信息后）就认为该日志已经安全，将它提交到状态机并执行真正的修改操作，最后把操作结果返回客户端。

如果由于网络丢包，或者 follower 节点崩溃、运行缓慢，导致某些节点没有收到日志，那么 leader 节点会不断地重复发送日志条目，直到所有的 follower 节点都存储了全部日志条目。

心跳报文也可以称为附加日志报文，由 leader 节点发送，负责维持 leader 地位或发送日志条目。心跳报文的内容如表 20-3 所示。

表 20-3

属性	说明
term	leader 节点的任期
leaderId	leader 节点的 Id，用于 follower 节点通知客户端进行重定向
prevLogIndex	新日志条目前一条日志条目的索引
prevLogTerm	新日志条目前一条日志条目的任期
entries[]	需要被 follower 节点保存的新日志条目（为了提高效率，可能一次性发送多条，单纯的心跳报文则为空）
leaderCommit	leader 节点中已提交的最后一条日志条目的索引

follower 节点收到心跳报文后执行以下逻辑：

（1）如果 request.term < local.currentTerm，则该请求是无效请求，拒绝处理。

（2）执行日志一致性检查操作，如果不通过，则拒绝接收请求中的新日志。

（3）将请求中的新日志条目添加到本地日志集中并返回结果。如果本地已经存在的日志条目和请求中的新日志条目冲突（索引值相同但是任期号不同），则删除本地日志集中该索引及后续的所有日志条目，再将请求中的新日志条目添加到本地日志集中。

1. 日志一致性检查

由于网络不稳定或者节点运行缓慢，follower 节点的日志可能与 leader 节点不一致，如图 20-4 所示。

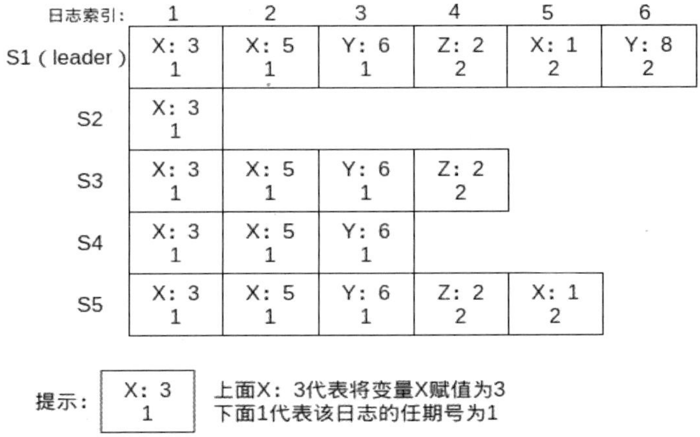

日志索引：	1	2	3	4	5	6
S1 (leader)	X: 3 1	X: 5 1	Y: 6 1	Z: 2 2	X: 1 2	Y: 8 2
S2	X: 3 1					
S3	X: 3 1	X: 5 1	Y: 6 1	Z: 2 2		
S4	X: 3 1	X: 5 1	Y: 6 1			
S5	X: 3 1	X: 5 1	Y: 6 1	Z: 2 2	X: 1 2	

提示： X: 3 / 1   上面X：3代表将变量X赋值为3
下面1代表该日志的任期号为1

图 20-4

对于日志不一致的 follower 节点，leader 节点需要将自己的日志复制给它们。leader 节点会为每个 follower 节点记录一个 nextIndex，代表 follower 节点在该索引位的日志与 leader 节点不一致，并将该索引位的日志作为下一次心跳报文中发送的日志条目。在图 20-4 中，S2 节点的 nextIndex 为 2，S3 节点的 nextIndex 为 5。

那么如何确认这个 nextIndex 呢？ 当一个节点刚成为 leader 节点时，它会将所有 follower 节点的 nextIndex 值初始化为自己最新的日志索引加 1（在图 20-4 中，S1 在 term2 中成为 leader 节点后将所有的 follower 节点的 nextIndex 都初始化为 4）。

在发送心跳报文时，leader 会给每个 follower 节点发送其 nextIndex 索引的日志条目，并将 nextIndex 索引的前一条日志的索引和任期包含在报文中（心跳报文中的 prevLogIndex、prevLogTerm 属性）。如果 follower 节点在它的日志集中找不到包含相同 prevLogIndex、prevLogTerm 的日志条目（日志一致性检查），就会拒绝心跳报文中的日志条目。这时 leader 节点会将该 follower 节点的 nextIndex 减 1 并重新发送心跳报文，直到找到合适的 nextIndex 索引。

通过日志一致性检查，Raft 算法保证了以下日志匹配特性：

- 如果在不同节点中，两个日志条目具有相同的索引和任期号，则它们的内容一定相同。
- 如果在不同节点中，两个日志条目具有相同的索引和任期号，则它们之前的所有日志一定相同。

2. 覆盖日志

由于 leader 节点变更等原因，可能导致某些 follower 节点中出现冲突的日志条目，这些日志条目需要被覆盖。在图 20-4 中，假设 S1 节点崩溃，S3 节点成为新的 leader 节点，则这时 S5 中索引 5 上的日志需要被覆盖，结果如图 20-5 所示。

	1	2	3	4	5	6
S1（下线）	X: 3 1	X: 5 1	Y: 6 1	Z: 2 2	X: 1 2	Y: 8 2
S2	X: 3 1					
S3（leader）	X: 3 1	X: 5 1	Y: 6 1	Z: 2 2	Z: 5 3	
S4	X: 3 1	X: 5 1	Y: 6 1			
S5	X: 3 1	X: 5 1	Y: 6 1	Z: 2 2	Z: 5 3	

图 20-5

提示：Raft 算法的覆盖日志操作类似于 Kafka 主从同步过程中的截断操作。

3. 提交日志

Raft 算法通过 commitIndex 索引维护状态机已提交的日志索引。当 leader 节点收到多数节点存储某个日志的成功响应后，将提交给日志，执行如下操作：

（1）leader 节点修改 commitIndex 索引。

（2）leader 节点执行真正的修改操作并修改 lastApplied 索引（commitIndex、lastApplied 索引可参考表 20-1）。

（3）leader 通过心跳报文将最新的 commitIndex 索引发送给其他 follower 节点。

follower 节点收到新的 commitIndex 索引后，执行如下操作：

a.如果 request.leaderCommit>receiver.commitIndex，则将 request.leaderCommit 和新日志条目索引中的较小值赋值给 receiver.commitIndex。

b.如果接收节点中 commitIndex>lastApplied，则将 lastApplied 加 1，并执行 lastApplied 位置的日志操作，直到 lastApplied == commitIndex。

20.3.3 安全性

Raft 算法保证已提交的日志条目不会被覆盖或者修改。Raft 算法通过以下几点实现该保证。

1. 投票限制

在投票选举中，如果某个节点不包含所有已提交的日志，则不能当选为 leader 节点。该限制保证了最新提交的日志条目不会在新 leader 节点中被覆盖。

由于一个日志被提交的前提条件是它被多数节点接收，所以如果一个节点拥有比多数节点更新（或同样新）的日志条目，则说明它必然包含所有已提交的日志。

于是 Raft 算法采用了一种很简单的处理方式来避免最新提交的日志条目在新 leader 节点中被覆盖，即在投票时，只有当请求投票节点的日志条目至少和接收节点一样新时，接收节点才给请求节点投票，否则拒绝为该节点投票。

由于一个节点当选 leader 节点要求得到多数节点的投票，所以最终选出来的节点的日志条目必然比多数节点更新（或同样新），也必然包含已提交的日志。

Raft 算法通过比较两个节点的最后一条日志条目的索引值和任期来判断哪个节点的日志更新。如果两个节点最后的日志条目的任期不同，那么任期大的日志更新；如果两个日志条目任期号相同，那么日志索引值大的就更新。

2. 前一任期的日志的处理

新上任的 leader 节点不能直接抛弃前一任期中未提交的日志，而是要继续处理这些日志。但对于前一任期的日志需要做一个特殊的处理：即使前一任期的日志被多数节点接收，也不能提交该日志（因为这时这些日志并不安全），而要等到当前任期的日志被多数节点接收后才能提交日志。

图 20-5 展示了该机制的一个场景。

为什么前一任期的日志即使被复制到多数节点后仍不安全呢？我们通过 Raft 论文中的例子说明，如图 20-6 所示。

（a）S1 为 leader 节点，当前任期为 2，最新日志为 2-2 日志（为了描述方便，使用 2-2 日志代表索引 2 上任期为 2 的日志），但还没将 2-2 日志复制到其他节点。

（b）S1 崩溃，S5 当选为 leader 节点，当前任期为 3，最新日志为 2-3 日志，但还没有将 2-3 日志复制到其他节点。

（c）S5 崩溃，S1 当选为 leader 节点，当前任期为 4，将 2-2 日志复制到其他节点，并记录了最新的 3-4 日志。

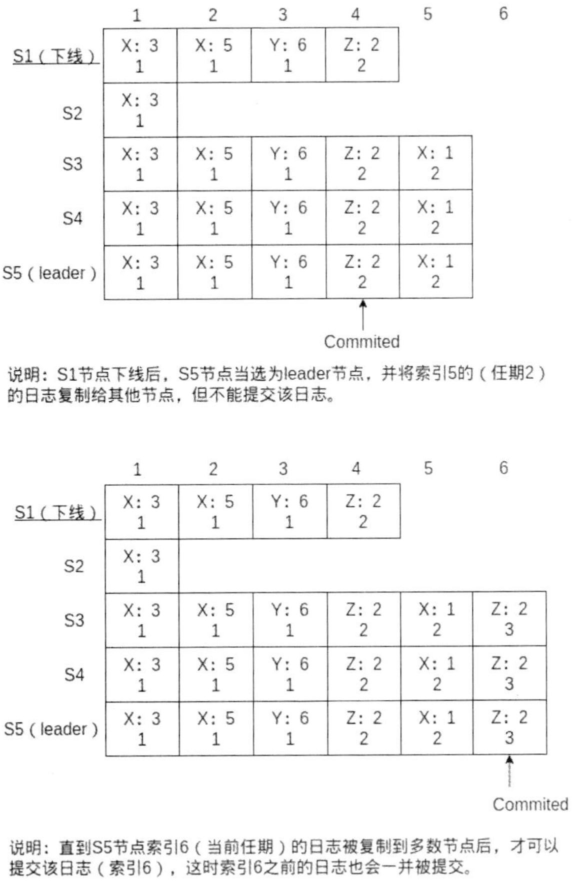

第 20 章 KRaft 模块概述

	1	2	3	4	5	6
S1（下线）	X:3 1	X:5 1	Y:6 1	Z:2 2		
S2	X:3 1					
S3	X:3 1	X:5 1	Y:6 1	Z:2 2	X:1 2	
S4	X:3 1	X:5 1	Y:6 1	Z:2 2	X:1 2	
S5（leader）	X:3 1	X:5 1	Y:6 1	Z:2 2	X:1 2	

↑ Commited

说明：S1节点下线后，S5节点当选为leader节点，并将索引5的（任期2）的日志复制给其他节点，但不能提交该日志。

	1	2	3	4	5	6
S1（下线）	X:3 1	X:5 1	Y:6 1	Z:2 2		
S2	X:3 1					
S3	X:3 1	X:5 1	Y:6 1	Z:2 2	X:1 2	Z:2 3
S4	X:3 1	X:5 1	Y:6 1	Z:2 2	X:1 2	Z:2 3
S5（leader）	X:3 1	X:5 1	Y:6 1	Z:2 2	X:1 2	Z:2 3

↑ Commited

说明：直到S5节点索引6（当前任期）的日志被复制到多数节点后，才可以提交该日志（索引6），这时索引6之前的日志也会一并被提交。

图 20-5

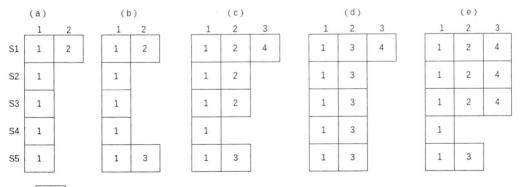

图 20-6

（d）S1 崩溃，S5 当选为 leader 节点（这时 S5 可以获得 S2、S3、S4 的选票），当前任期为 5，将 2-3 日志复制到其他节点，覆盖了 2-2 日志。

可以看到，对于前一任期的日志，即使被复制到多数节点，也可能被覆盖，所以并不安全，不能提交到状态机。

只有当前任期的日志被复制到多数节点后，才可以提交。比如在图 20-6（e）中，如果在 3-4 日志被复制到多数节点后，即使 S1 崩溃，S5 也无法当选 leader 节点（无法获得 S1、S2、S3 的选票），所以 3-4 日志是不会被覆盖的。而当我们提交了 3-4 日志后，2-2 日志也就被提交了。

再考虑一个场景，如果 leader 节点已经回复客户端某个操作处理成功，但还没有将该操作日志的 commitIndex 广播给其他 follower 节点就崩溃了，这时会发生什么呢？结果是由于选举投票限制，新的 leader 节点必然包含该日志，并将该日志提交到状态机，所以该操作并不会丢失。

20.4　本章总结

本章介绍了如何利用 KRaft 模块部署和调试 Kafka。另外，本章也详细介绍了 Raft 算法的设计原理，该算法由于易理解、易实现，现已成为应用非常广泛的分布式一致性算法。

第 21 章
KRaft 模块的设计与实现原理

本章分析 KRaft 模块的设计与实现原理。

KRaft 模块中存在 controller、broker 两种角色。为了描述方便，下面将 broker 角色的节点称为 Broker 节点，将 controller 角色的节点称为 Controller 节点。KRaft 模式下的 Broker 节点与 ZooKeeper 模式的 Broker 基本一致，而 Controller 节点主要实现以下功能：

（1）Controller 节点之间使用 Raft 算法实现了一个强一致的分布式存储系统，负责存储 Kafka 中的元数据。这部分类似于 ZooKeeper 的作用。下面将 Controller 节点组成的集群称为 Raft 集群。

（2）负责管理 Kafka 集群中的主题、Broker。比如协同完成创建主题的工作、监控 Broker 节点并进行故障转移等。这部分类似于 KafkaController 节点+ZooKeeper 的作用。

KRaft 模块的组成如图 21-1 所示。

提示：KRaft 模块的节点可以同时启动 controller、broker 两种角色，本章为了描述方便，假设 KRaft 模块的一个节点只启动一个角色，所以该节点或者是 Controller 节点，或者是 Broker 节点。

图 21-1 中 leader 节点、follow 节点都是 Controller 节点，本章下面说的（Raft 集群的）leader 节点、follow 节点也都是 Controller 节点。

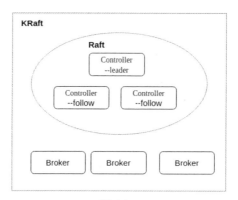

图 21-1

21.1 KRaft 请求处理流程

第 20 章介绍了利用 KRaft 模块启动 Kafka 的方式，下面分析 KRaft 模块的启动流程。

在 KRaft 模式下，使用 KafkaRaftServer 启动 Kafka 服务。

KafkaRaftServer 中的关键属性如图 21-2 所示。

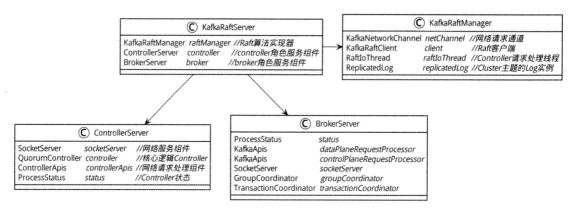

图 21-2

KafkaRaftServer#startup 启动了如下组件：

- KafkaRaftManager：Raft 算法实现类。这里启动 KafkaRaftManager 的 netChannel 和 raftIoThread 线程，负责处理 Raft 请求。
- BrokerServer：负责实现 Broker 节点的逻辑。这里启动 BrokerServer 的 socketServer、kafkaScheduler、logManager、alterIsrManager、groupCoordinator 等组件，这些组件基本上在第 6 章介绍 KafkaServer#startup 方法时已经介绍过了。

- ControllerServer：负责实现 Controller 节点的逻辑。这里启动 ControllerServer 的 socketServer，提供 Controller 节点的网络服务。

Broker 节点和 Controller 节点都会提供独立的网络服务。Broker 节点提供 Kafka 数据服务，如读写消息等，Controller 节点提供管理 Kafka 的服务，如创建主题等。

21.1.1　Raft 状态

KafkaRaftManager#client 是一个 KafkaRaftClient 实例，KafkaRaftClient 负责实现 Raft 算法，存在如下关键属性：

- channel：NetworkChannel 类型，用于发送 Raft 请求。
- messageQueue：RaftMessageQueue 类型，用于存储收到的 Raft 请求。
- quorum：QuorumState 类型，Raft 状态。

KafkaRaftClient#quorum 存储了节点当前的 Raft 状态，以及节点当前的任期。这是非常关键的属性，KRaft 模块中存在以下 Raft 状态：

- CandidateState：candidate 状态。
- FollowerState：follow 状态。
- LeaderState：leader 状态。
- ResignedState：代表 leader 节点已经自我隔离的状态，因为它正在下线或者遇到某种故障，用于 leader 节点优雅下线。
- UnattachedState：当一个 Controller 节点收到比自己任期大的投票消息时，会先转换为 unattached 状态，代表该节点当前状态已失效。进入该状态后，如果超时未收到来自其他新 leader 节点的请求，则该节点就会转换为 candidate 状态。
- VotedState：收到其他节点的投票请求后，如果当前节点同意给请求投票，则切换到该状态。进入该状态后，如果超时未选出新的 leader 节点，则该节点就会重新切换到 candidate 状态。

可以看到，除了 Raft 算法中的 CandidateState、FollowerState、LeaderState 状态，KRaft 中还添加了 ResignedState 状态，用于实现 leader 节点优雅下线，而 UnattachedState、VotedState 应该是 KRaft 中为了减少出现"选票瓜分"导致选举失败的情况而新增的中间状态。

21.1.2　Raft 请求类型

ControllerServer 使用 SocketServer 组件提供网络服务（可回顾第 6 章对 Kafka 网络模型的分析），并使用 ControllerApis 处理请求（ControllerApis 类似于 KafkaApis，负责处理所有 KRaft

模块的请求）。ControllerServer 可以处理以下两类请求：

（1）Raft 请求，其包含以下类型。

- VoteRequest：Controller 节点进入 Candidate 状态后，发送该请求，要求其他 Controller 节点给自己投票。
- BeginQuorumEpochRequest：当某个 Controller 节点刚成为 leader 节点时，发送该请求给其他 Controller 节点，宣布自己的 leader 节点地位。Raft 算法中可以由 leader 节点发送心跳请求完成该步骤，但 KRaft 模块中 leader 节点并不会发送心跳请求，所以需要由 leader 节点主动发送该请求，以宣布自己的 leader 地位。
- EndQuorumEpochRequest：leader 节点优雅地退出时，会发送该请求给其他 Controller 节点，其他 Controller 节点收到该请求后即可开始新的 Epoch 选举。
- FetchRequest：类似于 Kafka 中的 Fetch 请求，用于 follow 节点同步 leader 节点的数据。
- FetchSnapshotRequestData：如果 follow 节点的 endOffset 小于 leader 节点的 startOffset，则 follow 节点将发送该请求获取 leader 节点的数据快照，并使用快照同步数据。

（2）Controller 请求。

比如 CreateTopic、AlterIsr、Heartbeat 等管理请求。

21.1.3　处理 Raft 请求

下面介绍 KRaft 中如何处理 Raft 请求。

ControllerApis 会调用 KafkaRaftManager#handleRequest 方法处理 Raft 请求，该方法会将请求存入 KafkaRaftClient#messageQueue（调用 KafkaRaftClient#handle 方法）。

最后，KafkaRaftManager#raftIoThread（RaftIoThread 线程）会不断调用 KafkaRaftClient#poll 方法，执行 Raft 算法的核心逻辑：

```
public void poll() {
    ...
    // 【1】
    long pollStateTimeoutMs = pollCurrentState(currentTimeMs);

    // 【2】
    long cleaningTimeoutMs = snapshotCleaner.maybeClean(currentTimeMs);
    long pollTimeoutMs = Math.min(pollStateTimeoutMs, cleaningTimeoutMs);
```

```
    // 【3】
    RaftMessage message = messageQueue.poll(pollTimeoutMs);
    ...

    if (message != null) {
        handleInboundMessage(message, currentTimeMs);
    }
}
```

【1】调用 KafkaRaftClient#pollCurrentState 方法，根据节点当前 Raft 状态，执行对应的处理逻辑。这里实现了 Raft 算法的逻辑。

【2】根据需要，清理数据快照（后面介绍数据快照机制）。

【3】从 messageQueue 中获取 Raft 请求，调用 KafkaRaftClient#handleInboundMessage 方法进行处理。这里将 InboundMessage（入站信息）区分为其他节点发送的请求和其他节点返回的响应，分别调用 handleRequest 和 handleResponse 方法进行处理，这两个方法会根据请求和响应的类型调用对应的逻辑处理方法。从这里可以找到各类型 Raft 请求对应的处理方法。

而 KafkaRaftClient#pollCurrentState 负责执行 Raft 算法的逻辑，核心代码如下：

```
private long pollCurrentState(long currentTimeMs) {
    if (quorum.isLeader()) {
        return pollLeader(currentTimeMs);
    } else if (quorum.isCandidate()) {
        return pollCandidate(currentTimeMs);
    } else if (quorum.isFollower()) {
        return pollFollower(currentTimeMs);
    } else if (quorum.isVoted()) {
        return pollVoted(currentTimeMs);
    } else if (quorum.isUnattached()) {
        return pollUnattached(currentTimeMs);
    } else if (quorum.isResigned()) {
        return pollResigned(currentTimeMs);
    } else {
        throw new IllegalStateException("Unexpected quorum state " + quorum);
    }
}
```

这里针对当前不同状态执行对应的处理逻辑。后续在具体的场景中分析不同状态的处理逻辑。

21.2 KRaft leader 选举机制

第 20 章介绍了 Raft 算法 leader 节点的选举机制。下面分析 KRaft 集群中如何利用 Raft 算法选举 leader 节点。

21.2.1 初始化 Raft 状态

选举 leader 节点主要有两个场景：

（1）集群刚启动，需要选举一个 leader 节点。KRaft 模块启动时，调用 KafkaRaftManager#buildRaftClient 方法创建了 KafkaRaftClient，从 Cluster 主题（下面会介绍）中读取该节点的 Raft 状态。如果没有读取到之前的状态，则将 Raft 状态初始化为 UnattachedState，调用 KafkaRaftClient#pollUnattached 执行如下逻辑：

- 如果该节点是 Controller 节点，则等待 leader 节点的 BeginQuorumEpochRequest 请求，如果收到该请求，则切换到 follow 状态，如果等待超时，则切换到 candidate 状态，发起选举流程。
- 如果该节点是 Broker 节点，则给任意一个 Controller 节点发送 Fetch 请求，该 Controller 节点会返回 leader 节点信息，该节点收到返回的 leader 信息后，将切换到 follow 状态。

（2）leader 节点下线后，需要在 follow 节点中选举一个新的 leader 节点。下面分析该过程。

当 Controller 节点处于 follow 状态时，调用 KafkaRaftClient#pollFollower 方法执行对应的逻辑：

```
private long pollFollower(long currentTimeMs) {
    FollowerState state = quorum.followerStateOrThrow();
    if (quorum.isVoter()) {
        // 【1】
        return pollFollowerAsVoter(state, currentTimeMs);
    } else {
        // 【2】
        return pollFollowerAsObserver(state, currentTimeMs);
    }
}
```

【1】 quorum.isVoter 为 true，代表当前节点是 Controller 节点，调用 pollFollowerAsVoter 方法，该方法会同步数据或者发起投票。

【2】 否则，代表当前节点是 Broker 节点，调用 pollFollowerAsObserver 方法同步数据。

pollFollowerAsVoter 方法的核心代码如下：

```
private long pollFollowerAsVoter(FollowerState state, long currentTimeMs) {
    GracefulShutdown shutdown = this.shutdown.get();
    if ...
    else if (state.hasFetchTimeoutExpired(currentTimeMs)) {
        // 【1】
        transitionToCandidate(currentTimeMs);
        return 0L;
    } else {
        // 【2】
        long backoffMs = maybeSendFetchOrFetchSnapshot(state, currentTimeMs);
        return Math.min(backoffMs, state.remainingFetchTimeMs(currentTimeMs));
    }
}
```

【1】 如果 leader 节点超时未响应，则当前节点进入 candidate 状态。FollowerState#fetchTimer 属性记录了 leader 节点上次响应该节点 Fetch 请求的时间，根据该属性与当前时间之差判断 leader 节点是否超时。

注意：QuorumState#transitionToCandidate 方法将 KafkaRaftClient#quorum 切换到新的状态后，会将新状态中的任期号加 1，即进入新的任期。

【2】 如果与 leader 连接正常，则调用 SendFetchOrFetchSnapshot 方法同步数据。

注意这里 Broker 节点与 Controller 节点的处理逻辑的区别。Controller 节点可以切换到 candidate 状态，并发起选举流程，而 Broker 节点只能主动查找 leader 节点，切换到 follow 状态后，一直保持为 follow 状态。

21.2.2 发送投票请求

当一个 follow 节点进入 candidate 状态后，该节点将发送 VoteRequest 请求，要求其他 Controller 节点给自己投票：

```
private long pollCandidate(long currentTimeMs) {
```

```
        CandidateState state = quorum.candidateStateOrThrow();
        GracefulShutdown shutdown = this.shutdown.get();

        if ...
        else if (state.isBackingOff()) {
            // 【1】
            ...
            return state.remainingBackoffMs(currentTimeMs);
        } else if (state.hasElectionTimeoutExpired(currentTimeMs)) {
            // 【2】
            long backoffDurationMs = binaryExponentialElectionBackoffMs(state.retries());
            state.startBackingOff(currentTimeMs, backoffDurationMs);
            return backoffDurationMs;
        } else {
            // 【3】
            long minRequestBackoffMs = maybeSendVoteRequests(state, currentTimeMs);
            return Math.min(minRequestBackoffMs, state.remainingElectionTimeMs(currentTimeMs));
        }
    }
```

【1】如果该节点处于 BackingOff 阶段,则需要等待指定时间后再发起新的选举。

【2】如果该节点已经选举超时(由于选举瓜分等原因导致选举失败),则该节点进入 BackingOff 阶段。

【3】在正常情况下,发送 VoteRequest 请求,要求其他 Controller 节点给自己投票。

21.2.3 投票流程

下面分析当 Controller 节点收到 VoteRequest 请求后,如何给发送请求的节点投票。

KafkaRaftClient#handleInboundMessage 方法调用 KafkaRaftClient#handleVoteRequest 方法处理 VoteRequest 请求:

```
    private VoteResponseData handleVoteRequest(
        RaftRequest.Inbound requestMetadata
    ) {
        VoteRequestData request = (VoteRequestData) requestMetadata.data;
        ...
```

```
    // 【1】
    int candidateId = partitionRequest.candidateId();
    int candidateEpoch = partitionRequest.candidateEpoch();

    int lastEpoch = partitionRequest.lastOffsetEpoch();
    long lastEpochEndOffset = partitionRequest.lastOffset();
    ...
    // 【2】
    if (candidateEpoch > quorum.epoch()) {
        transitionToUnattached(candidateEpoch);
    }
    // 【3】
    OffsetAndEpoch lastEpochEndOffsetAndEpoch = new
OffsetAndEpoch(lastEpochEndOffset, lastEpoch);
    boolean voteGranted = quorum.canGrantVote(candidateId,
lastEpochEndOffsetAndEpoch.compareTo(endOffset()) >= 0);
    // 【4】
    if (voteGranted && quorum.isUnattached()) {
        transitionToVoted(candidateId, candidateEpoch);
    }

    // 【5】
    return buildVoteResponse(Errors.NONE, voteGranted);
}
```

【1】获取请求中的 candidateId、任期 candidateEpoch、最新日志的任期 lastEpoch、偏移量 lastEpochEndOffset。

【2】如果发送请求节点的任期大于当前节点任期，则当前节点切换到 Unattached 状态，代表当前节点的状态已失效。

【3】quorum.canGrantVote 判断是否可以给请求节点投票（这里会调用 UnattachedState#canGrantVote 方法）。如果 VoteRequest 请求的 lastEpoch、lastEpochEndOffset 参数大于或等于当前节点最新日志的任期、偏移量，则当前节点同意给发送请求的节点投票。

【4】如果当前节点同意投票，则切换到 Voted 状态，代表当前节点已经给其他节点投票了，所以当前节点当前不会发起选举流程，避免"选票瓜分"导致选举失败，直到当前的选举超时（当前节点切换到 candidate 状态），或者收到新的心跳请求（当前节点成为 follow 节点）。

【5】返回投票结果，voteGranted 标志代表当前节点同意给请求节点投票。

21.2.4 当选 leader 节点

回到发送 VoteRequest 请求的节点的视角，该节点调用 KafkaRaftClient#handleVoteResponse 方法处理其他节点返回的投票响应：

```
private boolean handleVoteResponse(
    RaftResponse.Inbound responseMetadata,
    long currentTimeMs
) {
    ... if (quorum.isCandidate()) {
        // 【1】
        CandidateState state = quorum.candidateStateOrThrow();
        // 【2】
        if (partitionResponse.voteGranted()) {
            state.recordGrantedVote(remoteNodeId);
            maybeTransitionToLeader(state, currentTimeMs);
        } else {
            // 【3】
            state.recordRejectedVote(remoteNodeId);
            if (state.isVoteRejected() && !state.isBackingOff()) {
                state.startBackingOff(
                    currentTimeMs,
                    binaryExponentialElectionBackoffMs(state.retries())
                );
            }
        }
    } ...
}
```

【1】执行到这里，说明其他节点返回了正常的投票响应。

【2】如果其他节点返回了 voteGranted 标志，则说明其他节点同意给当前节点投票了，执行以下操作：

（1）调用 state.recordGrantedVote 方法记录返回该响应的节点。

（2）调用 maybeTransitionToLeader 方法统计当前节点获取的投票数量，如果收到超过半数 Controller 节点的投票，则当前节点可以切换到 leader 状态。

【3】如果其他节点拒绝给当前节点投票，则执行以下操作：

（1）记录拒绝投票的节点。

（2）如果超过半数 Controller 节点拒绝投票的节点，则说明当前节点无法成为 leader 节点，当前节点进入 BackingOff 阶段。

当某个 candidate 状态的节点切换到 leader 节点后，将调用 KafkaRaftClient#pollLeader 方法执行 leader 节点的逻辑：

```
private long pollLeader(long currentTimeMs) {
    LeaderState<T> state = quorum.leaderStateOrThrow();
    maybeFireLeaderChange(state);
    ...
    // 【1】
    long timeUntilFlush = maybeAppendBatches(
        state,
        currentTimeMs
    );
    // 【2】
    long timeUntilSend = maybeSendRequests(
        currentTimeMs,
        state.nonAcknowledgingVoters(),
        this::buildBeginQuorumEpochRequest
    );

    return Math.min(timeUntilFlush, timeUntilSend);
}
```

【1】将 LeaderState 累积器的内容写到 Cluster 主题中。下面介绍 KRaft 模块的存储机制时会进一步介绍 LeaderState 累积器。

【2】调用 state.nonAcknowledgingVoters 方法获取未返回 BeginQuorumEpoch 响应的 Controller 节点，这里给这些 Controller 节点发送 BeginQuorumEpochRequest 请求，通知它们当前节点已经当选为 leader 节点。

其他 Controller 节点收到 BeginQuorumEpochRequest 请求后，将调用 KafkaRaftClient#handle-BeginQuorumEpochRequest 方法，切换到 FollowerState 状态，这样 leader 节点、follow 节点就确立了主从关系。

21.3 KRaft 生成 Record 数据

当 leader 节点选举成功后,其他 Controller 节点成为 follow 节点,这些 leader 节点、follow 节点组成一个 Raft 集群,这时 leader 节点可以处理 Controller 请求。

KRaft 模块处理 Controller 请求的流程如图 21-3 所示。

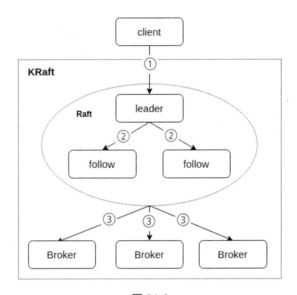

图 21-3

说明:

(1) leader 节点收到 Controller 请求后,生成并存储 Record 数据。这些 Record 数据存储了 Controller 请求的变更操作的内容,假设 leader 节点收到创建主题的 Controller 请求,则生成的 Record 数据存储了创建主题操作,以及新主题名称、分区 leader 副本、ISR 等内容。

(2) follow 节点同步并存储 leader 节点的 Record 数据,当超过半数 Controller 节点都同步了 Record 数据后,KRaft 模块便保证了 Record 数据的安全,这时 KRaft 模块便会提交这些 Record 数据。

(3) Broker 节点同步已提交的 Record 数据,并执行 Record 数据中存储的变更操作,如创建主题等。

从上面内容可以看到,Controller 节点组成了 Raft 集群,负责生成、存储 Record 数据,而 Broker 节点则同步并使用这些 Record 数据。

下面以创建主题操作为例,详细介绍图 21-3 中的各个步骤。下面先介绍 leader 节点如何生成 Record 数据。

当我们使用 kafka-topics.sh 脚本创建主题时，kafka-topics.sh 会发送 CreateTopics 请求到 Broker 节点，Broker 使用 KafkaApis 处理请求。如果 Kafka 服务启用了 KRaft 模块，则 KafkaApis 中会调用 maybeForwardToController 方法将 Controller 请求转发给 KRaft 模块中的 leader 节点。

KRaft 模块的 leader 节点使用 ControllerApis 处理请求，最终调用 QuorumController#createTopics 方法处理创建主题的请求：

```
public CompletableFuture<CreateTopicsResponseData>
        createTopics(CreateTopicsRequestData request) {
    ...
    return appendWriteEvent("createTopics",
        time.nanoseconds() + NANOSECONDS.convert(request.timeoutMs(), MILLISECONDS),
        () -> replicationControl.createTopics(request));
}
```

这里执行两个操作：

（1）appendWriteEvent 方法的最后一个参数是一个匿名 ControllerWriteOperation 实例，该实例中调用 ReplicationControlManager#createTopics 方法生成主题的 Record 数据。

（2）调用 QuorumController#appendWriteEvent 方法将 Record 数据存储到 Cluster 主题中。

ReplicationControlManager#createTopics 方法调用 ReplicationControlManager#createTopic 方法生成 Record 数据：

```
private ApiError createTopic(CreatableTopic topic,
                    List<ApiMessageAndVersion> records,
                    Map<String, CreatableTopicResult> successes) {
    Map<Integer, PartitionRegistration> newParts = new HashMap<>();
    // 【1】
    ...
    // 【2】
    records.add(new ApiMessageAndVersion(new TopicRecord().
        setName(topic.name()).
        setTopicId(topicId), TOPIC_RECORD.highestSupportedVersion()));
    // 【3】
    for (Entry<Integer, PartitionRegistration> partEntry : newParts.entrySet()) {
        int partitionIndex = partEntry.getKey();
        PartitionRegistration info = partEntry.getValue();
```

```
        records.add(info.toRecord(topicId, partitionIndex));
    }
    return ApiError.NONE;
}
```

【1】使用用户指定的 AR 副本列表，或者调用 clusterControl.placeReplicas 方法为每个分区生成 AR 副本列表，并将结果存储到 newParts 变量中。限于篇幅，这里不深入介绍。

【2】生成 TopicRecord，存储主题变更记录，包括主题名称、主题 Id 等。

【3】生成 PartitionRecord，存储分区变更记录，包括分区 leader 副本、ISR、AR 列表。

leader 节点生成 Record 数据后，QuorumController#appendWriteEvent 方法负责将 Record 数据写入 Cluster 主题，下一节将介绍数据存储的内容。

21.4 KRaft 数据存储机制

前面介绍了 leader 节点如何生成 Record 数据，这些 Record 数据中存储了 Kafka 元数据的变更记录（可以理解为 Record 数据中存储了 Kafka 集群元数据）。而 Controller 节点复用了 Kafka 存储机制，将这些 Record 存储在 "__cluster_metadata" 主题中。该主题是 KRaft 模块创建的内部主题，下面将该主题称为 Cluster 主题。KafkaRaftManager#replicatedLog 属性即该主题的 Log 实例。

下面分析 KRaft 的数据存储机制。

QuorumController#appendWriteEvent 方法可以添加一个 ControllerWriteEvent 任务到 QuorumController#queue 队列中。本章下面将该队列称为"待处理任务列表"。ControllerWriteEvent 任务负责生成并写入 Record 数据。

KafkaEventQueue#eventHandlerThread 线程负责执行"待处理任务列表"QuorumController#queue 中的 ControllerWriteEvent 任务。

ControllerWriteEvent#run 的核心代码如下：

```
public void run() throws Exception {
    ...
    // 【1】
    ControllerResult<T> result = op.generateRecordsAndResult();
    if (result.records().isEmpty()) ...
    else {
```

```
    // 【2】
    final long offset;
    if (result.isAtomic()) {
        offset = raftClient.scheduleAtomicAppend(controllerEpoch, result.records());
    } else {
        offset = raftClient.scheduleAppend(controllerEpoch, result.records());
    }
    ...
    // 【3】
    for (ApiMessageAndVersion message : result.records()) {
        replay(message.message(), Optional.empty(), offset);
    }
    snapshotRegistry.getOrCreateSnapshot(offset);

}
// 【4】
purgatory.add(resultAndOffset.offset(), this);
}
```

【1】ControllerWriteEvent#op 是一个 ControllerWriteOperation 实例，其 generateRecordsAndResult 方法负责生成对应的 Record 数据。

21.3 节介绍了 QuorumController#createTopics 方法处理创建主题请求的逻辑，实现了该 ControllerWriteOperation 接口，返回新主题的 Record 数据。

【2】执行到这里，说明 ControllerWriteEvent#op 生成了有效的 Record 数据。将 Record 数据添加到 LeaderState 累加器（LeaderState#accumulator）中。

【3】将 Record 中的变更操作应用于 Controller 节点的数据视图，得到最新的集群元数据，并根据需要生成数据快照。

Controller 节点除了将数据存储到 Cluster 主题中，还在内存中维护了一份数据视图，数据视图存储了最新的集群元数据用于生成数据快照。

【4】在 QuorumController#purgatory 中添加一个延迟任务。

在 KRaft 模块中，leader 节点写入数据后，需要等待超过半数的 Controller 节点同步数据后，才认为该写入操作成功，并返回成功响应给客户端，所以这里生成一个延迟任务，等待 Controller 节点同步。

现在 Record 数据已经添加到 LeaderState 累加器中，前面说了，KafkaRaftClient#pollLeader 方法会调用 maybeAppendBatches 方法，将 LeaderState 累积器的内容写到 Cluster 主题中，KafkaRaftClient#maybeAppendBatches 方法执行如下逻辑：

（1）调用 LeaderState 累积器的 BatchAccumulator#drain 方法获取累积器中的 Record 数据。

（2）调用 KafkaRaftClient#appendBatch 方法，将上一步获取的数据写入 Cluster 主题。

（3）调用 KafkaRaftClient#flushLeaderLog 方法刷新磁盘。

下面介绍 KRaft 模块中的 Record 数据格式。假如当前创建了主题 d-topic，则在 __cluster_metadata 中可以看到如下内容：

```
$ ./bin/kafka-dump-log.sh --cluster-metadata-decoder --skip-record-metadata
--files /tmp/kraft-combined-logs/__cluster_metadata-0/*.log
...
  payload: {"type":"TOPIC_RECORD","version":0,"data":{"name":"d-topic","topicId":
"fc_lOwVQRueGSC5Q3DiUQw"}}
  payload: {"type":"PARTITION_RECORD","version":0,"data":{"partitionId":0,"topicId":
"fc_lOwVQRueGSC5Q3DiUQw","replicas":[1],"isr":[1],"removingReplicas":[],"addingRepl
icas":[],"leader":1,"leaderEpoch":0,"partitionEpoch":0}}
```

执行到这里，KRaft 模块已经完成图 21-3 中的第 1 步，即 leader 节点生成并存储了 Record 数据。

21.5 KRaft 数据同步机制

下面介绍 KRaft 模块 leader 节点、follow 节点的数据同步机制。

在 Raft 算法中，leader 节点在心跳报文中携带新的日志内容并发送给 follow 节点，实现数据同步。而在 KRaft 模块中，follow 节点定时发送 Fetch 请求给 leader 节点，leader 节点会返回给新的 Record 数据给 follow 节点，从而实现数据同步。该步骤与 Kafka 的 leader 副本、follow 副本的数据复制机制类似。

另外，Raft 算法定义了 commitIndex 索引维护状态机已提交的日志索引（可回顾前一章）。当日志被超过半数节点同步后，leader 节点修改该 commitIndex 索引，再执行真正的写入操作。

而在 KRaft 模块中，使用 LeaderState#highWatermark 属性记录已经被半数 Controller 节点同步的最新 Record 偏移量（与 Raft 算法的 commitIndex 索引对应），可以理解为 KRaft 模块的高水位 HW。当某个 Record 数据被超过半数的节点同步后，leader 节点会将该 HW 移到对应位置，并提交该 Record 数据。

LeaderState 存储的属性如图 21-4 所示。

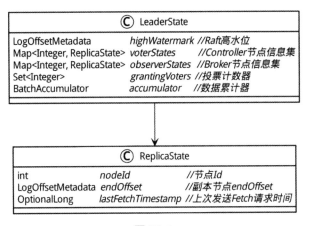

图 21-4

与 Kafka 中 leader 副本、follow 副本的同步机制类似，Raft 模块在同步过程中，也需要修改 HW、endOffset 等变量。这些变量如下：

- leader-HW：LeaderState#highWatermark、leader 节点中 Cluster 主题的 Log 实例的 HW。
- leader-EndOffset：leader 节点中 Cluster 主题的 endOffset。
- leader-VoterStates：LeaderState#voterStates 是一个 Map 实例，键值对内容为"<BrokerId，ReplicaState 实例>"，负责存储所有 Controller 节点的信息，利用这些 ReplicaState 实例的 endOffset 属性（Controller 节点最新的 Record 偏移量）可以计算已经被超半数的 Controller 节点同步的最新 Record 偏移量。
- follow-HW：FollowerState#highWatermark、follow 节点 Cluster 主题的 Log 实例中的 HW。
- follow-EndOffset：follow 节点中 Cluster 主题的 endOffset。

假如 KRaft 存在一个 leader 节点、一个 follow 节点，当前 leader-HW、leader-EndOffset、follow-HW、follow-EndOffset 都是 2。S1 节点写入最新的消息 M2，并修改 leader-EndOffset 为 3，则 S1、S2 的数据同步流程如图 21-5 所示。

可以看到，KRaft 模块中 leader 节点、follow 节点同步数据的流程与 Kafka 分区 leader 副本、follow 副本同步数据的流程非常相似。

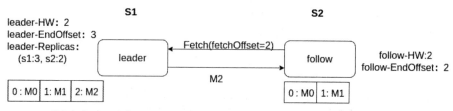

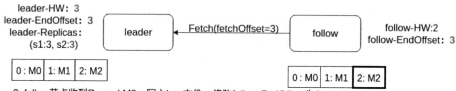

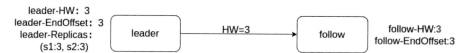

图 21-5

下面通过阅读源码分析 leader 节点、follow 节点的数据同步过程。

21.2.1 节中说过，follow 节点通过 KafkaRaftClient#maybeSendFetchOrFetchSnapshot 方法发送 Fetch 请求：

```
private long maybeSendFetchOrFetchSnapshot(FollowerState state, long currentTimeMs) {
    final Supplier<ApiMessage> requestSupplier;
    // 【1】
    if (state.fetchingSnapshot().isPresent()) {
        RawSnapshotWriter snapshot = state.fetchingSnapshot().get();
        long snapshotSize = snapshot.sizeInBytes();

        requestSupplier = () -> buildFetchSnapshotRequest(snapshot.snapshotId(), snapshotSize);
```

```
    } else {
      // 【2】
      requestSupplier = this::buildFetchRequest;
    }

    return maybeSendRequest(currentTimeMs, state.leaderId(), requestSupplier);
}
```

【1】如果 FollowerState#fetchingSnapshot 属性存在，则说明需要获取数据快照，这时发送 FetchSnapshot 请求。

【2】否则发送 Fetch 请求。

这里只关注 Fetch 请求的处理。

在 leader 节点中，KafkaRaftClient#handleFetchRequest 方法负责处理 follow 节点发送的 Fetch 请求，调用 tryCompleteFetchRequest 方法处理该请求：

```
    private FetchResponseData tryCompleteFetchRequest(
        int replicaId,
        FetchRequestData.FetchPartition request,
        long currentTimeMs
    ) {
      try {
         ...
         final Records records;
         if (validOffsetAndEpoch.kind() == ValidOffsetAndEpoch.Kind.VALID) {
            // 【1】
            LogFetchInfo info = log.read(fetchOffset, Isolation.UNCOMMITTED);
            // 【2】
            if (state.updateReplicaState(replicaId, currentTimeMs,
info.startOffsetMetadata)) {
                onUpdateLeaderHighWatermark(state, currentTimeMs);
            }
            records = info.records;
         } else {
            records = MemoryRecords.EMPTY;
         }
         return buildFetchResponse(Errors.NONE, records, validOffsetAndEpoch,
state.highWatermark());
```

```
        } ...
    }
```

【1】调用 Log#read 方法读取 Record 数据。

【2】调用 state.updateReplicaState 方法执行如下操作：

（1）使用 Fetch 请求中的 `fetchOffset` 参数更新 LeaderState#voterStates 中该 follow 节点对应 ReplicaState 实例的 endOffset 属性。

（2）将 LeaderState#voterStates 中所有节点的 endOffset 排序，取中间位置的 endOffset（该 endOffset 对应 Record 已经被超半数 Controller 节点同步）作为 LeaderState#highWatermark。如果发现 LeaderState#highWatermark 变更，则 updateReplicaState 方法返回 true。这时会调用 onUpdateLeaderHighWatermark 方法执行如下操作：

a. 更新 leader 节点中 Cluster 主题的 HW。

b. 调用 KafkaRaftClient#updateListenersProgress 触发 KafkaRaftClient#listenerContexts 中的监听器。这里的监听器会提交该 Record 数据，即执行真正的变更操作，如创建 leader/follow 副本的实例等，下面会进一步介绍。

回到 follow 节点，KafkaRaftClient#handleFetchResponse 方法负责处理 leader 节点返回的响应：

```
private boolean handleFetchResponse(
    RaftResponse.Inbound responseMetadata,
    long currentTimeMs
) {
    FetchResponseData response = (FetchResponseData) responseMetadata.data;
    ...
    FollowerState state = quorum.followerStateOrThrow();
    if (error == Errors.NONE) {
        FetchResponseData.EpochEndOffset divergingEpoch = partitionResponse.divergingEpoch();
        if (divergingEpoch.epoch() >= 0) {
            // 【1】
            ...
        } else if (partitionResponse.snapshotId().epoch() >= 0 ||
                partitionResponse.snapshotId().endOffset() >= 0) {
            // 【2】
            ...
```

```
                final OffsetAndEpoch snapshotId = new OffsetAndEpoch(
partitionResponse.snaKafkaRaftClient#listenerContextspshotId().endOffset(),
                    partitionResponse.snapshotId().epoch()
                );
                state.setFetchingSnapshot(log.storeSnapshot(snapshotId));
            } else {
                // 【3】
                Records records = FetchResponse.recordsOrFail(partitionResponse);
                if (records.sizeInBytes() > 0) {
                    appendAsFollower(records);
                }

                OptionalLong highWatermark = partitionResponse.highWatermark() < 0 ?
                    OptionalLong.empty() : OptionalLong.of(partitionResponse.highWatermark());
                updateFollowerHighWatermark(state, highWatermark);
            }
            // 【4】
            state.resetFetchTimeout(currentTimeMs);
            return true;
        } else {
            return handleUnexpectedError(error, responseMetadata);
        }
    }
```

【1】如果 leader 节点返回了 divergingEpoch，则说明 follow 节点需要进行截断操作。这里的截断操作与 follow 副本的截断操作类似，不再赘述。

【2】如果 leader 节点返回了 snapshotId，则说明该 follow 需要通过快照同步数据。将 snapshotId 赋值给 FollowerState#fetchingSnapshot 属性，后续 follow 节点会发送 FetchSnapshotRequestData 请求。

【3】执行到这里，说明 leader 返回了正常的 Fetch 响应。执行以下操作：

（1）获取 leader 节点返回的 Record 数据，调用 appendAsFollower 方法将数据写入 Cluster 主题（这里会修改 follow 节点中 Cluster 主题的 endOffset）。

（2）如果 leader 节点返回了新的 HW，则调用 KafkaRaftClient#updateFollowerHighWatermark 方法执行以下操作：

a. 使用 leader 节点返回的 HW 修改 follow 的 HW（包括 FollowerState#highWatermark 属性

及 Cluster 主题的 HW）。

b.调用 KafkaRaftClient#updateListenersProgress 方法触发 KafkaRaftClient#listenerContexts 中的监听器，提交 Record 数据。

【4】更新 FollowerState#fetchTimer。前面说了，follow 节点使用该属性判断 leader 节点是否超时。

注意，Broker 节点也需要与 leader 节点同步 Record 数据，该同步流程与 follow 节点、leader 节点的数据同步流程一样，不再赘述。

21.6　KRaft 提交 Record 数据

当 Record 数据被超过半数的 Controller 节点同步后，KRaft 模块便会修改 LeaderState#highWatermark，并提交这些 Record 数据。

下面分析 KRaft 模块提交 Record 数据的流程。

21.6.1　监听器机制

KRaft 通过监听器机制提交 Record 数据。KafkaRaftClient#listenerContexts 是一个 ListenerContext 实例，ListenerContext 中存在两个关键属性：

- listener：监听器，RaftClient.Listener 类型，其 handleCommit 方法负责执行提交 Record 数据的逻辑。
- nextOffset：下一个待提交的偏移量（该偏移量前的 Record 数据已提交）。

假设 ListenerContext#nextOffset 为 3，而当 LeaderState#highWatermark 变更为 6 时，KRaft 模块会触发 ListenerContext 监听器提交偏移量为 3、4、5 的 Record 记录，并将 ListenerContext#nextOffset 变更为 6。

21.5 节介绍了触发 KafkaRaftClient#listenerContexts 中的监听器的两个场景：

（1）leader 节点修改 LeaderState#highWatermark 后（即当新的 Record 数据被超半数 Controller 节点同步后）。

（2）follow 节点或者 Broker 节点收到 leader 节点返回的新的 HW 位置后。

KafkaRaftClient#listenerContexts 有 BrokerMetadataListener 和 QuorumMetaLogListener 两个核心监听器，分别执行 Broker 节点和 Controller 节点的逻辑。

21.6.2 BrokerMetadataListener

Broker 节点启动时，BrokerServer#startup 方法会向 KafkaRaftClient#listenerContexts 注册 BrokerMetadataListener 监听器。BrokerMetadataListener 负责执行 Broker 节点提交 Record 数据的逻辑，如修改 Broker 元数据实例、创建分区对应实例、成为分区 leader 副本/follow 副本等，如图 21-3 中的第 3 步所示。

BrokerMetadataListener#handleCommit 方法会在 BrokerMetadataListener#eventQueue 中添加一个 HandleCommitsEvent 任务，而 KafkaEventQueue#eventHandlerThread 线程负责执行这些 HandleCommitsEvent 任务。

HandleCommitsEvent#run 方法执行如下操作：

（1）调用 BrokerMetadataListener#loadBatches 方法从 Record 中加载元数据变更的内容。例如从 TopicRecord 中加载主题变更内容，从 PartitionRecord 中加载分区变更内容（21.3 节中说过，leader 节点处理创建主题的请求时会生成 TopicRecord、PartitionRecord）。

（2）调用 BrokerMetadataPublisher#publish 方法，根据元数据变更内容执行对应的处理逻辑。

（3）根据需要生成一个新的快照。

BrokerMetadataPublisher#publish 方法的核心代码如下：

```
override def publish(newHighestMetadataOffset: Long,
                     delta: MetadataDelta,
                     newImage: MetadataImage): Unit = {
  // 【1】
  metadataCache.setImage(newImage)
  ...
  // 【2】
  Option(delta.topicsDelta()).foreach { topicsDelta =>
    replicaManager.applyDelta(newImage, topicsDelta)
    ...
  }
  ...
}
```

参数说明：

- delta：元数据变更内容。

- newImage：新的元数据镜像。

【1】调用 metadataCache.setImage 方法更新 Broker 节点的元数据缓存 BrokerServer#metadataCache。

由于 Broker 节点运行时需要实时使用 Kafka 元数据（如获取主题、Broker 相关信息），所以 Broker 节点会将 Kafka 元数据缓存在内存中。BrokerServer#metadataCache 是一个 KRaftMetadataCache 实例，负责在内存中缓存 Kafka 元数据。

当 Broker 节点收到新的 Record 数据后，使用 Record 存储的变更内容更新 BrokerServer#metadataCache。

【2】调用 replicaManager.applyDelta 方法，根据主题、分区变更的内容执行对应的处理逻辑。

（1）如果当前节点被分配为新分区的 leader 副本，则调用 Partition#makeLeader 方法，当前节点成为分区的 leader 副本。

（2）如果当前节点被分配为新分区的 follow 副本，则调用 Partition#makeFollower 方法，当前节点成为分区的 follow 副本。

其他元数据的变更也要执行对应的操作，这里不一一介绍了。

对比一下 ZooKeeper 模式与 KRaft 模式下创建主题的区别：

- 在 ZooKeeper 模式下创建主题，KafkaController 节点发送 LeaderAndIsr 请求，Broker 收到该请求后，会成为分区的 leader 副本或 follow 副本。
- 在 KRaft 模式下创建主题，Broker 同步并提交 TopicRecord、PartitionRecord 等 Record 数据，发现自己被分配为新分区的副本后，成为该分区的 leader 副本或 follow 副本。

21.6.3　QuorumMetaLogListener

Controller 节点启动时，ControllerServer 会构建 QuorumController，而 QuorumController 构造方法会向 KafkaRaftClient#listenerContexts 注册 QuorumMetaLogListener 监听器。QuorumMetaLogListener 负责执行 Controller 节点提交 Record 数据的逻辑，如完成延迟任务、生成快照等。

QuorumMetaLogListener#handleCommit 的核心代码如下：

```
public void handleCommit(BatchReader<ApiMessageAndVersion> reader) {
    // 【1】
    appendRaftEvent("handleCommit[baseOffset=" + reader.baseOffset() + "]", () -> {
        try {
```

```java
            boolean isActiveController = curClaimEpoch != -1;
            long processedRecordsSize = 0;
            while (reader.hasNext()) {
                Batch<ApiMessageAndVersion> batch = reader.next();
                long offset = batch.lastOffset();
                int epoch = batch.epoch();
                List<ApiMessageAndVersion> messages = batch.records();

                if (isActiveController) {
                  // 【2】
                   purgatory.completeUpTo(offset);
                   // 【3】
                   snapshotRegistry.deleteSnapshotsUpTo(
                       snapshotGeneratorManager.snapshotLastOffsetFromLog().orElse(offset));
                } ...
            }
            // 【4】
            maybeGenerateSnapshot(processedRecordsSize);
        } ...
    });
}
```

【1】在"待处理任务列表"QuorumController#queue 中添加一个任务，异步执行后续步骤。

【2】触发 QuorumController#purgatory 中的延迟任务。21.4 节中说过，leader 节点处理 Controller 请求后，会在 QuorumController#purgatory 中添加延迟任务，而这里则负责正常结束这些任务——返回这些 Controller 请求的响应给客户端。

【3】删除不再需要的快照。

【4】根据需要生成新的快照。

Kafka 的代码设计得非常好，这里通过监听器机制（也可以理解为观察者模式）执行不同角色的处理逻辑，并通过为 Controller 节点、Broker 节点定义不同的监听器，达到了拔插式、松耦合的实现效果，这种代码设计思路也是值得我们学习的。

21.7　KRaft 节点监控与故障转移机制

下面分析 KRaft 模块的一个重要功能：对 Broker 节点进行监控，并在 Broker 因为故障下线后,执行故障转移操作。

在 KRaft 模块中,Broker 节点启动后,会在 Raft 模块中进行注册,并定时发送心跳给 leader 节点。如果某个 Broker 节点超时没有发送心跳,则 leader 节点判定该 Broker 节点已经因故障下线,执行故障转移操作:为该 Broker 节点负责的 leader 副本选举新的 leader 副本节点。

KRaft 模块故障转移流程如图 21-6 所示。

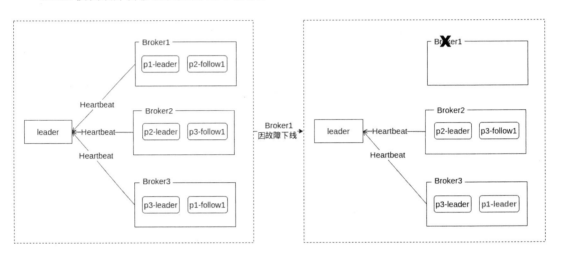

图 21-6

21.7.1 节点注册

当 BrokerServer#startup 方法启动 Broker 服务时,会调用 BrokerLifecycleManager#setReadyToUnfence 方法发送注册请求给 Raft 集群中的 leader 节点。

在 leader 节点中,ClusterControlManager#registerBroker 方法负责处理注册请求,执行以下操作:

(1) 生成 RegisterBrokerRecord,存储该 Broker 节点的注册记录。

(2) 生成 BrokerHeartbeatState 实例并添加到 BrokerHeartbeatManager#brokers 中。

在 leader 节点中,BrokerHeartbeatManager 类负责管理 Broker 节点信息,该类存在以下属性:

- brokers:Map 集合,存储所有的 Broker 节点。
- unfenced:List 集合,存储未隔离的节点。
- active:Set 集合,存储活跃的节点(未隔离或者未下线的节点)。

以上集合的元素都是 BrokerHeartbeatState 实例,它代表一个 Broker 节点。

另外，BrokerHeartbeatState 存在以下状态：

- FENCED：隔离状态，如果 Broker 节点超时未发送心跳请求，那么 leader 节点会将其进行隔离。
- UNFENCED：非隔离状态，Broker 节点正常运行中。
- CONTROLLED_SHUTDOWN、SHUTDOWN_NOW：下线状态。

注意：BrokerHeartbeatState 并没有定义 state 变量，而是通过 BrokerHeartbeatState 实例是否存在于 ClusterControlManager#unfenced 列表中来判断该 BrokerHeartbeatState 实例当前处于 FENCED 状态或 UNFENCED 状态。

下面将每个 Broker 对应的 BrokerHeartbeatState 称为 Broker 状态实例。

21.7.2 心跳请求

前面介绍了 Broker 节点的注册流程，在 Broker 节点中，BrokerRegistrationResponseHandler 处理 leader 节点返回的注册响应，如果 Broker 节点返回成功，则调用 BrokerLifecycleManager#scheduleNextCommunicationImmediately 方法发送心跳请求给 leader 节点。

另外，BrokerHeartbeatResponseHandler 处理 leader 节点返回的心跳响应，它会添加一个延迟任务，定时发送下一次心跳请求，以维持会话正常。

在 leader 节点中，QuorumController#processBrokerHeartbeat 方法负责处理心跳请求：

```java
public CompletableFuture<BrokerHeartbeatReply>
        processBrokerHeartbeat(BrokerHeartbeatRequestData request) {
    // 【1】
    return appendWriteEvent("processBrokerHeartbeat",
        new ControllerWriteOperation<BrokerHeartbeatReply>() {
            private final int brokerId = request.brokerId();
            private boolean inControlledShutdown = false;

            public ControllerResult<BrokerHeartbeatReply>
generateRecordsAndResult() {
                // 【2】
                ControllerResult<BrokerHeartbeatReply> result = replicationControl.
                    processBrokerHeartbeat(request, lastCommittedOffset);
                inControlledShutdown = result.response().inControlledShutdown();
                // 【3】
```

```
                rescheduleMaybeFenceStaleBrokers();
                return result;
            }
            ...
        });
}
```

【1】在"待处理任务列表"QuorumController#queue 中添加一个任务,异步执行后面的步骤。

【2】调用 ReplicationControlManager#processBrokerHeartbeat 方法执行如下操作:

调用 BrokerHeartbeatManager#touch 方法执行以下逻辑:

(1)使用当前时间更新 Broker 状态实例的 BrokerHeartbeatState#lastContactNs 属性,并将 BrokerHeartbeatState 添加到 BrokerHeartbeatManager# unfenced 中。

注意:BrokerHeartbeatManager#unfenced 是有顺序的,按 BrokerHeartbeatState#lastContactNs 属性的大小进行排序。

(2)如果 Broker 节点状态发生变化,则生成 Record 数据。

【3】调用 rescheduleMaybeFenceStaleBrokers 方法检查是否存在超时 Broker 节点。

rescheduleMaybeFenceStaleBrokers 方法执行如下操作:

(1)获取 BrokerHeartbeatManager#unfenced 中第一个 Broker 状态实例(该 Broker 节点的 lastContactNs 最小,即最早超时)的超时时间。

(2)在"待处理任务列表"QuorumController#queue 中添加一个定时任务,任务名为 maybeFenceReplicas,该任务到期后,将调用 maybeFenceOneStaleBroker 方法检查是否有 Broker 节点发送心跳超时,并执行对应的故障转移。

该任务到期时间即该 Broker 节点心跳超时时间,如果该 Broker 节点在该时间范围内发送新的心跳,则会生成新的定时任务替换该任务。

21.7.3 故障转移

前面说了,maybeFenceOneStaleBroker 方法负责检查是否有 Broker 节点下线,并执行故障转移的操作:

```
ControllerResult<Void> maybeFenceOneStaleBroker() {
    List<ApiMessageAndVersion> records = new ArrayList<>();
```

```
        BrokerHeartbeatManager heartbeatManager = clusterControl.heartbeatManager();
        // 【1】
        heartbeatManager.findOneStaleBroker().ifPresent(brokerId -> {
            // 【2】
            handleBrokerFenced(brokerId, records);
            // 【3】
            heartbeatManager.fence(brokerId);
        });
        // 【4】
        return ControllerResult.of(records, null);
    }
```

【1】findOneStaleBroker 方法从 BrokerHeartbeatManager#unfenced 中找到一个发送心跳超时的 Broker 节点。

【2】生成对应的 Record 数据，这些 Record 存储了对应的故障转移操作，如变更分区 ISR、选举新的 leader 副本等。限于篇幅，这部分内容不再详细介绍。

【3】将该 Broker 节点实例从 BrokerHeartbeatManager#unfenced 中移除。

【4】返回第【2】步生成的 Records 数据，最后这些数据会存储到 Cluster 主题中。当超过半数 Controller 节点都同步了这些 Record 数据后，Broker 节点将执行这些 Record 数据中存储的故障转移操作：变更分区的 ISR、leader 副本等（BrokerMetadataListener 监听器完成该操作），这部分内容前面已经介绍过了。

21.8　KRaft 数据清理机制

Cluster 主题存储了集群元数据的所有变更操作，可能存在大量冗余数据，如已删除的主题信息、Broker 节点重复的上下线信息等。KRaft 模块需要清除这些冗余信息，避免 Cluster 主题占用的空间不断增长。

KRaft 模块会定时将所有的元数据写入一个快照文件（元数据通常不会占用过多的空间），并将当前 Cluster 主题的 endOffset 记录下来。该偏移量前面的 Record 数据已经包含在该快照中，为了描述方便，将该偏移量称为快照结束偏移量。

生成快照文件后，KRaft 就可以清除该快照结束偏移量前面的 Record 数据了。

21.8.1 快照管理

KafkaMetadataLog#snapshots 是一个 Map 实例,存储了所有的快照信息,键值对内容为"<快照结束偏移量,快照实例>"。

21.6 节中说过,在 Controller 节点中,QuorumMetaLogListener 监听器会调用 QuorumController#maybeGenerateSnapshot 方法生成新的快照:如果上次生成快照后,新写入的数据量大于 KafkaConfig#metadataSnapshotMaxNewRecordBytes 属性,则生成一个新的数据快照。

提示:metadata.log.max.record.bytes.between.snapshots 配置项可以设置 KafkaConfig#metadataSnapshotMaxNewRecordBytes 属性,默认值为 20971520(20MB)。

QuorumController#maybeGenerateSnapshot 方法调用 SnapshotGeneratorManager#createSnapshotGenerator 方法创建一个快照生成器,并添加一个任务到 QuorumController#queue 队列中,该任务异步调用 SnapshotGeneratorManager#run 方法,执行如下操作:

(1)利用 Controller 节点的数据视图(21.4 节介绍了数据视图的更新机制)生成数据快照文件。快照文件命名格式为"{offset}-{leaderEpoch}.checkpoint"(offset 为快照结束偏移量,leaderEpoch 为 LeaderState#epoch)。

(2)创建快照实例并添加到 KafkaMetadataLog#snapshots 中。

提示:在 Broker 节点中,BrokerMetadataListener 监听器也会生成数据快照,这里不深入介绍。

21.8.2 历史数据清理

KafkaRaftClient#snapshotCleaner 是一个 RaftMetadataLogCleanerManager 实例,负责定时清理 Cluster 主题数据。

KafkaRaftClient#poll 每次都会调用 RaftMetadataLogCleanerManager#maybeClean 方法,如果该方法发现上次数据清理时间距当前时间超过 60000ms,则调用 KafkaMetadataLog#maybeClean 方法执行如下操作:

(1)如果 Cluster 主题数据量+快照数据量超过 metadata.max.retention.bytes 配置项指定大小,则删除部分快照文件,以及对应的 Cluster 日志段文件,直到数据量满足要求。

(2)如果快照创建时间距当前时间超过 metadata.log.segment.ms 配置项指定时间,将删除这些快照文件,以及对应的 Cluster 日志段文件。

KRaft 模块可以支持 kafka-reassign-partitions.sh 脚本扩容,但还不支持 Preferred Replica 重平衡、权限管理等功能,也缺少监控、运维等工具,相信在后续版本中会逐渐完善。

KRaft 模块相关配置如下:

- controller.quorum.request.timeout.ms:Raft 模块发送请求后等待响应的最长时间,默认值为 2000(2 秒)。如果超时没有收到响应,则进行重试。

- controller.quorum.retry.backoff.ms:请求失败退避时间,当请求失败后,重试该请求前的等待时间,默认值为 20。

- controller.quorum.election.timeout.ms:KRaft 使用该配置值加上该配置值范围内的随机整数作为选举超时时间,默认值为 1000(1 秒),即 KRaft 会在 1 秒~2 秒间选择一个随机数作为选举超时时间。当 Raft 处于 UnattachedState、ResignedState、CandidateState、VotedState 状态时,在选举超时时间内没有收到 leader 的请求,将切换状态或者选举失败。

- controller.quorum.election.backoff.max.ms:选举失败的退避时间,当上一次选举失败后开始新的选举前的等待时间,默认值为 1000(1 秒)。

- controller.quorum.fetch.timeout.ms:如果 follow 节点超过该配置值没有收到 leader 节点对 Fetch 请求的响应,则认为 leader 节点已因故障下线,默认值为 2000(2 秒)。

- broker.heartbeat.interval.ms:Broker 发送心跳的时间间隔,默认值为 2000(2 秒)。

- broker.session.timeout.ms:如果该配置值内 Broker 没有发送心跳,则判断该 Broker 下线,默认值为 9000(9 秒)。

- metadata.log.dir:指定 Cluster 主题日志文件的目录,如果没有设置,则使用 log.dirs 指定的第一个目录。

- metadata.log.max.record.bytes.between.snapshots:上一个快照生成后,Cluster 主题写入数据量超过该配置值将生成新的快照,默认值为 20971520(20MB)。

- metadata.log.segment.bytes:Cluster 主题单个日志段文件大小,默认值为 1073741824(1GB)。

- metadata.log.segment.ms:Cluster 主题日志的最长保留时间,默认值为 604800000(7 天)。

- metadata.max.retention.bytes:Cluster 主题日志文件与快照文件大小之和的最大值,默认值为-1(不限制)。

21.9 本章总结

本章详细分析了 KRaft 模块的实现原理。KRaft 模块是 Kafka 的最新特性，可以为 Kafka 带来很多好处，也是 Kafka 未来发展的重要方向。

第 5 部分
高级应用

第 22 章　安全

第 23 章　跨地域复制与分层存储

第 24 章　监控与管理

第 25 章　连接器

第 26 章　流计算引擎

第 22 章
安全

很多应用程序对于安全性都有着很高的要求。假如 Kafka 和 Pulsar 中存储了敏感数据，那么保证 Kafka 和 Pulsar 中数据的安全是非常重要的。

默认情况下，Kafka 和 Pulsar 提供了无加密的文本协议 Web 服务，任何客户端都可以通过该 Web 服务与 Broker 进行通信，这样可能导致数据泄露给一些恶意客户端。

因此，Kafka 和 Pulsar 都提供了如下安全机制，以保证内部数据的安全：

- TLS 协议：Broker 可以提供 TLS 协议的 Web 服务，使用 TLS 协议加密通信数据，保证数据安全。
- 认证和授权：要求客户端进行身份认证，并根据客户端认证身份限制客户端的行为，保证系统数据安全。

22.1 TLS 加密

本节将介绍 Kafka 和 Pulsar 如何使用 TLS 协议加密数据。

为了方便读者理解后面 TLS 加密相关操作，这里简单介绍一下 TLS 协议。

我们知道，TLS 协议中的服务端和客户端通信时需要使用非对称加密，所以需要准备一个密钥对，包括 Broker 私钥和 Broker 公钥。私钥用于服务端，公钥用于客户端。

为了避免恶意应用程序冒充服务端，骗取客户端发送消息到冒充服务端中，TLS 协议不允许客户端直接使用服务端公钥，而是要求服务端将公钥交给一个官方的证书颁发机构（Certificate Authority，下面称为 CA）。CA 中也有一个密钥对，包括 CA 私钥和 CA 公钥，CA 会使用 CA

私钥为服务端公钥生成一个签名，将 Broker 公钥、签名封装到一个证书中，并将证书交给服务端，该证书被称为 Broker 证书。

在 TLS 通信过程中，服务端会将 Broker 证书发送给客户端，客户端从中获取 Broker 公钥，并使用 CA 证书（CA 会将 CA 公钥封装到一个证书中，称为 CA 证书）验证签名，签名验证通过后，说明该 Broker 公钥是可信的。

由于冒充者无法伪造权威的证书颁发机构（这些机构都是权威机构），所以也就无法骗取客户端的信任，从而保证了数据安全。

TLS 加密机制最常见的场景是浏览器对 Web 网站的认证。浏览器只信任一些权威 CA 签发的证书，如果 Web 网站想获取浏览器的信任，就需要到权威 CA 签署证书。

而 Kafka 和 Pulsar 这种可以完全自控的客户端，则可以由我们自建 CA，完成证书签署工作。

下面介绍如何通过自建 CA，使用 TLS 协议加密 Kafka 和 Pulsar 数据。

22.1.1 准备 TLS 证书和密钥

下面主要使用两个工具：

（1）OpenSSL：负责生成密钥，对证书签名等。

（2）Keystore：Java 提供的密钥库（Keystore）。Keystore 中可以存储一系列密钥（Secret Key）、密钥对（Key Pair）或证书（Certificate），并提供给应用程序使用。

另外，JDK 提供了 keytool 命令，用于管理存储库。

下面开始准备 TLS 协议使用的证书和密钥。

1. 为 Broker 生成一个 TLS 密钥和证书

```
$ keytool -keystore broker.keystore.jks -alias localhost -validity 365 -genkeypair -keyalg RSA
```

该命令生成 Broker 密钥库 broker.keystore.jks，该密钥库用于保存 Broker 密钥对、证书信息。由于该密钥库存储了 Broker 的私钥，所以必须安全地保存它。

提示：这里需要输入密钥库的密码。

2. 生成 CA 密钥

下面生成 CA 密钥，用于自建 CA，完成 Broker 证书的签署。

提示：我们可以专门使用一个独立的机器作为 CA 角色，并在该机器上执行下面 CA 的相关操作。为了简单，笔者使用 Broker 的所在机器完成以下操作。

（1）生成 CA 使用的 CA 密钥对和 CA 证书，用于签名其他的证书。

```
$ openssl req -new -x509 -keyout ca-key -out ca-cert -days 365
```

该命令生成以下文件：
- ca-cert：CA 的证书。
- ca-key：CA 的私钥。

提示：这里需要输入 CA 密码。

（2）将生成的 CA 证书添加到客户端的信任库和 Broker 的信任库中：

```
$ keytool -keystore client.truststore.jks -alias CARoot -import -file ca-cert
$ keytool -keystore broker.truststore.jks -alias CARoot -import -file ca-cert
```

该命令生成两个文件：client.truststore.jks、broker.truststore.jks，它们都包含了 CA 证书。

3. 完成签名

使用上一步获得的 CA 密钥对和 CA 证书对 Broker 密钥库中的证书进行签名。

（1）从第 1 步的 Broker 密钥库中导出 Broker 证书。

```
$ keytool -keystore broker.keystore.jks -alias localhost -certreq -file cert-file
```

该命令导出了 Broker 证书 cert-file。

（2）使用 CA 证书和 CA 秘钥对 Broker 证书进行签名。

```
$ openssl x509 -req -CA ca-cert -CAkey ca-key -in cert-file -out cert-signed -days 365 -CAcreateserial -passin pass:{ca-password}
```

该命令生成了 cert-signed 文件，即已签名的 Broker 证书。

提示：ca-password 参数为 CA 密码。

（3）将 CA 的证书和已签名 Broker 证书导入 Broker 密钥库。

```
$ keytool -keystore broker.keystore.jks -alias CARoot -import -file ca-cert
$ keytool -keystore broker.keystore.jks -alias localhost -import -file cert-signed
```

到这里，TLS 密钥和证书准备好了：

- client.truststore.jks：客户端信任库，主要包含 CA 的证书。
- broker.truststore.jks：Broker 信任库，主要包含 CA 的证书。
- broker.keystore.jks：Broker 密钥库，包含 CA 的公钥、Broker 的密钥对、已签名的 Broker 证书。

Java 程序使用上述 3 个文件就可以完成 TLS 加密通信了。

22.1.2 Kafka 配置

下面介绍如何在 Kafka 中启用 TLS 加密机制。

1. 为 Broker 开启 TLS 加密机制

（1）修改以下 TLS 相关的 Broker 配置。

```
listeners=SSL://:9093
ssl.keystore.location=/opt/tls/server.keystore.jks
ssl.keystore.password=123456
ssl.key.password=123456

ssl.truststore.location=/opt/tls/server.truststore.jks
ssl.truststore.password=123456

security.inter.broker.protocol=SSL
ssl.endpoint.identification.algorithm=
```

- listeners：9093 端口提供 TLS 加密的服务。
- security.inter.broker.protocol：Broker 会创建内部客户端与集群其他节点通信，该配置指定了 Kafka 集群中 Broker 节点之间内部客户端使用的通信协议。
- ssl.endpoint.identification.algorithm：指定 Broker Hostname 验证算法，默认值为 https，这里配置为空，表示禁用该验证。
- ssl.truststore.location、ssl.truststore.password：配置 Broker 信任库的路径、Keystore 密钥库密码。
- ssl.keystore.location、ssl.keystore.password、ssl.key.password：配置 Broker 密钥库的路径、Keystore 密钥库密码、CA 密码。

启动 Broker 服务后，该 Broker 将在 9093 端口提供 TLS 协议的服务，客户端与 Broker 通信内容都经过 TLS 加密，不会暴露在网络中，从而保证数据安全。

（2）由于 TLS 通信对性能有一定的影响，可以在 Broker 和客户端通信时使用 TLS 协议，而 Broker 之间（或内部客户端）通信时使用文本协议，则需要调整如下配置（其他 TLS 配置保证不变）：

```
listeners=PLAINTEXT://:9092,SSL://:9093
security.inter.broker.protocol=PLAINTEXT
```

listeners：这里配置两个协议的服务，9092 端口暴露文本协议的服务，用于 Broker 节点之间通信，9093 端口暴露 TLS 加密的服务，用于 Broker 与客户端进行通信。

需要注意的是，9093 端口不可以暴露该客户端，应该仅在 Kafka 集群内部的网络中使用。

2. 管理脚本配置 TLS 协议

Broker 开启 TLS 加密机制后，管理脚本或客户端也必须配置 TLS 协议，才可以与 Broker 进行通信。

如果要在管理脚本中使用 TLS 协议通信，则执行如下操作。

（1）添加配置文件 client-ssl.properties。

```
security.protocol=SSL
ssl.truststore.location=/opt/tls/client.truststore.jks
ssl.truststore.password=123456
ssl.endpoint.identification.algorithm=
```

- ssl.truststore.location、ssl.truststore.password：指定客户端信任库的路径、Keystore 密钥库密码。

（2）生产者使用如下命令发送消息。

```
$ ./bin/kafka-console-producer.sh --bootstrap-server localhost:9093 --topic a-topic --producer.config client-ssl.properties
```

（3）消费者使用如下命令读取消息。

```
$ ./bin/kafka-console-consumer.sh --bootstrap-server localhost:9093 --topic a-topic --consumer.config client-ssl.properties
```

3. 客户端配置 TLS 协议

如果 Kafka 客户端要使用 TLS 协议通信，则添加如下属性：

```
props.put(CommonClientConfigs.SECURITY_PROTOCOL_CONFIG, "SSL");
props.put(SslConfigs.SSL_TRUSTSTORE_LOCATION_CONFIG,
"/opt/tls/client.truststore.jks");
props.put(SslConfigs.SSL_TRUSTSTORE_PASSWORD_CONFIG, "123456");
props.put(SslConfigs.SSL_ENDPOINT_IDENTIFICATION_ALGORITHM_CONFIG, "");
```

22.1.3 Pulsar 配置

下面介绍 Pulsar Broker 如何启动 TLS 加密机制。

1. 为 Pulsar Broker 开启 TLS 加密机制

Pulsar Broker 要启动 TLS 加密机制，需要在 Broker 配置文件中添加（或修改已存在的）如下配置：

```
brokerServicePortTls=6651
webServicePortTls=8443
tlsEnabledWithKeyStore=true
tlsKeyStore=/opt/tls/server.keystore.jks
tlsKeyStorePassword=123456
tlsTrustStore=/opt/tls/server.truststore.jks
tlsTrustStorePassword=123456
```

Pulsar Broker 会创建内部 Client/Admin 客户端来与其他 Broker 进行通信，如果需要集群内部 Client 启用 TLS 加密机制，则还需要对其进行配置：

```
tlsEnabled=true
brokerClientTlsEnabled=true
brokerClientTlsEnabledWithKeyStore=true
brokerClientTlsTrustStoreType=JKS
brokerClientTlsTrustStore=/opt/tls/client.truststore.jks
brokerClientTlsTrustStorePassword=clientpw
```

Broker 中默认使用 6650 端口提供文本协议服务，如果需要关闭文本协议服务，则需要修改如下配置（这时内部 Client 必须启用 TLS 协议）：

```
brokerServicePort=
webServicePort=
```

2. 管理脚本配置 TLS 协议

Broker 开启 TLS 加密机制后，管理脚本或客户端也必须配置 TLS 协议，才可以与 Broker 进行通信。

如果管理脚本中需要使用 TLS 协议通信，则需要在 conf/client.conf 配置文件中添加（或修改已存在的）如下配置：

```
webServiceUrl=https://broker.example.com:8443/
brokerServiceUrl=pulsar+ssl://broker.example.com:6651/
useKeyStoreTls=true
tlsTrustStoreType=JKS
tlsTrustStorePath=/opt/tls/client.truststore.jks
tlsTrustStorePassword=123456
```

3. 客户端配置 TLS 协议

如果 Java 客户端需要配置 TLS 协议，则需要进行如下配置：

```
PulsarClient client = PulsarClient.builder()
    .serviceUrl("pulsar+ssl://127.0.0.1:6651")
    .enableTls(true)
    .useKeyStoreTls(true)
    .tlsTrustStorePath("/opt/tls/client.truststore.jks")
    .tlsTrustStorePassword("123456")
    .allowTlsInsecureConnection(false)
    .enableTlsHostnameVerification(false)
    .build();
```

这里只介绍 Java 客户端的配置，其他客户端可参考官网内容。

22.2 认证与授权

默认情况下，所有连接到 Kafka 和 Pulsar 服务的生产者、消费者都可以直接发送/接收消息，甚至删除数据，这样是非常不安全的。为了避免数据泄露与丢失，可以开启认证机制。开启认证机制后，用户必须认证成功才可以使用 Kafka 和 Pulsar 系统。

这里涉及认证与授权两个操作：

- **认证**：客户端发送身份信息给 Broker，证明自己的身份、角色。
- **授权**：Broker 根据客户端角色，赋予客户端执行特定操作的权限，不同的角色拥有不同的执行权限，如 common 角色具有数据写入、查询的权限，而 root 角色还可以具有删除数据的权限。

22.2.1 Kafka SCRAM 认证与授权

Kafka 支持多种认证方式，包括 SSL、PLAIN、SCRAM、KERBEROS、OAUTHBEARER 等。这里介绍一个简单、实用的认证方式：SCRAM，其他认证机制的使用请参考官方文档。

SCRAM 可以实现基于"用户名：密码"这种简单认证模型的连接协议。Kafka 将 SCRAM 认证用户信息保存在 ZooKeeper 中，相当于把 ZooKeeper 作为一个认证中心使用了，从而支持在线动态修改用户信息（所以 KRaft 模式下无法使用 SCRAM 认证机制）。

另外，Kafka 中使用了 JAAS 框架，集成了 SCRAM、KERBEROS、OAUTHBEARER 等认证机制。JAAS（Java 程序通用的认证和授权框架）可以将一些标准的安全机制（如 KERBEROS）通过一种通用的、可配置的方式集成到系统中，从而保证 Java 程序的安全。并且它是一种可插拔的用户认证、授权框架，当我们需要更改用户的认证方式和授权机制的时候，只需要修改少量的配置文件即可，无须更改程序代码。

下面介绍 Kafka 如何开启 SCRAM 认证机制。

1. 创建用户

执行以下命令，创建 Kafka 用户：

```
$ ./bin/kafka-configs.sh --zookeeper localhost:2181 --alter --add-config
'SCRAM-SHA-256=[iterations=8192,password=alice-secret],SCRAM-SHA-512=[password=alice-secret]' --entity-type users --entity-name alice
...
Completed updating config for entity: user-principal 'alice'.

$ ./bin/kafka-configs.sh --zookeeper localhost:2181 --alter --add-config
'SCRAM-SHA-256=[password=admin-secret],SCRAM-SHA-512=[password=admin-secret]'
--entity-type users --entity-name admin
...
Completed updating config for entity: user-principal 'admin'.
```

这里创建了两个用户 alice、admin，密码分别为 alice-secret、admin-secret，这两个用户用于客户端认证、Broker 节点之间认证。

创建用户成功后，可以在 ZooKeeper 中查询相关信息：

```
zk> get /config/users/admin
{"version":1,"config":{"SCRAM-SHA-512":"salt=Z2ZucHJkNjdzODJxY2phOTZ5dG9zbXYw,
stored_key=nYXE9fkCHtS7j50PtOHfLDLlT9tNDxlvNIEKz6QhfkIbS0YhvdowfYSi6cRf7RZxoVmojSY0
EWWMyxp4IKcTNA==,server_key=1FYDsshCqc4so1BUN1BxyeNf04dQyNkQmBGXIWXdOL9zdVkVKqeSdel
VpraRwm7JEZFWbzylzXPlf8BlZNKBRg==,iterations=4096","SCRAM-SHA-256":"salt=MTQ0ODhlNn
FqMzJrMmVhem5jeHkyNGlrZm8=,stored_key=Kuiy5Z6M7XB4JSGOCMe7Y/F0a4ow7WTwweMK2iTjQVo=,
server_key=Wpa3X3mcYJLix+KRxi/BUicSRfvyg04mKNrbv8zHfvs=,iterations=4096"}}
```

由于 Kafka 将用户信息存储在 Zookeeper 中，所以还需要保证 Zookeeper 的安全，例如将 Zookeeper 置于安全的内部网络中或者开启 Zookeeper 认证机制。关于 Zookeeper 认证机制相关内容，读者可以自行了解。

2. 为 Broker 节点开启认证机制

（1）在 Broker 配置文件中添加（或者修改已存在的）配置。

```
listeners=SASL_PLAINTEXT://127.0.0.1:9092
security.inter.broker.protocol=SASL_PLAINTEXT
sasl.mechanism.inter.broker.protocol=SCRAM-SHA-256
sasl.enabled.mechanisms=SCRAM-SHA-256
```

（2）由于 Kafka Broker 会创建内部客户端用于访问当前 Broker 或者集群其他 Broker，所以 Broker 启动认证机制后，需要为 Broker 内部客户端配置相关的认证信息。

创建 JAAS 配置文件 config/kafka_server_jaas.conf，内容如下：

```
KafkaServer {
    org.apache.kafka.common.security.scram.ScramLoginModule required
    username="admin"
    password="admin-secret";
};
```

该配置文件是 JAAS 认证框架专用的配置，该配置文件中指定了 Broker 使用的认证机制为 SCRAM 认证机制、Broker 之间认证的 admin 用户，以及用户密码。

3. 启动 Kafka 服务

如果在 IDEA 中启动 Kafka，则需要在 IDEA 中添加如下系统属性：

```
-Djava.security.auth.login.config=config/kafka_server_jaas.conf
```

如果使用脚本启动 Kafka，则需要先指定系统变量：

```
$ export KAFKA_OPTS="-Djava.security.auth.login.config=./config/kafka_server_jaas.conf"
$ ./bin/kafka-server-start.sh ./config/server_scram.properties
```

执行到这里，Broker 节点已经成功开启 SCRAM 认证机制，这时客户端初始化时需要发送用户信息，完成 SCRAM 认证，才可以正常使用 Kafka。配置方式如下：

```
props.put("security.protocol", "SASL_PLAINTEXT");
props.put("sasl.mechanism", "SCRAM-SHA-256");
props.put("sasl.jaas.config",
        "org.apache.kafka.common.security.scram.ScramLoginModule " +
            "required username='alice' " +
            "password='alice-secret';");
```

提示：由于 SCRAM 机制直接在网络中传输用户密码，如果在网络中明文传输数据，则可能造成密码泄露，所以通常需要在 TLS 协议下使用 SCRAM 机制。

Kafka 授权

前面介绍了 Kafka 认证机制，Kafka 开启认证后，用户必须通过认证才可以使用 Kafka，这样避免了一些安全问题。但通过认证的用户可以执行所有操作，包括删除主题，甚至清空 Kafka，这样仍然存在安全隐患。

我们可以开启用户鉴权机制，并且给用户授予合适的操作权限，限制用户行为，这样可以避免用户误操作等安全隐患。

下面介绍 Kafka 如何开启鉴权机制。

（1）在 22.2.1 节的启用了认证机制的 Broker 配置文件中添加（或修改已存在的）以下配置，启动鉴权机制。

```
authorizer.class.name=kafka.security.authorizer.AclAuthorizer
super.users=User:admin
```

- super.users：指定拥有所有权限的超级用户，前面已经将 admin 用户指定为内部客户端认证用户（见 config/kafka_server_jaas.conf），这里需要将 admin 用户配置为超级用户，否则 Broker 内部客户端将无法执行内部操作。

重启 Broker 后，可以发现使用 alice 认证的生产者、消费者已经不能正常工作了，返回异常：Not authorized to access topics。因为 alice 这个用户没有任何权限。

（2）执行以下命令给 alice 用户授权。

```
$ ./bin/kafka-acls.sh \
  --authorizer-properties zookeeper.connect=localhost:2181 \
  --add --allow-principal User:"alice" \
  --producer \
  --topic "hello-topic" \
  --consumer \
  --topic "hello-topic" \
  --group 'hello-group'
```

- --producer：赋予生产者权限，包括写入消息、查询主题、创建主题的权限。后面需要跟--topic，指定生产者权限对应的主题。
- --consumer：赋予消费者权限，包括读取消息、查询主题、查询消费组的权限。后面需要跟--topic、--group，指定消费者主题、消费组，--group 可以使用"*"，代表所有的消费组。

这时客户端使用 alice 用户进行认证，并发送、接收消息了。

Kafka 为用户提供了细致的权限分类，可以在主题、集群、事务等维度对读、写、变更、删除等操作进行限制，详细内容可查看官方文档。

（3）权限管理。

使用以下命令可以列举指定主题下所有的权限：

```
$ ./bin/kafka-acls.sh --authorizer-properties zookeeper.connect=localhost:2181 --list --topic hello-topic
Current ACLs for resource `ResourcePattern(resourceType=TOPIC, name=hello-topic, patternType=LITERAL)`:
        (principal=User:alice, host=*, operation=READ, permissionType=ALLOW)
        (principal=User:alice, host=*, operation=DESCRIBE, permissionType=ALLOW)
        (principal=User:alice, host=*, operation=WRITE, permissionType=ALLOW)
        (principal=User:alice, host=*, operation=CREATE, permissionType=ALLOW)
```

使用以下命令可以列举指定消费组下所有的权限：

```
$ ./bin/kafka-acls.sh --authorizer-properties zookeeper.connect=localhost:2181 --list --group hello-group
```

执行以下命令可以删除特定权限：

```
$ ./bin/kafka-acls.sh --authorizer-properties zookeeper.connect=localhost:2181
--remove --allow-principal User:alice --operation Read --operation Write --topic
hello-topic
```

22.2.2　Pulsar JWT 认证与授权

Pulsar 中同样可以对客户端进行身份认证，并支持多种身份认证机制，包括 TLS/Athenz/Kerberos/JSON Web Token 等认证机制。本节介绍 JSON Web Token（JWT）认证机制，其他认证机制读者可以自行了解。

Pulsar 的 JWT 认证机制很简单，将角色信息放到一个 JSON 字符串中（Pulsar 客户端与角色关联），客户端对该 JSON 字符串进行加密，将加密串（即 Token）发送到 Broker，Broker 解密后获取角色信息。

角色信息示例如下：

```
{
  "role": "test-user",
  "expired": "2022-01-01 00:00:00"
}
```

提示：由于直接通过网络发送 Token 加密串可能造成信息泄露，所以通常需要在 TLS 协议下使用 JWT 认证机制。

1. 创建角色，并授权

```
$ ./bin/pulsar-admin namespaces grant-permission my-tenant/my-namespace \
  --actions produce,consume \
  --role test-user
```

该命令创建了 test-user 角色，并给该角色添加了 produce、consume 权限。

另外，test-user 角色绑定到 my-namespace 空间上，说明可以使用 test-user 角色访问 my-namespace 空间的主题。

Pulsar 中没有 Kafka 那么细致的权限分类，它有以下权限分类：produce、consume、functions、sources、sinks、packages。

除了 produce、consume，其他权限用于 Pulsar Functions 等扩展组件，这里不关注。

2. Pulsar JWT 认证机制支持使用两种类型的密钥来生成和验证 Token

（1）对称密钥：使用单个 Secret Key 生成和验证 Token。

（2）非对称密钥：使用 Private Key 生成 Token，使用 Public Key 验证 Token。本书使用非对称密钥来生成和验证 Token。

执行以下命令生成密钥对：

```
$ ./bin/pulsar tokens create-key-pair --output-private-key my-private.key --output-public-key my-public.key
```

- my-public.key：公钥文件。
- my-private.key：私钥文件。

3. 在 Broker 配置中添加以下配置，开启客户端认证与鉴权机制

```
authenticationEnabled=true
authorizationEnabled=true
authenticationProviders=org.apache.pulsar.broker.authentication.AuthenticationProviderToken
tokenSecretKey=my-public.key
```

- authenticationEnabled：开启认证机制。
- authorizationEnabled：开启鉴权机制。
- authenticationProviders：指定认证实现类，这里指定了 JWT 认证机制对应的实现类。
- tokenSecretKey：指定 JWT 认证的密钥（这里指定了公钥文件）。

4. 配置客户端

（1）使用私钥生成 JWT 的 Token。

```
$ ./bin/pulsar tokens create --secret-key my-private.key --subject test-user
eyJhbGciOiJIUzUxMiJ9.eyJzdWIiOiJ0ZXN0LXVzZXIifQ.Cu7H5LeU3lvI7ncxYa-u02lQs-__K-fOtXWc05TAfa1Ey5ahgsLIK10xqbnNZohJ8XIVPmtYaMCMkyD4MxLv0Q
```

（2）在客户端中添加 Token 信息。

```
PulsarClient client = PulsarClient.builder()
        .serviceUrl("pulsar://127.0.0.1:6650")
```

```
                .authentication(AuthenticationFactory.token("eyJhbGciOiJIUzUxMiJ
9.eyJzdWIiOiJ0ZXN0LXVzZXIifQ.Cu7H5LeU3lvI7ncxYa-u02lQs-__K-f0tXWc05TAfa1Ey5ahgsLIK1
0xqbnNZohJ8XIVPmtYaMCMkyD4MxLv0Q"))
                .build();
```

携带了 Token 的客户端可以通过认证，并正常使用 Pulsar 服务，而没有携带 Token 的客户端将被拒绝访问 Pulsar 服务。

（3）如果要让管理脚本携带 Token 信息，则需要在 conf/client.conf 中添加以下配置。

```
authPlugin=org.apache.pulsar.client.impl.auth.AuthenticationToken
authParams=token:eyJhbGciOiJIUzI1NiJ9.eyJzdWIiOiJKb2UifQ.ipevRNuRP6HflG8cFKnmU
PtypruRC4fb1DWtoLL62SY
```

（4）Pulsar Broker 之间也可以要求相互认证，如果需要在 Broker 之间启用 JWT 认证，则需要在 Broker 中添加以下配置：

```
brokerClientTlsEnabled=true
brokerClientAuthenticationPlugin=org.apache.pulsar.client.impl.auth.Authentica
tionToken
brokerClientAuthenticationParameters=token:eyJhbGciOiJIUzUxMiJ9.eyJzdWIiOiJ0ZX
N0LXVzZXIifQ.Cu7H5LeU3lvI7ncxYa-u02lQs-__K-f0tXWc05TAfa1Ey5ahgsLIK10xqbnNZohJ8XIVPm
tYaMCMkyD4MxLv0Q
```

- brokerClientTlsEnabled：启动 Broker 自身的认证机制。
- brokerClientAuthenticationPlugin：指定 Broker 之间认证机制的实现类。
- brokerClientAuthenticationParameters：JWT 的 Token 信息，用于 Broker 自身的认证。

5. 权限管理

执行以下命令可以查询命名空间绑定的角色：

```
$ ./bin/pulsar-admin namespaces permissions my-tenant/my-namespace
```

执行以下命令可以清除命名空间的角色：

```
$ ./bin/pulsar-admin namespaces revoke-permission my-tenant/my-namespace \
    --role test-user
```

22.3 本章总结

对于消息流平台而言，保证数据安全是非常重要的。本章介绍了 Kafka 与 Pulsar 中 TLS 协议加密与认证授权机制，这些机制可以保证系统内数据的安全，避免数据泄露或者被任意操作。

第 23 章 跨地域复制与分层存储

本章将介绍 Kafka 和 Pulsar 中的一个重要功能——跨地域复制，以及 Pulsar 提供的分层存储功能。

23.1 跨地域复制

跨地域复制（Geo Replication）是让分散在不同地域的集群之间相互复制，实现数据备份。跨地域复制是提高数据可靠性的一种常用方法，它可以创建重要数据的备份，以提供数据冗余，以防原数据集群遇到意外崩溃导致数据丢失或者服务无法正常运行。

另外，通过将数据保存到全球数据网络的不同集群中，而使用服务的用户只需访问离其位置最近的数据集群，这样有助于提高网络访问速度。跨地域复制还可以用于数据迁移、将分散的集群数据发送到中央聚合集群等场景。

Kafka 和 Pulsar 都提供了跨地域复制机制。跨地域复制机制会从源集群中读取消息，并转发到目标集群，实现数据复制。下面将介绍 Kafka 和 Pulsar 跨地域复制的使用方式。

23.1.1 MirrorMaker

Kafka 提供了 MirrorMaker（version 2）工具，用于实现跨地域复制机制。

MirrorMaker 的架构如图 23-1 所示。

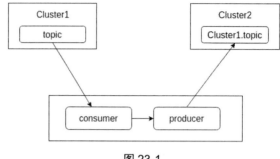

图 23-1

下面将介绍 MirrorMaker 的使用方式。

1. 环境准备

为了展示方便，笔者在两台机器上分别部署了两个 Kafka 集群，机器主机名为 kafka1、kafka2。

2. 部署 MirrorMaker

（1）准备 MirrorMaker 配置文件。

Kafka 提供了 MirrorMaker 配置模板文件 config/connect-mirror-maker.properties，我们可以在该文件上修改配置，笔者的配置内容如下：

```
clusters = A, B
A.bootstrap.servers = kafka1:9092, kafka1:9192
B.bootstrap.servers = kafka2:9092, kafka2:9192
A->B.enabled = true
A->B.topics = .*
replication.factor=1
```

- clusters：配置集群名称，以及集群 Broker 通信地址。这里配置了两个集群：A、B。
- A->B.enabled：将 A 集群所有的主题都复制到 B 集群。笔者这里配置的是单向复制，所以没有配置 B 集群到 A 集群的复制功能。
- replication.factor：指定目标集群中创建的新的主题的副本数量。

提示：当源集群创建主题后，MirrorMaker 会在目标集群中创建与分区数量相同的目标主题。

（2）执行以下命令，启动 MirrorMaker。

```
$ ./bin/connect-mirror-maker.sh config/connect-mirror-maker.properties
```

执行到这里，MirrorMaker 部署完成。这时在 A 集群中可以看到 MirrorMaker 使用的内部主题：

```
# ./bin/kafka-topics.sh --list --bootstrap-server localhost:9092
__consumer_offsets
heartbeats
mm2-configs.B.internal
mm2-offset-syncs.B.internal
mm2-offsets.B.internal
mm2-status.B.internal
```

在 B 集群中也可以看到对应的内部主题。

提示：Kafka 还提供了 MirrorMaker 的其他部署方式，这里不一一介绍，读者可以参考官方文档。

（3）验证 MirrorMaker 是否可以正常运行。

在 A 集群中创建一个新的主题：

```
$ ./bin/kafka-topics.sh --create --bootstrap-server localhost:9092 --replication-factor 2 --partitions 2 --topic hello-topic
```

等待一段时间（默认为 10 分钟），可以在 B 集群中看到 MirrorMaker 创建的目标主题：

```
$ ./bin/kafka-topics.sh --list --bootstrap-server localhost:9092
A.hello-topic
...
```

注意：MirrorMaker 会给创建的目标主题名称添加源集群前缀，并且 MirrorMaker 只会复制不带源集群前缀的主题，这样当两个集群相互复制时，可以防止同名主题的消息不断循环复制。

由于添加了集群前缀，因此如果目标集群与源集群存在同名主题，当消费者需要同时订阅本地主题与远程目标主题（例如 hello-topic、A.hello-topic…）时，可以使用正则表达式模式匹配这些主题。

在 A 集群中发布消息：

```
$ ./bin/kafka-console-producer.sh --bootstrap-server localhost:9092 --topic hello-topic
```

在 B 集群中消费消息：

```
$ ./bin/kafka-console-consumer.sh --bootstrap-server localhost:9092 --topic A.hello-topic --from-beginning
```

可以看到，B 集群可以正常消费 A 集群发布的消息，MirrorMaker 运行成功。

提示：建议 MirrorMaker 优先部署在目标集群，即从远端消费然后本地写入，这样可以减少由于网络故障导致的数据丢失情况。另外，可以部署多个 MirrorMaker 进程，组成一个集群，Kafka 会协调这些进程共同完成工作，并提供故障转移功能：某个进程因为故障下线后，该进程的复制工作将交给剩下的进程完成。

3. 同步 ACK 偏移量

Kafka 的消费组存储了 ACK 偏移量等信息，如果不同步 ACK 偏移量，那么当原集群下线，客户端切换到备份集群后，只能从头开始消费消息，这样可能会造成一些问题。所以我们也可以对 ACK 偏移量进行同步。

MirrorMaker 默认不开启 ACK 偏移量同步机制，修改配置项 sync.group.offsets.enabled 为 true 可以开启该机制。

注意，只有当目标集群中的消费组没有活跃的消费者时才可以同步 ACK 偏移量。

开启偏移量同步机制后，在 A 集群中创建一个消费组：

```
$ ./bin/kafka-console-consumer.sh --bootstrap-server localhost:9092 --group kafka1-consumer-group --topic A.hello-topic --from-beginning
```

等待一段时间，在 B 集群中就可以查询到该消费组的信息：

```
$ ./bin/kafka-consumer-groups.sh  --bootstrap-server localhost:9092 --list
kafka1-consumer-group

$ ./bin/kafka-consumer-groups.sh --describe --bootstrap-server localhost:9092 --group  kafka1-consumer-group
Consumer group 'kafka1-consumer-group3' has no active members.
GROUP                TOPIC          PARTITION   CURRENT-OFFSET   ...
kafka1-consumer-group   A.hello-topic    0            53          ...
```

提示：MirrorMaker 是基于 Kafka Connect 实现的，本书后面也会介绍 Kafka Connect 的相关内容。

MirrorMaker 的部分配置如下：

- refresh.topics.enabled：是否定时检查并创建源集群的新主题，默认值为 true。
- refresh.topics.interval.seconds：检查源集群中新主题的频率，默认值为 600（s），该操作过于频繁可能导致性能下降。
- refresh.groups.enabled：是否定时检查并创建源集群中的新消费组，默认值为 true。
- refresh.groups.interval.seconds：检查源集群中新消费组的频率，默认值为 600（s），该操作过于频繁可能导致性能下降。
- sync.topic.configs.enabled：是否从源集群中同步主题配置，默认值为 true。
- sync.topic.acls.enabled：是否从源集群中同步 ACL 权限信息，默认值为 true。
- sync.group.offsets.enabled：是否定时将消费组 ACK 偏移量同步到目标集群，默认值为 false。
- sync.group.offsets.interval.seconds：同步消费组 ACK 偏移量的频率，默认值为 60（s）。

23.1.2　Pulsar 跨地域复制机制

Pulsar 在设计之初就考虑了跨地域复制的需求，并提供了便捷的操作和管理方式。

Pulsar 跨地域复制的架构如图 23-2 所示。

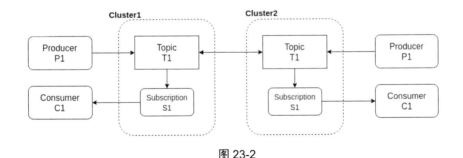

图 23-2

下面介绍 Pulsar 跨地域复制的使用方式。

1. 使用 configurationStoreServer

2. 手动创建复制连接

本书只介绍手动创建复制连接的方式。部署步骤如下：

（1）按照第 4 章的方式部署两个 Pulsar 集群。

（2）执行以下操作，在集群之间创建复制连接（集群之间相互复制的网络连接）。

在 us-1 中创建通往 us-2 的复制连接：

```
$ ./bin/pulsar-admin clusters create \
  --broker-url pulsar://pulsar2:6650 \
  --url http://pulsar2:8080 \
  us-east
```

在 us-2 中创建通往 us-1 的复制连接：

```
$ ./bin/pulsar-admin clusters create \
  --broker-url pulsar://pulsar1:6650 \
  --url http://pulsar1:8080 \
  us-west
```

完成上述操作后，两个集群的跨地域复制机制已启动成功。

（3）验证跨地域复制机制是否正常工作。

创建一个命名空间：

```
$ ./bin/pulsar-admin namespaces create my-tenant/my-namespace
```

执行以下命令，将该命名空间指定给两个集群：

```
$ ./bin/pulsar-admin namespaces set-clusters my-tenant/my-namespace \
  --clusters us-1,us-2
```

到这里，该命名空间在两个集群中的内容就可以相互复制了。

提示：除了在命名空间维度上进行复制，Pulsar 还支持在主题维度上进行复制。

```
$ ./bin/pulsar-admin topics set-replication-clusters --clusters us-west,us-east,us-cent my-tenant/my-namespace/my-topic
```

下面验证 Pulsar 的跨地域复制机制是否正常工作。

在 us-1 中发送消息：

```
$ ./bin/pulsar-client produce \
  persistent://my-tenant/my-namespace/test1 \
```

```
-n 1 \
-m "Hello Pulsar"
```

在 us-2 中消费消息：

```
$ ./bin/pulsar-client consume \
  persistent://my-tenant/my-namespace/test1 \
  -n 100 \
  -s "consumer-test" \
  -t "Exclusive"
```

可以看到，us-2 可以正常消费 us-1 发送的消息。

Pulsar 也支持复制订阅组的内容。如果需要复制订阅组信息，则需要启动消费者的 replicateSubscriptionState 配置：

```
Consumer<String> consumer = client.newConsumer(Schema.STRING)
        .topic("my-topic")
        .subscriptionName("my-subscription")
        .replicateSubscriptionState(true)
        .subscribe();
```

提示：Pulsar 中定时同步订阅组内容的默认同步时间间隔为 1 秒，所以目标集群的订阅组的内容可以落后于源集群。可以在 broker.conf 中修改配置项 replicatedSubscriptionsSnapshot-FrequencyMillis 调整该时间间隔。

Pulsar 复制消息时，会在消息属性中携带源集群的信息，而且不会复制来自其他集群的消息，这样就可以避免源集群、目标集群的循环复制问题。另外，Pulsar 中的每条消息都携带了序号，通过该序号，Pulsar 可以实现"精准一次"的复制机制。

23.2 分层存储

在某些业务场景中需要存储长期的历史数据，用于审计、统计等场景。为此，Pulsar 提供了分层存储功能，允许将历史数据从 BookKeeper 转移到更加低廉的存储介质中，并且允许客户端访问这些无变化的备份数据，从而支持存储大量的历史数据。

下面介绍 Pulsar 的分层存储功能。

前面说了，BooKKeeper 在存储数据时，会对日志文件进行切分，将数据存储到不同的物理文件中。而 Pulsar 的分层存储是将历史数据的物理文件迁移到归档存储中，这一迁移操作被称为卸载。Pulsar 支持使用 Amazon S3、GCS（Google Cloud Storage）、Apache Hadoop（HDFS）作为归档存储介质。

本书将介绍如何使用 Hadoop 作为 Pulsar 历史数据的归档存储介质，其他归档存储介质的使用可参考官方文档。

1. 准备 Hadoop 环境

本书不介绍 Hadoop 环境的安装部署，读者可以自行参考 Hadoop 资料。笔者部署了一个单机的 HDFS 环境，地址为 hdfs://127.0.0.1:9000。

2. 安装分层存储实现包

Pulsar 提供了 filesystem offloader 包，支持 Hadoop 的归档存储功能。但该程序包并没有包含在 Pulsar 中，需要我们单独下载。笔者从 Pulsar 官网上下载 apache-pulsar-offloaders-2.8.0-bin.tar.gz，并解压到 pulsar 目录下。

解压后的目录结构如下：

```
$ ls apache-pulsar-2.8.0/offloaders/
tiered-storage-file-system-2.8.0.nar
tiered-storage-jcloud-2.8.0.nar
```

3. 配置 filesystem offloader

下面对 filesystem offloader 进行配置，在 conf/standalone.conf 文件中添加以下配置：

```
managedLedgerOffloadDriver=filesystem
fileSystemURI=hdfs://127.0.0.1:9000
fileSystemProfilePath=../conf/filesystem_offload_core_site.xml
```

为了达到测试目的，可以设置以下两个配置来加速 Ledger 切换（当前写入的 Ledger 是不能卸载的），但不建议在生产环境中设置它们。

```
managedLedgerMinLedgerRolloverTimeMinutes=1
managedLedgerMaxEntriesPerLedger=100
```

配置完成后，就可以重启 Pulsar Broker 了。

4. 将数据从 BookKeeper 卸载到文件系统中

（1）在 Pulsar 中生成一部分测试数据。

```
$ ./bin/pulsar-client produce -m "Hello FileSystem Offloader" -n 1000
public/default/fs-test
```

提示：卸载操作在触发 Ledger 切换后开始。

为了确保卸载数据成功，建议多等待一会儿，或者多写入几次数据，直到触发多个 Ledger 切换。

另外，为了确保生成的数据不会立即被删除，可以设置以下保留策略。

```
$ ./bin/pulsar-admin namespaces set-retention public/default --size 100M --time 2d
```

（2）执行以下命令触发卸载操作。

```
$ ./bin/pulsar-admin topics offload -s 0 public/default/fs-test
Offload triggered for persistent://public/default/fs-test for messages before
16538:0:-1
```

可以看到，Ledge 16538 之前的数据都已经被卸载。

（3）执行以下命令，检查 Ledger 状态。

```
$ bin/pulsar-admin topics stats-internal public/default/fs-test
{
  "entriesAddedCounter" : 2000,
  "numberOfEntries" : 4999,
  "totalSize" : 434996,
  "currentLedgerEntries" : 999,
  "currentLedgerSize" : 87531,
  "lastLedgerCreatedTimestamp" : "2022-02-19T20:15:51.415+08:00",
  "waitingCursorsCount" : 0,
  "pendingAddEntriesCount" : 0,
  "lastConfirmedEntry" : "16538:998",
  "state" : "LedgerOpened",
  "ledgers" : [ {
    "ledgerId" : 6699,
    "entries" : 2999,
    "size" : 259764,
    "offloaded" : true,
    "underReplicated" : false
```

        }, ...
}
```

可以看到，部分 Ledger 已经被卸载（offloaded 属性为 true）。

在 HDFS 中也可以看到 Pulsar 上传的文件，如图 23-3 所示。

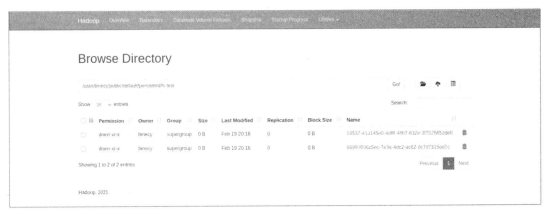

图 23-3

将 Ledger 卸载到归档存储系统后，依旧可以使用 Pulsar SQL 来查询这些已归档的 Ledger。限于篇幅，本书不介绍 Pulsar SQL 项目的内容，读者可以自行了解。

## 23.3 本章总结

本章介绍了 Kafka 与 Pulsar 的跨地域复制机制，使用跨地域复制机制可以将数据复制到多个数据中心，进一步保证数据安全与系统稳定。另外，本章也介绍了 Pulsar 的分层存储机制，使用分层存储机制，Pulsar 中可以存储大量的历史数据。
```

第 24 章 监控与管理

对于 Kafka 和 Pulsar 的运维人员而言，监控 Kafka 和 Pulsar 集群的运行与状态是一个非常重要的工作。而一个强大的监控、管理平台，可以有效地帮助运维人员解决日常问题，提高运维效率。

本章将介绍一些 Kafka 和 Pulsar 常用的监控与管理平台。

24.1 Kafka 监控与管理平台

24.1.1 Kafka 监控

Kafka 使用 Yammer Metrics 上报 Broker 端的监控指标。Java 客户端使用 Kafka Metrics 上报监控指标，这两个监控指标报表都可以通过 JMX 方式获取。

JMX（Java Management Extensions，Java 管理扩展）是一个为应用程序、设备、系统等植入管理功能的框架。Java 使用 JMX 作为管理和监控 Java 程序的标准接口，任何程序只要按 JMX 规范访问该接口，就可以获取所有管理与监控信息。

JMX 把所有被管理的资源都称为 MBean（Managed Bean），Kafka 的所有监控指标都是以 JMX MBean 的形式定义的。我们可以通过 JMX MBean 查看 Kafka 监控结果。

下面介绍如何获取 Kafka 的监控指标。

（1）为了获取 JMX 监控指标，需要在 Kafka 中启动 JMX 服务。

在 Kafka 启动脚本 kafka-server-start.sh 中增加以下配置：

export JMX_PORT="9999"

重启 Kafka 服务即可启动 JMX 服务。

（2）查询监控指标。

我们可以使用 Jconsole（Java Monitoring and Management Console，JDK 提供的 JMX 的可视化工具）查看 Kafka 监控的结果。

在 JDK 目录下打开 Jconsole，连接到对应的 JMX 服务。Jconsole 可以直接连接到本机的进程，或者远程的 JMX 服务。在 MBean 界面可以看到很多 kafka 开头的列表，这些就是 Kafka 的监控指标，如图 24-1 所示。

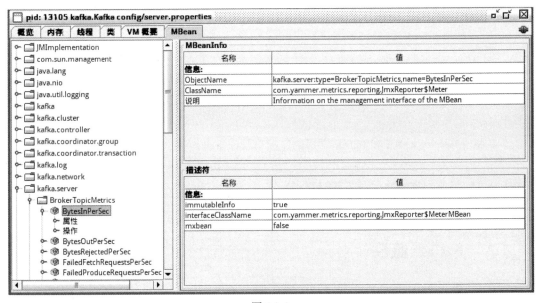

图 24-1

从图 24-1 左侧的列表中可以看到 Kafka 将监控指标分为 kafka.cluster、kafka.network、kafka.server、kafka.network 等维度。

图 24-1 选中了一个 MBean，查看该 MBean 的 MBeanInfo，可以看到该 MBean 的名称为 kafka.server:type=BrokerTopicMetrics,name=BytesInPerSec。

选中 MBean（kafka.server:type=BrokerTopicMetrics,name=BytesInPerSec）下的属性，可以看到对应的监控指标，如图 24-2 所示。

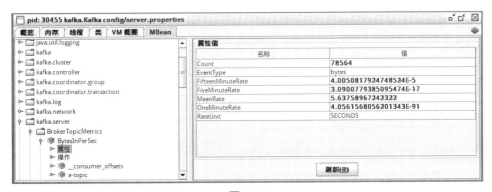

图 24-2

可以看到，该 MBean 中提供了以下属性（监控指标）：

- Count：该 Broker 启动后处理的总字节数。
- OneMinuteRate：过去 1 分钟内的平均速率。
- FiveMinuteRate：过去 5 分钟内的平均速率。
- FifteenMinuteRate：过去 15 分钟内的平均速率。
- MeanRate：该 Broker 启动后的平均速率。

另外，EventType 属性固定为 byte，RateUnits 属性固定为 SECONDS，代表上述指标的平均速率以每秒字节数表示。

Kafka 也提供了一个监控的工具 JmxTool，可以实时查看 JMX 监控指标：

```
$ ./bin/kafka-run-class.sh kafka.tools.JmxTool --object-name
kafka.server:type=BrokerTopicMetrics,name=BytesInPerSec --attributes
FifteenMinuteRate --jmx-url service:jmx:rmi:///jndi/rmi://:9999/jmxrmi --date-format
"YYYY-MM-dd HH:mm:ss" --reporting-interval 5000
    Trying to connect to JMX url: service:jmx:rmi:///jndi/rmi://:9999/jmxrmi.
    "time","kafka.server:type=BrokerTopicMetrics,name=BytesInPerSec:FifteenMinuteRate"
    2022-02-28 22:36:05,2.3236761146295097
    2022-02-28 22:36:10,2.7484746033802296
    2022-02-28 22:36:15,3.17091964393598
    2022-02-28 22:36:20,3.5910242747574745
    2022-02-28 22:36:25,4.008801462070371
    2022-02-28 22:36:30,4.424264100265467
```

该命令每间隔 5 秒就将 MBean(kafka.server:type=BrokerTopicMetrics,name=BytesInPerSec) 的 FifteenMinuteRate 属性的值实时打印在控制台上。

Kafka 提供了大量的监控指标，限于篇幅，下面将介绍部分关键的 Kafka 指标，其他指标请参考官网。

1. Broker 指标

- kafka.controller:type=KafkaController,name=ActiveControllerCount：值为 1 代表该节点是 KafkaController 节点。

- kafka.server:type=BrokerTopicMetrics,name=BytesInPerSec：消息入站速率。

- kafka.server:type=BrokerTopicMetrics,name=BytesOutPerSec：消息出站速率，可用于监控网络负载是否饱和（是否达到网卡吞吐量）。

- kafka.server:type=ReplicaManager,name=LeaderCount：leader 副本数量。

- kafka.server:type=ReplicaManager,name=UnderReplicatedPartitions：备份不足（当前 ISR 副本数量少于 AR 副本列表的副本数量）的分区数量。

- kafka.server:type=ReplicaManager,name=IsrExpandsPerSec：ISR 扩张（expansion）速率。

- kafka.server:type=ReplicaManager,name=IsrShrinksPerSec：ISR 收缩（shrink）速率。

- kafka.log:type=Log,name=Size,topic=<TopicName>,partition=<partitionId>：某个主题分区的总字节数。

- kafka.log:type=Log,name=LogEndOffset,topic=<TopicName>,partition=<partitionId>：某个主题分区的 LogEndOffset。

- kafka.server:type=KafkaRequestHandlerPool,name=RequestHandlerAvgIdlePercent：Broker 网络处理线程空闲率，表示所有网络处理线程处于空闲状态的时长与总运行时长的比值。在实际使用场景中，建议该值不要小于 30%，因为一旦发现某个 Broker 的这个 MBean 值降到了很低的水平，则说明此 Broker 无法及时地从网络中接收请求或发送响应，可能造成请求堆积。

- kafka.network:type=SocketServer,name=NetworkProcessorAvgIdlePercent：Broker 的 I/O 工作处理线程空闲率，表示所有 I/O 工作线程处于空闲状态的时长与总运行时长的比值。在实际使用场景中，建议该值不要小于 30%，因为一旦发现某个 Broker 的这个 MBean 值降到了很低的水平，则说明此 Broker 承担的负载过重，需要考虑将一部分负载转移到其他 Broker 上。

2. 生产者指标

Kafka 也给生产者提供了监控指标，启动一个生产者后，使用 Jconsole 连接该生产者进程，可以看到如图 24-3 所示的界面。

图 24-3

可以看到，主要的监控指标在 MBean（kafka.producer:type=producer-metrics,client-id={produceName}）上。

该 MBean 部分属性列表如下：

- waiting-threads：等待分配缓冲区的用户线程数，如果持续大于 0，则说明缓冲区空间不足，需要增加 buffer.memory 参数。
- batch-size-avg：每个分区发送的消息批次的平均大小，如果远小于 batch.size 参数设置，则可以考虑增加发送延迟参数 linger.ms。
- record-queue-time-avg：消息批次发送前的平均缓存时间，如果接近 request.timeout.ms，则可能导致请求超时。
- record-error-rate：每秒发送消息出现错误的次数。如果持续大于 0，则可能导致生产者丢失消息。
- request-latency-avg：生产者发送 Produce 请求的平均延迟时间。

3. 消费者指标

启动一个消费者后，使用 Jconsole 连接该生产者进程，可以看到如图 24-4 所示的界面。

可以看到，Kafka 在 consumer-coordinator-metrics、consumer-fetch-manager-metrics、consumer-metrics 等维度提供了消费者端的监控指标。

kafka.consumer:type=consumer-fetch-manager-metrics,client-id={clientId}的部分属性如下：

- fetch-latency-avg：消费者发送 Fetch 请求到 Broker 端的延迟时间。

- byte-consumer-rate：每秒该消费者消费的字节数。
- records-lag-max：消费者最新的消费偏移量落后于 LogEndOffset 的最大值。
- records-lead-min：消费者最新的消费偏移量领先于 LogStartOffset 的最小值。

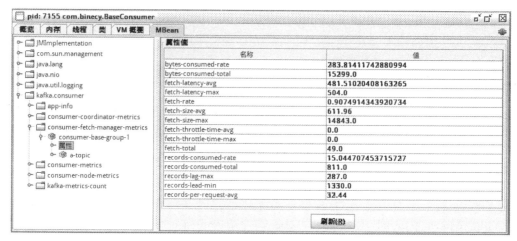

图 24-4

注意，records-lag-max、records-lead-min 非常重要，如果 records-lag-max 远大于平常正常运行时的值，或者 records-lead-min 接近于 0，则说明消费滞后，消费者消费速度跟不上生产者生产速度，需要考虑增加消费者等优化操作。

提示：执行 bin/kafka-consumer-groups.sh --describe 命令也可以打印 LAG 值，判断消费是否滞后。

kafka.consumer:type=consumer-coordinator-metrics,client-id={clientId} 的部分属性如下：

- assigned-partitions：该消费者被分配的分区数。
- join-time-avg、sync-time-avg：该消费者加入消费者、执行消费组同步的平均时间，用于判断消费组是否正常工作。

kafka.consumer:type=consumer-metrics,client-id={clientId} 的部分属性如下：

- request-rate：消费者平均每秒发送的请求的数量。
- request-size-avg：消费者平均每秒发送的请求的字节数。

24.1.2 Kafka 管理平台

比较可惜的是，Kafka 官方没有提供可视化的管理平台，但由于 Kafka 非常流行，因此现在各个社区提供了非常多的 Kafka 管理平台，如 Kafka Manager、Kafka Eagle、Kafka Monitor、Kafka Offset Monitor、Kafka Web Console、Burrow 等，它们都有各自的优缺点。限于篇幅，这里仅介绍 Yahoo 开源的 Kafka Manager。该平台功能完备，能满足运维要求，也是较流行的 Kafka 管理平台，可惜当前维护进度落后，官方只支持到 Kafka 2.4。不过 Kafka 核心功能变化较少（ZooKeeper 模式下），所以仍可以在 Kafka 3.0 上使用。

安装 Kafka Manager

（1）下载 Kafka Manager（CMAK）最新版本的压缩包 cmak-3.0.0.5.zip。

（2）修改 CMAK 配置文件 conf/application.conf。

只需要修改 ZooKeeper 访问地址的相关配置即可：

```
cmak.zkhosts="kafka-manager-zookeeper:2181"
cmak.zkhosts=${?ZK_HOSTS}
```

（3）执行以下命令，启动 CMAK。

```
$ ./bin/cmak -Dconfig.file=conf/application.conf -Dhttp.port=9000
```

访问 http://localhost:9000/，可以看到 Kafka Manager 的首页，添加一个 Kafka 集群后，可以看到如图 24-5 所示的界面。

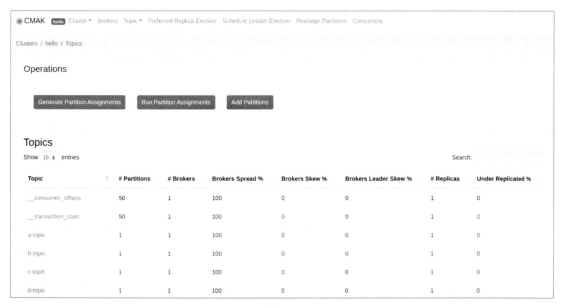

图 24-5

可以看到，Kafka Manager 支持查看/创建主题、查看分区/消费者、Preferred Replica 重平衡、分区重分配、查看 Broker 部分 JMX 监控指标等操作，这里不一一介绍，读者可以自行了解。

24.2　Pulsar 监控与管理平台

下面介绍 Pulsar 系统的监控与管理平台。

24.2.1　Pulsar 监控

ZooKeeper、BookKeeper、Pulsar Broker 以 Prometheus 的格式暴露监控指标。

1. ZooKeeper

ZooKeeper 监控指标默认暴露在 8000 端口的 "/metrics" 路径下：

```
$ curl http://localhost:8000/metrics
# HELP node_changed_watch_count node_changed_watch_count
# TYPE node_changed_watch_count summary
node_changed_watch_count{quantile="0.5",} 1.0
node_changed_watch_count_count 17.0
node_changed_watch_count_sum 18.0
...
```

提示：可以修改 conf/zookeeper.conf 的配置项 metricsProvider.httpPort 来指定另一个暴露指标的端口。

ZooKeeper、BooKKeeper、Pulsar Broker 都通过这种模式提供了大量的监控指标，下面会列举部分指标，读者可以通过官方文档查询所有的指标信息。

ZooKeeper 部分监控指标列表如下：

- znode_count：存储的 z-nodes 数量。
- approximate_data_size：所有 z-nodes 存储数据近似大小。
- num_alive_connections：当前活跃的连接数。
- request_commit_queued：已提交请求总数。

2. BookKeeper

BookKeeper 监控指标默认暴露在 8000 端口的 "/metrics" 路径下。

提示：可以修改 bookkeeper.conf 中的配置项 prometheusStatsHttpPort 来指定另一个暴露指标的端口。由于 ZooKeeper、BookKeeper 使用同一个端口暴露监控指标，因此如果这两个应用部署在同一台机器上，则必须修改其中一个端口。

BookKeeper 的部分监控指标列表如下：

- bookie_SERVER_STATUS：Bookie 服务端的服务状态。存在值：1（可写入模式）和 0（只读模式）。
- bookkeeper_server_ADD_ENTRY_count：Bookie 收到的 AddEntry 请求总数。
- bookkeeper_server_READ_ENTRY_count：Bookie 收到的 ReadEntry 请求总数。
- bookie_WRITE_BYTES：Bookie 写入的字节总数。
- bookie_READ_BYTES：Bookie 读取的字节总数。
- bookie_ledgers_count：Bookie 中存储的 Ledger 总数。
- bookie_entries_count：Bookie 中存储的 Entry 总数。
- bookie_write_cache_size：Bookie 的写缓存大小（以字节为单位）。
- bookie_read_cache_size：Bookie 的读缓存大小（以字节为单位）。

3. Broker

Broker 监控指标暴露在 8080 端口的"/metrics"下。

提示：可以通过修改 broker.conf 配置文件中的 webServicePort 来更改端口。

Broker 监控指标都是在指定维度下进行统计的，如下所示。

```
$ curl http://localhost:8080/metrics/ | grep pulsar_producers_count
...
pulsar_producers_count{cluster="my-pulsar-cluster"} 0 1645274326662
pulsar_producers_count{cluster="my-pulsar-cluster",namespace="public/default",topic="persistent://public/default/fs-test"} 0.0 1645274326662
```

可以看到，Broker 在 Cluster 和主题两个维度统计了 pulsar_producers_count 指标（输出内容中倒数第 2 列为统计数值，最后一列为时间戳）。

下面介绍 Broker 提供的部分指标。

（1）命名空间/主题的部分监控指标。

- pulsar_topics_count：命名空间下当前 Broker 拥有的主题数。
- pulsar_subscriptions_count：命名空间/主题下当前 Broker 的订阅组数。

- pulsar_producers_count：命名空间/主题下连接到当前 Broker 的活跃生产者数。
- pulsar_consumers_count：命名空间/主题下连接到当前 Broker 的活跃消费者数。
- pulsar_rate_in：命名空间/主题下消息进入当前 Broker 的速率（消息/秒）。
- pulsar_rate_out：命名空间/主题下当前 Broker 发出消息的速率（消息/秒）。
- pulsar_throughput_in：命名空间/主题下数据进入当前 Broker 的总吞吐量（字节/秒）。
- pulsar_throughput_out：命名空间/主题下当前 Broker 发出数据的总吞吐量（字节/秒）。
- pulsar_storage_size：命名空间/主题下当前 Broker 拥有主题的总存储大小（字节）。
- pulsar_storage_backlog_size：命名空间/主题下当前 Broker 所有 backlog 的消息数量。
- pulsar_storage_offloaded_size：该命名空间/主题下已卸载到层级存储的数据总量（字节）。

提示：这部分指标可用于判断 Broker 的运行状态，另外，backlog 即未确认消息集合，可用于判断是否消费滞后。

（2）ManagedLedger 的部分监控指标。

- pulsar_ml_AddEntryMessagesRate：每秒添加的 Entry 数量。
- pulsar_ml_AddEntryLatencyBuckets_OVERFLOW：Entry 添加延迟大于 1 秒的数量。
- pulsar_ml_EntrySizeBuckets_OVERFLOW：大于 1MB 的 Entry 的数量。
- pulsar_ml_LedgerSwitchLatencyBuckets_OVERFLOW：Ledger 切换延迟超过 1 秒的数量。
- pulsar_ml_AddEntryBytesRate：每秒写入的字节数。
- pulsar_ml_ReadEntriesBytesRate：每秒读取的字节数。
- pulsar_ml_AddEntryErrors：失败的 AddEntry 请求数。
- pulsar_ml_ReadEntriesErrors：失败的 ReadEntries 请求数。
- pulsar_ml_NumberOfMessagesInBacklog：所有消费者 backlog 的消息数量。

这部分指标可用于判断 Broker 是否可以正常读写 BookKeeper。

（3）订阅组/消费者的部分监控指标。

- pulsar_subscription_back_log：该订阅组所有 backlog 的消息数量。
- pulsar_subscription_delayed/pulsar_consumer_msg_rate_redeliver：该订阅组/消费者中延迟推送的消息总数。
- pulsar_subscription_msg_rate_redeliver/pulsar_consumer_msg_rate_redeliver：该订阅组/消费者中重新投递消息的总消息速率（消息/秒）。

- pulsar_subscription_unacked_messages/pulsar_consumer_unacked_messages：该订阅组/消费者中未确认的消息总数。
- pulsar_subscription_msg_rate_out/pulsar_consumer_msg_rate_out：该订阅组/消费者中消息推送的平均速率（消息/秒）。
- pulsar_subscription_msg_throughput_out/pulsar_consumer_msg_throughput_out：该订阅组/消费者中消息推送平均吞吐量（字节/秒）。
- pulsar_consumer_available_permits：消费者允许推送量。

提示：这部分指标可用于判断消费者是否正常运行。

Pulsar 默认不暴露消费者指标，可修改 broker.conf 中配置项 exposeConsumerLevelMetricsInPrometheus 暴露消费者指标。

Pulsar 提供的监控指标非常多，除了上面介绍的部分指标，Pulsar 还提供了 Cluster、LoadBalancing、Connection 等维度的监控指标，读者可以通过官方文档了解，本书不一一列举。

24.2.2　Pulsar 管理平台

Pulsar 官方提供了 Pulsar Manager 管理平台，它是一个网页式可视化管理与监测平台，可用于管理和监测 Pulsar 租户、命名空间、主题、订阅、Broker、集群等，并支持通过不同的环境来关联不同的 Pulsar 集群。

下面介绍 Pulsar Manager 的部署与使用。

（1）下载 Pulsar Manager 的运行文件，并启动 Pulsar Manager。

```
$ wget https://dist.apache.org/repos/dist/release/pulsar/pulsar-manager/pulsar-manager-0.2.0/apache-pulsar-manager-0.2.0-bin.tar.gz
$ tar -zxvf apache-pulsar-manager-0.2.0-bin.tar.gz
$ cd pulsar-manager
$ tar -xvf pulsar-manager.tar
$ cd pulsar-manager
$ cp -r ../dist ui
$ ./bin/pulsar-manager
```

Pulsar Manager 启动成功后，访问 localhost:7750/ui/index.html，可以看到 Pulsar Manager 的登录页面。

（2）执行以下命令初始化一个 admin 用户，密码为 apachepulsar。

```
$ CSRF_TOKEN=$(curl http://localhost:7750/pulsar-manager/csrf-token)
curl \
   -H 'X-XSRF-TOKEN: $CSRF_TOKEN' \
   -H 'Cookie: XSRF-TOKEN=$CSRF_TOKEN;' \
   -H "Content-Type: application/json" \
   -X PUT http://localhost:7750/pulsar-manager/users/superuser \
   -d '{"name": "admin", "password": "apachepulsar", "description": "test", "email": "username@test.org"}'
```

使用该用户登录 Pulsar Manager 平台，可以看到 Pulsar Manager 首页，添加 Pulsar Environment 信息，绑定 Pulsar 集群后，可以看到如图 24-6 所示的界面。

图 24-6

可以看到，页面会展示租户、命名空间、主题相关的监控指标，并支持对其进行管理操作。

24.3　本章总结

本章介绍了 Kafka 与 Pulsar 的监控工具及部分关键监控指标，这些监控指标对于监控 Kafka 与 Pulsar 集群的运行状态非常重要。另外，本章也介绍了 Kafka 与 Pulsar 的管理平台，这些管理平台可以帮助用户简单快速地管理 Kafka 与 Pulsar。

第 25 章
连接器

用户使用 Kafka 和 Pulsar 的过程中常常需要实现以下需求：
- 将外部系统（MySQL、Elasticsearch、HDFS 等）的数据迁入 Kafka 和 Pulsar。
- 将 Kafka 和 Pulsar 中的数据转移到外部系统。

为了实现上述需求并简化这一过程，Kafka 和 Pulsar 都提供了大量的连接器，使用这些连接器，用户只需要进行简单的配置工作，就可以完成 Kafka 和 Pulsar 与外部系统的数据交互工作。

连接器数据交互流程如图 25-1 所示。

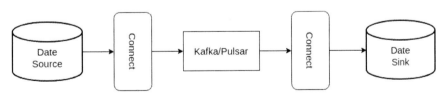

图 25-1

另外，Kafka 和 Pulsar 也常用于构建流数据管道。假设需要将 MySQL 的数据导入 Elasticsearch，则可以使用 Kafka 或 Pulsar 提供的连接器，轻松将 MySQL 的数据导入 Kafka 或 Pulsar，再将 Kafka 或 Pulsar 的数据导入 Elasticsearch。

本章将介绍 Kafka 和 Pulsar 连接器的应用与开发。

25.1 Kafka Connect

Kafka Connect 是一个具有高伸缩性、高可靠性的数据集成工具,可以在 Kafka 与其他系统间进行数据迁移,以及执行 ETL 操作。

Kafka Connect 存在以下核心概念:

- Source:负责将外部数据写入 Kafka 主题的组件。
- Sink:负责将 Kafka 的数据写入外部存储系统的组件。
- Task:负责将数据写入 Kafka 和从 Kafka 中读出数据的具体实现类,Source 和 Sink 都需要 Task 完成相关操作。
- Worker:运行 Connect 和 Task 的进程。
- Converter:Kafka Connect 和其他存储系统之间发送或者接收数据时转换数据的组件。

Kafka Connect 有两种部署方式:

- standalone:单体模式,所有的 Worker 都部署在独立的进程中。
- distributed:分布式模式,多个 Worker 组成一个集群,该模式可以为 Kafka Connect 提供可扩展性和自动容错能力。在该模式下,多个 Worker 使用相同的 group.id 启动。这些进程会自动协调所有可用的 Worker 执行 Connector 和 Task。如果新增、停止或者因故障下线了一个 Worker,则剩下的 Worker 会检测到该情况并自动协调,重新分配 Connector 和 Task 给剩下的 Worker。

25.1.1 应用示例

下面介绍 Kafka Connect 的文件连接器,它可以从文件中读取内容,并写入 Kafka 主题,本节通过该文件连接器介绍 Kafka Connect 的使用方式。

1. 启动 Kafka Connect

这里只介绍 distributed 模式的启动方式,standalone 模式启动的方式可以参考官方文档。

(1) 修改 config/connect-distributed.properties(这里只修改了必要的配置,其他配置可以参考官方文档)。

```
bootstrap.servers=localhost:9092
group.id=connect-cluster
key.converter=org.apache.kafka.connect.storage.StringConverter
value.converter=org.apache.kafka.connect.storage.StringConverter
```

```
key.converter.schemas.enable=false
value.converter.schemas.enable=false
```

- group.id：用于标识 Connect 所在的集群。
- key.converter、value.converter：键的转换器、值的转换器。

（2）执行以下命令启动 Connect Worker。

```
$ ./bin/connect-distributed.sh config/connect-distributed.properties
```

2. 管理连接器

Kafka Connect 提供 Web 接口来管理连接器。

（1）执行以下命令，将文件连接器添加到 Connect Worker 中，并指定相关属性。

```
$ curl -X POST http://localhost:8083/connectors \
-H "Content-Type: application/json" \
-d '{
    "name":"local-file-source",
    "config":{
        "connector.class":"org.apache.kafka.connect.file.FileStreamSourceConnector",
        "file":"/opt/kafka/connect.txt",
        "tasks.max":"1",
        "name":"local-file-source",
        "topic":"connect-file"
    }
}'
```

name 参数指定了该连接器的名称，file 参数指定了读取内容的文件，topic 指定了写入的主题。

（2）执行以下命令，查看文件连接器信息：

```
$ curl http://localhost:8083/connectors
["local-file-source"]

$ curl http://localhost:8083/connectors/local-file-source
{
    "name":"local-file-source",
    "config":{
        "connector.class":"FileStreamSource",
```

```
            "file":"/opt/kafka/connect.txt",
            "tasks.max":"1","name":"local-file-source",
            "topic":"connect-test"
        },
    "tasks":[{"connector":"local-file-source","task":0}],"type":"source"
}
```

(3) 如果要删除文件连接器,则可以执行以下命令:

```
$ curl -X DELETE http://localhost:8083/connectors/local-file-source
```

3. 验证文件连接器是否正常工作

输入数据到文件中:

```
$ echo hello >> /opt/kafka/connect.txt
```

可以看到,文件连接器会将文件的内容写入 Kafka 主题:

```
$ ./bin/kafka-console-consumer.sh --bootstrap-server localhost:9092 --topic connect-file --from-beginning
    {"schema":{"type":"string","optional":false},"payload":"hello"}
```

现在很多开源项目、社区提供了大量的 Kafka Connect 连接器,如 debezium、confluentinc 等项目,可以实现 Kafka 与 MySQL、SQLServer、MongoDB、Elasticsearch 等系统的数据交互,读者可以自行了解。

25.1.2 开发实践

Kafka Connect 已存在大量的 Connect 连接器,通常不需要我们再编写 Connect 组件,如果现有的 Connect 组件不能满足要求,则可以根据需要自行实现 Connect 组件。

本节将实现一个 Kafka Connect 的文件连接器,向读者介绍 Kafka Connect 组件的开发流程。

(1) 创建一个 Maven 工程,并添加引用。

```xml
<dependency>
    <groupId>org.apache.kafka</groupId>
    <artifactId>connect-api</artifactId>
    <version>3.0.0</version>
```

```xml
</dependency>

<dependency>
  <groupId>commons-io</groupId>
  <artifactId>commons-io</artifactId>
  <version>2.11.0</version>
</dependency>
```

(2) Kafka Connect 提供了 SourceConnector、SinkConnector 类，用于实现 Source、Sink。下面实现一个从文件中读取内容的 SourceConnector 类：

```java
package com.binecy;

import org.apache.kafka.common.config.ConfigDef;
import org.apache.kafka.common.config.ConfigDef.Type;
import org.apache.kafka.common.utils.AppInfoParser;
import org.apache.kafka.connect.connector.Task;
import org.apache.kafka.connect.source.SourceConnector;

import java.util.*;

public class MyFileSource extends SourceConnector {
    private Map<String, String> sourceProps;

    public void start(Map<String, String> props) {
        sourceProps = props;
    }

    public Class<? extends Task> taskClass() {
        return MyFileSourceTask.class;
    }

    public List<Map<String, String>> taskConfigs(int i) {
        List<Map<String, String>> taskConfigs = new ArrayList<>();
        taskConfigs.add(sourceProps);
        return taskConfigs;
    }
```

```java
        public ConfigDef config() {
            return new ConfigDef()
                    .define("file", Type.STRING, ConfigDef.Importance.HIGH, "Source filename")
                    .define("topic", Type.STRING, ConfigDef.Importance.HIGH, "The topic to publish data to");
        }

        public void stop() { }

        public String version() { return null; }
    }
```

可以看到，MyFileSource 继承自 SourceConnector，并实现了如下方法：

- start：完成准备工作，该方法的 props 参数存储了用户创建连接器时指定的属性。
- taskClass：返回执行真正逻辑的 Task 类。
- taskConfigs：负责创建用于 Task 类的属性，这里将连接器的初始化属性直接传递给 Task 使用。
- config：返回该 Connector 的配置属性信息。
- stop：当连接器停止运行时，完成收尾工作。
- version：返回连接器版本信息。

编写 Task 类，该 Task 类继承自 SourceTask，负责从文件中读取数据：

```java
package com.binecy;

import org.apache.kafka.connect.data.Schema;
import org.apache.kafka.connect.source.*;
import org.apache.commons.io.*;
import java.io.*;
import java.util.*;

public class MyFileSourceTask extends SourceTask {
    String topic;
    String filename;
    InputStreamReader reader;
    Integer fileOffset;
```

```java
public void start(Map<String, String> props) {
    topic = props.get("topic");
    filename = props.get("file");
    // 【1】
    Map<String, Object> offset = context.offsetStorageReader().
            offset(Collections.singletonMap("filename", filename));
    if(offset != null && offset.containsKey("position")) {
        fileOffset = Integer.valueOf(offset.get("position").toString()) ;
    } else {
        fileOffset = 0;
    }
    // 【2】
    try {
        FileInputStream inputStream = new FileInputStream(filename);
        inputStream.skip(fileOffset);
        reader = new InputStreamReader(inputStream);
    } catch (Exception e) { ... }
}

public List<SourceRecord> poll() {
    try {
        // 【3】
        char[] buffer = new char[1024];
        List<SourceRecord> records = new ArrayList<>();

        int nread = IOUtils.read(reader, buffer, 0, buffer.length);
        LineIterator lineIterator = IOUtils.lineIterator(new CharArrayReader(buffer,0, nread));
        while (lineIterator.hasNext()) {
            String line = lineIterator.nextLine();
            fileOffset += line.codePointCount(0, line.length()) + 1;
            records.add(new SourceRecord(
                    Collections.singletonMap("filename", filename),
                    Collections.singletonMap("position", fileOffset),
                    topic, null,
                    Schema.STRING_SCHEMA, line));
        }
```

```
            return records;
        } catch (IOException e) { ... }
    }

    public void stop() {
        try {
            reader.close();
        } catch (IOException e) { ... }
    }

    public String version() {  return null;  }
}
```

【1】SourceTask#context 是一个 SourceTaskContext 实例，可以存储 Task 的运行时数据。该例子中使用 context 存储连接器上次已读取的位置。所以，Task 启动时从 context 中获取文件上一次已读取的位置。

【2】创建文件输入流。

【3】读取文件，并使用读取到的内容构建 SourceRecord，返回给 Kafka。

注意，这里构建 SourceRecord 的第一、第二个参数分别指定了文件名和文件已读取位置，Kafka Connect 会这些信息存储到 context 中，所以第【1】步才可以从 context 中获取文件上一次已读取位置。

（3）将该工程打包为 jar 文件并部署到 Kafka 中。

由于工程中引用了依赖包 commons-io，所以需要将该依赖打包到目标 jar 文件中。本书使用 maven-assembly-plugin 组件进行打包，在 pom.xml 中添加 maven-assembly-plugin 组件：

```xml
<build>
  <plugins>
    <plugin>
      <groupId>org.apache.maven.plugins</groupId>
      <artifactId>maven-assembly-plugin</artifactId>
      <version>3.0.0</version>
      <configuration>
        <descriptorRefs>
          <descriptorRef>jar-with-dependencies</descriptorRef>
        </descriptorRefs>
      </configuration>
```

```
        </plugin>
    </plugins>
</build>
```

执行 mvn clean package assembly:single 命令对该工程进行打包，打包完成后，将 target 目录下的 {projectName}-{projectVersion}-jar-with-dependencies.jar 复制到 kafka_2.13-3.0.0/libs 下。

（4）重启 Kafka 和 Kafka Connect 进程，文件连接器部署完成。

执行以下命令，添加自己实现的 Connect：

```
$ curl -X POST http://localhost:8083/connectors \
-H "Content-Type: application/json" \
-d '{
    "name":"my-file-source",
    "config":{
        "connector.class":"com.binecy.MyFileSource",
        "file":"/opt/kafka/connect.txt",
        "topic":"connect-file"
    }
}'
```

接着就可以验证该 Connect 是否可以正常运行了，与前面验证 Kafka 文件连接器的步骤一致，不再赘述。

25.2 Pulsar IO

Pulsar IO 提供了一系列的连接器，可以快速完成 Pulsar 与外部系统的数据交互工作。

Pulsar IO 中同样存在 Source、Sink 组件，负责将数据导入 Pulsar，或者从 Pulsar 中导出数据到外部系统。

提示：Pulsar IO 的连接器是基于 Pulsar Function 实现的，Pulsar Function 将在下一章介绍。

25.2.1 应用示例

下面介绍 Pulsar IO 中文件连接器的使用方式。

（1）下载 Pulsar 文件连接器，笔者使用的是 pulsar-io-file-2.8.1.nar。

准备一个配置文件 file-connector.yaml，用于指定文件连接器的属性，内容如下：

```
configs:
    inputDirectory: "/opt/pulsar/file-io"
```

inputDirectory 参数指定读取文件的目录。

提示：本书仅指定必要配置项，Pulsar 文件连接器的其他配置项可以通过官方文档查阅。

（2）因为 Pulsar IO 的连接器是基于 Pulsar Function 实现的，所以使用连接器之前需要先启动 Pulsar Function。步骤如下：

修改以下 Broker 配置，重启 Broker 进程：

```
functionsWorkerEnabled=true
```

（3）执行以下命令，添加文件连接器。

```
$ ./bin/pulsar-admin sources create \
--archive pulsar-io-file-2.8.0.nar \
--name file-test \
--destination-topic-name  pulsar-file-test \
--source-config-file file-connector.yaml
"Created successfully"
```

name 参数指定了该连接器的名称，destination-topic-name 参数指定了数据输出的目标主题。

（4）验证文件连接器是否正常运行。该文件连接器会读取 inputDirectory 参数指定目录下的文件，并删除已读取的文件。

将数据写入指定目录的文件：

```
$ echo hello >>  /opt/pulsar/file-io/sourec.txt
```

可以看到，写入文件的数据被文件连接器转发到 Pulsar 主题中：

```
$ ./bin/pulsar-client consume -s file-test -n 0 pulsar-file-test
----- got message -----
key:[sourec.txt_1], ..., content:hello
```

（5）管理连接器。

执行以下命令查看连接器列表：

```
$ ./bin/pulsar-admin sources list
[
  "file-test"
]
```

执行以下命令查看连接器的详细信息：

```
$ ./bin/pulsar-admin sources get --name file-test
```

执行以下命令删除连接器：

```
$ ./bin/pulsar-admin sources delete --name file-test
"Delete source successfully"
```

Pulsar 还支持更新、查看状态等连接器管理命令，具体内容可参考官方文档。

Pulsar IO 提供了面向 Aerospike、Cassandra、Elasticsearch、HBase、JDBC 等系统的连接器，本书不一一介绍，具体内容可参考官方文档。

25.2.2　开发实践

下面将实现一个 Pulsar IO 文件连接器，向读者展示 Pulsar IO 中连接器的开发流程。

（1）创建一个 Maven 工程，并添加依赖。

```xml
<dependency>
  <groupId>org.apache.pulsar</groupId>
  <artifactId>pulsar-io-core</artifactId>
  <version>2.8.0</version>
</dependency>

<dependency>
  <groupId>commons-io</groupId>
  <artifactId>commons-io</artifactId>
  <version>2.11.0</version>
</dependency>
```

（2）编写一个文件连接器。

Pulsar IO 提供了 Source、Sink 接口，用于实现 Source、Sink 组件。

Source 接口提供了如下方法：

- open：初始化连接器。
- read：从数据源中读取数据，如果没有更多数据，则需要阻塞线程。
- close：关闭连接器完成收尾工作。

下面实现 Source 接口，从文件中读取内容：

```java
package com.binecy;

import org.apache.commons.io.*;
import org.apache.pulsar.io.core.*;
import org.apache.pulsar.functions.api.Record;
import java.io.*;
import java.util.Map;
import java.util.concurrent.LinkedBlockingQueue;

public class MyFileSource implements Source<String> {
    private LinkedBlockingQueue<Record<String>> queue = new LinkedBlockingQueue(1000);

    private String filename;
    private InputStreamReader reader;
    private long fileOffset;
    private SourceContext sourceContext;

    public void open(Map<String, Object> config, SourceContext sourceContext) throws Exception {
            this.sourceContext = sourceContext;
            this.filename = (String) config.get("file");
            // 【1】
            try {
                this.fileOffset = sourceContext.getCounter("myFileSource-offset");
            } catch (Exception e) {
                this.fileOffset = 0;
            }
            // 【2】
            FileInputStream inputStream = new FileInputStream(filename);
            inputStream.skip(fileOffset);
            this.reader = new InputStreamReader(inputStream);
```

```java
            new Thread(new MyFileHandler()).start();
        }
        // 【3】
        public Record<String> read() throws Exception {
            return queue.take();
        }

        public void close() throws Exception {
            reader.close();
        }

        class MyFileHandler implements Runnable{
            // 【4】
            public void run() {
                char[] buffer = new char[1024];
                while (true) {
                    try {
                        int nread = IOUtils.read(reader, buffer, 0, buffer.length);

                        if(nread > 0) {
                            LineIterator lineIterator = IOUtils.lineIterator(
                                    new CharArrayReader(buffer, 0, nread));
                            while (lineIterator.hasNext()) {
                                String line = lineIterator.nextLine();
                                int lineLen = line.codePointCount(0, line.length()) + 1;
                                sourceContext.incrCounterAsync("myFileSource-offset", lineLen);

                                fileOffset += lineLen;
                                queue.put(new FileRecord(filename + "-" + fileOffset, line));
                            }
                        }

                        Thread.sleep(1000);
                    } catch (Exception e) { ... }
                }
            }
        }
    }
```

【1】Pulsar IO 提供了 SourceContext，可以存储 Connect 的运行时数据。这里从 sourceContext 中获取文件上一次已读取位置，如果获取失败，则从头开始读取消息。

【2】打开文件，并启动一个线程负责读取数据。

open 方法的 config 参数存储了创建连接器时 --source-config-file 参数指定的配置文件中的配置项。这里从中获取文件名等配置项。

【3】queue 队列用于缓存已读取的数据，这里将已读取数据返回给连接器（连接器会将这些数据写入 Pulsar）。如果当前没有已读取的数据，则阻塞当前线程。

【4】利用【2】中创建的线程，不断从文件中读取内容，并利用读取到的数据创建 FileRecord 实例，添加到 queue 队列中。

另外，这里也会调用 ConnectorContext#incrCounterAsync 方法将已读取的数据位置记录到 sourceContext 中。

（3）将该工程进行打包．

Pulsar IO 需要使用 nar 工具对工程进行打包，在 pom.xml 中添加 nar 打包插件：

```xml
<build>
  <plugins>
    <plugin>
      <groupId>org.apache.nifi</groupId>
      <artifactId>nifi-nar-maven-plugin</artifactId>
    </plugin>
  </plugins>
</build>
```

还需要在工程中准备一个配置文件 resources\META-INF\services\pulsar-io.yaml，用于说明连接器的相关信息，内容如下：

```
name: file
description: myFileSource
sourceClass: com.binecy.MyFileSource
```

执行以下命令，完成打包：

```
mvn clean package nifi-nar:nar
```

打包完成后，可以看到在工程的 target 目录下生成了 {projectName}-1.0-SNAPSHOT.nar。

（4）部署连接器。

由于使用了 SourceContext 存储连接器信息，因此需要在 BookKeeper 中启动 StreamStorage 服务，具体内容可参考下一章的内容。

准备一个配置文件 my-file-source.yaml，指定连接器的属性：

```
configs:
    file: "/opt/pulsar/source.txt"
```

执行以下命令添加自己的连接器：

```
$ ./bin/pulsar-admin sources localrun \
--archive pulsar-io-start-1.0-SNAPSHOT.nar \
--name file-test \
--destination-topic-name  pulsar-file-test \
--source-config-file my-file-source.yaml \
--state-storage-service-url bk://localhost:4181
```

该连接器会读取指定文件的内容并写入 Pulsar，另外，该连接器并不会删除文件。

（5）验证文件连接器的功能。

前面已经介绍了文件连接器的验证方式，不再赘述。

25.3 本章总结

本章介绍了 Kafka 和 Pulsar 中连接器的使用方式，以及如何开发一个连接器。通过连接器，Kafka 和 Pulsar 可以轻松地与外部存储系统完成数据交互操作。

第 26 章 流计算引擎

近年来,在 Web 应用、网络监控(如电子商务用户点击流)等领域,产生了一种新的密集型数据——流数据,即数据以大量、快速、时变的流形式持续到达。同时出现了实时流式计算模型:获取来自不同数据源的海量数据,经过实时分析处理,获得有价值的信息。

实时流式计算模型的三个特征如下:

- 无限数据:一种不断增长的,基本上无限数据的数据集。这些数据集通常被称为"流数据",与之相对的是有限的数据集。
- 无界数据处理模式:该模式可以突破有限数据处理引擎的瓶颈,能够处理上述的无限数据。
- 低延迟:相对于离线计算而言,实时流式计算可以快速处理数据,并得到结果。

本书仅讨论流计算中最基础的概念,不深入介绍流处理的概念、原理等内容。

我们经常使用分词统计程序来对流计算模型进行说明。

分词统计程序:提供一个输入终端,用户可以输入内容,分词统计程序实时对用户输入内容进行分词,并统计每个单词的数量。

由于输入终端可能是无终止的,所以可以将该数据集理解为无限数据,而流计算引擎需要实时对该无限数据进行处理。

目前比较流行的流计算框架有 Storm、Spark、Flink 等。而 Kafka 和 Pulsar 由于具有高吞吐、高伸缩及低延迟的消息传输特性,经常作为流计算引擎的数据来源或者计算结果存储系统。

既然 Kafka 和 Pulsar 为流计算提供了底层数据存储的支持,那么 Kafka 和 Pulsar 能不能实现流计算引擎呢?当然是可以的。Kafka 提供了 Kafka Stream、Pulsar 提供了 Pulsar Function 等流计算引擎,这些流计算引擎的使用和部署更简单,可以轻松实现轻量级的流计算应用。

流计算引擎通常需要实现以下基本功能:

- 状态存储:流计算引擎需要存储计算结果或中间状态,如分词统计、订单统计结果等。
- DSL API:流计算引擎需要提供操作数据的 API,对数据进行过滤、分组、聚合(求和、求平均值)等操作。
- 时间窗口:业务处理中经常需要执行一些聚合操作,如统计每分钟订单数等。这就需要将数据划到不同时间窗口进行聚合操作,流计算引擎需要提供基于时间窗口的聚合功能。
- 精准一次:为了保证数据的正确性,流计算引擎需要保证一个数据只会被正确地处理一次,即精准一次的语义保证。前面我们介绍了 Kafka 和 Pulsar 中的事务机制,为"精准一次"提供了底层实现。

Kafka Stream 和 Pulsar Function 都实现了上述的功能点,下面将介绍 Kafka Stream 和 Pulsar Function 的使用方式。

26.1 Kafka Stream

Kafka Streams 是一个用于构建流计算服务的客户端库,可以从 Kafka 中读取数据,对数据进行计算,并将计算结果存储到 Kafka 中。使用 Kafka Streams 后,编写简单的 Java 和 Scala 代码就可以实现流计算应用。

下面介绍 Kafka Stream 的使用方式。

26.1.1 应用示例

下面通过实现一个分词统计的小程序来介绍 Kafka Stream 的开发流程。

(1)创建一个 Maven 工程,并添加引用。

```
<dependency>
    <groupId>org.apache.kafka</groupId>
    <artifactId>kafka_2.13</artifactId>
    <version>3.0.0</version>
</dependency>
```

```xml
<dependency>
    <groupId>org.apache.kafka</groupId>
    <artifactId>kafka-streams</artifactId>
    <version>3.0.0</version>
</dependency>
```

（2）Kafka Stream 提供了两类 API，一类为高级抽象的 Kafka Streams DSL，使用方便，但不够灵活；另一类为低级抽象的 Processor API，比较灵活，可以给开发者提供更高的开发自由度。本章将介绍 Kafka Streams DSL。Processor API 的内容可参考官方文档。

编写 WordCountStream，负责对源主题的内容进行分词统计：

```java
import org.apache.kafka.clients.consumer.ConsumerConfig;
import org.apache.kafka.common.serialization.Serdes;
import org.apache.kafka.streams.*;
import org.apache.kafka.streams.kstream.*;
import java.util.*;
import java.util.concurrent.CountDownLatch;

public class WordCountStream {
    public static void main(String[] args) throws InterruptedException {
        // 【1】
        Properties config = new Properties();
        config.put(StreamsConfig.APPLICATION_ID_CONFIG, "word-count");
        config.put(StreamsConfig.BOOTSTRAP_SERVERS_CONFIG, "localhost:9092");
        config.put(ConsumerConfig.AUTO_OFFSET_RESET_CONFIG, "earliest");
        config.put(StreamsConfig.DEFAULT_KEY_SERDE_CLASS_CONFIG, Serdes.String().getClass());
        config.put(StreamsConfig.DEFAULT_VALUE_SERDE_CLASS_CONFIG, Serdes.String().getClass());

        // 【2】
        StreamsBuilder builder = new StreamsBuilder();
        KStream<String, String> textLines = builder.stream("word-count-in");

        // 【3】
        KTable<String, Long> wordCounts =
                textLines.mapValues(values -> values.toLowerCase())
```

```
                .flatMapValues(values -> Arrays.asList(values.split(" ")))
                .selectKey((key, word) -> word)
                .groupByKey()
                .count(Materialized.as("Word-Counts"));
        // 【4】
        wordCounts.toStream()
                .map((key, val) -> new KeyValue<String, String>(key, key.toString()))
                .to("word-count-out", Produced.with(Serdes.String(), Serdes.String()));

        // 【5】
        Topology topology = builder.build();
        KafkaStreams kafkaStreams = new KafkaStreams(topology, config);
        kafkaStreams.start();
        new CountDownLatch(1).await();
    }
}
```

【1】配置 Stream 的相关属性。这里仅设置了必需的 Stream 配置项，其他 Stream 配置项请参考官方文档。

【2】构建一个 KStream。KStream 代表一个无限的、不断更新的流式数据集，并且提供过滤、转化、聚合等操作。该数据集的元素都是键值对类型，存储了消息的键值对。

【3】编写逻辑代码。

介绍一下相关的方法：

- mapValues：将当前 KStream 中每个键值对的值转化为一个新的值，示例中将源主题的消息的值转化为小写字符串。
- flatMapValues：将当前 KStream 中的每个记录的值转为 0 个到多个值（同一个键），并创建新的 KStream。示例中将消息的值按空格切分，即分词操作。
- selectKey：为每个记录设置新的键。示例中使用分词后的单词作为新的 KStream 的键。
- groupByKey：将所有的记录按现在的键进行分组，返回一个 KGroupedStream 实例。
- count：在上一步分组的基础上统计每个分组的键的数量，返回一个 KTable 实例。示例中调用该方法完成单词统计。

提示：count 方法返回 KTable 类型，KTable 代表一个完整的数据集，类似于数据库中的表。

另外，Materialized#as 方法创建了一个 StateStore 实例，负责存储 Stream 状态。示例中创建了一个 StateStore 用于存储分词统计的结果。

【4】将 KStream 写回 Kafka，消息键为分词后的单词，消息值为单词数量。

【5】启动 KafkaStream。

提示：可以启动多个 Stream 进程来组成集群，Kafka 会协调这些进程共同完成工作，并提供故障转移功能——某个进程下线后，该进程的任务会交给剩余的进程处理。需要注意的是，同一个 Stream 应用的 APPLICATION_ID_CONFIG 需要保持一致，Stream 内部消费者会将该配置作为消费组 group.id 去订阅 Kafka 主题。

（3）下面验证该 Stream 程序的功能。

a.创建 word-count-in、word-count-out 主题。

b.启动 WordCountStream 程序。

c.发送消息到 word-count-in 主题。这里笔者不断发送内容为"hello kafka"的消息到 word-count-in 主题。可以看到 word-count-out 主题输出了统计结果：

```
$ ./bin/kafka-console-consumer.sh --bootstrap-server localhost:9092 --topic word-count-out --group hello-group --from-beginning  --property print.key=true
hello    1
kafka    1
hello    2
kafka    2
```

26.1.2 时间窗口

本节将介绍以下 Kafka Stream 时间窗口：

- Hopping Time Window：定时向前移动的窗口。举一个典型的应用场景，每隔 5 秒输出一次过去 1 分钟内网站的 PV 或者 UV，则该时间窗口的大小（Window Size）为 1 小时，窗口每 5 秒向前移动一次，具体时间区间为[0,60)、[5,65)、[10,70)、[15,75)…。
- Tumbling Time Window：可以认为是 Hopping Time Window 的一种特例，窗口大小=移动间隔，它的特点是各个 Window 之间完全不相交。

另外，Kafka Stream 还支持 Sliding Window、Session Window，本书不进行介绍，读者可以自行了解。

假如需要每隔 1 秒统计一次前 3 秒的单词总数，则上面例子中的逻辑代码可以修改为如下代码：

```
        KTable<Windowed<String>, Long> wordCounts = data.mapValues(values ->
values.toLowerCase())
                .flatMapValues(values -> Arrays.asList(values.split(" ")))
                .selectKey((key, word) -> "*") // 为所有记录设置一个相同的键
                .groupByKey()
                .windowedBy(TimeWindows.ofSizeWithNoGrace(Duration.ofSeconds(3)).advanc
eBy(Duration.ofSeconds(1)))    //指定时间窗口大小、移动间隔
                .count(Materialized.as("word-sum"));

        wordCounts.toStream()
                .map((window, val) ->
                        new KeyValue<String, String>(window.window().toString(), val.toString()))
                .to("word-sum-out", Produced.with(Serdes.String(), Serdes.String()));
```

26.1.3 语义保证和线程模型

Kafka Stream 默认的消息语义保证为 At_Least_Once（最少一次），即保证消息至少被正确地处理一次，但可能重复处理同一条消息。

Kafka Stream 可以利用 Kafka 事务实现消息准确一次的语义保证：源主题中每个消息只会被正确地处理一次。

使用 Stream 配置项 processing.guarantee 可以指定数据处理的语义保证，默认为 at_least_once，配置为 exactly_once_v2，可启用精准一次的语义保证。

提示：exactly_once_v2 从 Kafka 2.5 开始支持，exactly_once 则已经过期。

另外，Kafka Stream 支持多线程并行模型，Stream 应用可以启动多个线程处理任务。使用 Stream 配置项 num.stream.threads 可以指定 Stream 应用中的线程数。

Kafka Stream 的并行模型基于消费组的分区分配原则实现，多个线程中的消费组可以处理不同分区的消息，所以要保证每个线程可以分配到对应的分区。

Kafka Stream 还提供了很多 API 和配置，限于篇幅，本书不一一介绍，具体内容请参考官方文档。

26.2 Pulsar Function

Pulsar Function 是轻量级流计算引擎，可以从一个或多个 Pulsar 主题中消费消息，并将用

户提供的处理逻辑应用于每条消息,最后将计算结果发布到目标主题。

Pulsar Function 的核心目标是使用户能够轻松创建各种级别的复杂的处理逻辑,而无须部署单独的类似系统(如 Storm、Flink 等)。

26.2.1 应用示例

下面介绍如何使用 Pulsar Function 实现分词统计功能,并展示 Pulsar Function 的开发流程。

(1)创建一个 Maven 工程,并添加引用。

```
<dependency>
  <groupId>org.apache.pulsar</groupId>
  <artifactId>pulsar-functions-api</artifactId>
  <version>2.8.0</version>
</dependency>

<dependency>
  <groupId>org.apache.pulsar</groupId>
  <artifactId>pulsar-functions-local-runner-original</artifactId>
  <version>2.8.0</version>
</dependency>
```

(2)在 Pulsar Function 中可以通过以下两个接口实现流计算。

- JDK Function 接口:java.util.function.Function。
- Pulsar Function 接口:org.apache.pulsar.functions.api.Function。

本节仅介绍 Pulsar Function 接口的使用方法。

下面实现 Pulsar Function 接口,并编写分词统计的逻辑:

```java
import java.util.*;
import org.apache.pulsar.functions.api.Context;
import org.apache.pulsar.functions.api.Function;

public class WordCountFunction implements Function<String, String> {
    // 【1】
    public String process(String input, Context context) throws Exception {
```

```
        List<String> out = new ArrayList<>();
        // 【2】
        Arrays.asList(input.split(" ")).forEach(word -> {
            String counterKey = word.toLowerCase();
            context.incrCounter(counterKey, 1);
            // 【3】
            out.add(counterKey + ":" + context.getCounter(counterKey));
        });
        return out.toString();
    }
}
```

【1】Pulsar Function 接口仅定义了 process 方法，该方法存在以下参数。

- input：源主题的消息内容。
- context：Pulsar Function 提供的 Context 接口，该接口可以提供 Function 上下文信息，并存储 Function 的运行时数据。

另外，该方法的返回值将被输出到目标主题中。

【2】对源主题的消息内容进行分词并使用 Context 进行统计。

【3】将输入内容的统计结果组成列表并返回到目标主题中。

26.2.2 部署

下面介绍如何部署该 Pulsar Function 应用。

1. 启动 BookKeeper StreamStorage 服务

前面说了，Context 接口可以提供存储功能，而 Pulsar Function 使用 BookKeeper StreamStorage 服务实现该接口的存储功能。所以，我们首先要在 BookKeeper 中启动 StreamStorage 服务，Context 接口才能提供存储功能。

（1）修改 BookKeeper 配置。

```
extraServerComponents=org.apache.bookkeeper.stream.server.StreamStorageLifecyc
leComponent
    storageserver.grpc.port=4181
    dlog.bkcEnsembleSize=1
    dlog.bkcWriteQuorumSize=1
```

```
dlog.bkcAckQuorumSize=1
```

(2)重启 BookKeeper 后,可以看到 StreamStorage 服务的进程,端口的默认值为 4181。

2. 部署 Pulsar Function

首先需要启动一个 FunctionWorker 进程,该进程负责管理运行时的 Function 实例,如对 Function 任务进行调度、提供 Function 的 API 管理接口、实现消息语义保证等。

Pulsar 提供以下 FunctionWorker 部署方式:

- 在 Broker 中启动 FunctionWorker 服务。
- 独立运行 FunctionWorker 进程。

下面分别介绍这两种部署方式。

(1)在 Broker 中启动 FunctionWorker 服务。

修改 Broker 配置:

```
functionsWorkerEnabled=true
```

Function Worker 默认的配置文件为 functions_worker.yml(后面会介绍相关配置)。

前面在 BookKeeper 中启动了 StreamStorage 服务,这里需要在 functions_worker.yml 中配置 stateStorageServiceUrl,以便 Function 可以使用 BookKeeper StreamStorage 服务:

```
stateStorageServiceUrl: bk://:4181
```

重启 Broker,即可以启动 FunctionWorker 服务。

(2)独立运行 FunctionWorker。

修改 Broker 配置,先关闭 Broker 中的 FunctionWorker 服务:

```
functionsWorkerEnabled=false
```

修改 conf/functions_worker.yml 的相关配置:

```
workerId: standalone
workerHostname: localhost
workerPort: 6750
workerPortTls: 6751


pulsarServiceUrl: pulsar://localhost:6650
pulsarWebServiceUrl: http://localhost:8080
```

```
pulsarFunctionsCluster: my-pulsar-cluster
```

配置说明如下：

- workerId：字符串类型的 Worker 服务标识，需要保证每个 Worker 服务的标识是唯一的。
- workerHostname：Worker 进程所在机器的主机名。
- workerPort：Worker 进程的监听端口。如未自定义，则使用其默认值。
- workerPortTls：Worker 进程监听的 TLS 端口。如未自定义，则使用其默认值。
- pulsarServiceUrl：Pulsar Broker 服务的 URL。
- pulsarWebServiceUrl：Pulsar Broker 服务的 Web URL。
- pulsarFunctionsCluster：设置 Pulsar 集群名称（需要与 Broker 配置中设置的 clusterName 相同）。

执行以下命令，启动 FunctionWorker 进程：

```
$ ./bin/pulsar functions-worker
```

如果需要后台启动进程，则执行以下命令：

```
$ ./bin/pulsar-daemon start functions-worker
```

启动成功后，可以看到 FunctionWorker 进程：

```
$ jps -l
19003 org.apache.pulsar.functions.worker.FunctionWorkerStarter
```

注意：这里的是 FunctionWorker 是独立运行的进程，并使用 6750 端口提供 Function 的管理 API。如果要调用 `./bin/pulsar-admin functions` 命令管理 Function，则需要先修改 conf/client.conf 的配置：

```
webServiceUrl=http://localhost:6750/
```

另外，Pulsar Function 支持本地模式，执行 `./bin/pulsar-admin functions localrun` 命令会在执行脚本的机器上启动独立的 Java 进程来运行 Function 应用。我们也可以自行编写启动类来启动 Function，并使用这种方式对 Function 进行调试，相关内容请查看官方文档。

3. 打包部署

（1）执行 Maven 命令，打包 Function 的工程。

```
mvn clean package
```

(2)执行以下命令,创建一个 Function 应用。

```
./bin/pulsar-admin functions create \
--jar /opt/pulsar/pulsar-function-start-1.0-SNAPSHOT.jar \
--classname com.binecy.WordCountFunction \
--name word-count-function \
--tenant public \
--namespace default \
--inputs persistent://public/default/word-count-in \
--output persistent://public/default/word-count-out
```

该命令会将 Function 程序包上传到 Pulsar 中,并在 Pulsar 中执行 Function 应用。参数说明:

- --jar、--classname:指定 Function 程序的 jar 包及实现类。
- --inputs:源主题列表。
- --output:目标主题。
- --name、--tenant、--namespace:该 Function 的名称、所属租户、命名空间。

4. 验证 Function 应用的功能

(1)启动一个生产者,向主题 persistent://public/default/word-count-in 发送消息"Hello Pulsar"。

(2)消费者订阅主题 persistent://public/default/word-count-out,可以看到统计结果:

```
$ ./bin/pulsar-client consume  persistent://public/default/word-count-out  -n 100  -s "my-subscription"  -t "Exclusive"   -p Earliest
key:[null], ... content:[hello:1, pulsar:1]
key:[null], ... content:[hello:2, pulsar:2]
```

5. 管理 Function 应用

使用以下命令可以查看所有 Function:

```
$ ./bin/pulsar-admin functions list
```

使用以下命令可以删除指定 Function:

```
$ ./bin/pulsar-admin functions delete --name word-count-function
```

```
"Deleted successfully"
```

Pulsar Function 还支持 update 等操作，具体内容请参考官方文档。

提示：可以启动多个 FunctionWorker 进程来组成集群，多个进程的配置项 pulsarFunctionsCluster、pulsarFunctionsNamespace（Function 使用的命名空间）、functionMetadataTopicName（Function 元数据主题）、clusterCoordinationTopicName（Function 协调机制使用的主题）需要保持一致。

26.2.3 时间窗口

Pulsar Function 提供了 WindowFunction 接口来实现时间窗口的功能。

下面使用 WindowFunction 实现统计时间窗口内源主题的分词总数的功能：

```java
package com.binecy;
import org.apache.pulsar.functions.api.*;
import java.util.Collection;

public class WordSumFunction implements WindowFunction<String, String> {
    public String process(Collection<Record<String>> inputs, WindowContext context) throws Exception {
        int sum = 0;
        for (Record<String> record : inputs) {
            sum += record.getValue().split(" ").length;
        }
        return String.valueOf(sum);
    }
}
```

部署该应用程序时，需要声明时间窗口大小、移动间隔，执行如下命令：

```
$ ./bin/pulsar-admin functions create \
  --jar /opt/pulsar/pulsar-function-start-1.0-SNAPSHOT.jar \
  --classname com.binecy.WordSumFunction \
  --name word-sum-function \
  --tenant public \
  --namespace default \
  --inputs persistent://public/default/word-sum-in \
  --output persistent://public/default/word-sum-out \
```

```
--window-length-duration-ms 3000 \
--sliding-interval-duration-ms 1000
```

- --window-length-duration-ms：指定时间窗口的大小。
- --sliding-interval-duration-ms：指定时间窗口的移动间隔。

26.2.4 Function 运行模式和消息语义保证

1. 运行模式

FunctionWorker 支持以下模式来运行 Function 实例：

- 线程模式：在 FunctionWorker 进程中使用线程运行 Function 实例。
- 进程模式：启动进程来运行 Function 实例。
- Kubernetes：在 Kubernetes 中运行 Function 实例。

默认为进程模式，可以根据需要进行调整，具体内容可参考官方文档。

使用 parallelism 参数还可以指定 Function 实例的数量：

```
$ ./bin/pulsar-admin functions create \
> --jar /opt/pulsar/pulsar-function-start-1.0-SNAPSHOT.jar \
> --classname com.binecy.WordCountFunction \
> --name word-count-function \
> --tenant public \
> --namespace default \
> --inputs persistent://public/default/word-count-in \
> --output persistent://public/default/word-count-out \
> --parallelism 2
```

在进程模式模式下，该命令会启动 2 个进程执行 word-count-function 应用。

Pulsar Function 会在不同的 FunctionWorker 服务中启动这些进程，如果 FunctionWork 服务部署在不同的集群节点上，则这些进程会运行在不同的集群节点上，从而组成集群，并提供故障转移功能。

2. 语义保证

Pulsar Function 提供了 3 种语义保证：

- At_Most_Once：最多一次，对于源主题的消息，Function 最多处理一次，不管 Function

是否能成功处理消息或成功将处理结果写入目标主题。

- At_Least_Once：最少一次，如果 Function 不能成功处理消息，并将结果发送到目标主题，则将重复消费消息。这是 Pulsar Function 默认支持的语义保证。
- Effectively_Once：利用 Pulsar 的事务实现"精准一次"的语义保证。

使用--processing-guarantees 参数可以指定语义保证：

```
$ ./bin/pulsar-admin functions create \
  --jar /opt/pulsar/pulsar-function-start-1.0-SNAPSHOT.jar \
  --classname com.binecy.WordCountFunction \
  --name word-count-function \
  --tenant public \
  --namespace default \
  --processing-guarantees EFFECTIVELY_ONCE \
  --inputs persistent://public/default/word-count-in \
  --output persistent://public/default/word-count-out
```

26.3 本章总结

本章介绍了如何利用 Kafka Stream 和 Pulsar Function 实现轻量级的流计算应用。流计算是一个庞大的话题，涉及很多内容，本章仅介绍了流计算的基本概念和应用，希望可以抛砖引玉，帮助读者去理解 Storm、Spark、Flink 等框架。

反侵权盗版声明

电子工业出版社依法对本作品享有专有出版权。任何未经权利人书面许可，复制、销售或通过信息网络传播本作品的行为；歪曲、篡改、剽窃本作品的行为，均违反《中华人民共和国著作权法》，其行为人应承担相应的民事责任和行政责任，构成犯罪的，将被依法追究刑事责任。

为了维护市场秩序，保护权利人的合法权益，我社将依法查处和打击侵权盗版的单位和个人。欢迎社会各界人士积极举报侵权盗版行为，本社将奖励举报有功人员，并保证举报人的信息不被泄露。

举报电话：（010）88254396；（010）88258888

传　　真：（010）88254397

E-mail： dbqq@phei.com.cn

通信地址：北京市万寿路173信箱　电子工业出版社总编办公室

邮　　编：100036